高职机电一体化技术专业系列教材
国家骨干高职院校建设项目成果

零件加工信息分析

主　编　申宾德
编　者　申宾德　刘鹏德　卢菊梅

西北工业大学出版社

【内容简介】 本书由轴类零件的信息分析、盘类零件的信息分析、异形零件的信息分析和配合件的信息分析四个学习情境组成。每个学习情境的设计都是按照认知规律，有任务描述、学习目标、知识衔接和任务实施等环节，让学生在情境学习中逐渐掌握相关技能知识。在编写过程中坚持“理论够用、强调应用、方便教学”为原则，找准职业教育的特点和定位，力求内容上有所突破，思路上有所创新，使学生真正能够学有所得、学有所用。

本书可作为高职高专院校机械类各专业基础课程教材，也可供相关工程技术人员参考。

图书在版编目(CIP)数据

零件加工信息分析 / 申宾德主编. — 西安： 西北工业大学出版社，2015.4
ISBN 978-7-5612-4367-1

Ⅰ. ①零… Ⅱ. ①申… Ⅲ. ①机械元件—金属切削 Ⅳ. ①TH13

中国版本图书馆CIP数据核字(2015)第064198号

出版发行： 西北工业大学出版社
通信地址： 西安市友谊西路127号　　邮编：710072
电　　话： (029) 88493844　88491757
网　　址： www.nwpup.com
印 刷 者： 陕西宝石兰印务有限责任公司
开　　本： 787 mm×1 092 mm　1/16
印　　张： 19.5
字　　数： 462千字
版　　次： 2015年7月第1版　　2015年7月第1次印刷
定　　价： 37.00元

FOREWORD

前言

结合职业教育理论和职业教育特征,本书编写时本着以培养学生职业技能为宗旨,通过完成真实的工作任务,坚持以“理论够用、面向工程、强调应用、方便教学”为原则,着重培养学生的综合应用能力及解决实际问题的能力。

零件加工课程以分析机械零部件的加工信息为主线,依次编排学习情景,每个教学情景都是按照认知规律来进行设计的,即由简单到复杂、深入浅出。任务内容编写的顺序依次是任务描述(提出问题)、相关知识链接(分析问题)和任务实施(解决问题)。对于在任务实施中应用不到,但在实际工作中可能会用到的知识,本书还增加了知识拓展部分。为巩固和强化所学知识信息,每个学习情景后面还附有思考与练习。机电一体化技术专业课程体系构建是由基本素质学习领域、岗位基本领域、岗位核心领域和岗位拓展提升领域 4 部分组成的。课程开发是基于机电一体化技术专业的典型工作任务进行的,即“机械图样的识读与绘制”→“零件加工信息分析”→“零件加工工艺编制与实施”→“机电产品开发与研制”。纵向形成了由简单到复杂工作过程的能力递增式科目序列,符合职业成长规律;横向形成了按普适性工作过程,即“资讯”→“决策”→“计划”→“实施”→“检查”→“评价”的由简单到复杂的知识认知规律序列。框架结构体现出以职业能力(方法能力、社会能力和专业能力)为本位的工作过程系统化的课程体系。

本课程是在高职机电类专业教学改革实践的基础上,将工程力学、工程材料与热处理、机械设计原理和几何量公差配合等相关课程进行了解构和重组,实现了多门课程内容的有机结合。通过完成本课程的学习,读者不但能具备零件加工过程——分析零件加工信息的能力,而且能具备查阅资料及初步设计的能力,也为后续典型工作任务的实现打下坚实的基础。

申宾德任主编,参加编写的人员还有刘鹏德、卢菊梅。具体编写分工如下:学习情景一、四由申宾德编写;学习情景二由刘鹏德编写;学习情景三由卢菊梅编写。

编写本书曾参阅了相关文献资料，在此，谨向这些文献资料的作者深致谢忱。

作为课程改革和教材建设的一次探索，书中疏漏、不足之处恳请专家及广大读者批评指正。

编　者

2015 年 6 月

CONTENTS

目 录

学习情景一　轴系类零件的信息分析

任务描述 …… 1

学习目标 …… 2

学时安排 …… 2

知识链接 …… 2

一、静力学基本知识 …… 2

二、平面汇交力系 …… 7

三、力矩和力偶 …… 9

四、平面任意力系 …… 11

五、空间力系 …… 13

六、摩擦 …… 18

七、拉压变形 …… 20

八、剪切与挤压变形 …… 22

九、扭转变形 …… 24

十、弯曲变形 …… 28

十一、轴 …… 34

十二、轴承 …… 43

十三、键和销 …… 53

十四、钢及钢的合金 …… 58

十五、铸铁和铸钢 …… 65

任务实施 …… 69

知识拓展 …… 89

A. 联轴器、离合器和制动器 …… 89

B. 金属材料的力学性能 …… 95

C. 晶体结构与结晶 …… 99

D. 金属材料的塑性变形 …… 102
E. 合金 …… 104
F. 钢的热处理 …… 107
思考与练习 …… 111

学习情景二　盘类零件的信息分析

任务描述 …… 121
学习目标 …… 121
学时安排 …… 122
知识链接 …… 122
一、带传动 …… 122
二、齿轮传动 …… 133
三、轮系 …… 152
任务实施 …… 155
知识拓展 …… 167
A. 链传动 …… 167
思考与练习 …… 177

学习情景三　异形件的信息分析

任务描述 …… 181
学习目标 …… 181
学时安排 …… 181
知识链接 …… 182
一、平面机构概述 …… 182
二、平面四杆机构 …… 192
三、凸轮机构 …… 200
四、弹簧 …… 206
任务实施 …… 211
知识拓展 …… 223
A. 间歇运动机构 …… 223
B. 铝和铝合金 …… 225
C. 铜及铜合金 …… 226
D. 硬质合金 …… 227

E. 非金属材料 …… 228
思考与练习 …… 231

学习情景四　配合件的信息分析

任务描述 …… 236
学习目标 …… 236
学时安排 …… 237
知识链接 …… 237
一、螺纹连接 …… 237
二、螺旋传动 …… 249
三、蜗杆传动 …… 253
任务实施 …… 259
知识拓展 …… 271
A. 尺寸公差与配合 …… 271
B. 形状和位置公差 …… 284
C. 公差原则 …… 292
D. 表面粗糙度 …… 296
思考与练习 …… 300

参考文献 …… 304

◇学习情境一

轴系类零件的信息分析

任务描述

☆任务内容

根据实际工作情况,简单设计如下图所示的带式运输机。

☆任务分解

(1)设计如下图所示一级直齿圆柱齿轮减速器的输出轴(Ⅲ轴)和联轴器;(2)能根据实际工作情况,正确选择配对的轴承;(3)理解并掌握轴毂连接键和销的功用和设计过程;(4)分析减速器中主要零部件的材料性能并掌握选材的方法。

☆任务条件

异步电动机额定功率 $P=5.5$ kW,转速 $n_1=1440$ r/min;转轴 $n_3=90$ r/min;带传动中心距 $a<500$ mm;运输机连续单向运转,载荷变动小,三班工作制,使用年限8年。

☆注意事项

为方便同学们完成任务,有些参数是给定的,但在实际工作中,这些参数需要我们查阅、测量或与生产厂家联系获得。

为让同学们完整的感受工作过程的任务,我们会给出一些需要参考的参数或查阅途径,请同学们配合完成任务。

完成任务的方法不止这一种,同学们可以思考其他的方法来仔细完成所需表格。

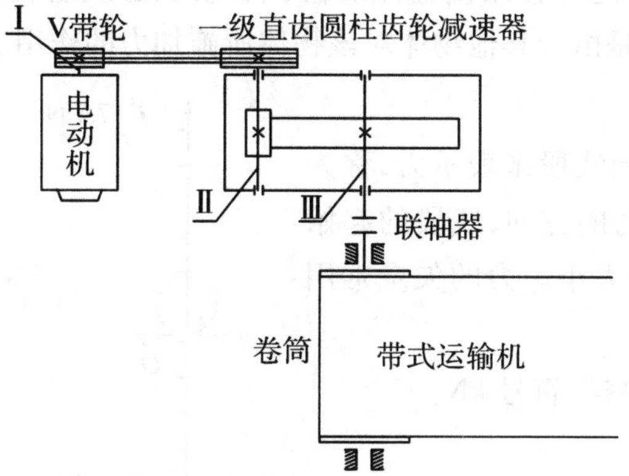

带式运输机

一级直齿圆柱齿轮减速器

学习目标

☆知识目标

熟悉机械零部件的受力分析和强度计算，理解轴、轴承、键、销、联轴器、离合器和制动器等零件的基本知识并分析其在机器中的功用，分析减速器的材料，清楚选材对零部件设计的要求。

☆技能目标

掌握设计和改造零部件结构的方法，能对一般机器中的轴系类零部件进行简单安装和维修。

学时安排

(48 学时)

资　讯	决　策	计　划	实　施	检　查	评　价
16	6	6	12	4	4

知识链接

本节主要研究物体在力系作用下的平衡问题。平衡是物体相对于地面处于静止或匀速直线运动的状态。物体在工程中受力产生的微小变形，对研究物体平衡影响甚微，可以忽略不计。静力学的基本研究都是围绕刚体而言的，这样的研究，对物体平衡问题略去了与平衡无关或关系甚少的因素，使问题简化，也是研究更深力学问题的基础。

一、静力学基本知识

(一)静力学的术语及定义

1. 力的基本概念

(1)力的定义：力是物体之间的相互作用，这种作用使物体的机械运动状态发生变化。也就是说物体的机械运动状态发生的变化，都是由于其他物体对该物体所施加力的作用。

(2)力的三要素：大小、方向和作用点。

(3)力的图示：在图形上用带有箭头的有向线段来表示力，称为力的图示(见图 1-1-1)。箭头的指向表示力的方向，线段的起始点表示力的作用点，有向线段的长度表示力的大小。力的矢量常用字母 F 来表示。

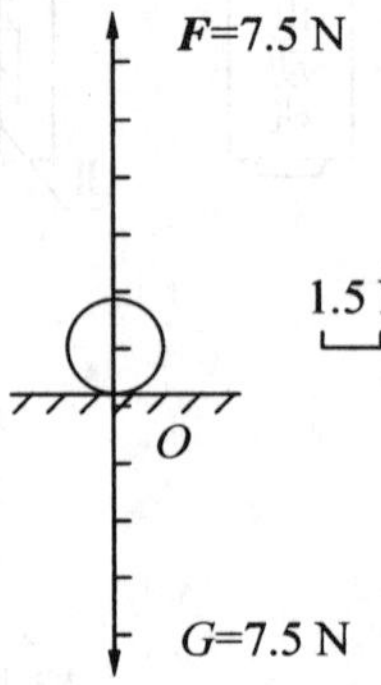

图 1-1-1　力的图示

(4)力的单位：牛顿，符号 N，有时也有千牛顿，符号 kN。

2. 力系的基本概念

(1)力系：同时作用于一物体的若干力。根据力的作用形式不同，平面力系可分为：平面平行力系、平面汇交力系、平面任意力系和平面力偶系。

(2)刚体:在力的作用下其大小和形状都不改变的物体,这是一种理想化的状态。

(3)平衡:物体相对于地球处于静止或匀速直线运动状态。

(4)平衡力系:若力系使物体处于平衡状态时,则该力系称为平衡力系。

(5)等效力系:若两力系分别作用于同一物体而效应相同,则二者互称等效力系。

(6)合力:若力系与一力等效,则称此力为该力系的合力。

在工程计算中,常用简化力系的方法来解决复杂力系问题。

(二)静力学的基本公理

静力学的基本公理是静力学的基础,是符合客观实际的普遍规律,是人们长期生活或实践积累的经验总结。

1. 公理一:(二力平衡)

作用在刚体上的两个力,使刚体处于平衡状态的必要充分条件是:两个力大小相等,方向相反且作用在同一直线上(见图 1-1-2)。

2. 公理二:(加减平衡力系)

在已知力系上加上或减去任意平衡力系,并不改变原力系对刚体的作用效果。

3. 公理三:(力的平行四边形法则)

作用在物体上同一点的两个力,可以合成一个合力,合力的作用点仍在该点,合力的大小和方向由这两个力为边构成的平行四边形的对角线来表示(见图 1-1-3)。

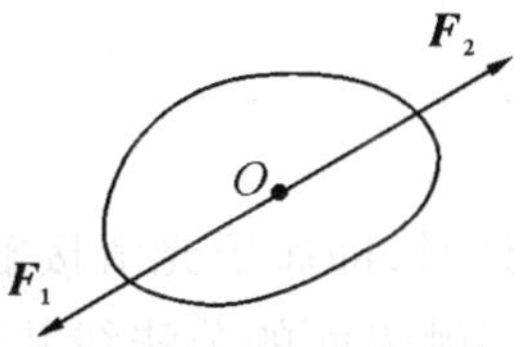

图 1-1-2 二力平衡

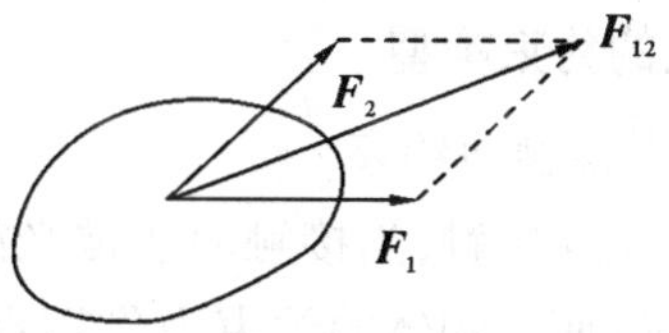

图 1-1-3 力的平行四边形法则

4. 公理四:(作用力与反作用力)

作用力与反作用力总是同时存在,两力的大小相等,方向相反,沿着同一直线分别作用在两个相互作用的物体上。

5. 推论一:(力的传递性原理)

作用在刚体上的力,可沿其作用线任意移动而不改变此力对刚体的作用效果。需要指出的是,此原理只适用于刚体而不适用于变形体。

6. 推论二:(三力平衡汇交力系)

当刚体受 3 个力作用而处于平衡时,若其中两个力的作用线汇交于一点,则第三个力的作用线必交于同一点,且 3 个力的作用线在同一平面内(见图 1-1-4)。

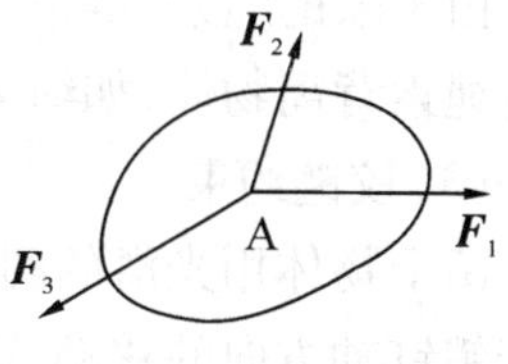

图 1-1-4 三力平衡汇交力系

(三)约束与约束力

1. 约束

把对非自由体的某些位移起限制作用的物体称为约束。约束是限制物体的运动,且这种限制是通过力的作用来实现的。如,机车受钢轨的限制只能沿轨道行驶,吊车吊起的重物受钢丝的限制而不能下落等(见图 1-1-5)。

图 1-1-5　常见的约束

2. 约束力

约束对物体的作用称为约束力,简称反力。约束力的方向与约束对物体限制其运动趋势的方向相反,而约束力的作用点是约束与物体之间的相互作用点。

在物体平衡力系中,约束力总是未知的,往往需要和物体受到的其他已知力组成平衡力系,通过平衡条件求其大小和方向。约束力以外的力(如重力和切削力等)称为主动力,物体所受的主动力往往是给定的或是可测定的。

3. 常见的约束类型

(1)光滑接触面约束

两物体相互接触,当接触面非常光滑,摩擦可以忽略不计时,即属于光滑接触表面约束。因此光滑接触面对物体的约束力作用在接触面处,方向沿接触表面的公法线并指向受力物体,如地面、斜槽对物体的支持力等(见图 1-1-6)。

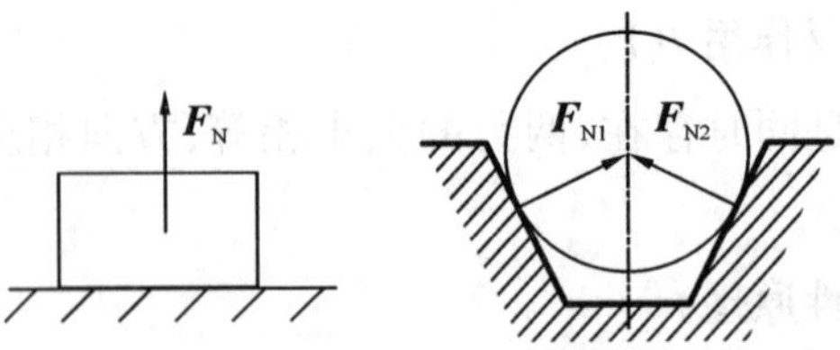

图 1-1-6　光滑接触面约束

(2)柔性约束

由柔软的绳索,链条或带等构成的约束。因此,绳索对物体的约束力,作用在接触点方向沿绳索背离物体,如绳索对物体的拉力,皮带对轮子的拉力等(见图 1-1-7)。

(3)铰链约束

两个物体用光滑的圆柱形销钉相连接,受约束物体只能产生转动,限制被连接物体沿垂直于销钉轴方向的移动,这种约束类型称为铰链约束。

根据被连接物体的形状不同,可分为以下 3 种类型。

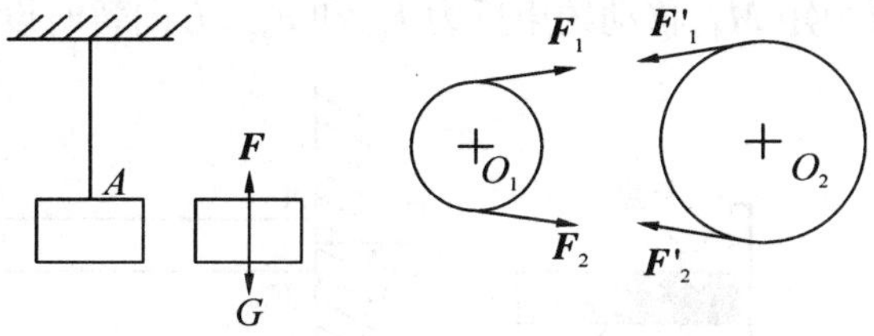

图 1－1－7 柔性约束

①中间铰链约束：其受力 $\boldsymbol{F}_R$ 的作用线通过销钉中心，垂直于销钉轴线，方向不定。如柴油机中的活塞与连杆、曲柄与连杆的连接等。图 1－1－8 所示为过销钉中心的两个正交分力 $\boldsymbol{F}_{Rx}$，$\boldsymbol{F}_{Ry}$，其指向是假设的，或者单个力 $\boldsymbol{F}_R$ 和未知角 α。

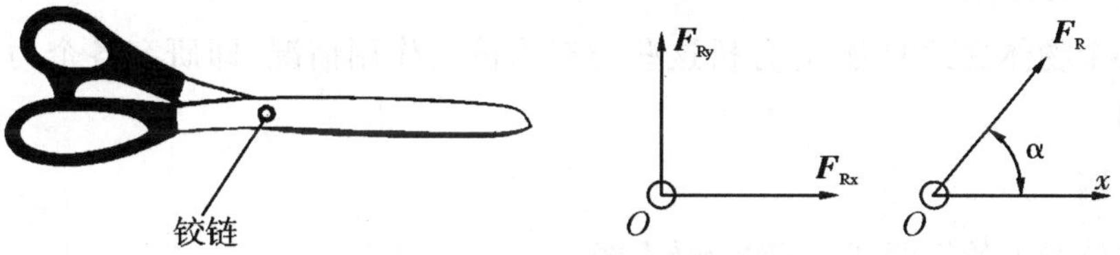

图 1－1－8 中间铰链约束及受力图

②固定铰链支座约束：将中间铰链结构中的一个物体换成支座，且与机座固定，如门、窗的合页，起重机动臂与机座的连接等。其约束力与中间铰链相同（见图 1－1－9）。

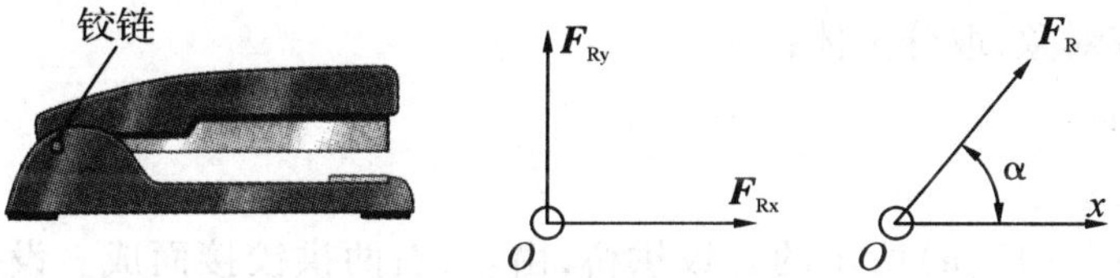

图 1－1－9 固定铰链约束及受力图

③活动铰链支座约束：将固定铰链支座底部安放若干滚子，并与支撑面接触，则构成活动铰链支座。这类支座常见于桥梁、屋架等结构中。活动铰链支座只能限制构件沿支撑面垂直方向的移动，不能阻止构件沿支撑面运动或绕销钉轴线的转动。因此活动铰链支座的约束力 $\boldsymbol{F}_N$ 通过销钉中心，垂直于支撑面，指向是假设的（见图 1－1－10）。

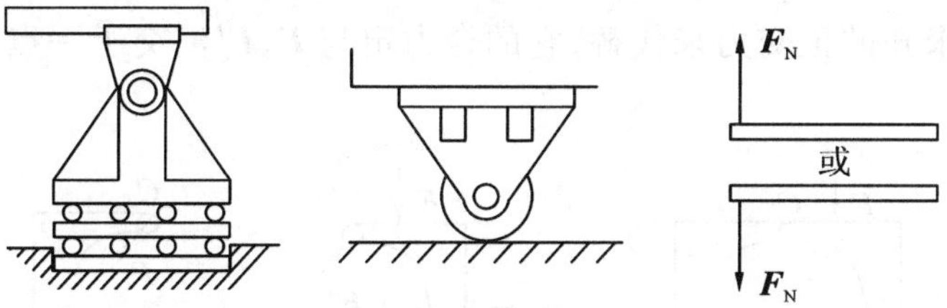

图 1－1－10 活动铰链支座约束及受力图

（4）固定端约束

受约束的物体一端被固定而另一端处于自由状态，这种约束的类型称为固定端约束。如建筑物的阳台横梁，车床刀架中的车刀，立于路旁的电线杆。固定端约束既不能移动，也不能转动,故受到转动约束反力矩 M_A,移动约束反力 F_{xA} 和 F_{yA},方向暂时设定(见图 1-1-11)。

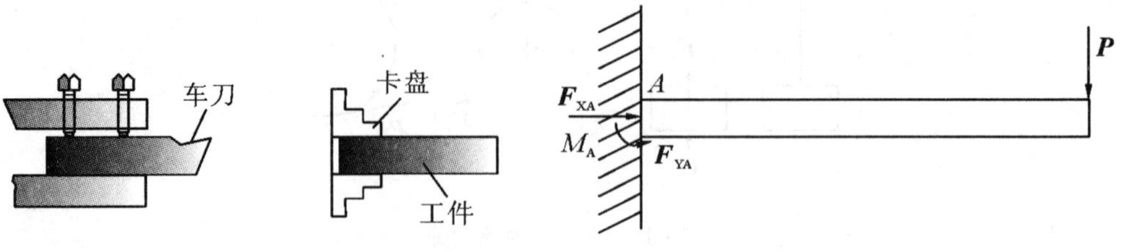

图 1-1-11 固定端约束及受力图

(四)物体受力分析和受力图

1. 物体受力分析

研究某个物体受到的力,并分析这些力对物体的作用情况,即研究各个力的作用位置、大小和方向。

2. 受力图

表示物体受力的简明图形,称为受力图。

3. 物体受力分析的方法

分离法。

4. 画受力图的基本步骤

(1)确定研究对象,取分离体;

(2)画主动力;

(3)画约束力。

例 如图 1-1-12(a)所示的三铰拱桥,由左、右两拱铰接而成。设拱的自重不计,在左拱 AC 上作用竖直向下的载荷 $\boldsymbol{F}$,试分析 AC 和 BC 的受力如何?

解 取右拱 BC 为研究对象,由于拱 BC 自重不计且只在 B,C 两处受到铰链约束,因此拱 BC 为二力杆,在铰链中心 B,C 分别受到 $\boldsymbol{F}_B$,$\boldsymbol{F}_C$ 两个力的作用,且这两个力大小相等、方向相反(见图 1-1-12(c))。

取左拱 AC 为研究对象,主动力只有 $\boldsymbol{F}$,拱在铰链 C 处受拱 BC 产生的约束反力 $\boldsymbol{F}'_C$ 作用,根据作用力与反作用力原理,$\boldsymbol{F}'_C=-\boldsymbol{F}_C$。拱在 A 处的约束反力由于方向未定,可用 $\boldsymbol{F}_{Ax}$,$\boldsymbol{F}_{Ay}$ 两个大小未知的正交力来代替,它的合力定与 $\boldsymbol{F}$,$\boldsymbol{F}'_C$ 汇交于一点且平衡(见图 1-1-12(c))。

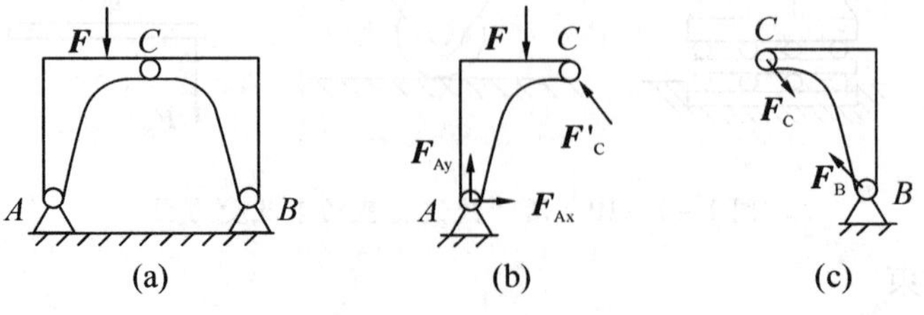

图 1-1-12 三铰拱桥

二、平面汇交力系

（一）平面汇交力系的定义

各力作用线在同一平面内，并且相交于一点的力系。

（二）平面汇交力系的合成

1. 几何法——力的多边形法则

设平面汇交力系 F_1, F_2, F_3, F_4 作用在刚体上，其作用线汇交于一点（见图 1-2-1）。如果用三角形（平行四边形）法则就有很大不便，我们可以省去中间合力，只要将力系中各力矢按顺序依次首尾相接，最后把第一个分力矢的始端与最后一个分力矢的末端相连，就可得到合力矢 $\boldsymbol{F}_R$，而各分力与合力构成的一个多边形，称为力的多边形，我们把这种求合力矢的几何作图法，称之为力的多边形法则。

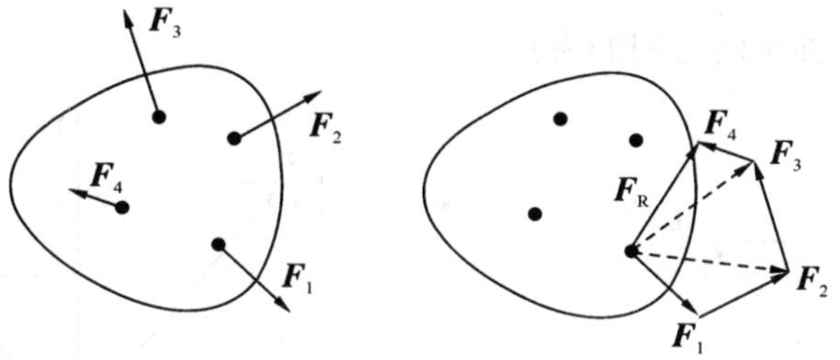

图 1-2-1 力的多边形法则

平面汇交力系合成的结果是一个合力，合力的作用线通过力系的汇交点，合力的大小和方向等于力系中各分力的矢量和，即

$$\boldsymbol{F}_R = \boldsymbol{F}_1 + \boldsymbol{F}_2 + \cdots + \boldsymbol{F}_n = \sum_{i=1}^{n} \boldsymbol{F}_i$$

例 如图 1-2-2 所示，起重葫芦匀速吊起一减速器的箱盖，箱盖重 $W = 600$ N，已知铁链与铅垂线的夹角 $\alpha = 45°$，$\beta = 30°$，试求铁链 AB，AC 的拉力。

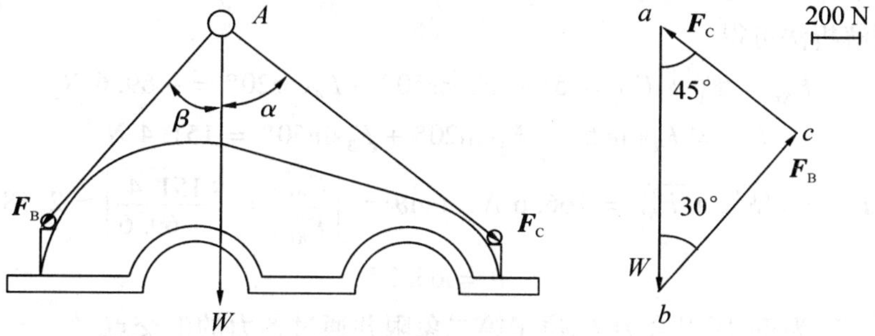

图 1-2-2 起重机起吊减速器箱盖

解 （1）选箱盖为研究对象。

（2）画出箱盖的受力图，箱盖受重力 W 和拉力 $\boldsymbol{F}_B$，$\boldsymbol{F}_C$ 作用，交于一点 A，构成一平面汇交力系。

（3）选适当比例尺，画出已知力 $W = ab$，过 a，b 两点分别作平行于 $\boldsymbol{F}_C$，$\boldsymbol{F}_B$ 的直线相交于 c

点，于是得到三角形 abc。W，$\boldsymbol{F}_B$和 $\boldsymbol{F}_C$相连应符合首尾相连的原则则有

$$\boldsymbol{F}_B = 440\ \text{N}$$

$$\boldsymbol{F}_C = 340\ \text{N}$$

2. 解析法——合力投影定理

合力在任意一轴上的投影等于各分力在同一轴上投影的代数和（见图 1-2-3）。

$$\boldsymbol{F}_x = \boldsymbol{F}_{1x} + \boldsymbol{F}_{2x} + \cdots + \boldsymbol{F}_{nx}$$

$$\boldsymbol{F}_y = \boldsymbol{F}_{1y} + \boldsymbol{F}_{2y} + \cdots + \boldsymbol{F}_{ny}$$

合力大小为

$$\boldsymbol{F}_R = \sqrt{\boldsymbol{F}_x^2 + \boldsymbol{F}_y^2}$$

合力方向为

$$\tan\theta = \left|\frac{\boldsymbol{F}_x}{\boldsymbol{F}_y}\right|$$

式中 θ 为合力 $\boldsymbol{F}_R$与 X 轴正向之间的夹角。

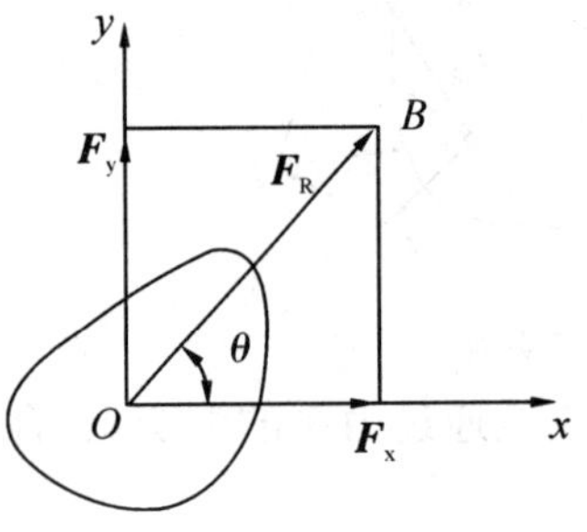

图 1-2-3 力的合力投影定理

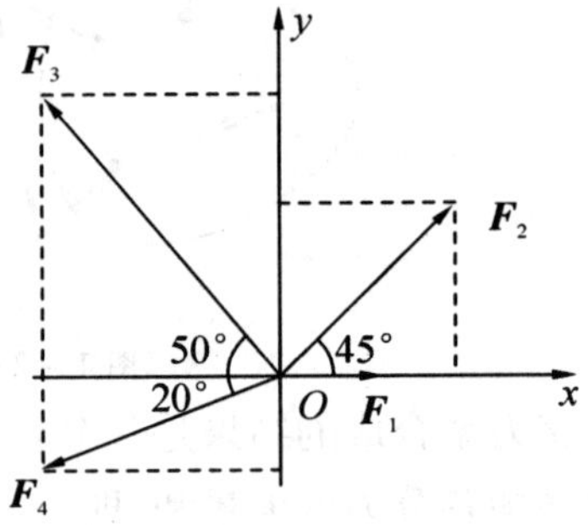

图 1-2-4 解析法合成力系

例 已知如图 1-2-4 所示，$F_1 = 50$ N，$F_2 = 100$ N，$F_3 = 150$ N，$F_4 = 100$ N。试用解析法求其合力的大小。

解 （1）取直角坐标系 Oxy 如图所示。

（2）根据解析法可得

$$\boldsymbol{F}_{Rx} = \boldsymbol{F}_1 + \boldsymbol{F}_2\cos45° - \boldsymbol{F}_3\cos50° - \boldsymbol{F}_4\cos20° = -69.6\ \text{N}$$

$$\boldsymbol{F}_{Ry} = \boldsymbol{F}_2\sin45° - \boldsymbol{F}_4\sin20° + \boldsymbol{F}_3\sin50° = 151.4\ \text{N}$$

$$\boldsymbol{F}_R = \sqrt{\boldsymbol{F}_{RX}^2 + \boldsymbol{F}_{RY}^2} = 166.6\ N \quad \tan\theta = \left|\frac{\boldsymbol{F}_{RX}}{\boldsymbol{F}_{RY}}\right| = \left|\frac{151.4}{-69.6}\right| \approx 2.18$$

$$\theta = 65.3°$$

由于 $\boldsymbol{F}_{Rx}$为负、$\boldsymbol{F}_{Ry}$为正，所以合力 $\boldsymbol{F}_R$位于第二象限并通过各力的汇交点。

（三）平面汇交力系的平衡

1. 平面汇交力系平衡的几何条件

力系的合力等于零，即力的多边形自行封闭，有

$$\boldsymbol{F}_R = 0 \quad 或 \quad \sum \boldsymbol{F} = 0$$

2. 平面汇交力系的平衡方程

$$F_R = \sqrt{F_{Rx}^2 + F_{Ry}^2} = 0$$

即

$$F_{Rx} = 0 \quad 或 \quad F_{Ry} = 0$$

三、力矩和力偶

(一)力矩

1. 力矩的定义

作用于扳手上的力 F 使扳手与螺母一起绕螺母 O 点转动,这种力的作用效果不仅与力的大小、方向有关,而且还与转动中心至力的作用线距离 r 有关,我们把这种力对物体的作用效果称之为力矩(见图1-3-1)。力矩是力对一点之矩,等于从该点到力的作用线上任一点矢径与该力的矢量积,$\boldsymbol{M} = \boldsymbol{r} \times \boldsymbol{F}$。

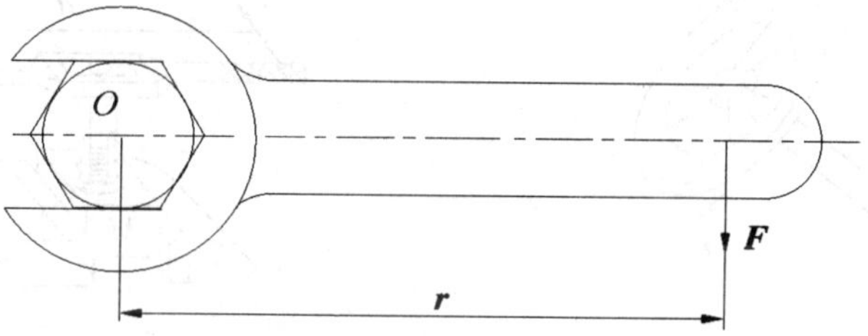

图1-3-1 力矩

力对点之矩的正负通常规定为:力使物体绕矩心逆时针方向转动为正,反之为负。在国际单位制,以牛顿·米为力矩的单位,记作 N·m。

力矩在下列两种情况下等于零:

(1)力等于零。

(2)力的作用线通过矩心,即力臂等于零。

2. 力矩的合成(合力矩定理)

平面汇交力系的合力对于平面内任一点之矩等于所有各力对于该点之矩的代数和。即:$M_0(\boldsymbol{R}) = M_0(\boldsymbol{F}_1) + M_0(\boldsymbol{F}_2) + \cdots + M_0(\boldsymbol{F}_n)$

3. 力矩的平衡条件

各力对中心 O 之矩的代数和等于零,

$$\sum_{i=1}^{n} M_0(\boldsymbol{F}_i) = 0$$

例 如图1-3-2所示,一轮盘上 C 点受到拉力 $\boldsymbol{F}$ 的作用,试求该力对轮盘 O 点的矩。

解 (1)根据力矩定义,求 F 对 O 点的矩,即

$$M_O(\boldsymbol{F}) = \boldsymbol{F} \cdot \boldsymbol{r}$$

因 $r = R\cos\alpha$,则

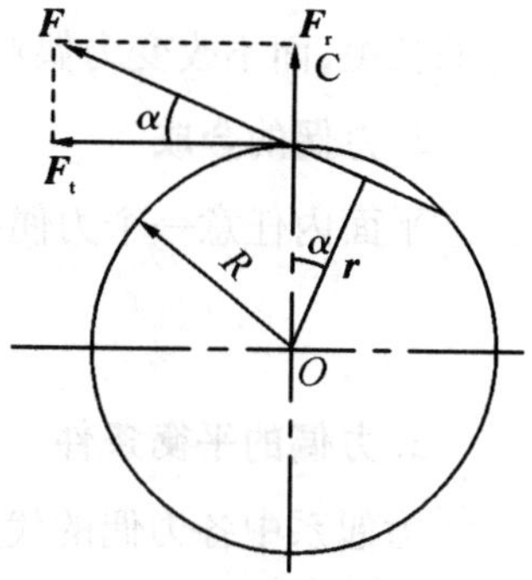

图1-3-2 受力分析示例

$$M_O(F) = FR\cos\alpha$$

(2)根据合力矩定理,求 F 对 O 点的矩,即

将 F 分解为径向力 F_r 和切向力 F_t,则

$$M_O(F) = M_O(F_r) + M_O(F_t)$$

由于 F_r 过矩心 O,则 $M_O(F_r) = 0$

而 $F_t = FR\cos\alpha$ 于是:

$$M_O(F) = FR\cos\alpha$$

由此可见,以上两种方法计算结果相同。

(二)力偶

1. 力偶

(1)力偶的定义:一对等值、反向、不共线的平行力系,称为力偶,记作(F,F')。我们常见到汽车司机转动的方向盘(见图1-3-3),钳工用的手动铰刀铰孔(见图1-3-4)等。

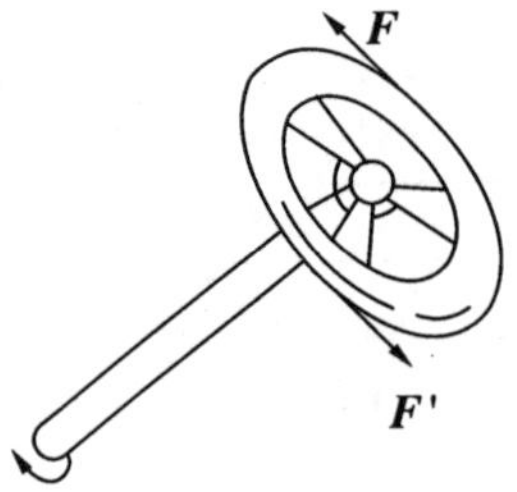

图1-3-3 方向盘

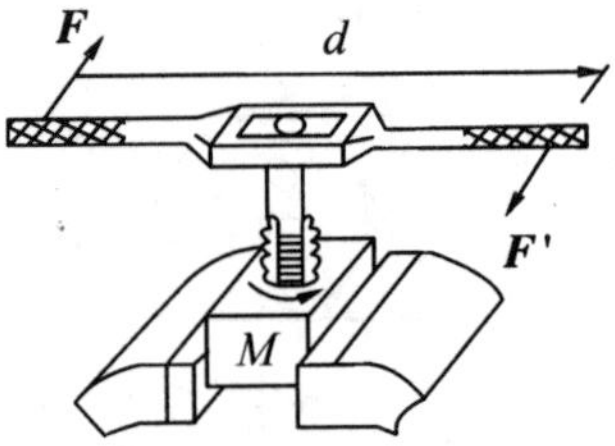

图1-3-4 手动铰刀

(2)力偶矩的定义:力偶使物体产生转动的效果既与力的大小成正比,又与力偶臂的大小成正比,而与矩心无关。因此,可用两者的乘积来度量力偶作用效果,这个乘积称为力偶矩,记作 M,它是使物体改变状态的一个因素。

力偶对物体的作用效果与力矩对物体的作用效果相同,因此,力偶矩是两个大小相等、方向相反,且不在同一直线上的力(平行力系)产生的力矩之和。

力偶不能合成一个力,也不能用一个力来平衡,或用一个力来等效替换。

(3)力偶的性质:

①任一力偶可以在它作用平面内任意移转,而不改变它对刚体的作用。

②只要保持力偶矩大小和力偶的转动方向不变,可以同时改变力偶中力的大小和力偶臂的长短,而不改变力偶对刚体的作用。

2. 力偶的合成

平面内任意一个力偶都可以合成为一个合力偶,合力偶距等于平面各力偶的代数和,即

$$M = M_1 + M_2 + \cdots + M_n = \sum_{i=1}^{n} M_i$$

3. 力偶的平衡条件

力偶系中各力偶的代数和为零,则

$$M = 0 \quad 或 \quad \sum_{i=1}^{n} M_i = 0$$

(三)力的平移定理

作用在刚体上的力可以从原作用点等效地平移到刚体内任意一指定点,但必须在该力与指定点所决定的平面内附加一个力偶,其力偶距等于原力对指定点之距(见图1-3-5)。

力的平移定理揭示了力对刚体产生移动和转动两种移动效应的实质。

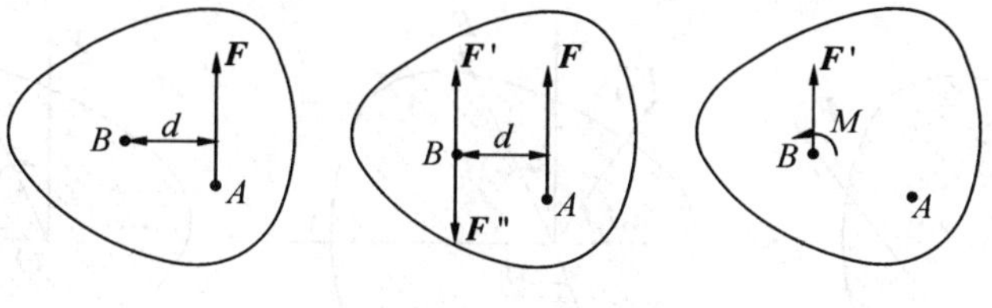

图1-3-5 力的平移

由力的平移定理可知:可以将一个力替换成同一平面内的一个力和一个偶;反之同一平面的一个力和偶也可以用一个力来等效替换。力的平移定理不仅是力系向一点简化的依据,也可以解释一些实际问题。

在钳工攻螺纹时,不能只用一只手扳动扳手(见图1-3-6)。因为作用在扳手*AB*一端的力$\boldsymbol{F}$与作用在中心点*C*的一力$\boldsymbol{F}'$和一偶M等效,这个力偶使丝锥转动,而力使丝锥断裂,如果用两只手就没这个现象了。

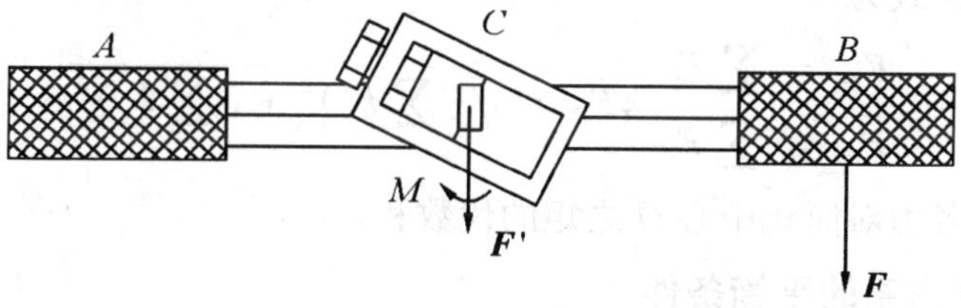

图1-3-6 力的平移的应用

四、平面任意力系

(一)平面任意力系的定义

各个力的作用线在同一平面内,且任意分布并且不汇交于一点的力系称为平面任意力系。

在工程上许多结构和机构所受的力都可以简化为平面任意力系,如图1-4-1所示为发动机的曲柄连杆机构。其受力$\boldsymbol{F}$,$\boldsymbol{F}_N$;$\boldsymbol{F}_{xA}$,$\boldsymbol{F}_{yA}$以及一力偶M,这些力都分布在同一平面内,构成平面任意力系。

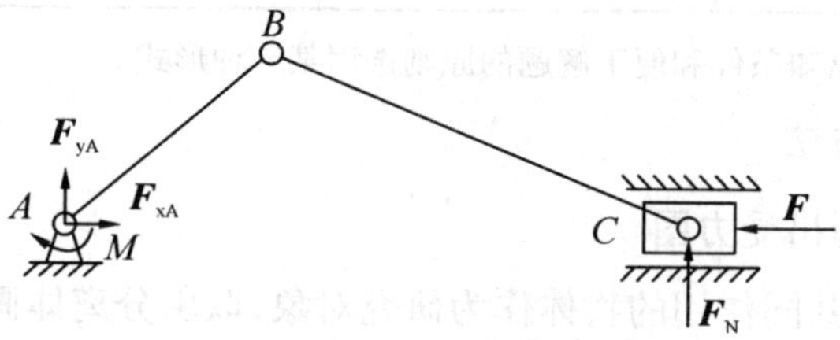

图1-4-1 平面任意力系

(二)平面任意力系的合成(简化)

设在刚体平面内任意力系 $F_1, F_2, \ldots, F_n$,在作用面内任选一点 O,称为简化中心。根据力的平移定理,将力系向简化中心平移,并附加相应的力偶,于是得到与原力系等效的两个力系(见图 1-4-2)。

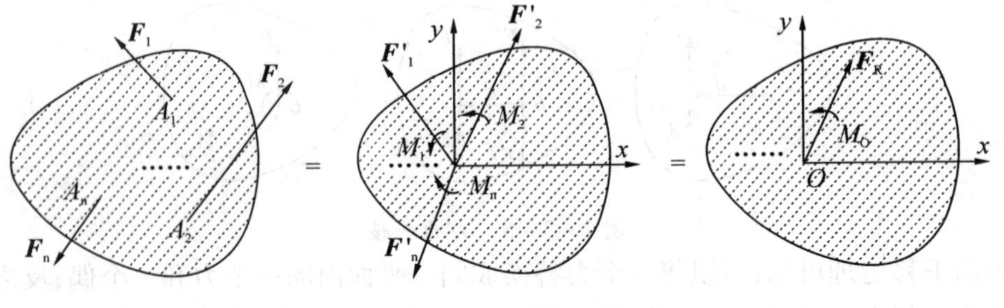

图 1-4-2 平面任意力系的简化

平面任意力系向作用面内一点的合成,可以得到一个主失 F_R 和一个主距 M,则有

$$F_R = F_1 + F_2 + \cdots + F_n = F'_1 + F'_2 + \cdots + F'_n$$

$$M = M_1 + M_2 + \cdots + M_n = \sum_{i=1}^{n} M_i$$

主失的解析表达式为

$$\left.\begin{aligned} F_{Rx} &= \sum Fx \\ F_{Ry} &= \sum F_y \end{aligned}\right\} \Rightarrow F_R = \sqrt{(\sum F_x)^2 + (\sum F_y)^2}$$

主矩为原力系各力对简化中心 O 之矩的代数和。

(三)平面任意力系的平衡条件

若使平面任意力系平衡,必须使其合成后的等效力系平衡,即:主失 $F_R = 0$,主距 $M = 0$。表 1.4.1 列出了常见的平面任意力系的平衡条件。

表 1.4.1 平面任意力系平衡方程的形式

二投影一矩式(基本形式)	一投影两矩式	三矩式
$\sum F_x = 0$ $\sum F_y = 0$ $\sum M_O(F) = 0$	$\sum F_x = 0$(或 $\sum F_y = 0$) $\sum M_A(F) = 0$ $\sum M_B(F) = 0$ 其中两点连线 AB 不能与投影轴 x(或 y)垂直	$\sum M_A(F) = 0$ $\sum M_B(F) = 0$ $\sum M_C(F) = 0$ 其中 A,B,C3 点不共线

解具体问题时可根据已知条件和便于解题的原则选用某一种形式。

(四)解题步骤与方法

1. 确定研究对象,画出受力图

将已知力和未知力共同作用的物体作为研究对象,取出分离体画受力图。

2. 选取投影坐标轴和矩心,列平衡方程

列平衡方程前应先确定力的投影坐标轴和矩心的位置。若受力图上有两个未知力相互平行，可选垂直于此二力的直线为投影轴；若无两未知力相互平行，则选两未知力的交点为矩心；若有两正交未知力，则分别选取两未知力所在直线为投影坐轴，选两未知力的交点为矩心。恰当选取坐标轴和矩心，可使单个平衡方程中未知量的个数减少，便于求解。

3. 求解未知量，讨论结果

将已知条件代入平衡方程中，联立方程求解未知量。必要时可对影响求解结果的因素进行讨论；还可以另选一个不独立的平衡方程，对某一解答进行验算。

五、空间力系

在工程实际中，空间力系的问题很多，许多机械构件都受空间力系的作用，例如机械中的传动轴，起吊三脚架和室内日光灯具等。

（一）空间力系的定义

各力作用线不在同一平面内的力系称为空间力系。根据力系中各作用线在空间的分布情况，空间力系可化为以下3类：

1. 空间汇交力系：各力作用线汇交于一点。
2. 空间平行力系：各力作用线互相平行的力系。
3. 空间任意力系：各力作用线在空间任意分布的力系。

（二）空间力系的分解

1. 力在空间坐标轴上的投影

（1）直接投影法：设力 $\boldsymbol{F}$ 在空间与 x,y,z 轴的正向之间的夹角分别为 α,β,γ，如图1－5－1所示。若以力 $\boldsymbol{F}$ 为对角线，以 x,y,z 轴为边做一平行六面体，则得力 $\boldsymbol{F}$ 的3个分别沿 x,y,z 轴方向的分力 $\boldsymbol{F}_x,\boldsymbol{F}_y,\boldsymbol{F}_z$，分力大小等于力 $\boldsymbol{F}$ 在 x,y,z 轴上的投影值。根据力在坐标轴上的投影可得：

$$F_x = F\cos\alpha$$
$$F_y = F\cos\beta$$
$$F_z = F\cos\gamma$$

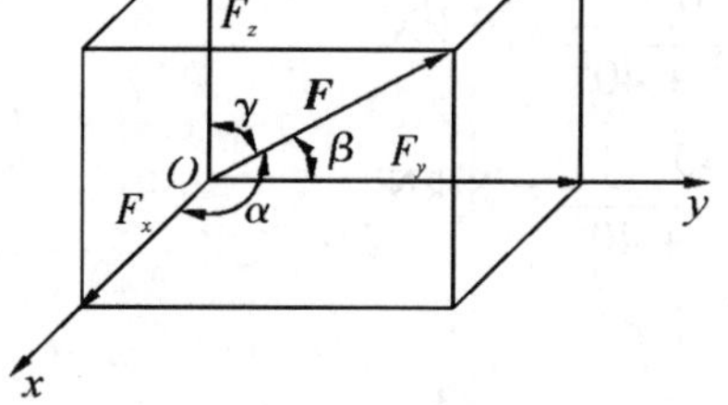

图1－5－1 空间力系的直接投影法

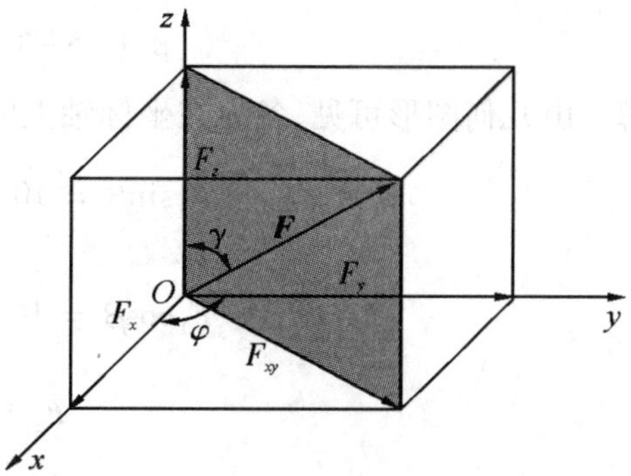

图1－5－2 空间力系的间接投影法

(2)间接投影法:如果仅知道力 $\boldsymbol{F}$ 与 z 轴的夹角 γ,则可以采用二次投影法来求力在坐标轴上的投影,如图 1-5-2 所示。先将力 $\boldsymbol{F}$ 按平行四边形法则在力 $\boldsymbol{F}$ 与 z 轴确定的平面内分解为两分力 F_z 和 F_{xy},其中分力 F_{xy} 位于 Oxy 平面内,两分力大小分别为:$F_z = F\cos\gamma$,$F_{xy} = F\sin\gamma$。然后再将力 F_{xy} 投影到 x,y 轴即可求出力 $\boldsymbol{F}$ 在 x,y 轴上的投影 F_x 和 F_y。如果已知力 F_{xy} 与 x 轴的夹角为 φ,则由图示的几何关系可得

$$F_x = F\sin\gamma\cos\varphi$$

$$F_y = F\sin\gamma\sin\varphi$$

$$F_z = F\cos\gamma$$

同理,如果知道力 $\boldsymbol{F}$ 与 x 轴夹角 α 或 $\boldsymbol{F}$ 与 y 轴夹角 β,则可先将力分解到 Oyz 平面内,求得 F_{yz} 或 F_{xz} 之后再往其他轴上二次投影,从而得出沿空间直角坐标轴 x,y,z 上的分力。值得注意的是,力沿 3 个坐标轴正交分解后的分力 F_x,F_y,F_y 为矢量,而力在 3 个坐标轴上的投影 F_x,F_y,F_z 为标量,二者既有联系又有区别,应加以区分。

反过来,如果已知一个力的空间直角坐标轴上的投影为 F_x,F_y,F_z,那么这个力的大小和方向如何呢?则可以用直角三角形几何关系求得力的大小和方向为

$$\boldsymbol{F} = \sqrt{F_{xy}^2 + F_z^2} = \sqrt{F_x^2 + F_y^2 + F_z^2}$$

$$\cos\alpha = \frac{F_x}{F},\cos\beta = \frac{F_y}{F},\cos\gamma = \frac{F_z}{F}$$

例 试计算如图 1-5-3 所示作用在立方体上的力 $F_1 = 10$ kN,$F_2 = 20$ kN,$F_3 = 30$ kN 在 x,y,z 轴上的投影。

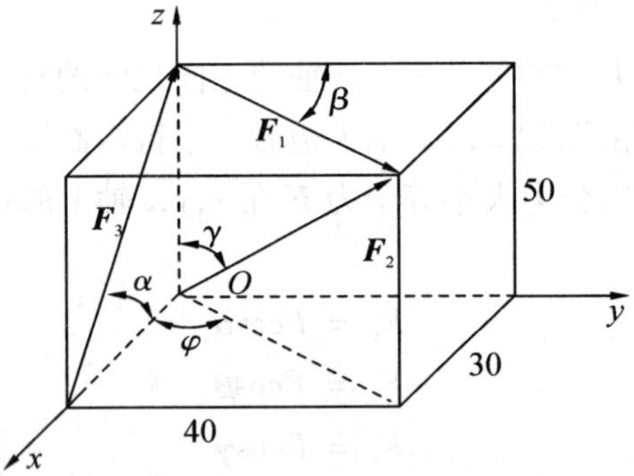

图 1-5-3 力的投影示例

解 由几何图形可见,各力在坐标轴上的投影分别为

$$F_{x1} = F_1\sin\beta = 10 \times \frac{30}{\sqrt{30^2 + 40^2}} = 6 \text{ kN}$$

$$F_{y1} = F_1\cos\beta = 10 \times \frac{40}{\sqrt{30^2 + 40^2}} = 8 \text{ kN}$$

$$F_{z1} = 0 \text{ kN}$$

$$F_{x2} = F_{2xy}\cos\varphi = F_{2xy}\sin\gamma\cos\varphi = 20 \times \sin45° \times \frac{3}{5} = 8.49 \text{ kN}$$

$$F_{y2} = F_{2xy}\sin\varphi = F_2\sin\gamma\cos\varphi = 20 \times \sin45° \times \frac{4}{5} = 11.31\ \text{kN}$$

$$F_{z2} = F_2\cos\gamma = 20 \times \cos45° = 14.12\ \text{kN}$$

$$F_{x3} = -F_3\cos\alpha = -30 \times \frac{30}{\sqrt{30^2+50^2}} = 15.43\ \text{kN}$$

$$F_{y3} = 0\ \text{kN}$$

$$F_{z3} = F_3\sin\alpha = 30 \times \frac{50}{\sqrt{30^2+50^2}} = 25.72\ \text{kN}$$

2. 力对轴之距

在平面问题中,我们已经建立了平面内的力对点之距的概念。实际上平面内力对点之距的作用效果,可以用空间中力对轴之距来度量。如图 1-5-4 所示,当作用在门边上的力 $\boldsymbol{F}$ 使门绕门轴的转动时,假设该力不是落在垂直于 z 轴的平面内,而与该平面的夹角为 β。我们可以将力 $\boldsymbol{F}$ 分解为两个分力,即落在 Oxy 平面内的分力 $\boldsymbol{F}_{xy}$ 和平行 z 轴的分力 $\boldsymbol{F}_z$。因为分力 $\boldsymbol{F}_z$ 不能使门产生转动效果,所以力 F 使门绕 z 轴转动的作用效果就是分力 $\boldsymbol{F}_{xy}$ 对点 O 之距,则

$$M_z(\boldsymbol{F}) = M_O(\boldsymbol{F}_{xy}) = \pm F_{xy}d$$

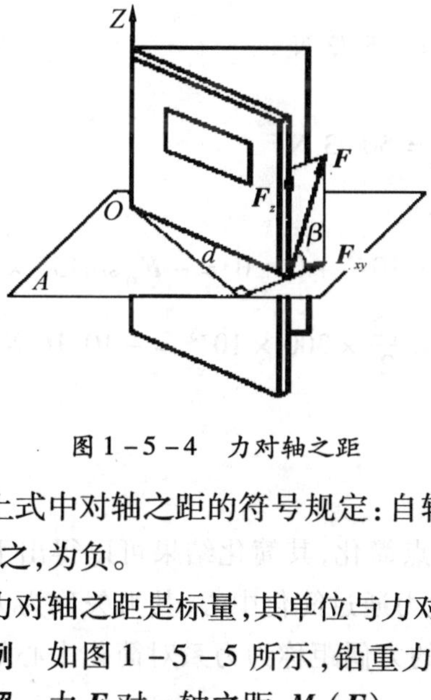

图 1-5-4　力对轴之距

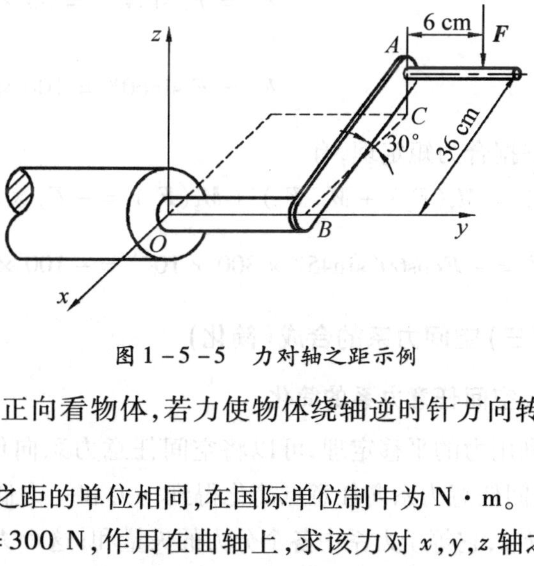

图 1-5-5　力对轴之距示例

上式中对轴之距的符号规定:自轴的正向看物体,若力使物体绕轴逆时针方向转动为正,反之,为负。

力对轴之距是标量,其单位与力对点之距的单位相同,在国际单位制中为 N·m。

例　如图 1-5-5 所示,铅重力 $F = 300$ N,作用在曲轴上,求该力对 x,y,z 轴之距。

解　力 $\boldsymbol{F}$ 对 x 轴之距:$M_x(\boldsymbol{F}) = -(0.30+0.06)\times500 = -180\ \text{N}\cdot\text{m}$

力 $\boldsymbol{F}$ 对 y 轴之距:$M_y(\boldsymbol{F}) = -(0.30+0.06)\times500\times\cos30° = -155.9\ \text{N}\cdot\text{m}$

力 $\boldsymbol{F}$ 对 z 轴之距:因为力 $\boldsymbol{F}$ 与轴平行,得 $M_z(\boldsymbol{F}) = 0\ \text{N}\cdot\text{m}$

3. 合力矩定理

空间力系的合力对某轴之距等于力系中各个分力对同一轴之距的代数和,这个定理称为空间力系的合力矩定理,即

$$M_z(\boldsymbol{F}) = M_z(\boldsymbol{F}_1) + M_z(\boldsymbol{F}_2) + \cdots + M_z(\boldsymbol{F}_n) = \sum_{i=1}^{n} M_z(\boldsymbol{F}_i)$$

例 如图 1-5-6 所示,水平伸臂的一端套在铅直轴上(固定),而另一端受到一个力 $\boldsymbol{F}$ 的作用。已知 $\boldsymbol{F}=100$ N,求力对 z 轴之距。

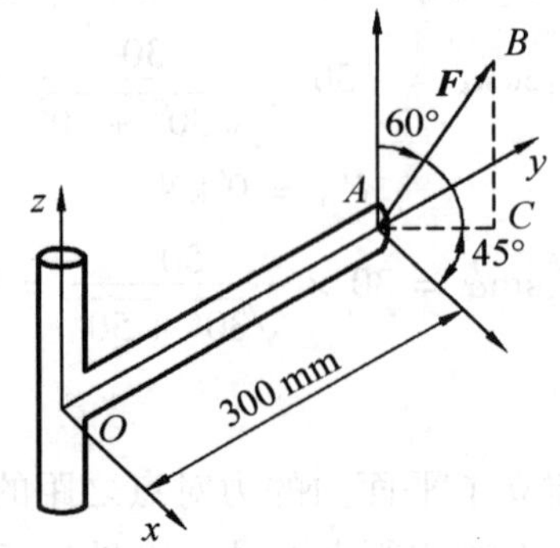

图 1-5-6 合力矩定理示例

解 将分力 $\boldsymbol{F}$ 分解为沿 x,y,z 轴方向的 3 个分力 F_x,F_y,F_z,则有

$$F_{xy}=F\cos 60°=100\times 0.5=50\ \text{N}$$

$$F_x=F_{xy}\cos 45°=50\times\frac{\sqrt{2}}{2}=25\sqrt{2}\ \text{N}$$

$$F_y=F_{xy}\sin 45°=50\times\frac{\sqrt{2}}{2}=25\sqrt{2}\ \text{N}$$

$$F_z=F\sin 60°=100\times\frac{\sqrt{3}}{2}=50\sqrt{3}\ \text{N}$$

根据合力矩定理,有

$$M_z(\boldsymbol{F})=M_z(\boldsymbol{F}_x)+M_z(\boldsymbol{F}_y)+M_z(\boldsymbol{F}_z)=-F_x\times 300\times 10^{-3}+0+0=-F_{xy}\sin 45°\times 300\times 10^{-3}=-F\cos 60°\sin 45°\times 300\times 10^{-3}=-100\times\frac{1}{2}\times\frac{\sqrt{2}}{2}\times 300\times 10^{-3}=-10.16\ \text{N}\cdot\text{m}$$

(三)空间力系的合成(简化)

1. 空间任意力系的简化

利用力的平移定理,可以将空间任意力系向任意点简化,其简化结果可以得出下述结论:空间任意力系向任意点简化得到一力和一力偶,此力通过简化中心,其力矢称为力系的主矢 $\boldsymbol{F'}_R$,它等于力系中各个分力的矢量和;这个力偶的力偶距称为力系对简化中心的主距 M_0,它等于力系中各力对简化中心之距的矢量和,即

$$\boldsymbol{F'}_R=\sum\boldsymbol{F'}_i=\sum\boldsymbol{F}_i$$

$$M_0=\sum M_i=\sum M_0(\boldsymbol{F}_i)$$

2. 空间任意力系的平衡方程

空间任意力系向一点简化,得一主矢 $\boldsymbol{F'}_R$ 和一主距 M_0,如果主矢 $\boldsymbol{F'}_R=0$,主距 $M_0=0$,则力系简化后的空间汇交力系和空间力偶系分别平衡,原空间任意力系也平衡。空间任意力系是空间力系中最普遍的情况,空间汇交和平行力系都是空间力系的特殊情况,其平衡方

程可以由任意力系平衡方程导出,表 1.5.1 给出了空间力系平衡方程的基本形式。

表 1.5.1 空间力系平衡方程的形式

空间力系类型	平衡方程	独立方程数目
汇交力系	$\sum R_{ix}=0\quad \sum \boldsymbol{F}_{iy}=0\quad \sum \boldsymbol{F}_{iz}=0$	3
平行力系	$\sum \boldsymbol{F}_{iz}=0\quad \sum M_x(\boldsymbol{F}_i)=0\quad \sum M_y(\boldsymbol{F}_i)=0$	3
任意力系	$\sum \boldsymbol{F}_{ix}=0\quad \sum \boldsymbol{F}_{iy}=0\quad \sum \boldsymbol{F}_{iz}=0$ $\sum M_x(\boldsymbol{F}_i)=0\quad \sum M_y(\boldsymbol{F}_i)=0\quad \sum M_z(\boldsymbol{F}_i)=0$	6

例 如图 1-5-7 所示,轴 AB 上装有轮子 C 和 D,轮子 C 的半径 $r_1=20$ cm,轮子 D 的半径 $r_2=25$ cm,两轮子分别与轴承 A,B 相距为 $a=50$ cm,两轮之间距离 $b=100$ cm。已知轮 C 上的皮带拉力沿水平方向,它们的大小为 $\boldsymbol{F}_{T1}=2$ kN,$\boldsymbol{F}_{T2}=5$ kN;轮子 D 上两边的皮带轮互相平行,与铅垂线的夹角 $\alpha=30°$,它们的拉力为 $\boldsymbol{F}_{T3}=2\boldsymbol{F}_{T4}$。若不计轮轴的自重,试求在平衡状态下皮带拉力 $\boldsymbol{F}_{T3}$,$\boldsymbol{F}_{T4}$的大小及轴承 A,B 的反力。

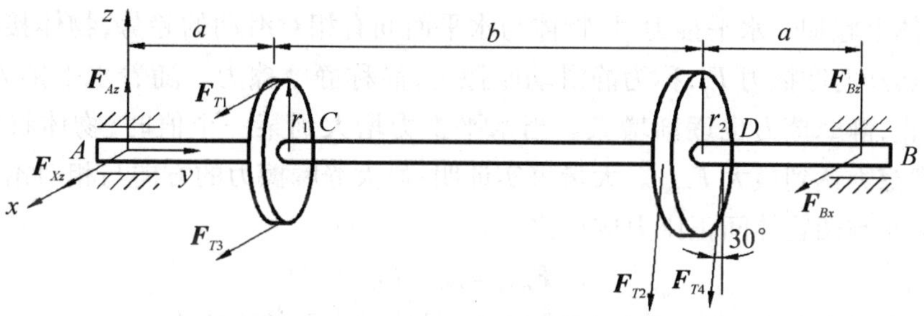

图 1-5-7 空间力系平衡示例

解 取 AB 轴及两个轮子组成的系统为研究对象,受力如图 1-5-7 所示。选 A 点为坐标原点,取 x,y,z 轴如图所示。轴承 A,B 为向心轴承,轴承沿 y 轴方向对系统的运动不起限制作用,故沿 y 方向为无约束反力。轴承 A,B 对系统约束反力只有 x,z 方向的分力,分别为 F_{AX},F_{AZ}和 F_{BX},F_{BZ},它们的箭头指向均为假设。从受力情况看,本系统在空间任意力系作用下处于平衡状态。

列平衡方程:

$$\sum(F_{ix})=0=F_{AX}+F_{BX}+F_{T1}+F_{T2}+(F_{T3}+F_{T4})\sin30°=0$$

$$\sum(F_{iy})=0$$

$$\sum(F_{iz})=0=F_{AZ}+F_{BZ}-(F_{T3}+F_{T4})\cos30°=0$$

$$\sum M_{ix}=0=-(F_{T3}+F_{T4})\cos30°(a+b)+F_{BZ}(2a+b)=0$$

$$\sum M_{iy}=0=(F_{T3}-F_{T4})r_2+(F_{T2}-F_{T1})r_1=0$$

$$\sum M_{ix}=0=-(F_{T1}+F_{T2})a-(F_{T3}+F_{T4})\sin30°(a+b)-F_{BZ}(2a+b)=0$$

解之得

$F_{T3}=4$kN,$F_{T4}=2$kN,$F_{Ax}=-6.37$kN,$F_{AZ}=1.3$kN,$F_{Bx}=-4.13$kN,$F_{BZ}=3.9$kN,F_{Ax}和

F_{Bx}为负值，表明假设方向与F_{Ax}和F_{Bx}实际方向相反。

六、摩擦

在日常生活和生产实践中人们常常可以遇到摩擦现象，例如：车轮与路面之间，带与带轮之间，以及车床上卡盘夹固工件等，都是利用摩擦来实现工作的。摩擦对人类生活和生产既有有利的一面，又有不利的一面。但在大多数量情况下是不利的机器运转中，由于摩擦的存在，不仅需要损耗大量的能量用于克服摩擦的阻力，而且使机器中的机件产生磨损，对生产不利。

按照接触物体之间的运动情况，摩擦可以分为：滑动摩擦和滚动摩擦。

（一）滑动摩擦

1. 定义

物体与接触面间有相对滑动趋势或相对滑动时，物体接触面将产生阻碍相对运动趋势或相对运动的力，称为滑动摩擦力。滑动摩擦又分为静滑动摩擦和动滑动摩擦。

当在物体上施加一水平推力时，物体与水平面间有相对滑动的趋势，物体接触表面将产生阻碍相对运动的摩擦力F_f，称为静滑动摩擦力，简称静摩擦力。随着水平推力的增大，物体仍处于静止，静摩擦力也逐渐增大。当水平推力增大到某一个值时，物体将处于临界状态，此时静摩擦力达到最大$F_{f\max}$。大量事实证明：最大静摩擦力的方向与相对滑动趋势的方向相反，其大小与两物体间正压力成正比，即

$$F_{f\max}=\mu_s\cdot F_{\mathrm{N}}$$

式中：μ_s是比例常数，称为静摩擦因数；F_{N}是接触表面的正压力。

当水平推力进一步增大时，物体进入相对滑动状态，此时物体接触面仍有阻碍运动的摩擦力F'_f，称为动滑动摩擦力，简称动摩擦力。其大小为$F'_f=\mu\cdot F_{\mathrm{N}}$，式中：$\mu$是比例常数，称为动摩擦因数；$F_{\mathrm{N}}$是接触表面的正压力。

一般$\mu_s>\mu$，这就表明物体从静止开始滑动比较费力，一旦滑动起来，要维持物体继续滑动就省力多了。在要求不高的场合，可视为$\mu_s=\mu$。

2. 摩擦角

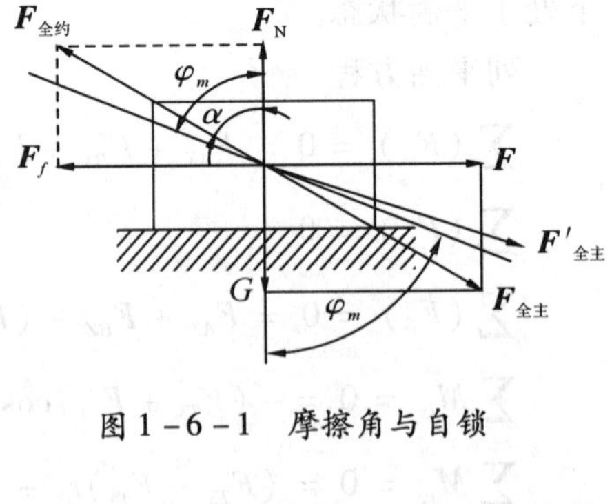

图 1－6－1　摩擦角与自锁

如图 1－6－1 所示，物体在推力F的作用下静止在地面上，平衡物体即受到法向反力F_{N}，又受到切向反力（静摩擦力）F_f的作用，把这两个力合成为$F_{全约}$，称为全约束反力，它的作用线与接触面公法线成一个偏角α，$\tan\alpha=\dfrac{F_f}{F_{\mathrm{N}}}$。当推力$F$增大时，静摩擦力$F_f$也相应的增大，从而偏角$\alpha$增大，当$\alpha$达到最大$\varphi_m$时，即静摩擦力$F_f$为最大静摩擦力$F_{f\max}$，我们将全约束反力与法线间的夹角的最大值称为摩擦角，即

$$\tan\varphi_m=\frac{F_{f\max}}{F_N}$$

把 $F_{f\max}=\mu_s F_N$ 代入上式，得

$$\tan\varphi_m=\frac{\mu_s F_N}{F_N}=\mu_s。$$

表明：摩擦角的正切值等于静摩擦系数。

3. 自锁现象

当物体平衡时，静摩擦力总是小于或等于最大静摩擦力，因此全约束反力与公法线的夹角总是小于或等于摩擦角。由于静摩擦力不可能超出最大静摩擦力，因此全约束反力的作用线也不可能超出摩擦角以外，即全约束反力必在摩擦角之内。

于是可知：如果作用于物体上的全主动力 $F_{全主}$ 作用线在摩擦角 φ_m 之内，则无论该力有多大，物体仍保持静止，即 $F_{全约}=F_{全主}$。这种现象称为自锁现象。反之，当全主动力 $F_{全主}$ 作用线在摩擦角 φ_m 之外，则无论该力有多小，物体将失去平衡而滑动起来（见图 1-6-1）。

故物体的自锁条件为

$$\alpha<\varphi_m$$

螺旋千斤顶作为起重机械（见图 1-6-2），要求被升起的重物在任何位置上都能保持平衡，实现自锁。它的螺纹和丝杆可以看成是物块放在斜面上，螺旋升角 α 即为斜面倾角，所以，螺旋千斤顶的螺旋升角 α 必须小于摩擦角 φ_m。

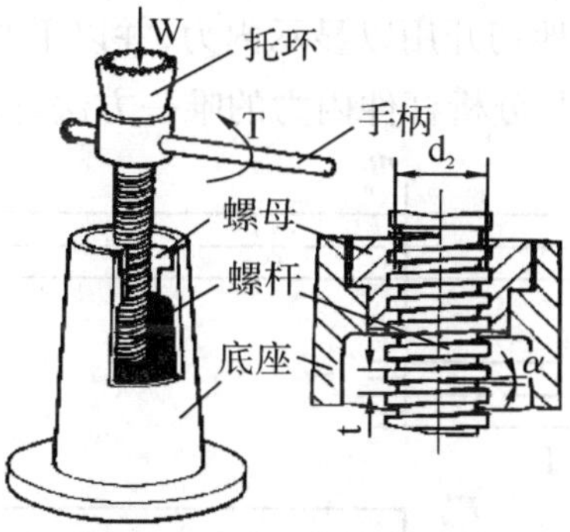

图 1-6-2 螺旋千斤顶

（二）滚动摩擦

当一物体沿另一物体表面滚动时，所受到阻碍滚动的作用称为滚动摩擦。

在水平面上放置一个重为 G 的滚子，半径为 r，其中心作用一水平力 $\boldsymbol{F}$。当 $\boldsymbol{F}$ 不大时，滚子处于平衡静止状态。受力分析可知：此时滚子受重力 G、水平力 F、法向反力 F_N 和静滑动摩擦力 F_f，F 与 F_f 成一对力偶使滚子滚动（见图 1-6-3）。

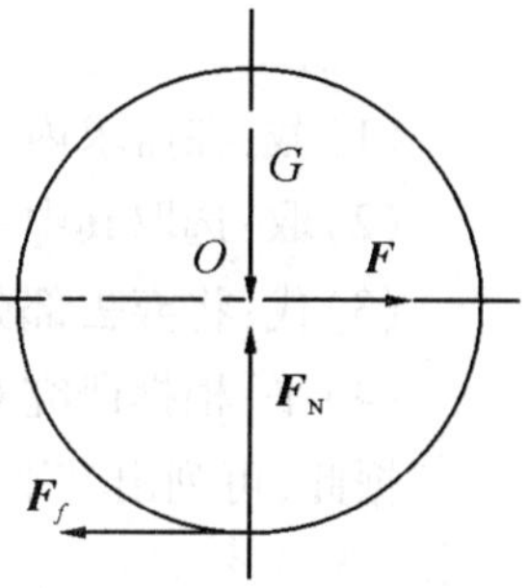

图 1-6-3 滚动摩擦

（三）摩擦的应用

人们在认识摩擦的现象及其特性的基础上，应用摩擦为生产实践服务，因而摩擦在生产实践中有着广泛的应用。例如人们利用摩擦现象，在一些传动中进行传递运动。摩擦轮传动、带传动就是利用了摩擦这一特点来传递运动和动力的，它不仅平稳地传动力，而且还有过载保护的作用。然而大机器运转中，摩擦的存在，不仅损耗了大

量的能量，还使机件磨损，对生产不利。因此研究摩擦的任务就是要掌握摩擦规律，利用摩擦有利的一面，尽量减小或避免它不利的一面。只有充分认识摩擦、利用摩擦，才能更好地为生产、生活服务。

在工程实际中，我们把长度远大于横截面尺寸的构件叫杆件。杆件在外载荷的作用下可能会发生尺寸和形状的变化，称为变形。而当外力载荷超过一定限度时，杆件将被破坏。

本学习情境研究目的：杆件在外力作用下的变形规律及其抵抗破坏的能力。分析变形规律时，可以把杆件变形简化为 4 种：轴向拉压变形、剪切挤压变形、扭转变形和弯曲变形。

七、拉压变形

（一）内力与截面法

1. 内力的概念

杠杆在外力作用下产生变形，其内部一部分对另一部分的作用力称为内力。这种内力随着外力的增大而增大，内力与零件的强度密切相关，当内力增大到一定程度时，杆件就会发生破坏，我们也把拉压杆上的内力又称为轴力。

2. 截面法

将受外力作用的杠杆假想地切开用以显示内力，并以平衡条件来确定其合力的方法，称为截面法（见图 1－7－1）。它是分析杆件内力的唯一方法，截面法求杆件内力的步骤：

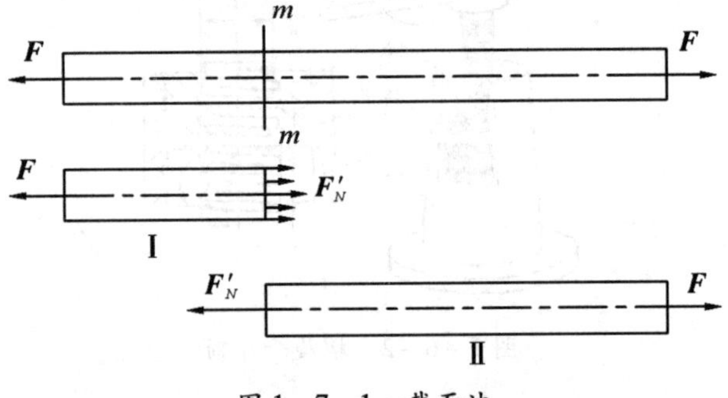

图 1－7－1　截面法

（1）截：在需求内力的截面处，沿该截面假想地把构件切开。

（2）取：选取其中一部分为研究对象。

（3）代：将弃去部分对研究对象的作用，以截面上的未知内力来代替。

（4）平：根据研究对象的平衡条件，建立平衡方程，以确定未知内力的大小和方向。

据此，可列出其平衡方程为

$$F'_N - F = 0 \quad (\text{取左端为研究对象})$$

得

$$F'_N = F$$

用外力表示内力，内力是杆件变形的真正原因，而内因又是通过外因表现的。

（二）轴向拉压变形的特点

在生产实践中，受拉伸或压缩的杆件虽然外形各有差异，但构件都是直杆，因此在计算中都可以简化为所示的受力简图（见图 1－7－2）。我们把轴向伸长变形的杆件称为拉杆，轴向压缩变形的杆件称为压杆。

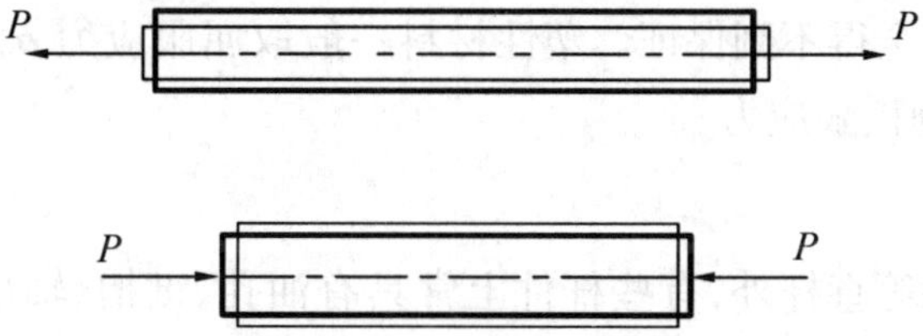

图 1－7－2 杆件的拉伸与压缩

1. 受力特点

作用于杠杆上的外力合力的作用线沿杆件轴线。

2. 变形特点

沿轴线方向产生纵向伸长或缩短。

（三）轴向拉压的强度计算

1. 应力（σ,τ）

定义：单位面积上的内力称为应力。

类型：①正应力（σ）——方向与横截面积垂直的称为正应力；

②切应力（τ）——方向与横截面积平行的称为切应力。

单位：P_a，在工程上常采用 MPa 和 GPa，通常用 MPa，其中：

$$1\text{Pa} = 10^{-6}\text{MPa} = 10^{-9}\text{GPa}$$

2. 横截面上的正应力（σ）

$$\sigma = F_N / A$$

其中：F_N 是轴力（N）；A 是横截面积（mm），σ 的单位是 MPa。

当拉压杆受到轴力作用后，杆内任一点不仅产生正应力 σ，而且相应地还会发生纵向变形，我们将单位长度的伸长量或压缩量称为线应变 ε，正应力与线应变之间存在下列关系式

$$\sigma = E\varepsilon$$

（其中：E 是比例系数，称为弹性模量，单位是 N/mm^2）

在一定的范围内，一点处的正应力同该点处的线应变成正比关系，故上式称为虎克定律，适用于单向拉伸或压缩。

（四）许用应力和安全系数

当材料受到拉压作用达到或超过材料的极限应力时，材料就会产生塑性变形或断裂，为了保证构件安全，必须使构件在静载荷作用下工作的最大应力低于材料的极限应力。极限应力降低到一定程度，这个应力值称为材料的许用应力[σ]，许用应力值可由极限应力除以一个大于 1 的系数而得到，这个大于 1 的数就是安全因数 n，它反映了构件必要的强度储备，即

$$[\sigma] = \frac{\sigma}{n}$$

在工程实际中，静载的塑性材料一般取安全系数 $n = 1.2 \sim 2.5$，脆性材料取 $n = 2 \sim 3.5$。

安全系数反映了经济与安全之间的矛盾关系，取值过大，许用应力过低，造成材料浪费；取值过小，许用应力过高，安全得不到保证。塑性材料一般取屈服应力 σ_s 作为极限应力，而脆性材料取抗拉极限 σ_b 作为极限应力。

（五）应力集中

工程中所用构件除等直杆外，有些杆件上常具有油孔、键槽、轴肩等。这些部件的截面尺寸发生了显著的变化，其应力不再均匀分布。这种因截面尺寸显著变化而引起应力局部增大的现象，称为应力集中（见图 1－7－3）。截面尺寸变化越显著，则应力集中程度越严重。

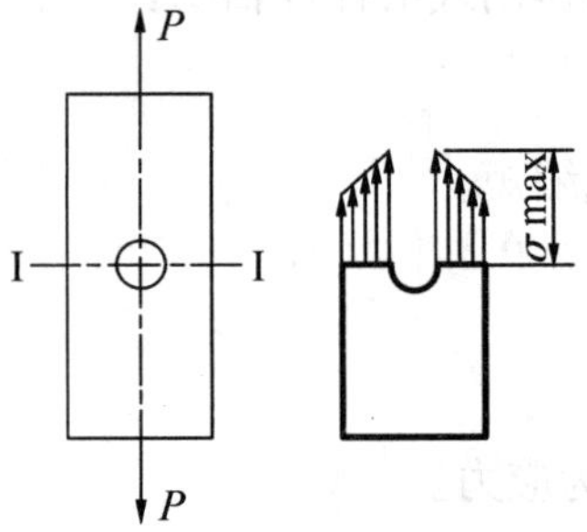

图 1－7－3　应力集中

（六）拉压杆强度的校核条件

为了保证构件能安全可靠的工作，必须使构件的最大工作应力小于材料的许用应力，即

$$\sigma_{\max}=\frac{F_{N\max}}{A}\leqslant[\sigma]$$

（七）拉压强度校核条件解决的问题：

（1）检验杆件的强度是否满足要求：$\sigma_{\max}\leqslant[\sigma]$。

（2）计算杆件的最大载荷：$F_{N\max}\leqslant[\sigma]$。

（3）设计杆件的最小危险截面尺寸：$A\geqslant\frac{F_{N\max}}{[\sigma]}$。

八、剪切与挤压变形

在工程中常遇到受剪切变形的零件有螺栓、键和销等。

（一）剪切与挤压变形的特点

如图 1－8－1 所示的螺栓连接，承受垂直于螺栓轴线的横向载荷 P，图中忽略了螺栓与孔之间的间隙，类似于铰制孔螺栓的连接形式。当载荷 P 增大时，螺栓沿 $m-m$ 截面发生相对移动，甚至可能被切断。

1. 受力特点

作用于构件两侧面上外力的合力大小相等、方向相反，且作用线相距很近；

2. 变形特点

构件沿两力作用的截面发生相对错动。发生相对移动的面称为剪切面。剪切面上与截面相切的内力称为剪力，用 F_Q表示。

只有一个剪切面的剪切变形称为单剪，有两个剪切面的剪切变形称为双剪。

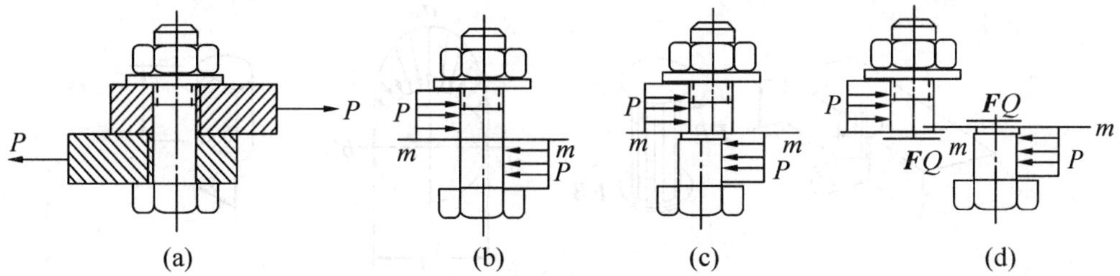

图 1－8－1 螺栓的剪切变形

构件发生剪切变形的同时，往往还在受力处相互接触的作用面间发生挤压现象（见图 1－8－2）。发生挤压的接触面称为挤压面。挤压面上的压力称为挤压力，用 F_B表示。当相互挤压很大时，作用面间将可能发生塑性变形或压溃，所以往往剪切和挤压是伴随发生的。

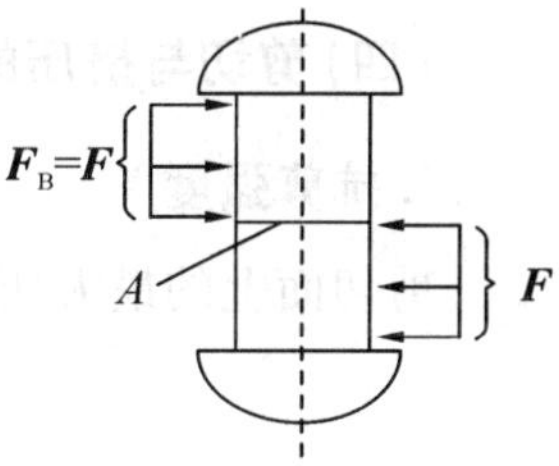

图 1－8－2 螺栓的挤压变形

（二）切应力（τ）

1. 剪力

螺栓在外力作用下，此时在螺杆内部产生一个抵抗变形的力，称为剪力 F_Q。根据截面法可以求出某一截面内的剪力，剪力大小与外力相等且与受力截面相切，如图 1－8－1（d）所示。

2. 切应力

表示沿剪切面上应力分布的程度，即单位面积上所受到的剪力。工程实际中一般近似认为：剪切面上的应力分布是均匀的，其方向与剪力相同，即

$$\tau = \frac{F_Q}{A}$$

其中：F_Q 是剪力（N），A 是剪切面积（ mm^2 ），切应力单位与正应力相同。

（三）挤压

1. 挤压的定义

当零件发生挤压现象时，彼此相互接触压紧的表面称为挤压面，彼此相互挤压的作用力称为挤压力。

2. 挤压应力

工程中常假定挤压力在挤压面上是均匀分布的，挤压面上单位面积所受到的挤压力，称为挤压应力，其表示为

$$\sigma_B = \frac{F_B}{A_B}$$

其中：F_B是挤压力，A_B是挤压面积，挤压应力单位与正应力相同。

当挤压面为平面时，计算挤压面积即为实际挤压面面积；当挤压面为圆柱时，在圆柱表面上，挤压应力分布非均匀，因此，在工程实际中采用近似计算，即把作用于圆柱表面上的应

力，认为在其直径的矩形投影面上是均匀的，即用直径截面代替挤压面，则 $A_B = dt$（见图 1-8-3）。

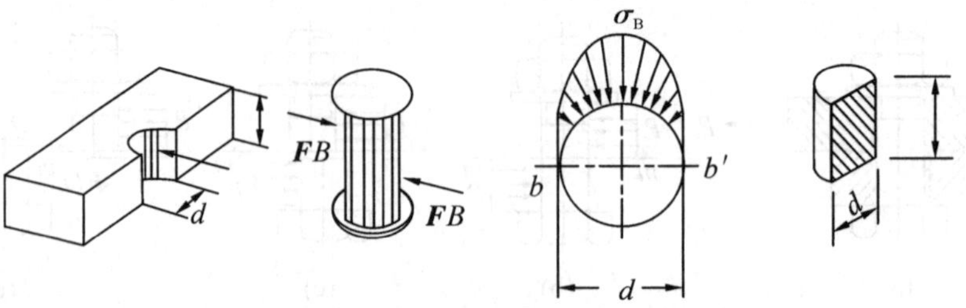

图 1-8-3　螺栓的挤压应力

（四）剪切与挤压的强度校核

1. 抗剪强度

剪切面上的最大切应力，即抗剪强度极限不得超过材料的许用切应力，表示为

$$T_{\max} = \frac{F_Q}{A} \leqslant [T]$$

2. 抗压强度

挤压面上的最大挤压力不得超过挤压许用应力，即

$$\sigma_{B\max} = \frac{F_B}{A_B} \leqslant [\sigma]$$

利用抗剪强度和挤压强度两个条件可以解决以下 3 类问题。

①强度校核；

②设计截面尺寸；

③确定许用载荷。

由于受剪零件同时伴有挤压作用，因此在校核零件强度时，不仅要计算抗剪强度，还要计算挤压强度。如一部机器在工作中可能会出现超载现象，零件在超载时会发生破坏，为了使机器中关键零件或贵重零件不致损坏，而把机器中某个次要零件设计成整个机器中最薄弱的环节，机器超载时，这个零件先行破坏，而使载荷不能增加，从而保护了机器中其他重要零件。

九、扭转变形

工程中，很多传动机构中的回转件都会产生扭转变形。

例如汽车方向盘转动时，转动轴的受力情况为：司机在方向盘上作用着一个力偶，同时在转向轴的下端作用一个阻碍方向盘转动的反力偶。转动轴由于受到这两个力偶的作用，扭转变形（见图 1-9-1）。

（一）扭转变形的特点

1. 受力特点

在杆件的两端受到大小相等，方向相反的一对力偶的作用；

2. 变形特点

杆件上各个横截面均绕杆件的轴线发生相对转动。

在扭转变形中，我们把扭转变形为主要变形的杆件称为轴，上、下两截面所扭转过的角度称为相对扭转角（见图1－9－1）。

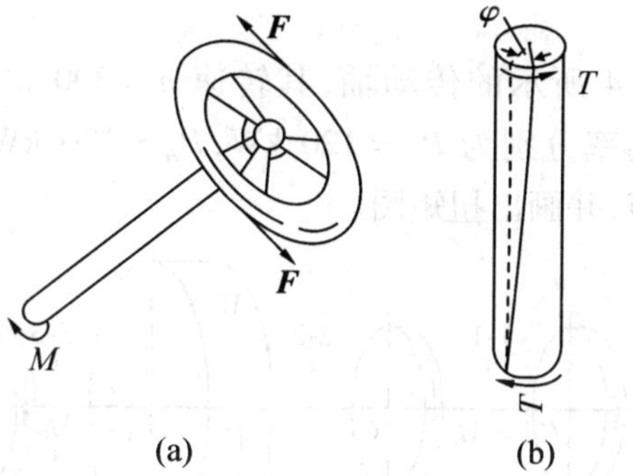

图1－9－1　扭转变形及扭转

（二）轴的外力偶矩计算

工程上通常给出传动轴的转速及其所传递的功率，而作用于轴上的外力偶矩可以用下式来求出，即

$$M=\frac{9549P}{n}$$

（其中：M 是外力偶矩，单位 N·m；P 是功率，单位 kW；n 是转速，单位 r/min）

（三）圆轴扭转的内力（扭矩）计算

1. 内力

用截面法可知：扭转时横截面上的内力是一个力偶矩，称为扭矩。假想沿轴的某一个截面 m 切开，取左面为研究对象（见图1－9－2），则

$M_o-M_e=0$（建立力偶距平衡方程）

得：$M_o=M_e$（大小与 M_e 相等，方向与假设方向一致）

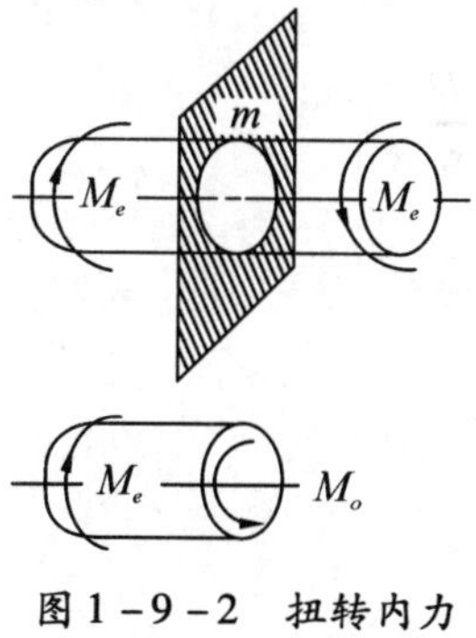

图1－9－2　扭转内力

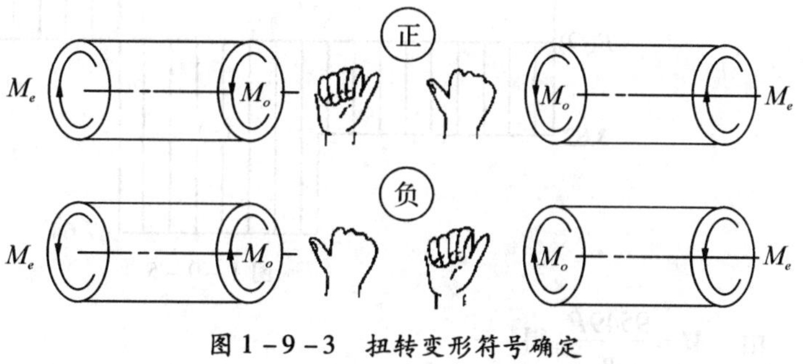

图1－9－3　扭转变形符号确定

2. 扭转内力（扭矩）的符号规定

按右手螺旋法则，四指方向与截面力偶方向一致，则拇指指向为扭矩方向。当该矢量方向与截面外法线方向一致时，方向为正；反之，为负（见图1－9－3）。

3. 扭矩方程与扭矩图

通常，扭矩圆轴各横截面上的扭矩是不同的，扭矩 T 是横截面位置 x 的函数，即

$$T = T(x)$$

以与轴线平行的 x 轴表示横截面的位置，垂直于 x 轴的 T 轴表示扭矩，由函数 $T = T(x)$ 绘制的曲线称为扭矩图。

例 已知如图 1－9－4 所示的传动轴，其转速 $n = 300$ r/min，主动轮 A 的功率 $P_A = 400$ kW，3 个从动轮输出功率分别为 $P_C = 120$ kW，$P_B = 120$ kW，$P_D = 160$ kW，试求 1－1，2－2和 3－3 截面处的扭矩，并画出扭矩图。

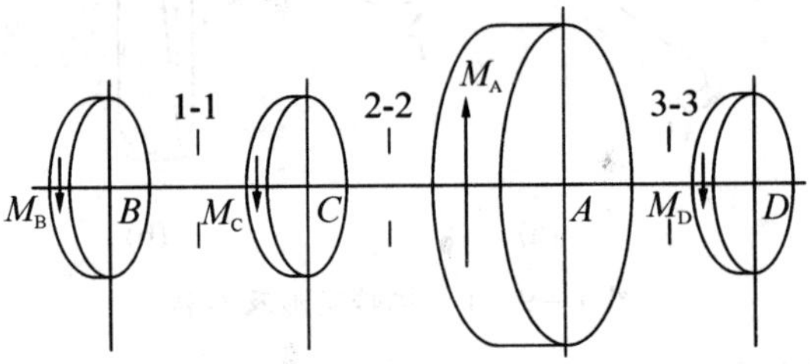

图 1－9－4 齿轮传动轴工作示例

解

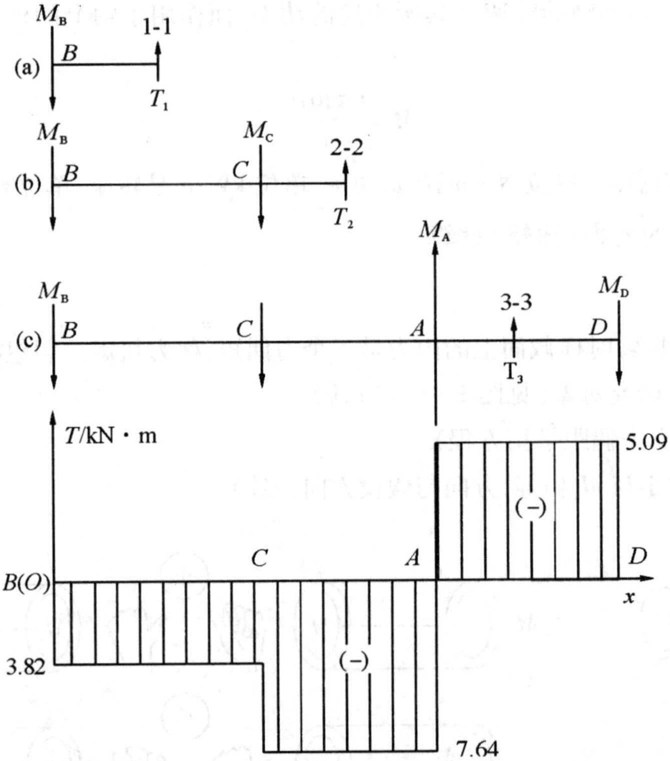

图 1－9－5

由 $M = \dfrac{9549P}{n}$，得

$$M_A = 12.73 \text{ kN}\cdot\text{m} \quad M_B = M_C = 3.82 \text{ kN}\cdot\text{m} \quad M_D = 5.09 \text{ kN}\cdot\text{m}$$

如图 1－9－4 所示由截面法可得

$$\sum M_x = 0, M_B + T_1 = 0$$

$$T_1 = -M_B = -3.82\ \text{kN}\cdot\text{m}$$

同理：
$$\Sigma M_x = 0 \quad M_B + M_C + T_2 = 0$$
$$T_2 = -M_B - M_C = -7.64\ \text{kN}\cdot\text{m}$$

同理：
$$\Sigma M_x = 0 \quad M_B + M_C - M_A + T_3 = 0$$
$$T_3 = -M_B - M_C + M_A = 5.09\ \text{kN}\cdot\text{m}$$

按绘制扭矩图的方法绘制出扭矩图(见图1-9-5)。

(四)圆轴扭转的应力(无正应力,只有切应力)

1. 扭转假设

在圆轴表面上画出很多等距的圆周线和轴线平行的纵向线,形成大小相等的矩形方格。当圆轴扭转变形时,我们可以看出(见图1-9-6):

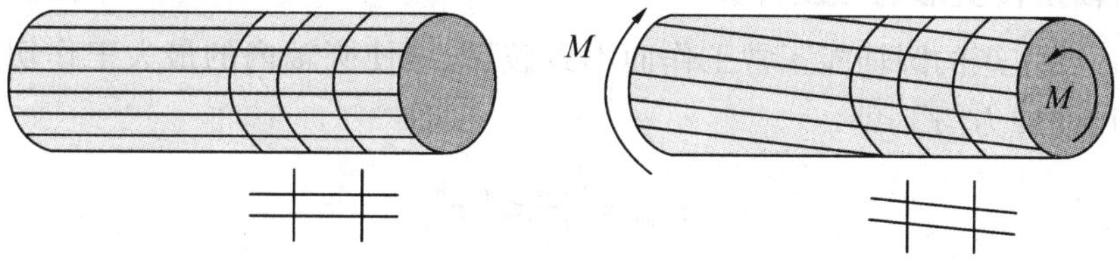

图1-9-6　扭转变形假设

(1)各圆周线相对于轴线旋转了一个小角度,但其形状大小及圆周线间距没有变,我们把这个角度称为扭转角 φ。

(2)各纵向线,均倾斜了一个小角度,矩形变成了平行四边形。

由此,我们可以得出:圆轴扭转时,在横截面上只有相对轴线的微小变形,截面内无正应力而只有垂直于半径的切应力。

2. 切应力分布规律

圆轴横截面上任一点的切应力与该点所在圆周的半径成正比,方向与过该点的半径垂直,切应力最大处发生在半径最大处(见图1-9-7)。

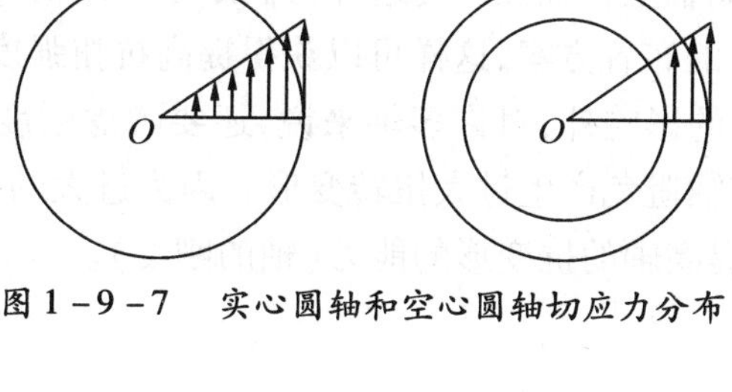

图1-9-7　实心圆轴和空心圆轴切应力分布

3. 切应力计算

根据静力学关系导出切应力计算公式为

$$\tau = \frac{T\rho}{I_p}$$

(其中:T 是横截面上的扭矩;ρ 是横截面上任意一点半径;I_p 是横截面上截面二次极矩)

当 $\rho = R$ 时,切应力最大,即

$$\tau_{\max} = \frac{TR}{I_p}$$

令$\frac{I_p}{R}=W_t$时，上式可以写成

$$\tau_{\max}=\frac{T}{W_t}\quad（其中：W_t 是抗扭截面系数）$$

（五）I_p 和 W_t 的计算（见表 1－9－1）

表 1.9.1

轴的类型	截面二次极矩 I_P	抗扭截面系数 W_t
实心圆轴	$I_p=\frac{\pi D^4}{32}\approx 0.1D^4$	$W_t=\frac{\pi D^3}{16}\approx 0.2D^3$
空心圆轴	$I_p=0.1D^4(1-\alpha^4)\quad \alpha=d/D$	$W_t=0.2D^3(1-\alpha^4)\quad \alpha=d/D$

（六）圆轴扭转变形的强度计算

为了保证受扭矩的圆轴能正常工作而不致破坏，应使圆轴内的最大工作切应力不得超过材料的许用切应力［τ］，即

$$\tau_{\max}=\frac{T_{\max}}{W_t}\leqslant[\tau]$$

（七）改善抗扭能力的方法

1. 选用合理截面，提高轴的抗扭截面系数 W_t

对圆轴来说，合理截面一个是主轴，一个是空心轴。对扭矩来说，扭转切应力分布是越远离轴心切应力越大，中心剪力为零，即轴心附近剪力最小。因此，工程上对较大尺寸的传动轴常设计成实心的。但是在强度条件和相同相同的情况下，对轴的截面而言，空心轴不仅比实心轴节省材料，而且空心轴的抗扭截面系数高，能有效提高轴的强度。

2. 合理安排受力情况，降低最大扭矩 $T_{\max}$

对等截面轴来说，$|T_{\max}|$所在截面即为轴的危险截面，降低$|T_{\max}|$值可提高抗扭能力。降低$|T_{\max}|$值可采用在等截面轴上各轴段所传递外力偶矩不变的情况下，调换各外力偶矩的作用位置，找出使$|T_{\max}|$最小的布置方案，这样可以获得提高抗扭强度的方法。

除了强度对抗扭能力的影响外，对许多轴来说，还要考虑刚度对抗扭能力的影响，即在轴满足强度条件下还要使轴避免产生过大扭转变形。因为过大的扭转变形会使机器的正常运转受到影响，所以必须提高轴的抗变形的能力（轴的刚度）。

十、弯曲变形

（一）弯曲变形的特点（平面弯曲）

在日常生活中，弯曲的现象是普遍存在的，例如挑重物的扁担和钓鱼的竹杆，在使用中都会发生弯曲。同样，在工程机械中也存在着弯曲，如吊车的主梁、火车的车轴在受到横向载荷作用下时就会产生弯曲变形（见图 1－10－1）。

1. 受力特点

梁所受的力垂直于梁轴线的横向力。

2. **变形特点**

梁的轴线被弯成一条曲线。

以弯曲变形为主要变形的杆件,称为梁。

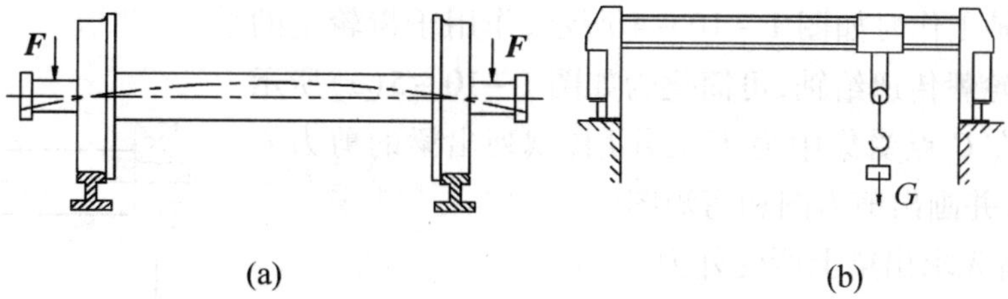

图 1-10-1 梁的弯曲变形

(二)平面弯曲

有对称截面的梁,其横截面至少有一个对称面。此时对称轴与梁的轴线所组成的平面构成一个纵向对称面。如果梁上的所有外力都作用在该梁的纵向对称面内,则梁弯曲变形后,其轴线也必在纵向对称面内弯曲成一条曲线。把这种梁的弯曲变形叫做平面弯曲(见图 1-10-2)。

本节研究的对象就是梁是在平面弯曲时横截面内的内力。

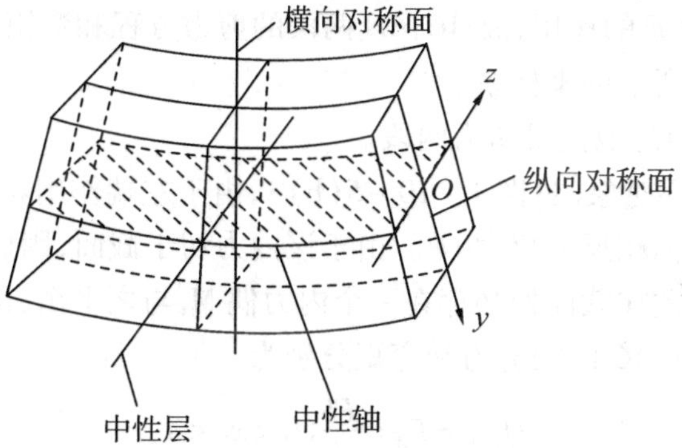

图 1-10-2 梁的平面弯曲

(三)梁的简化形式

工程上梁的截面形状、载荷以及支承情况一般都比较复杂,为了便于分析和计算,必须对梁进行简化,包括梁本身的简化、载荷的简化以及支座的简化等。

作用于梁上的外力包括载荷和支座反力,可以简化为集中载荷、分布载荷和集中力偶 3 种形式。当载荷的作用范围较小时,简化为集中力;若载荷连续作用在梁上,则简化为分布载荷,用载荷密度 q(N/m)即沿梁轴线单位长度上所受的力来表示;集中力偶可以理解为力偶的两力分布在很短的一段梁上。

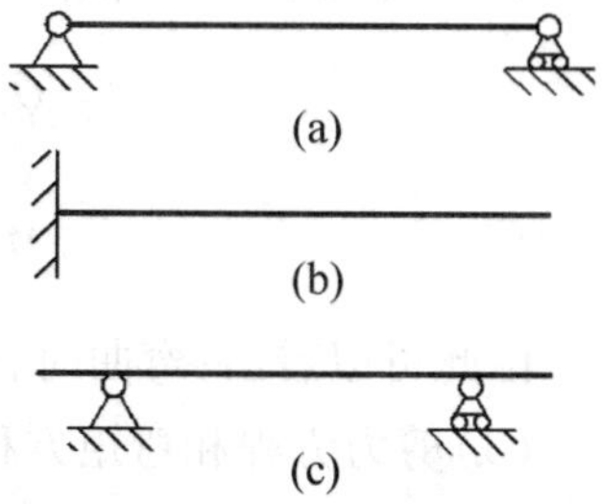

图 1-10-3 梁的简化形式

根据支座对梁的约束,简单的梁有以下 3 种类型。

(1)简支梁:一端固定铰支承,另一端可动铰支承的梁(见图 1-10-3(a))。

(2)悬臂梁:一端固定铰支承,另一端自由的梁(见图 1-10-3(b))。

(3)外伸梁:具有一个或两个外伸部分的梁(见图 1-10-3(c))。

(四)梁的内力计算

平面弯曲梁横截面内的内力分析是对梁进行强度计算的基础。一般来讲,平面弯曲梁的内力包括横截面内的剪力 F_Q和弯矩 M。

例 齿轮轴工作时如图 1-10-4 所示,作用于齿轮上的径向力 F 通过轮毂传递给轴,可简化为如图 1-10-5(a)所示的简支梁 AB,在 C 点受集中力 F 的作用,试列出梁的剪力方程和弯矩方程,并画出剪力图和弯矩图。

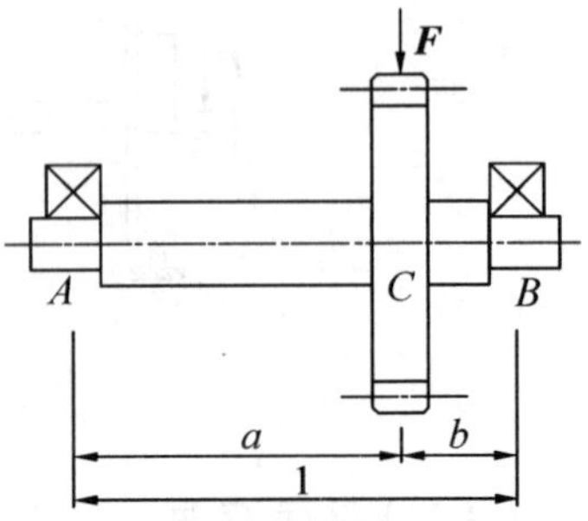

图 1-10-4

解 (1)首先求出梁上所受外力

(2)用截面法求内力(剪力、弯距)

如图 1-10-4 所示,有

$$F_A=\frac{Fb}{l}$$

$$F_B=\frac{Fa}{l}$$

(分别以 A,B 为矩心点,根据合力矩定理建立平衡方程)

由于点 C 受集中力 F 的作用,故 AC,CB 两段的剪力方程和弯矩方程不同,须分别列出,建立如图 1-10-5(a)所示的坐标系。

①在截面 1-1 处假想地把梁切为两段。

②取 AC 左端为研究对象(见图 1-10-5(b)),由于左端作用着外力 F_A,则在截面上必有一与 F_A大小相等、方向相反的反力 Q_1。由于该内力切于截面,因此称为剪力。又由于 F_A与 Q_1形成一个力偶,因此在截面处必存在一个内力偶 M_1与之平衡,该力偶称为弯矩。

③建立平衡方程,得 AC 段的剪力和弯矩分别为

$$Q_{(x)}=F_A=\frac{Fb}{l}(0<x_1<a)$$

$$M_{(x)}=F_Ax_1=\frac{Fb}{l}x_1(0\leqslant x_1\leqslant a)$$

对 CB 段,取 2-2 截面的右端为研究对象。同理可得:CB 段的剪力和弯矩分别为

$$Q_{(x)}=-F_B=-\frac{Fa}{l}\quad(a<x_2<1)$$

$$M_{(x)}=F_B(l-x_2)=\frac{Fa}{l}(l-x_2)\quad(a\leqslant x_2\leqslant 1)$$

由此可以看出:弯曲时,梁的横截面上产生两种内力:一个剪力、一个弯矩。

(3)剪力方程和弯矩方程若以横坐标 x 表示横截面在梁上的位置,则剪力和弯矩可表示为 x 的函数,即

$$F_Q=F_Q(x)$$
$$M=M(x)$$

上面的函数表达式称为剪力方程和弯矩方程。

(4)绘制剪力图、弯矩图:把 F_Q,M 沿轴的变化情况用图形在坐标内表示出来,所得的图形就分别称为剪力图和弯矩图。

由剪力方程可知,在AC,CB段内,剪力为常数,剪力图都是平行于x轴的水平线(见图1-10-5(c))。由弯矩方程可知,在AC,CB段内,弯矩都是x的一次方程,所以两段的弯矩图都是斜线,只要给定两个端点,就可以画出弯矩曲线了(见图1-10-5(d))。

从剪力图、弯矩图可以看出,在集中力作用处,剪力发生突变,突变的方向是从左到右和集中力的方向一致,其突变值等于集中力的大小;弯矩图则形成一折角,即弯矩图在此点的斜率发生改变。

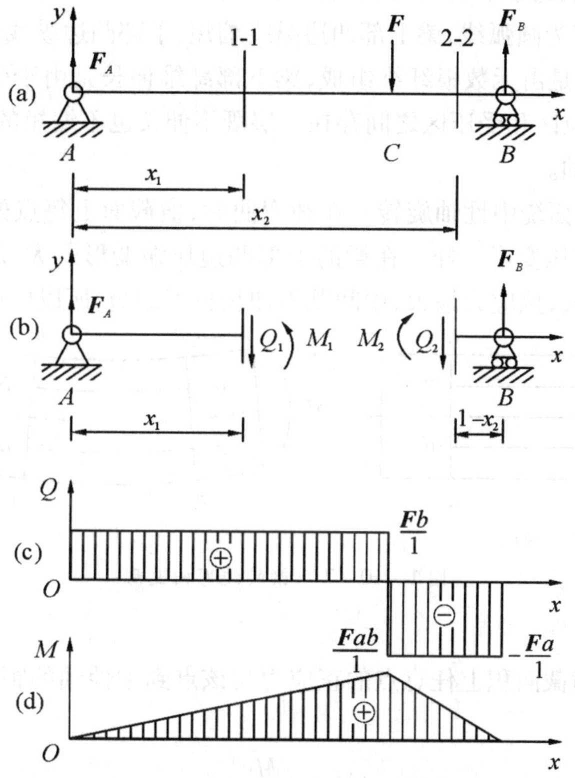

图1-10-5　简支梁的内力和剪力图、弯矩图

(5)剪力、弯曲的符号判断:剪力符号规定:左上右下,剪力为正,反之为负;弯矩符号规定:左顺右逆,弯矩为正,反之为负(见图1-10-6)。

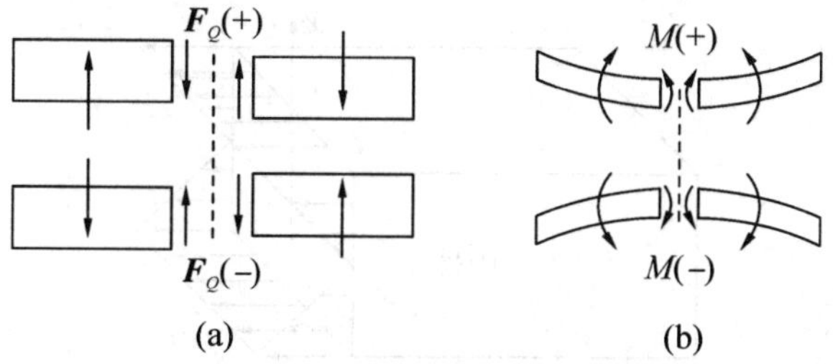

图1-10-6　剪力和弯曲的符号判断

(五)平面弯曲梁的强度计算

在介绍了平面弯曲梁的内力之后,从剪力图和弯矩图上可以确定发生最大剪力和最大弯矩的危险截面。剪力是由横截面内的切应力形成的,而弯矩是由横截面上的正应力形成的。实验表明,当梁较为细长时,正应力是决定梁是否遭破坏的主要因素,切应力则是次要

因素。因此本节重点研究梁横截面内的正应力。

1. **纯弯距**

梁上各横截面内剪力为零、弯距为常数时的弯曲变形(理想状态)。

在梁的表面划上均匀的横向线和纵向线,然后在梁的纵向对称面内施加一对力偶观察梁的弯曲变形可知:

(1)所有横向线仍为直线,且仍与纵线正交,但转了一个角度。

(2)所有纵向线变为圆弧线,梁上部凹边纵线缩短,下部凸边纵线伸长(见图 1-10-7)

因此,可以假想梁是由无数根纤维组成,梁下部纤维伸长是由于受拉所致,上部凹边缩短为受压所致。在受拉区和受压区之间存在一层既不伸长也不缩短的中性层。中性层与横截面的交线称为中性轴。

弯曲变形时,横截面绕中性轴旋转。在纯弯曲时,横截面上每点处的应力和变形(伸长和缩短)情况和轴的拉压变形一样。在梁的上部凹边压缩变形最大,压应力最大;而在梁的下部凸边拉伸变形最大,拉应力最大,中间既不伸长也不缩短,所以中性层正应力为零。

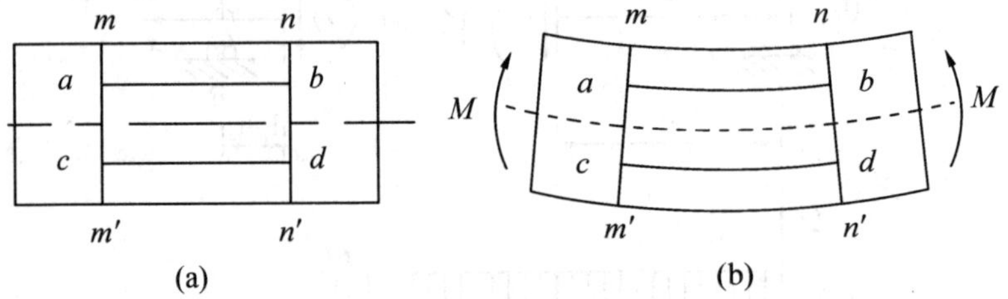

图 1-10-7　梁的纯弯曲变形

2. **正应力**

由此可见,梁的横截面积上任意点的正应力与该点到中性轴的距离成正比(见图 1-10-8),即

$$\sigma = \frac{My}{I_z}$$

式中 σ 是横截面上任一点处的弯曲正应力;M 是该横截面积上的弯矩;y 是该点到中性轴的距离;I_Z是该横截面对中性轴的截面二次矩。

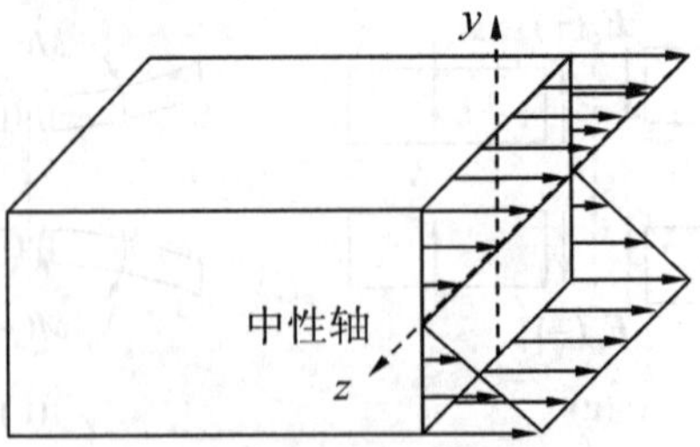

图 1-10-8　梁的正应力

3. **最大正应力**

当梁取上下边缘时有最大应力,即

$$\sigma_{\max} = \frac{M_{\max} y_{\max}}{I_z}$$

令$\frac{I_z}{y_{max}} = W_z$(抗弯截面系数),得

$$\sigma_{max} = \frac{W_{max}}{W_z}$$

4. 梁的强度计算

为保证梁的安全可靠,应使梁的最大正应力不超过梁的许用正应力,即

$$\sigma_{max} = \frac{M_{max}}{W_z}$$

(六)*I* 和 *W* 的计算(见表 1-10-1)

表 1.10.1

截面形状	惯性矩	抗弯截面系数
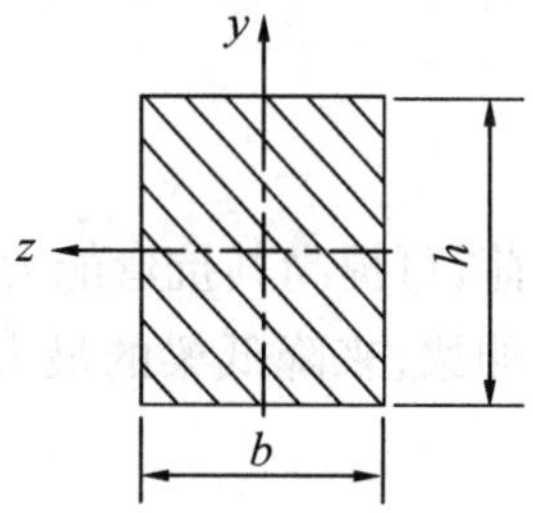	$I_Z = \frac{bh^3}{12}$ $I_y = \frac{hb^3}{12}$	$W_Z = \frac{bh^2}{6}$ $W_y = \frac{hb^2}{6}$
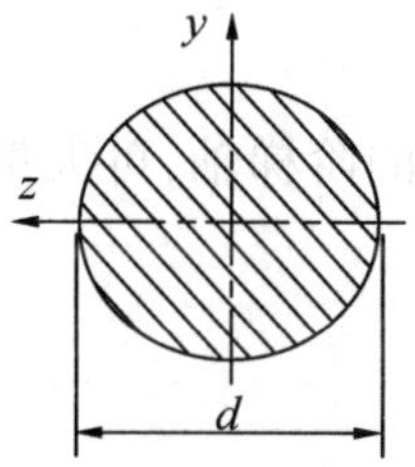	$I_Z = I_y = \frac{\pi d^4}{64}$	$W_Z = \frac{bh^2}{6}$ $W_y = \frac{hb^2}{6}$
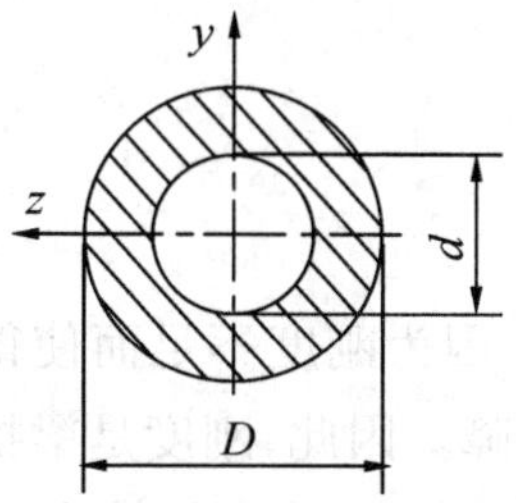	$I_Z = I_y = \frac{\pi d^4}{64}(1-\alpha^4)$	$W_Z = W_y = \frac{\pi D^3}{32}(1-\alpha^4)$
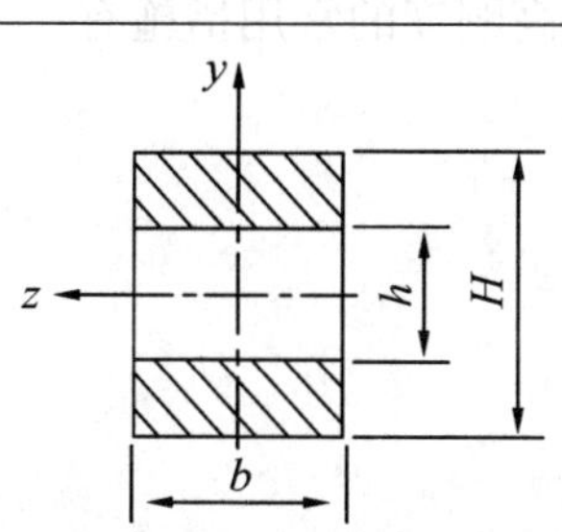	$I_Z = \frac{b(H^3-h^3)}{12}$ $I_y = \frac{b^3(H-h)}{12}$	$W_Z = \frac{b(H^3-h^3)}{6H}$ $W_y = \frac{b^2(H-h)}{6}$

常用型钢的 *I* 和 *W* 可查阅有关资料获得。

(七)提高抗弯能力的方法

梁的强度越高,抵抗弯曲的能力也就越强。由梁的弯曲正应力公式可知,要提高梁的强度必须从以下3个方面考虑:

(1)选择合理的截面形状,提高抗弯截面系数 W_z。

(2)注意受力情况,降低最大弯矩 M_{max}。

(3)根据材料性能和弯矩大小选择截面。

1. 梁的截面形状

梁的截面形状有圆形、矩形、槽型和工字型等。选用合理的截面,调节截面几何性质可达到提高强度和节省材料的目的。同样大小的截面积,做成槽型和工字型比圆型和矩型抗弯能力强。汽车的大梁由槽钢制成,铁路的钢轨制成工字型,都是从提高抗弯能力和节省材料方面来考虑的。

2. 合理布置载荷

作用在梁上的常见的载荷有:

集中载荷作用。在结构允许的条件下,将集中载荷变为均布载荷,可提高其抗弯能力。

适当调整梁的支座位置,例如简支梁通过向内移动支座变为外伸梁,来降低梁的最大弯矩值。

将集中载荷靠近支座可降低最大弯矩值,从而提高了抗弯能力。

3. 采用变截面梁

汽车上用的钢板弹簧,就是变截面梁的应用。同样,工程上常见的阶梯轴,可大量节省材料,设计也更加合理,如图1-10-9所示。

图1-10-9 汽车的板弹簧

4. 提高抗弯刚度的措施

工程上除了要满足构件强度的要求外,还有满足刚度的要求。因为刚度不足而使得构件变形过大也是不能满足机械性能的表现之一,甚至会出现机械故障。因此,刚度是梁抵抗变形的能力,刚度越大变形越小,对梁的弯曲变形要加以限制。提高刚度的常用措施有:

(1)缩短梁的长度。

(2)在不能缩短梁长度的情况下,增加梁的支承约束。

(3)改变梁的截面形状,尽可能采用工字型、箱型薄壁构件。

(4)改善结构设计。

十一、轴

轴是组成机器中最基本和重要的零件之一,一般都要有足够的强度、合理的结构和良好的工艺性。

(一)轴的主要功能

传递运动和转矩;

支撑回转零件(如齿轮、带轮)。

(二)轴的分类和特点

轴按其轴线形状不同,可分为以下几种。

1. 直轴

按其承载情况不同可分为:

(1)传动轴:主要承受转矩作用,如汽车的传动轴(见图1-11-1)。

(2)心轴:只承受弯矩作用,如自行车前轮轴(见图1-11-2)。

(3)转轴:既承受弯矩又承受转矩作用,如减速器中的齿轮轴(见图1-11-3)。

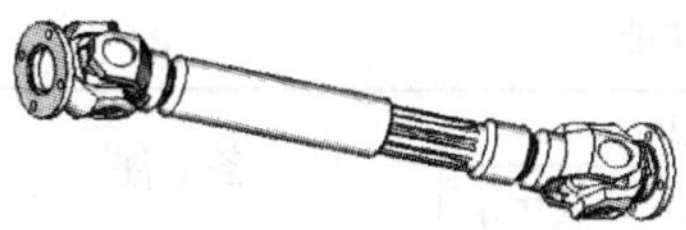

图1-11-1 传动轴

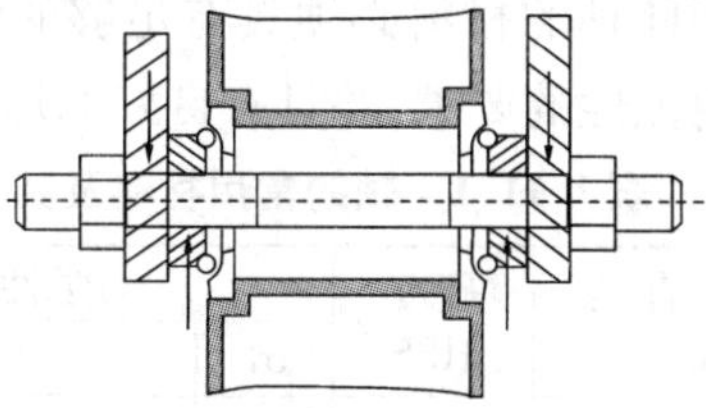

图1-11-2 自行车前轮轴

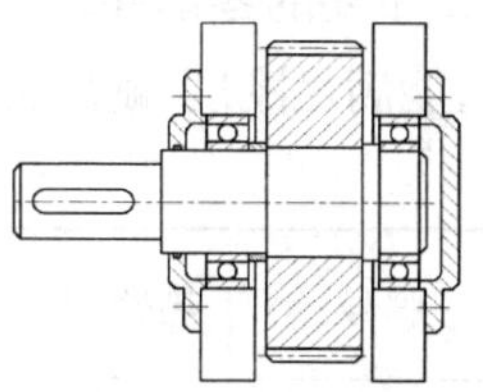

图1-11-3 齿轮轴

直轴一般都做成实心的。在那些由于机器结构的要求而需在轴中装设其他零件,或者减小轴的质量具有特别重大作用的场合,则将轴制成空心的(见图1-11-4)。空心轴内径与外径的比值通常为0.5~0.6,以保证轴的刚度及扭转稳定性。

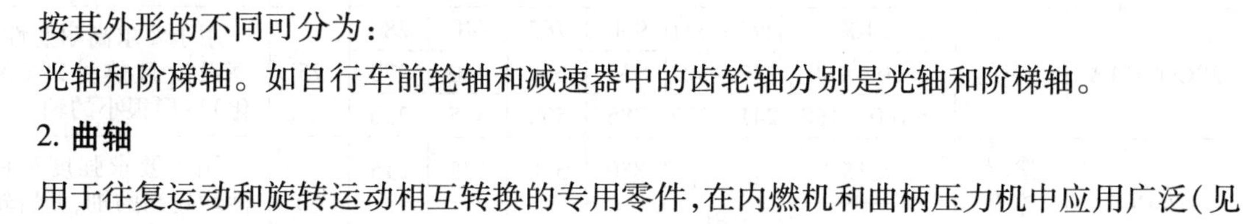

图1-11-4 空心轴

按其外形的不同可分为:

光轴和阶梯轴。如自行车前轮轴和减速器中的齿轮轴分别是光轴和阶梯轴。

2. 曲轴

用于往复运动和旋转运动相互转换的专用零件,在内燃机和曲柄压力机中应用广泛(见图1-11-5)。

3. 软轴

具有良好的挠性,可以把回转运动传到任何空间位置,如自行车和摩托车中的刹车绳(见图1-11-6)。

图 1－11－5　曲轴

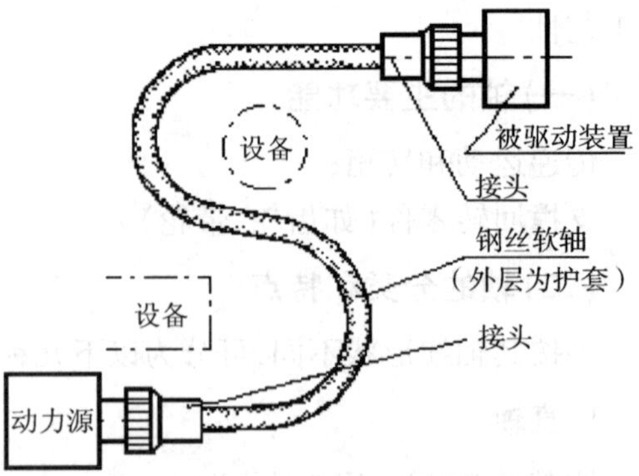

图 1－11－6　软轴

（三）轴的材料

由于轴工作时主要受到循环交变应力作用，所以轴的损坏常为疲劳破坏。而轴是机器中的最重要的零部件之一。因此轴的材料必须具有足够的强度和韧性，而且对应力集中敏感性低，能满足刚度、耐磨性和耐蚀性的要求，并具有良好的加工工艺性，且价格低廉、易于获得。

表 1.11.1　轴的常用材料及其力学性能

牌号	热处理	毛坯直径 /mm	硬度 HBS	力学性能/MPa					备　注
				σ_b	σ_s	σ_{-1}	τ_{-1}	$[\sigma_{-1}]$	
Q235A	热轧	>16～40	—	418	225	174	100	40	用于不重要或受力较小的轴
45	正火	25	≤241	610	360	260	150	55	应用最为广泛
	正火	≤100	170～217	600	300	240	140		
	回火	>100～300		580	290	235	135		
	调质	≤200	255	650	360	270	155	60	
40Cr	调质	≤100	241～286	750	550	350	200	70	用于载荷较大而无很大冲击的重要轴
		>100～300		700		340	185		
40CrNi	调质	≤100	270～300	900	735	430	260	75	用于很重要的轴
		>100～300	240～270	785	570	370	210		
38SiMnMo	调质	≤100	229～286	735	590	365	210	70	用于重要的轴，性能接近 40CrNi
		>100～300	217～269	685	540	345	195		
38CrMoA1A	调质	≤100	293～321	930	785	440	280	75	用于要求高耐磨性，高强度且热处理（氮化）变形很小的轴
		>60～100	277～302	835	685	410	270		
		>100～160	241～277	785	590	375	220		
20Cr	渗碳淬火回火	≤15	50～60 HRC	850	550	375	215	60	用于要求强度和韧性均较高的轴，如齿轮和蜗轮轴
		>15～60		650	400	280	160		
3Cr13	调质	≤15	≥241	835	635	395	230	75	用于腐蚀条件下的轴
1Cr18Ni9Ti	淬火	≤100	≤192	530	195	190	115	45	用于高、低温及腐蚀条件下的轴
		>100～200		490		180	110		
QT600－3	—	—	190～270	600	370	215	185	—	用于制造复杂外形的轴
QT800－2			245～335	800	480	290	250		

轴的常用材料主要是碳素钢和合金钢,其次是球墨铸铁和高强度铸铁。碳素钢强度虽然较合金钢低,但价廉,对应力集中敏感性低,故应用较广(常采用调质处理);常用的碳素钢有30,40,45和50号钢,其中45号钢最常用。对于载荷不大或不重要的轴,也可以用Q235和Q255等普通碳素钢,无需热处理。合金钢比碳素钢具有更高的力学性能和更好的淬火性能,但对应力集中比较敏感,价格较贵。对于受载荷大并要求尺寸紧凑、重量轻和耐磨性要求高的重要轴,或处于非常温或腐蚀条件下工件的轴,常采用合金钢。常用的合金钢有:20Cr,40Cr,40CrNi等。

轴也可以采用球墨铸铁和高强度铸铁。铸铁具有很好的流动性,易于铸造成形以获得形状复杂的轴(如曲轴),价格低廉,具有良好的吸振性和耐磨性,以及对应力集中不敏感等优点。但由于强度和韧性较低,铸造质量不易控制,在使用上受到了一定的限制。轴的毛坯一般用轧制的圆钢或锻件,锻件的内部组织比较均匀,强度较高,所以重要的轴以及大尺寸或阶梯尺寸变化较大的轴,应采用锻件毛坯。

轴的常用材料及其力学性能见表1.11.1所示。

(四)轴的结构设计

1.轴的组成部分

轴主要由轴颈、轴头和轴身三部分组成。轴上安装轴承的轴段称为轴颈(见图1-11-7①),安装传动零件的轴段称为轴头(见图1-11-7③,⑦),连接轴颈和轴头的部分称为轴身(见图1-11-7②,④,⑤)。轴的直径变化的台阶称为轴肩(见图1-11-7①和②之间的台阶),轴上直径双向变化的台阶称为轴环(见图1-11-7⑤)。

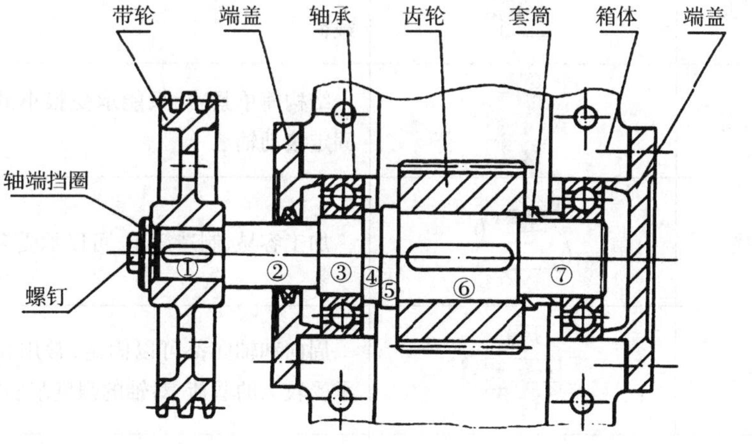

图1-11-7 轴的结构

2.轴的结构应满足的条件

轴的结构主要取决于:轴上载荷的性质、大小、方向及分布情况;轴与轴上零件、轴承和机架等相关零件的结合关系;轴上加工和装配工艺等。其结构应满足:

(1)轴的受力合理,有利于提高轴的强度和刚度。

(2)轴相对于机架和轴上零件相对于轴的定位准确,固定可靠。

(3)轴便于加工制造,轴上零件便于装拆和调整。

(4)尽量减少应力集中,并节省材料、减轻重量。

3. 轴上零件的定位

为了保证机械的正常工作,轴及轴上零件必须有准确的定位和牢靠的固定。轴上零件的定位方式有轴向定位和周向定位两种形式(见表 1.11.2)。

表 1.11.2 轴上零件的定位方式

定位方式		简 图	特 点
轴向定位	轴肩	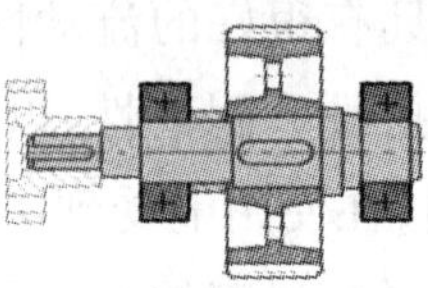	结构简单,定位可靠,可承受较大的轴向力
	套筒		结构简单,定位可靠,轴上不需要开槽,因而不影响轴的疲劳强度,一般用于零件间距较小的场合
	紧定螺钉	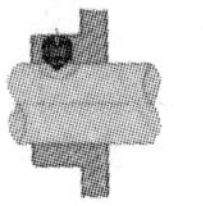	结构简单,不能承受较大的轴向力,不宜高速,常用于光轴上零件的轴向定位
	圆锥面	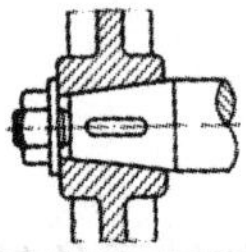	能消除轴与轴毂间的径向间隙,拆装较方便,可兼作周向定位,能承受冲击载荷,多用于轴端零件的固定,常用轴端压板或螺母,使零件获得双向轴向定位
	圆螺母	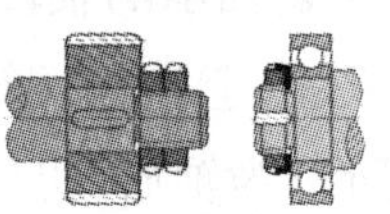	固定可靠,装拆方便,可承受较大的轴向力。由于轴上切制螺纹,使轴的疲劳强度降低,常用双圆螺母或圆螺母与止动垫圈固定轴端零件
	轴端挡板	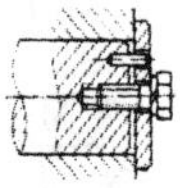	适合于固定轴端零件,可承受剧烈振动和冲击载荷
	弹性挡圈	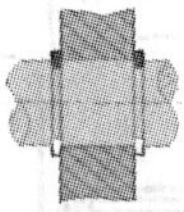	结构简单紧凑,只能承受很小的轴向力,常用于固定滚动轴承
周向定位	键连接	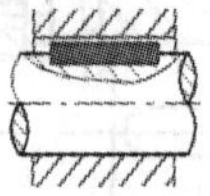	加工容易,制造简单,可以承受多种周向力
	销连接	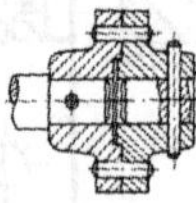	周向和轴向都可以固定,常用作安全装置,不能承受较大的载荷,对轴的强度削弱很大
	紧定螺钉		结构简单,不能承受较大的载荷
	过盈配合	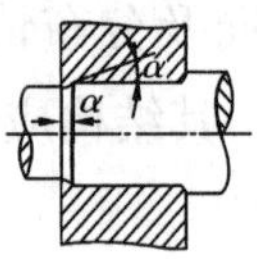	可以承受周向和轴向载荷,对中精度高,选择不同的配合形式有不同的连接强度,拆装不便,不宜用于重载和对次装拆的场合

4. 轴的结构设计步骤

轴的结构设计包括三方面的内容:①轴上各部分直径的确定;②轴上各部分长度的确定;③轴上槽或孔的确定;④轴的强度校核。

(1)轴上各部分直径的确定:轴上各部分直径的确定应考虑轴在各段的载荷、零件定位及拆装方便等因素,一般设计成两头小中间大的阶梯轴,可以按下列方法确定。

①初步估算轴的最小直径。一般地,轴上最小直径出现在轴端,而轴端处的弯矩为零,因此,可以利用扭转强度估算轴的最小直径。根据本学习情境中的强度计算可知,受转矩作用的圆形轴,其强度条件为

$$\tau=\frac{T}{W_t}=\frac{9.55\times10^6P}{0.2d^3n}\leqslant[\tau]$$

可得轴的设计公式为

$$d\geqslant\sqrt[3]{\frac{9.55\times10^6}{0.2[\tau]}}\sqrt[3]{\frac{P}{n}}=C\sqrt[3]{\frac{P}{n}}$$

式中:d 为轴的最小直径(mm),P 为轴传递的功率(kW),n 为轴的转速(r/min),为轴的材料和承载情况确定的常数,见表1.11.3。

表1.11.3 轴的常用材料的[σ]的及C值

轴的材料	Q235	35	45	40Cr35SiMn
[σ]/ MPa	12 ~20	20 ~30	30 ~40	40 ~52
C	160 ~135	135 ~118	118 ~107	107 ~98

一般地,当轴上有一个键槽时,应增大4% ~5%;若同一截面上开两个键槽时,增大7% ~10%,然后修约为标准直径或与相配合零件(如齿轮、带轮等)的孔径吻合。

②根据台阶高度依次确定其他各部分的直径为

$$d_2=d_1+2h$$

式中,d_2为待确定轴段的直径/mm,d_1为已确定轴段的直径/mm,h 两轴段间的台阶高度/mm。

两轴段间台阶高度可按下列两种情况确定:定位台阶:起定位作用的台阶,为了定位可靠,一般按经验公式 $h=(0.07\sim0.1)d_1$ 确定;非定位台阶:一般为了拆装方便、配凑标准尺寸而设置,一般 $h=13$ mm,可尽量取小值。如装齿轮⑥处的直径 d_6要大于 d_7(见图1-11-7),可使齿轮方便地装拆。

③当轴段安装标准件时,如图1-11-7所示安装滚动轴承处轴颈③的直径应按照轴承直径圆整标准值(d_3应符合所选轴承的内径)。轴承的定位台阶高度应查阅《机械零件设计手册》,保证拆卸要求。

④为装配方便,同一轴上轴承尽量采用相同的型号,故右端轴承⑦处的轴颈 $d_7=d_3$。

(2)轴上各部分长度的确定:轴上各轴段的长度确定更为复杂,有些需要接触《机械零件设计手册》,这里仅就一般情况进行说明。

①为使套筒、轴端挡圈、圆螺母等能可靠地压紧在轴上零件的端面，确保定位可靠，轴头的长度通常比轮毂宽度小 2 ~ 3 mm，如图 1 - 11 - 7 所示安装带轮处轴头①的宽度小于带轮的宽度。

②轴颈处的轴段长度应与轴承宽度相匹配。回转件端面与箱体内壁间的距离应查阅《机械零件设计手册》，$\Delta_2 \geqslant \delta$（为箱体壁厚）；轴承端面距离箱体内壁 Δ_3 与是否设置挡油环有关。当轴承为脂润滑时，Δ_3 可取 8 ~ 15 mm，当轴承为油润滑时，Δ_3 可取 3 ~ 5 mm；联轴器或带轮与轴承轴承盖外端面之间的距离 L_1 通常取 15 ~ 20 mm（注意：Δ_3，Δ_2，L_1 可参阅图 1 - 11 - 8，其他轴段长度应根据结构、装拆要求确定，可参阅图 1 - 11 - 8 中各轴段长度计算。

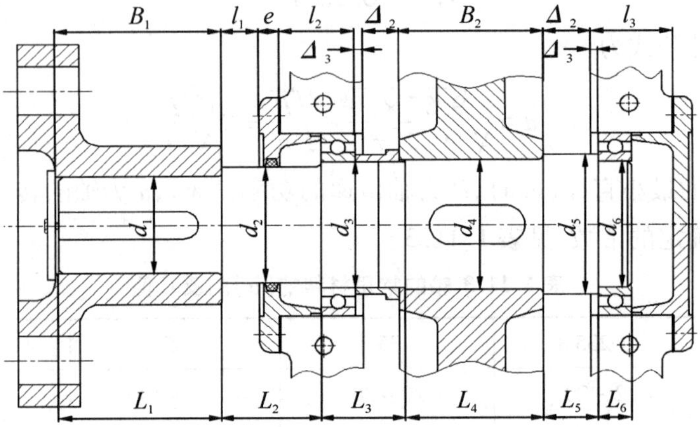

图 1 - 11 - 8 轴系结构图

(3) 轴上槽或孔的确定：从前面轴上零件的定位可以看出，轴不仅是简单的台阶状，为使轴上零件能定位，还要设置轴向键槽、径向槽、孔和螺纹等结构，见表 1.11.2。

(4) 轴的强度校核：根据轴的结构草图，绘制力学模型，先求解外力，再求解内力，找出危险截面，按照弯扭合成强度条件校核该轴的强度是否足够，若不够，可以通过增大直径、减小跨距等方法提高。详细见学习情境 1.2 强度计算。

（五）轴的工艺性设计

轴的结构除了考虑零件的大小和长短形状以外，还需要考虑到加工、装配等的工艺要求。

1. 加工工艺性

轴的结构中，应有加工工艺所需要的结构要素。如：需要切制螺纹的轴段，应设有螺纹退刀槽；需要磨削的轴段，阶梯处应设有砂轮越程槽；轴上不同轴段的键槽应布置在轴的同一母线上，以便一次装夹后铣出；为了减少刀具品种、节省换刀时间，同一根轴上所有的圆角半径、倒角尺寸、切槽深度等应尽可能统一，并且便于装配应使得 $r > c_1$。另外，轴的长径比 $L/D \geqslant 4$ 时，轴的两端应设有中心孔，以便加工时用顶尖支承和保证各轴段的同轴度。此外，加工精度和表面粗糙度应设计合理（见图 1 - 11 - 9）。

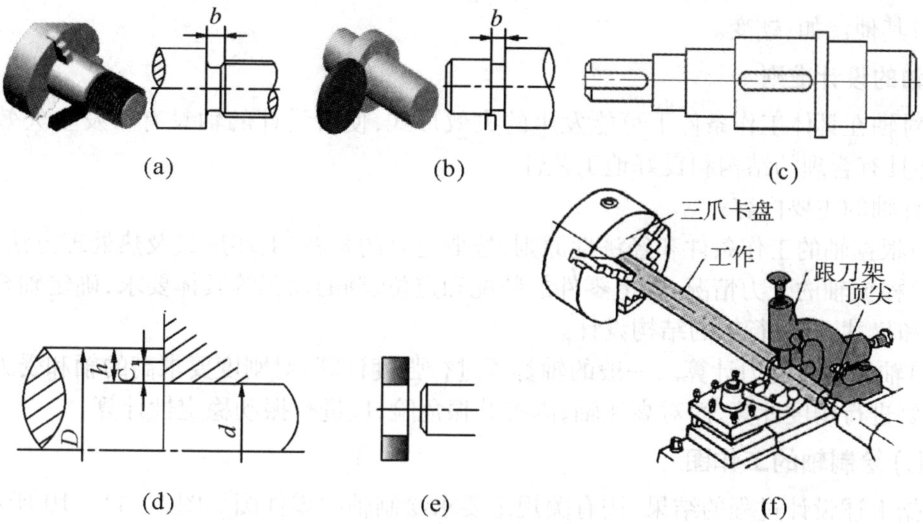

图 1－11－9　轴的工艺结构性

(a)螺纹退刀槽；(b)砂轮越程槽；(c)轴上键槽的布置；(d)轴肩 $r>$ 轴毂件 c_1；(e)轴端倒角；(f)轴端中心孔

2. 装配工艺性

零件各部位装配时，不能互相干涉，要保证主要面和非主要面间留一定间隙。

轴的结构也应便于轴上零件的装配：如应尽量不接触或无过盈地通过其他零件表面，轴端面应留有倒角，以便导向和避免擦伤零件配合表面，同理，轴上过盈配合段也应倒角或加工成导向锥面，若附有键，则键槽延长到圆锥面处，以便装配时轮毂上键槽与键的对中。

另外装配过程中，轴径尺寸必须允许零件孔能按次序通过，否则就不能装配（见图 1－11－7）。

这些工艺结构已标准化，详细请查阅《机械零件设计手册》。

3. 轴结构工艺性的改进

(1)改进结构减小应力集中，改善零件的结构形状对消除和减少应力集中，提高轴的疲劳强度。

(2)降低表面粗糙度，采用精车或磨削，减小轴表面的加工刀痕，有利于减小应力集中，提高轴的疲劳强度。

(3)采用表面热处理和冷加工均能明显提高轴的疲劳强度。

(六)轴的失效形式和设计准则

机器在工作时，作用于轴上的载荷可能是静载荷，也可能是动载荷。但大多数情况下承受的是动载荷不同条件下工作的轴，其上载荷及应力的分布和变化规律大都比较复杂，合理分析和确定轴上载荷性质及应力状态，对正确判断轴的失效形式和进行轴的强度计算都是十分重要的。

1. 轴的失效形式

(1)因疲劳强度不足而产生疲劳断裂。大多数轴在工作时由于所受变应力作用而使得轴的某些部位产生应力集中，当应力循环次数超过极限应力时，轴将发生疲劳断裂。这种情况，在轴的失效形式中大约占 40%～50%。

(2)轴在运转中若受到振动、冲击，会瞬时过载，因静强度不足而产生塑性变形或脆性断裂。

(3)因刚度不足而产生超过许可的弯曲变形和扭转变形。

(4)在高转速下发生共振或振幅过大。

(5)其他。如:蠕变。

2. 轴的设计准则

针对轴在具体工作条件下可能发生的失效形式,使所设计的轴具有不发生失效的工作能力,并具有合理的结构和良好地工艺性。

设计轴的主要内容:

(1)根据轴的工作条件和经济性原则,选取适合的材料、毛坯形式及热处理方法。

(2)根据轴的受力情况、轴上零件的装配和定位、轴的加工等具体要求,确定轴合理的结构形状和尺寸,即进行轴的结构设计。

(3)轴的工作能力计算。一般的轴都须进行强度计算,对刚度要求高的轴和受力大的细长杆还要进行刚度计算,而对高速轴,因有共振危险,应进行振动稳定性计算。

(七)绘制轴的工作图

根据上述设计过程的结果,按有关规定要求绘制轴的零件图如图 1-11-10 所示。

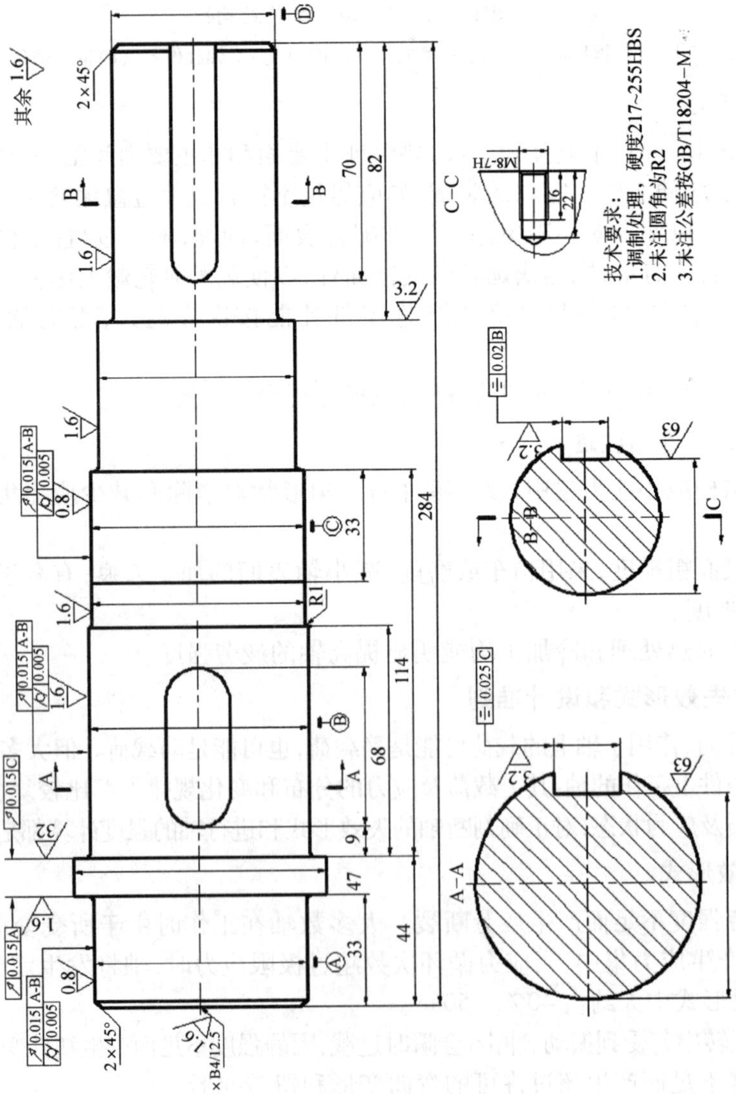

图 1-11-10　轴零件的工作图

十二、轴承

轴承即支承轴的零件。

(一)轴承的分类

(1)按轴承工作的摩擦性质分为:滑动轴承和滚动轴承。

(2)按其所受的载荷方式分为:向心轴承和推力轴承。

(3)按工作时能否调心分为:调心轴承和非调心轴承。

(二)滑动轴承

1. 滑动轴承的特性

滑动轴承工作平稳,噪声较滚动轴承低,工作可靠。如果能保证滑动轴承表面被润滑油分开而不发生接触,则可以大大地减小摩擦损失和表面磨损,润滑油膜具有缓冲和吸振的能力。但是,普通滑动轴承的起动摩擦力较大。

2. 滑动轴承的应用

(1)工作转速特别高的轴承。

(2)承受极大的冲击和振动载荷的轴承,因为相对运动表面有润滑油膜起到缓冲和阻尼作用。

(3)要求特别精密的轴承。

(4)装配工艺要求轴承部分的场合,如曲轴的轴承(见图 1-12-1)。

(5)要求径向尺寸小的轴承。

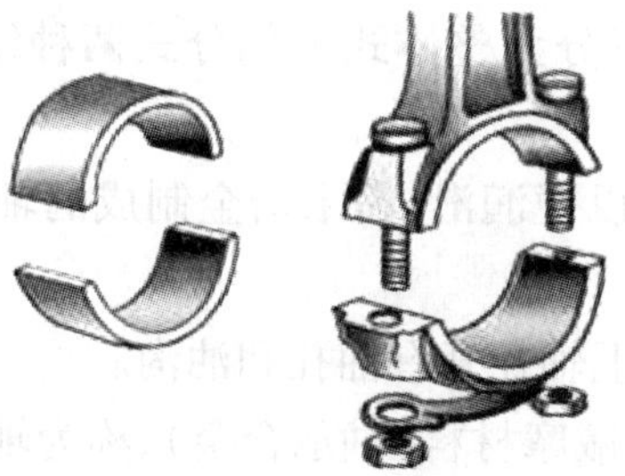

图 1-12-1 曲柄轴承结构

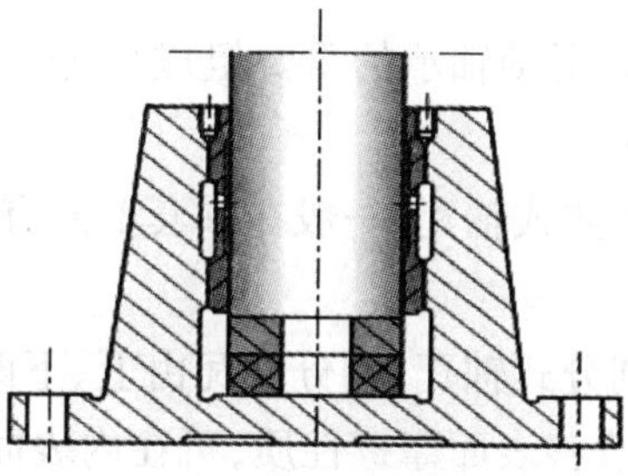

图 1-12-2 推力滑动轴承

3. 滑动轴承的结构及类型

滑动轴承一般由轴瓦和轴承座构成。滑动轴承根据它所承受的载荷方向,可分为向心滑动轴承(主要承受径向载荷)和推力滑动轴承(主要承受轴向载荷,见图 1-12-2)。

常用向心滑动轴承的结构形式有整体式和剖分式两种。

整体式滑动轴承是用螺栓与机架连接(见图 1-12-3),轴承座孔内压入用减摩材料制成的轴瓦(轴套),为了润滑,在轴承的顶部装有油杯,轴套上有进油孔,并在内表面开有油沟以分配润滑油。这种轴承结构简单,但工作面磨损过大时无法调整间隙,轴颈只能从端部装入,这对粗重或具有中间轴颈的轴安装不便,甚至无法安装,为克服这些缺点,我们采用剖分式轴承。

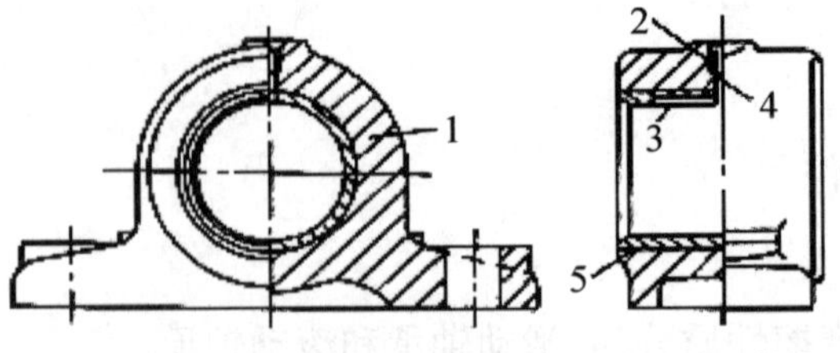

1－轴承座；2－油杯螺纹孔；3－油沟；4－油孔；5－轴承

图1－12－3　整体式向心滑动轴承

剖分式轴承由轴承座、轴承盖、剖分轴瓦（分上下瓦）及座盖连接螺栓等组成（见图1－12－4）。其剖分面应与载荷方向近于垂直，多数剖分面是水平的，也有倾斜的。轴承盖与轴承座的剖分面常做成阶梯形，以便定位和防止工作时错动。它的轴瓦磨损后可以调整，轴瓦磨损后的轴承间隙可用减少剖分面处的金属垫片或将剖面刮掉一层金属的办法来调整，同时刮配轴瓦。这种轴承装拆方便，轴瓦与轴的间隙可以调整，应用广泛。

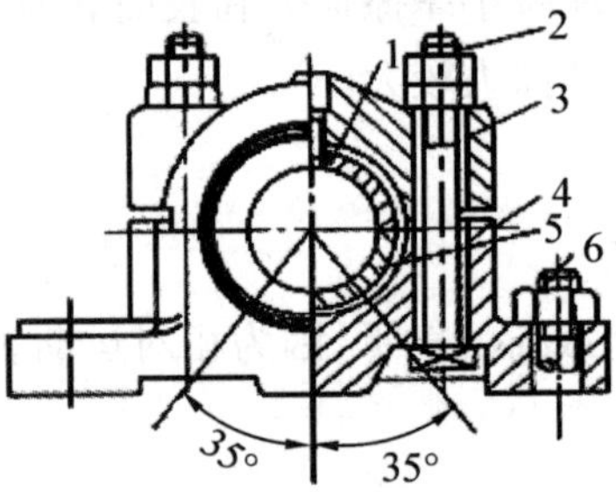

1－剖分轴瓦（上瓦）；2－螺栓；3－轴承盖；4－轴承座；5－剖分轴瓦（下瓦）；6－螺母

图1－12－4　剖分式滑动轴承

4. 轴瓦

轴瓦是滑动轴承的重要组成部分，常见的轴瓦可分为整体式和剖分式两种结构（见图1－12－5）。

（1）整体式轴瓦：一般在轴套上开有油孔和油沟以便润滑，粉末冶金制成的轴套一般不带油沟。

（2）剖分式轴瓦：剖分轴瓦由上、下两半瓦组成，上轴瓦开有油孔和油沟。

为了改善表面摩擦性质，可在内表面上浇筑一层减摩材料（轴承合金），称为轴承衬。轴瓦上的油孔是用来供应润滑油的，油沟的作用是使润滑油均匀分布，应开在非承载区。

(a)

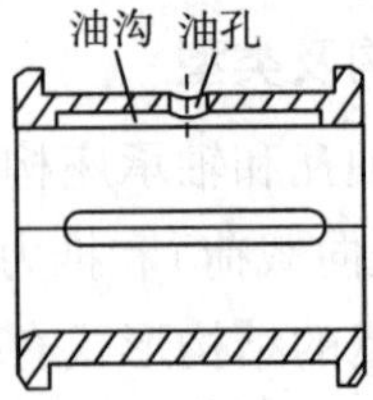

(b)

图1－12－5　轴瓦

（a）整体式轴瓦；（b）部分轴瓦

5. 滑动轴承的润滑

轴承润滑的目的是减小摩擦系数，降低磨损率和功耗，同时有防锈、冷却和吸振的作用。

（1）润滑材料：润滑脂、润滑油、石墨和二硫化钼，还有空气作润滑剂的。最普通的是润滑油，且以矿物油用的最多。

润滑油最主要的性能指标是粘度，也是选择轴承用油的主要依据。如：在压力大或冲击变载荷等工作条件下，选用高粘度油；而在速度高时，为了减小摩擦功耗，应采用粘度较低的油。

润滑脂润滑用于要求不高，难以经常供油，或者特别低速、重载及摆动工作的非液体摩擦轴承。

（2）润滑方法：润滑供给的方法有连续润滑（见图1－12－6）和间歇润滑（见图1－12－7）两种，前者供油比较可靠，后者主要靠人工定期润滑。

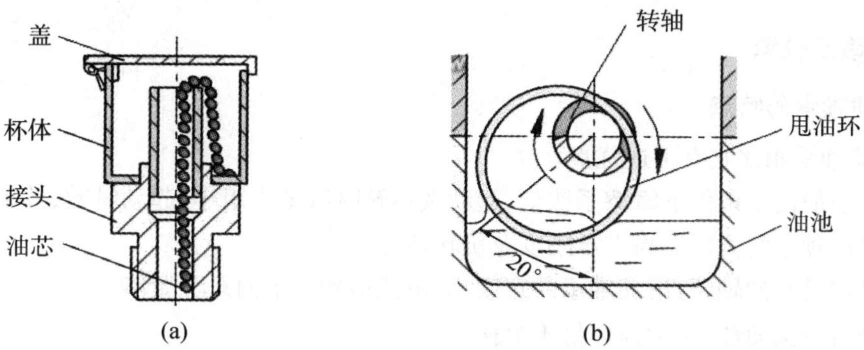

图1－12－6 连续润滑

（a）芯捻或线绳润滑；（b）飞溅润滑

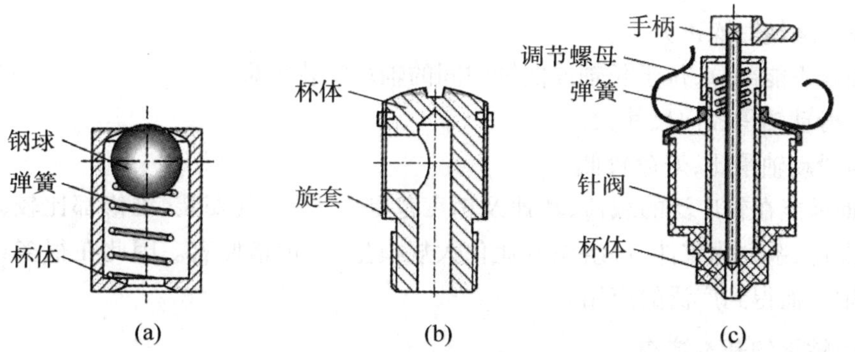

图1－12－7 间歇润滑

（a）压配式油杯润滑；（b）旋套式油杯润滑；（c）针阀式油杯润滑

6. 滑动轴承的安装与维护

（1）滑动轴承安装要保证轴颈在轴承孔转动灵活、准确和平稳。

（2）瓦背与轴承座孔要修刮帖实，轴瓦剖分面要高出0.05～0.1 mm，以便压紧。整体式轴瓦压入时要防止偏斜，并用紧定螺钉固定。

（3）注意油路畅通，油路与油槽接通。刮研时油槽两边点子要软，以形成油膜，两端点子均匀防止漏油。

（4）注意清洁，修刮调试过程凡能出现油污机件，每次修刮后都要清洗涂油。

（5）轴承使用过程要经常检查润滑、发热、振动问题。遇有发热、干摩擦、冒烟、卡死以及异常振动、声响，要及时检查、分析，采取措施。

（6）用旧的轴瓦要及时更新。

7. 滑动轴承的材料

轴承(或轴瓦)和轴承衬的材料统称为轴承材料。

对轴承材料来说其基本要求是:低的摩擦系数,高的耐磨性以及足够的抗压、抗冲击与疲劳强度。另外,应具有良好的工艺性与经济性。

滑动轴承座一般采用铸铁,这是由于铸铁减震性良好,而且铸造性、切削性也较好。在受力较大或有冲击振动场合可采用低碳钢铸造,或采用焊接结构,或球墨铸铁制造。

滑动轴承材料分为金属材料、粉末冶金材料和非金属材料。详细见学习情境轴承合金部分内容。

(三)滚动轴承

1. 滚动轴承的特点

与滑动轴承相比它有下述优点。

(1)在一般使用条件下摩擦系数低,起动及运转时摩擦力矩小,起动灵敏,效率高。

(2)可用预紧的方法提高支承刚度及旋转精度。

(3)对同尺寸的轴颈,滚动轴承的宽度小,可使机器的轴向尺寸紧凑。

(4)润滑方法简便,轴承损坏易于更换。

缺点有:

(1)负担冲击载荷的能力较差。

(2)高速运转时噪声大。

(3)轴承不能剖分,位于长轴或曲轴中间的轴承安装困难。

(4)比滑动轴承径向尺寸大。

(5)与滑动轴承比,寿命较低。

滑动轴承能在较广泛的载荷、转速及精度范围内工作,其安装、维修都比较方便。滚动轴承为标准化、系列化零件,可组织专业化大规模生产,价格便宜。因此在很多场合逐渐取代了滑动轴承而得到广泛的应用。

2. 滚动轴承的基本结构

常见的滚动轴承(图 1-12-8)由内圈、外圈、滚动体和保持架组成。

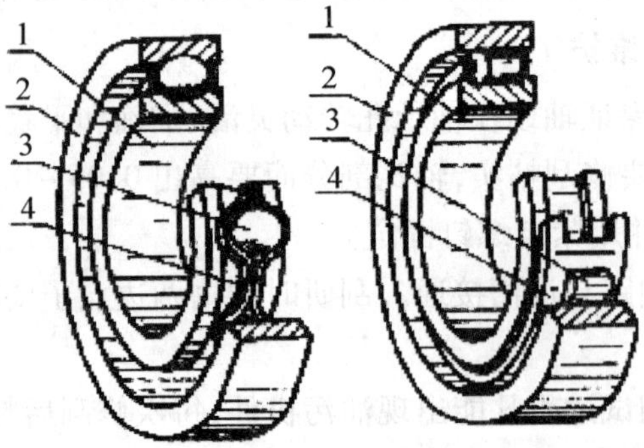

1-内圈;2-外圈;3-滚动体;4-保持架

图 1-12-8 滚动轴承基本结构

内圈装在轴颈上,外圈装在机架(或零件座)孔内。在内、外圈与滚动体接触的表面上有滚道，滚动体沿滚道滚动。保持架的作用是把滚动体隔开，使其均匀分布于座圈的圆周上，以防止相邻滚动体在运动中接触产生摩擦。

滚动体（图 1－12－9）是形成滚动摩擦不可缺少的零件。

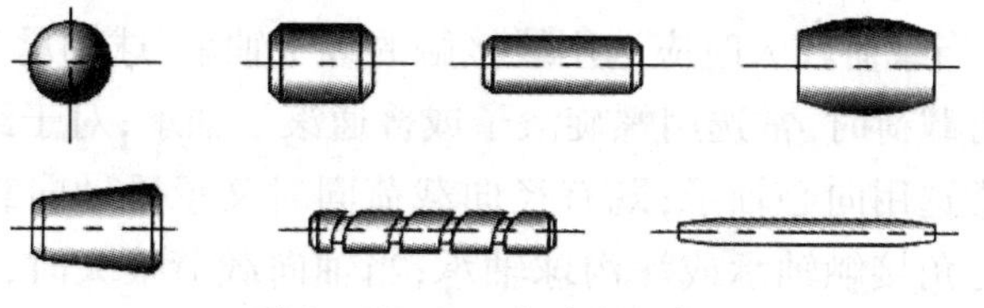

图 1－12－9 滚动体形式

3. 滚动轴承的接触角 α

滚动轴承的接触角是指：外圈与滚动体接触处的法线与垂直于轴线的平面的锐角 α，其承受的载荷情况是由接触角表示的，见表 1.12.1。

表 1.12.1 滚动轴承的接触角

轴承类型	向心轴承		推力轴承	
	径向接触	角接触	角接触	轴向接触
接触角 α	$\alpha=0°$	$0°<\alpha\leq 90°$	$45°<\alpha\leq 90°$	$\alpha=90°$
图例（球轴承）	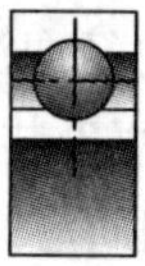	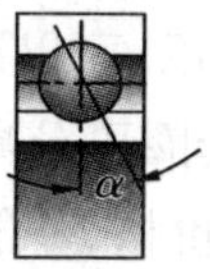	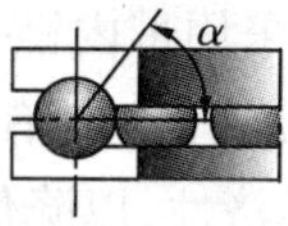	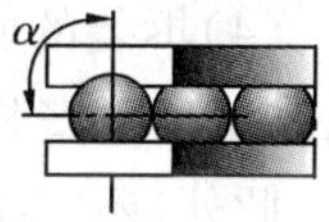

4. 滚动轴承的代号

国标规定滚动轴承代号由前置代号，基本代号和后置代号构成，见表 1.12.2。

表 1.12.2 轴承的代号

前置代号	基本代号	后置代号							
		1	2	3	4	5	6	7	8
成套轴承分部件	类型代号 尺寸代号 （宽、高度和直径） 内径代号	内部结构	密封与防尘套圈变型	保持架及其材料	轴承材料	公差等级	游隙	配置	其他

轴承的代号示例：

6 0 8 － 2Z/ P5

- P5：公差等级为5级、0组游隙（代号中省略“0”）
- 2Z：两面带防尘盖
- 8：内径8mm
- 0：尺寸系列10，宽度系列1（代号中省略“1”）直径系列10
- 6：深沟油轴承

7 19 24 AC/ P4/ DB A

- A：轻预紧
- DB：成对背对背配置
- P4：公差等级为4级
- AC：接触角为25°
- 24：内径120 mm
- 19：尺寸系列19，宽度系列1，直径系列9
- 7：角接触球轴承

5. 滚动轴承的选择

根据滚动轴承各种类型的特点，在选用轴承时应从载荷的大小、性质和方向，转速的高低，支承刚度以及安装精度等方面考虑。选择时可参考以下几项原则。

(1)轴承的载荷:当载荷较大时应选用线接触的滚子轴承，球轴承为点接触，适用于轻载及中等载荷;当有冲击载荷时，常选用螺旋滚子或普通滚子轴承;对于纯轴向载荷，选用推力轴承;而纯径向载荷常选用向心轴承;既有径向载荷同时又承受轴向载荷的地方，若轴向载荷相对较小，选用向心角接触轴承或深沟球轴承;当轴向载荷很大时，可选用向心球轴承和推力轴承的组合结构。

(2)轴承的转速:转速较高时，宜用点接触的轴承，一般球轴承有较高的极限转速。对于有更高转速要求时，常选用中空转子或选用超轻、特轻系列的轴承，以降低滚动体离心力的影响。

(3)刚性及调心性能要求当支承刚度要求较大时，可采用成对的向心推力轴承组合结构或采用预紧轴承的方法。当支承跨距大，轴的弯曲变形大，刚度较低或两个轴承座孔中心位置有误差时，应考虑轴承内外圈轴线之间的斜偏角，需要选用自动调心轴承，可选用球面球轴承或球面滚子轴承，这类轴承允许有较大的偏位角。

(4)拆装的要求:采用带内锥孔的轴承，可以调整轴承的径向游隙，以提高轴系的旋转精度，同时便于安装在长轴上。具有内外套圈可分离的轴承，便于装拆。

此外，还应注意经济性，以降低产品价格，一般来说单列向心球轴承价格较低，滚子轴承较球轴承高，而轴承精度愈高则价格愈高。

滚动轴承类型已标准化、系列化，见表1.12.3和《机械零件设计手册》。

表1.12.3　常用轴承的类型及特点

轴承类型		简图	类型代号	特　　点
调心球轴承			1	主要承受径向载荷，同时亦可承受较小的轴向载荷;允许内圈轴线对外圈
调心滚子轴承		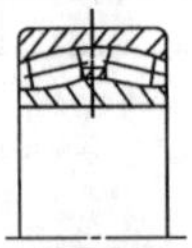	2	轴线相对倾斜不大于3°的条件下工作
推力调心滚子轴承			2	承受轴向载荷为主的轴、径向联合载荷
圆锥滚子轴承		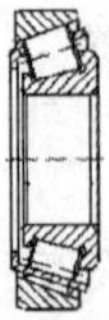	3	可同时承受以径向载荷为主的径向与单方向的轴向载荷，一般成对使用

续 表

轴承类型		简图	类型代号	特 点
推力球轴承		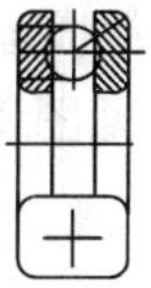	5	只能承受一个方向的轴向载荷
深沟球轴承		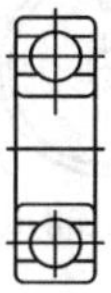	6	主要承受径向载荷，也可承受一定的轴向载荷
角接触球轴承		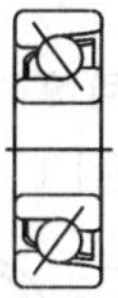	7	可同时承受径向载荷和单向的轴向载荷，接触角越大，承受轴向载荷的能力越大，一般应成对使用
圆柱滚子轴承			N	只承受径向载荷，内外圈可分离

6. 滚动轴承的组合方式

滚动轴承组成的支承结构必须满足轴系的轴向定位可靠、准确，并要考虑在工作中有热伸长能够得到补偿。常见的组合方式有以下两种。

(1)两端单向轴向固定(见图 1－12－10)：每一端的轴承都能限制一个方向的轴向移动，因此两端支承就能承受两个方向的轴向载荷，限制轴在两个方向的移动。为了使轴的伸长不引起温度应力，在轴承外圈与轴承盖之间留有 0.12～0.4 mm 的间隙。这种结构简单、便于安装，适用于轴承跨度不大和工作温度不高的场合。

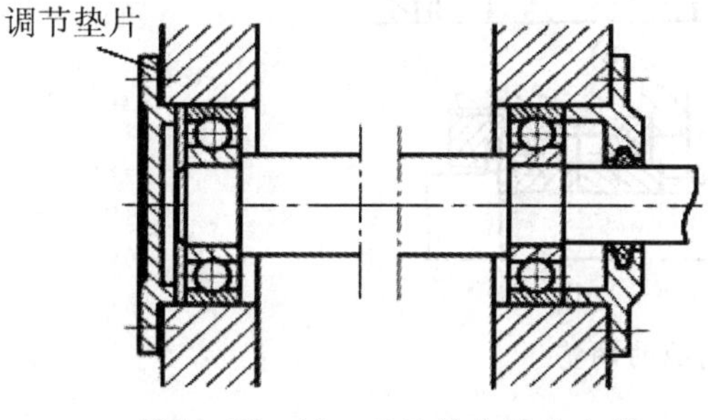

图 1－12－10　两端单向固定支撑

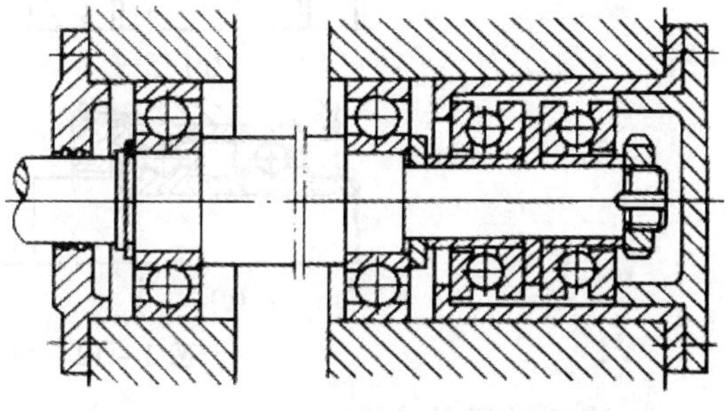

图 1－12－11　一端双向固定、一端游动支撑

(2)一端双向固定、一端游动支承(见图 1－12－11)：当两轴跨距较大和工作温度较高时，多采用一端固定一端游动支承。固定端能承受双向轴向载荷，当轴受热而膨胀伸长时，游动端能自由伸长或缩短。

7. 滚动轴承的调整

轴承装入机座后，需要进行细致的调整。一方面是为了保证轴承中有正确的游隙，另一方面是为了调整轴上传动件使它们处于正确的啮合状态。

(1)利用调整垫片或调整螺钉调节轴承间隙(见图 1－12－12)。

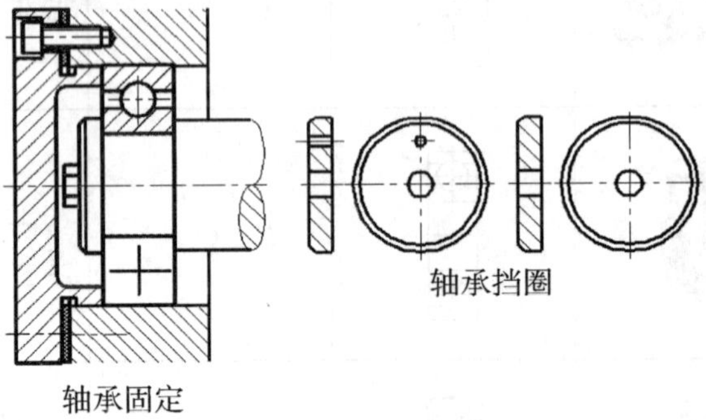

图 1－12－12　轴承间隙的调整

(2)利用圆螺母及止退垫圈调节轴承间隙(见图 1－12－13)。

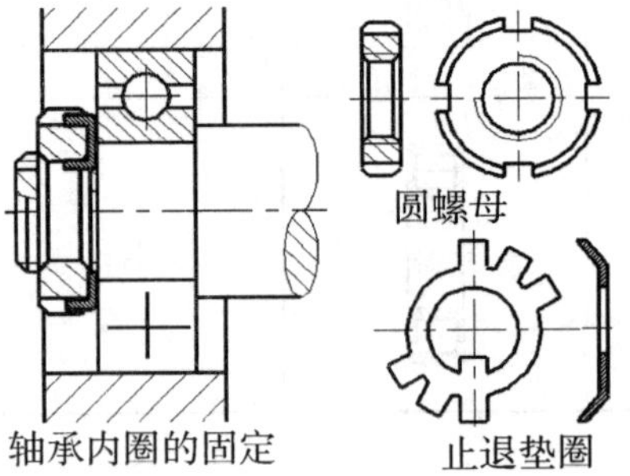

图 1－12－13　轴承间隙的调整

(3)轴承的预紧。为提高回转精度，消除间隙，使承载滚动体数目增多，常采用预紧的方法，即在轴承安装时设法在内、外圈间施加一定的预紧力。使滚动体与内、外圈接触处产生一定的初变形而处于压紧状态(见图 1－12－14)。

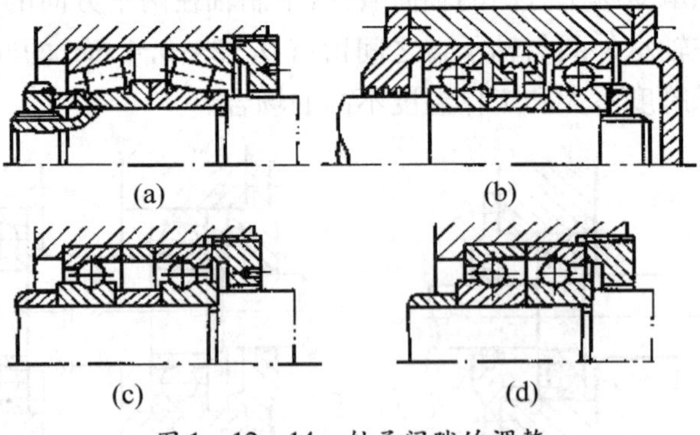

图 1－12－14　轴承间隙的调整

8. 滚动轴承的定位

(1)轴向定位：为了防止滚动轴承在承受轴向载荷时相对于轴或外壳孔产生轴向移动，轴承内圈与轴，轴承外圈与外壳孔必须进行轴向定位。

轴向定位方式的选择，决定于作用在轴承上载荷的大小和方向，轴承的转速，类型及其在轴上的位置等。轴向载荷越大，轴承转速越高，轴向定位的方式应越可靠。

常用的滚动轴承外圈定位和内圈定位的方式见表 1.12.4 和表 1.12.5。

表 1.12.4　外圈定位方式

定位元件	简　图	说 明	定位元件	简　图	说 明
端盖	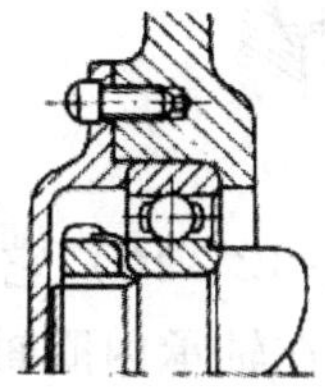	适用于转速高，轴向载荷大的各种向心轴承。端盖用螺钉压紧轴承外圈，端盖上也可做成密封装置的曲路	制动环	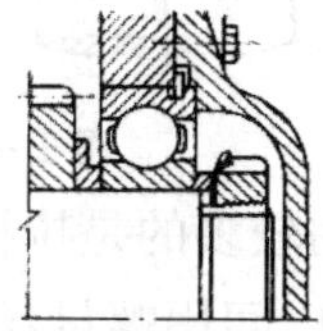	当轴承外壳孔内由于条件限制大，不能加工止动挡边或部件，必须缩减轮廓尺寸时，可采用轴承外圈上带止动槽的深沟球轴承，用止动环定位

表 1.12.5　内圈定位方式

定位元件	简　图	说 明	定位元件	简　图	说 明
螺母	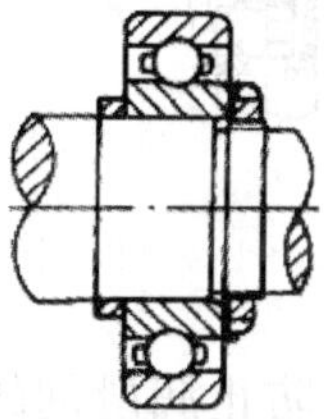	用于轴承转速较高，承受较大轴向载荷的情况下，螺母与轴承圈接触的端面要与轴的中心线垂直	轴用弹性挡圈	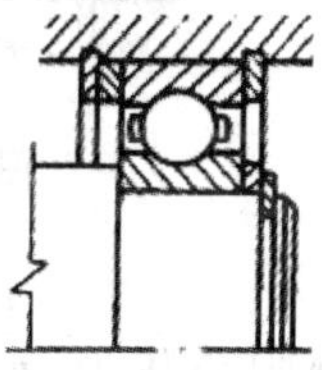	在轴向载荷不大，轴承转速不高，轴颈上车螺纹有困难的情况下，采用端面是矩形的弹性挡圈进行轴向定位
端面止推垫圈	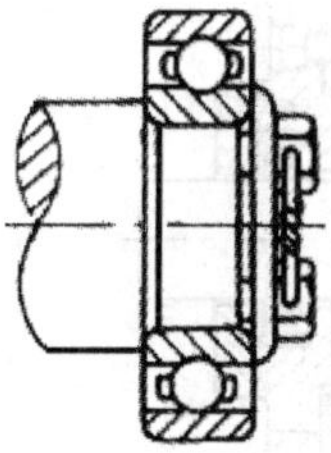	在轴向载荷较大，转速又比较高，轴颈上车螺纹有困难下，采用在轴端用两螺钉定位，用止动垫圈或钢丝防松	紧定套	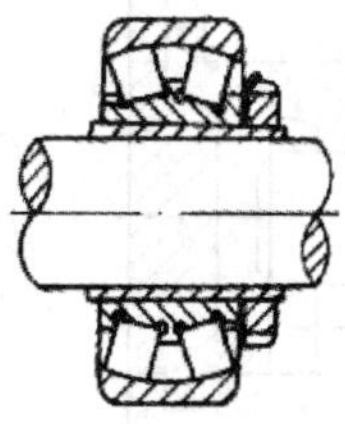	在轴承转速不高，承受平稳径向载荷与不大的轴向载荷的调心轴承，在轴颈上用锥形紧定套安装，紧定套用螺母和止动垫圈定位

（2）周向定位（配合）：内圈与轴的配合采用基孔制，选用过盈配合，如 r6，n6，m6，k6，j6；而外圈与轴承座的配合采用基轴制，选用过渡配合 G7，H7，J7，K7，M7。

9. 滚动轴承的装拆

进行轴承结构组合时必须考虑装拆问题，因为不正确的安装和拆卸会降低轴承的寿命。

当装配小型轴承时，可使用手锤与简单的辅助套筒（见图 1－12－15），对于中、小型轴承，可用各种液压机安装，安装时，在轴承内圈施压，将轴承压到轴颈上；对于较大的中、大型轴承，常采用温差法装配，轴承放入热油中加热后，将轴承套入轴颈。加热温度一般为 80℃～100℃，不允许超过 120℃。拆装：压力法拆装和温差法拆装。

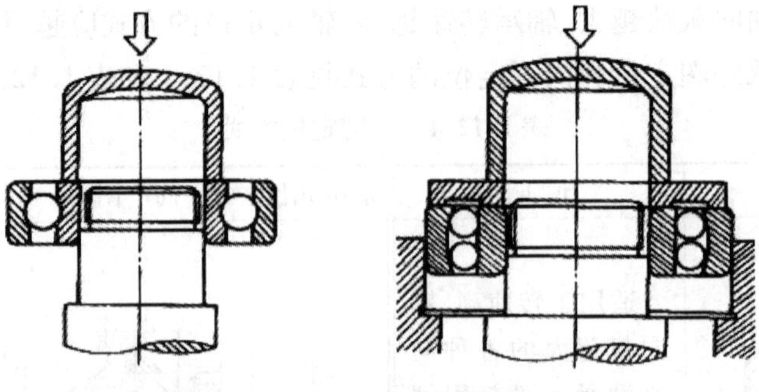

图 1-12-15　压入法轴承的安装

轴承在拆卸时使用较多的是拉杆拆卸器或三爪拆卸器(见图 1-12-16),它是靠 2~3 个拉爪钩住轴承内圈,中间用螺母丝杆将轴承顶出轴颈的,为此,应在轴承内圈轴肩处留出足够的高度,以便爪钩能钩住内圈。

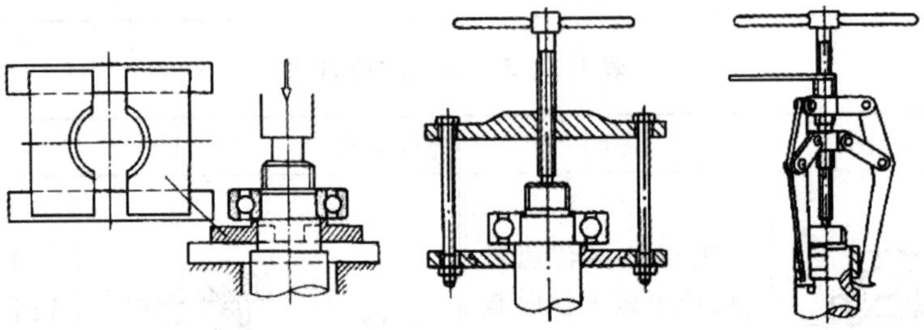

图 1-12-16　轴承的拆卸

10. **轴承的密封**

轴承的密封是为了阻止灰尘、水分等杂物进入轴承,同时也为了防止润滑剂的流失。密封方法的选择与润滑剂种类、工作环境、温度和密封处的圆周速度等有关。密封方法分为接触式和非接触式两类(见图 1-12-17)。

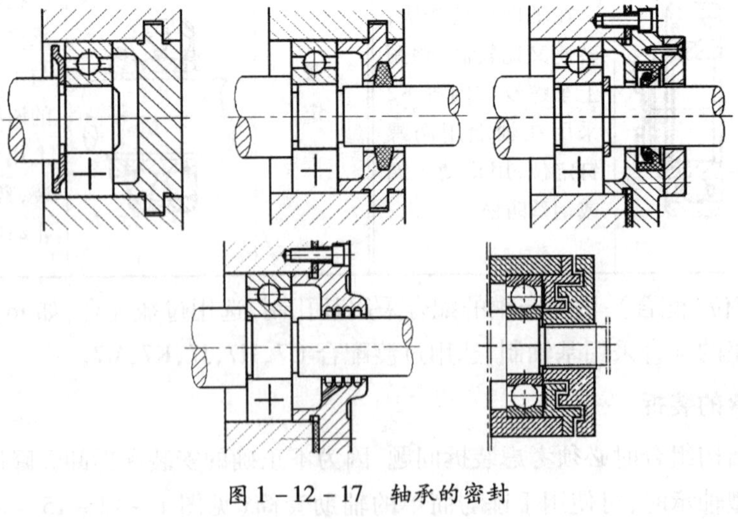

图 1-12-17　轴承的密封

11. **滚动轴承的材料**

滚动轴承内、外圈和滚动体的材料应具有较高的硬度、接触疲劳强度、耐磨性和冲击韧性。

通常用含铬合金钢(滚动轴承钢)制造,如:GCr9,GCr15,GCr15SiMn。热处理后硬度一般不低于60~65HRC,工作表面经磨削抛光。保持架多用低碳钢冲压而成,也有的用有色金属和塑料制成。

十三、键和销

机器的运动和动力通过轴和轮毂零件传递,而轴与轮毂零件的连接主要通过键和销等来完成的,以实现轴与轮毂的周向固定并传递转矩。工作时,若轴与轮毂沿轴向固定,这种连接称为静连接;若轴与轮毂沿轴向相对移动,这种连接称为动连接。

(一)键、销的功用

1. 实现轴和轮毂零件的固定或轴向移动。

2. 传递动力。

其结构简单,工作可靠,拆装方便,应用十分广泛。

(二)键连接

1. 键的类型

(1)平键:平键的两侧面都是工作面,上表面与轮毂槽面间留有间隙,工作时,靠键与键槽侧面的挤压来传递扭矩。平键连接结构简单、装卸方便、对中性较好,故应用最广,但不能承受轴向力。

按用途的不同,平键分为普通平键、导向平键和滑键3种。

①普通平键。普通平键(见图1-13-1)按键的端部形状不同可分为圆头、方头和单圆头,分别用*A*型、*B*型和*C*型来表示。键的形状不同,键槽的形状也不同。圆头键放在轴上用键槽铣刀铣出的键槽中,不会发生轴向移动,因而应用最广,缺点是键槽端部应力集中较大;方头键放在用锯片铣刀铣出的键槽中,因而避免了上述缺点;单圆头平键则常用于轴端与轴毂零件的连接。

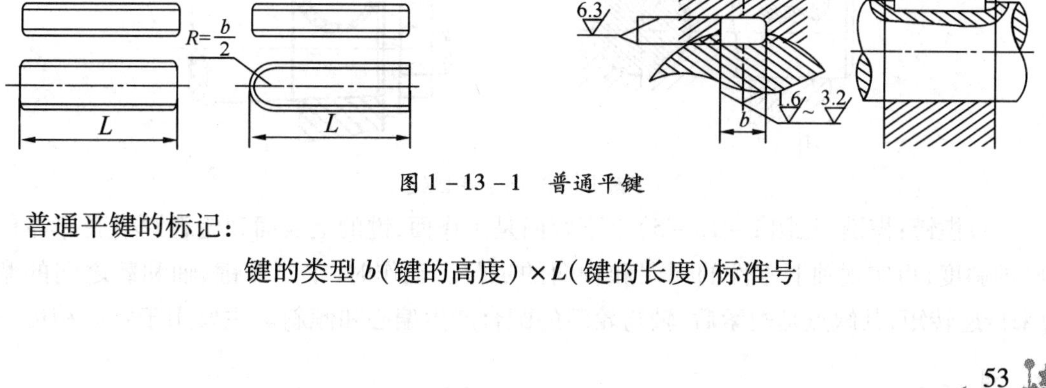

图1-13-1 普通平键

普通平键的标记:

键的类型 *b*(键的高度)×*L*(键的长度)标准号

标记示例：

16 × 100 GB/1096—2003 表示键宽为 16 mm，键长为 100 mm 的 *A* 型普通平键（普通平键的标注省略字母“*A*”）

普通平键用于静连接，当被连接件的零件在工作过程中需要在轴上作轴向移动时，则需要采用导向平键或滑键组成的动连接。

②导向平键。导向平键（见图 1－13－2）是一种较长的平键，为防止松动，通常用紧定螺钉固定在轴的键槽中，键与轮毂的键槽采用间隙配合，故轮毂可以沿键作轴向滑动。为了便于拆卸，键上设有起键螺孔。当零件滑移的距离较大时，因所需导向键的长度过大，制造困难，故宜采用滑键。

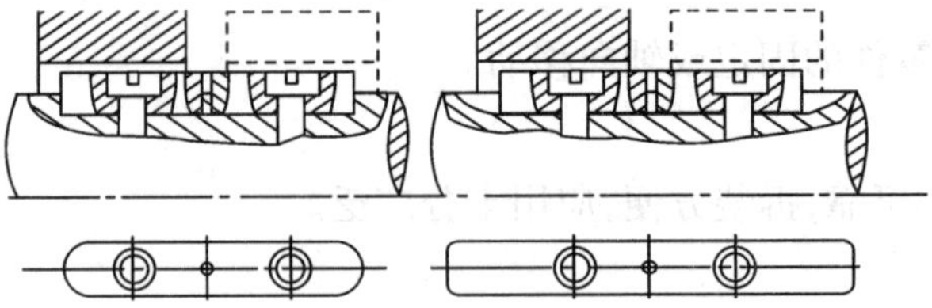

图 1－13－2　导向平键

③滑键。滑键（见图 1－13－3）固定在轮毂上，轮毂带动滑键在轴上的键槽中作轴向滑移，故键长不受滑动距离的限制，只需在轴上铣出较长的键槽即可。

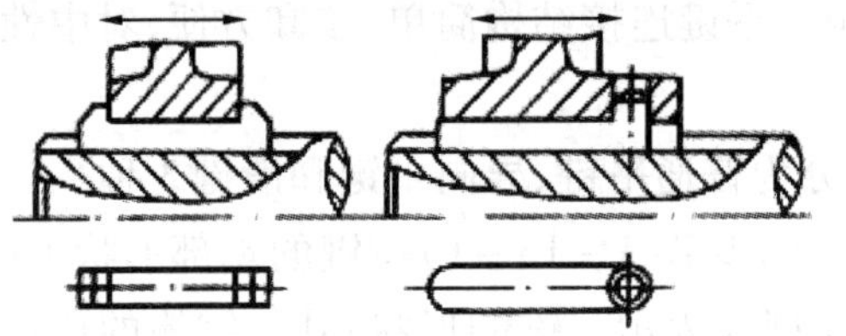

图 1－13－3　滑键

平键是标准件，键的尺寸选择要根据轴的直径标准选定，键的长度比轮毂长度短 5 ~ 10 mm，且符合键长标准系列。

（2）半圆键：半圆键（见图 1－13－4）其两侧面为半圆形，是靠键两侧工作面来传递转矩。与半圆键连接的轴上键槽是用尺寸与键相同的圆盘铣刀铣出，因而键能在键槽中摆动，以适应轮毂槽地面的倾斜。半圆键连接的工艺性和对中性较好，且装配方便，但因键槽较深，对轴的削弱较大，故主要用于轻载连接，尤其适用于锥形轴端与轮毂的连接。

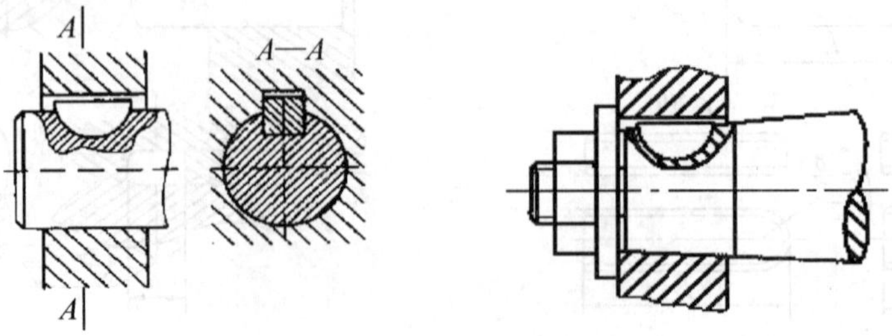

图 1－13－4　半圆键

（3）楔键：楔键（见图 1－13－5）上下两面是工作面，键的上表面和轮毂键槽底部各有 1∶100 的斜度，可实现轴上零件的周向和轴向的定位。工作时，主要靠键、轴和毂之间的摩擦力来传递转矩，其缺点是楔紧后，轴与轮毂的配合产生偏心和倾斜。主要用于定心精度不高和低速的场合。

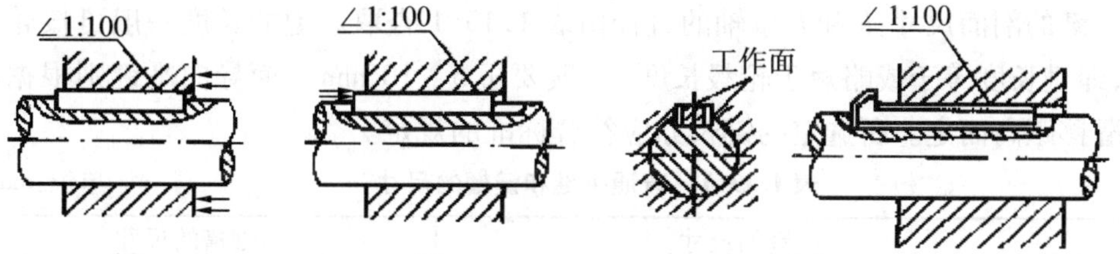

图 1－13－5 楔键

(a)圆头;(b)平头;(c)勾头

(4)切向键:切向键是由两个具有 1:100 斜度的楔键组成(见图 1－13－6)。装配后两楔键以其斜面相互贴合,共同楔紧在轴毂之间,键的上、下平面是工作面。工作时主要靠工作面上的挤压力来传递扭矩,传递单向扭矩时用一个切向键,传递双向扭矩时用两个切向键,且两个切向键之间夹角为 120°～135°。由于切向键的键槽对轴的强度削弱较大,故只用于直径大于 100 mm 的轴。切向键能传递很大的扭矩,主要用于对中性要求不高的重型机械传动中。

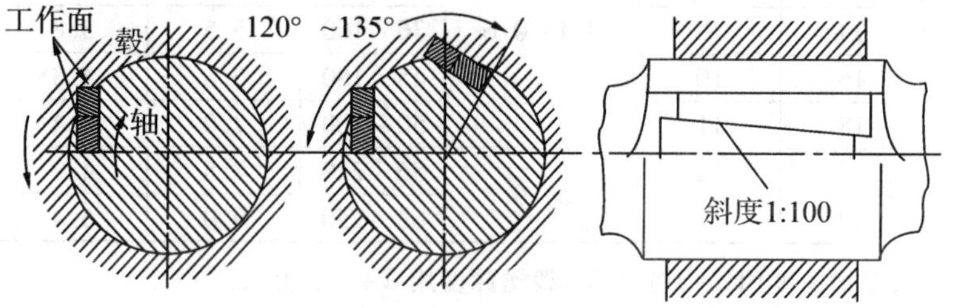

图 1－13－6 切向键

(5)花健:花键(见图 1－13－7)由内花键和外花键组成,即轴上的键齿为外花键,轮毂内孔上的键槽为内花键。齿的侧面为工作面,花键按其齿型分为矩形花键和渐开线花键两种。花键连接可用于静或动连接。由于多齿传递载荷,所以承载能力高,定心精度高,导向性好,故应用广泛。但加工需要专用设备和工具,且成本高。

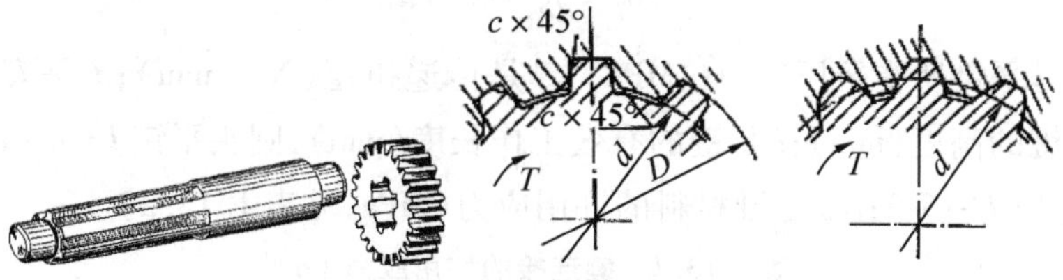

图 1－13－7 花健

(a)矩形;(b)渐开线

2. 键连接的设计

键已标准化,设计时应根据具体情况选择键的类型和尺寸。

(1)键的选择

①类型的选择。键的类型根据键连接的结构、使用要求和工作状况来选择。选择时考虑传递转矩的大小,连接的对中性要求,连接轴上的零件是否需要沿轴向滑移及滑动距离的长短,以及键在轴上的位置等。

②尺寸的选择。键的主要尺寸为其剖面尺寸(一般用键宽 b 和键高 h 来表示)与键的长度 L 尺寸。键的剖面尺寸:b 和 h 按轴的直径由表 1.13.1 查取。键的长度一般可按轮毂的长度而定,即键长度等于或略短于轮毂长度(一般要短 5 ~ 10 mm);而导向平键则根据轮毂长度及其滑移距离而定。所选定的键长亦应符合标准的规定。

表 1.13.1　普通平键和键槽的尺寸　　单位:mm

轴的直径 d	键的尺寸				键槽的尺寸		
	b	h	R	L	t	t_1	r
自 6 ~ 8	2	2	0.16 ~ 0.25	6 ~ 20	1.2	1	0.08 ~ 0.16
>8 ~ 10	3	3		6 ~ 36	1.8	1.4	
>10 ~ 12	4	4		8 ~ 45	2.5	1.8	
>12 ~ 17	5	5	0.25 ~ 0.4	10 ~ 56	3.0	2.3	0.6 ~ 0.8
>17 ~ 22	6	6		14 ~ 70	3.5	2.8	
>22 ~ 30	8	7		18 ~ 90	4.0	3.3	
>30 ~ 38	10	8	0.4 ~ 0.6	22 ~ 110	5.0	3.3	0.25 ~ 0.4
>38 ~ 44	12	8		28 ~ 140	5.0	3.3	
>44 ~ 50	14	9		36 ~ 160	5.5	3.8	
>50 ~ 58	16	10		45 ~ 180	6.0	4.3	
>58 ~ 65	18	11		50 ~ 200	7.0	4.4	
>65 ~ 75	20	12	0.6 ~ 0.8	56 ~ 220	7.5	4.9	0.4 ~ 0.6
>75 ~ 85	22	14		63 ~ 250	9.0	5.4	

注:1. 工作图中,键槽深度用 $d-t$ 来表示,毂槽深度用 $d+t_1$ 来表示;

2. L 系列为:6,8,10,12,14,16,18,20,22,25,28,32,36,40,45,50,56,63,70,80,90,100…。

(2)键的强度计算:普通平键的主要失效形式为连接工作面出现压溃,而动连接的导向平键和花键的主要失效形式为连接面产生过量磨损。

根据平键连接的受力,可以推导出平键连接的强度计算公式为

$$\sigma_P = \frac{4T}{dh_l} \leqslant [\sigma_P]$$

式中:σ_P 是平键所受挤压应力(MPa);T 是传递扭矩(N · mm);d 是安装键处轴的直径(mm);h 是键的高度(mm);l 是键的有效工作长度(mm),圆头平键 $l=L-b$,平头平键 $l=L$,单圆头平键 $l=L-b/2$;σ_P 是键材料的许用应力(MPa,见表 1.13.2)。

表 1.13.2　键连接的许用应力 $[\sigma_p]$　　单位:MPa

连接方式	材　料	载荷性质		
		静载荷	轻微冲击	冲　击
静连接	钢(键)	125 ~ 150	100 ~ 120	60 ~ 90
	铸铁(轮毂)	70 ~ 80	50 ~ 60	30 ~ 45
动连接	钢(键)	50	40	30

注:1. 考虑到载荷分布的不均匀性,在强度计算中可按 1.5 个键计算;

2. 若强度不够时,可采用两个键按 180°布置,也可采取增加键长的方法来解决,但其有效工作长度不能超过 1.6 ~ 1.8d。

例　一钢制直齿圆柱齿轮与一钢制轴的连接,已知安装齿轮处的轴径为 50 mm,齿轮轮

毂宽度为 80 mm,连接传递的转矩为 600 N · mm,载荷轻微冲击。试设计此处的键连接(选择键并校核其强度)。

解 (1)选择键的类型及尺寸

选用 A 型普通平键,按轴径查表得键的尺寸为:键宽 $b=14$ mm,键高 $h=9$ mm,由轮毂宽度 80 mm 选择键长 $L=70$ mm(一般键长比轮毂宽度短 5 ~ 10 mm,且应符合键的标准长度系列),故选择的键的类型为

A 型平键 1470 GB1096—1990

(2)键的强度计算

计算键的有效工作长度 $l=L-b=70-14=56$ mm,查表得:键的许用挤压应力 $[\sigma_p]=100\sim120$ MPa。

由键的强度校核公式得

$$\sigma_P=\frac{4T}{dhl}=\frac{4\times600000}{50\times9\times56}=95.2\ \text{MPa}\leqslant[\sigma_P]$$

故该键连接的强度满足要求。

(三)销连接

1. 用途

用来固定零件之间的相对位置,用于轴与毂的连接或其他零件的连接,并可传递不大的载荷,还可以作为安全装置中的过载剪断元件。

2. 销的类型(见图 1-13-8)

(1)按功能分类:定位销、连接销和安全销。

(2)按形状分类:圆柱销、圆锥销和异形销(开口销)。

圆柱销和圆锥销都是标准件,其相配的被连接孔均为铰制孔。对于圆柱销连接因有微量过盈,故多次装拆后会降低定位精度和连接的紧固性;圆锥销定位精度和可靠性较高,并且多次装拆都不会影响定位精度,故可用于需要经常装拆的场合。

键和销的类型已标准化系列化,详细请查阅《机械零件设计手册》。

铁金属材料是以铁、碳为主要成分的合金,即钢和铸铁材料,俗称黑色金属材料。钢铁材料是现代工业应用最为广泛的金属材料。随着现代工业的发展和科技的进步,钢铁材料的品种越来越多。但是,为了更加充分地发挥材料的潜能,还要对其进行热处理工艺,以便提高材料的机械性能。

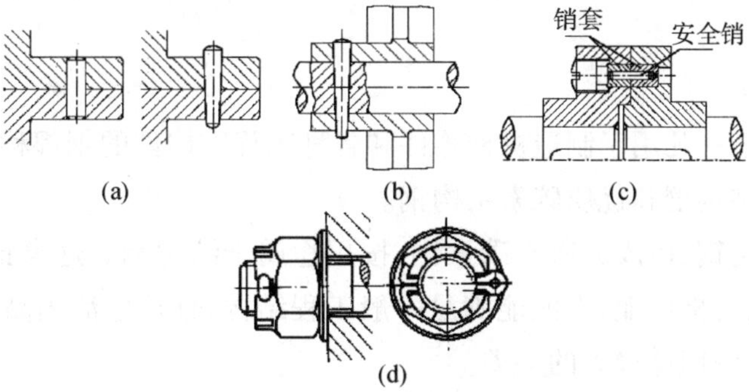

图 1-13-8 销连接的类型

(a)定位销(圆柱、圆锥);(b)连接销;(c)安全销;(d)异形销(开口销)

十四、钢及钢的合金

根据化学成分,钢分为碳素钢(简称碳钢)和合金钢两大类。

(一)碳素钢(C<2.11%)

含有少量的硫、磷、锰、硅等杂质元素,其中硫、磷是炼钢时由原材料进入钢中,而在炼钢时难于除尽的有害杂质。硫有热脆性:即硫与铁形成低熔点的共晶体(FeS－Fe,熔点985℃),当钢材加热至1000℃～1200℃时,由于该共晶体已经熔化,从而导致热钢开裂。磷有冷脆性:即磷使钢的塑性和韧性下降,特别是在低温下塑性和韧性急剧下降。锰、硅是在炼钢加入脱氧剂时,带入钢中的,是有益元素。

图1－14－1所示列出了部分碳素钢的使用。

(a)

(b)

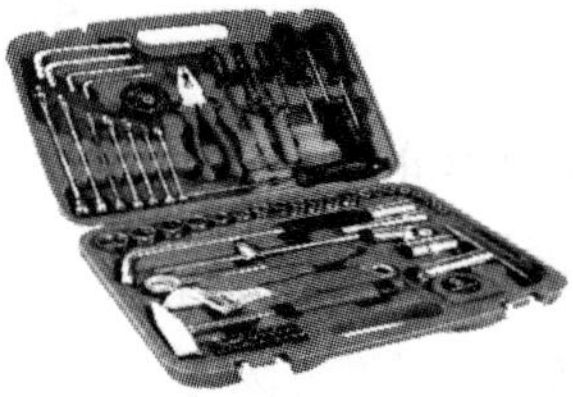
(c)

(d)

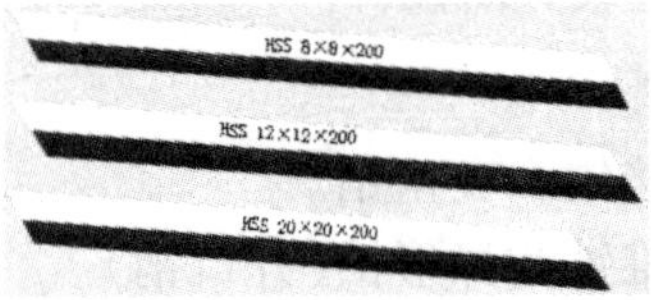

(e)

(f)

图1－14－1　碳素钢材料的应用

(a)碳素钢原料;(b)法兰盘;(c)维修工具;(d)偏摆仪;(e)白钢刀;(f)量块

碳素钢的分类:

(1)按钢的含碳量分类:Ⅰ低碳钢:C≤0.25%;Ⅱ中碳钢:0.25%<C<0.6%;Ⅲ高碳钢:C≥0.6%。

(2)按钢的质量分类(主要根据钢中的S,P含量来划分):Ⅰ普通碳素钢:S≤0.055%,P≤0.045%;Ⅱ优质碳素钢:S≤0.04%,P≤0.04%;Ⅲ高级优质钢:S≤0.03%,P≤0.035%。

(3)按用途分类:

Ⅰ碳素结构钢——凡用于制造机械零件和各种工程结构件的钢都称为结构钢。根据质量可分为普通碳素结构钢和优质碳素结构钢。

①普通碳素结构钢:按成分属于碳素钢,按用途属于结构钢。这类钢冶炼容易,不易消耗贵重的合金元素,价格低廉,性能能满足一般工程结构、日常生活用品和普通机械零件的要求,所以是各类钢中用量最大的一类。

这类钢的牌号是由代表屈服点的字母,屈服点数值,质量等级符号和脱氧方法符号4个部分顺序组成。例如Q235－AF,其中代表屈服点,数值235表示在一定拉伸试验条件下的屈服值不小于 235 MPa，A 表示质量等级为 A 级，F 表示脱氧方法即为沸腾钢，表 1.14.1 列出了普通碳素结构钢（部分）在拉伸和冲击试验条件下的力学性能。这类钢主要用于焊接、铆接和栓接构件，在常温并有冲击载荷的情况下可以选择 *B* 级或 *C*，*D* 级钢，在各种牌号钢中，Q235 应用最多。

表 1.14.1　普通碳素结构钢的力学性能

牌　号	等　级	拉伸试验					冲击试验
		屈服强度 σ_s/ MPa		抗拉强度 σ_b / MPa	伸长率 δ/(5%)		冲击功 W/J
		钢材厚度或直径/mm			钢材厚度或直径/mm		
		16～60	60～150		16～60	60～150	
		不小于			不小于		
Q215	*A*	215～185	185～165	335～410	31～28	28～26	27
	B						
Q235	*A*	235～215	215～185	375～460	26～24	24～21	27
	B						
	C						
	D						
Q255	*A*	255～225	225～205	410～510	24～21	21～19	27
	B						
Q275	—	275～245	245～225	490～610	20～17	17～15	—

②优质碳素结构钢：这类钢中有害杂质元素 S，P 较少，质量优良，大多数用于制造机械零件，可以进行热处理以改善和提高其力学性能。它的牌号是以 0.01% 为单位，用两位数字表示钢中平均含碳量的万分数，例如 45 表示平均碳量比为 0.45% 的钢，称为 45 钢。如果优质碳素结构钢中含锰量较高（锰量在 0.7% ～1.0% 范围内），还应在表明含碳量的两位数字后面，附加汉字"锰"或 Mn 的元素符号，如 20Mn 表示平均碳量比为 0.20% 的较高含锰量钢，称为 20 锰钢。表 1.14.2 列出了部分优质碳素结构钢的力学性能和用途。

表 1.14.2　优质碳素结构钢的力学性能及用途

牌号	σ_s/MPa	σ_b/MPa	δ(%)	φ(%)	α_k/J · cm^{-2}	HB	说 明
15	230	380	27	55	—	143	属于低碳钢。强度低，塑性、焊接性好，用于制造冲压件、焊接件。如经渗碳淬火后，可提高表面硬度和耐磨性，用于高速、重载、受冲压件
20	250	420	25	55	—	156	
25	280	460	23	50	90	170	
30	300	500	21	50	80	179	属于中碳钢。调质后具有良好的综合力学性能，用于受力较大的重要件。如再表面淬火，可提高表面硬度和耐磨性，用作高速重载重要件，如齿轮类零件等
35	320	540	20	45	70	187	
45	360	610	16	40	50	241	
55	390	660	13	35	—	255	
60	410	690	12	35	—	255	属于高碳钢。经淬火后中、低温回火，弹性或耐磨性高，用作弹性件或耐磨件，如弹簧、板簧等
65	420	710	10	30	—	255	

碳素工具钢——用于制造刃具、量具、模具以及其他工具的钢。

碳素工具钢要求高硬度和高耐磨性。因此，工具钢的含碳量都在 0.7% 以上，而且都是优质的或高级优质高碳钢。其牌号是拼音字母“T”加数字表示，其中T表示碳素工具钢，数字表示平均含碳量的千分数，如T8表示平均含碳量比为0.8%的碳素工具钢。如果高级优质碳素钢则在牌号后面加“A”，如T10A表示平均含碳量比为1.0%的高级优质碳素工具钢。表1.14.3列出了部分碳素工具钢的力学性能和用途。

表1.14.3　碳素工具钢的力学性能及用途

牌　号	含碳量(%)	退化后的硬度 HBS(不大于)	淬火后的硬度 HRC(不大于)	说　　明
T7\T7A	0.65－0.74	187	62	凿子、模具、锤子、木工工具及钳工装配工具等不受大的冲击，需较高硬度和耐磨性的工具
T8\T8A	0.75－0.84	187	62	
T9\T9A	0.85－0.94	192	62	刨刀、冲模、丝锥、手工锯条、卡尺等不受较大冲击的工具和耐磨件
T10\T10A	0.95－1.04	197	62	
T11\T11A	1.05－1.14	207	62	
T12\T12A	1.15－1.24	207	62	钻头、锉刀、刮刀等不受冲击而要求极高硬度的工具和耐磨机件
T13\T13A	1.25－1.35	217	62	

钢还可以按其他角度来分类，如按脱氧方法不同，钢可分为沸腾钢、镇静钢和半镇静钢3种。而且在实际使用中，钢厂在给钢的产品命名时，往往将成分、质量和用途这3种分类方法结合起来，如将钢称为优质碳素结构钢，如20Mn；和高级优质碳素工具钢，如T10A等。

(二)合金钢

随着工业生产和科学技术的不断发展，对钢材的某些性能提出了更高的要求。如对大型重要的结构零件，要求具有更高的综合力学性能；对切削速度较高的刀具要求更高的硬度、耐磨性和红硬性(即在高温时仍能保持高硬度和耐磨性性的性能)；大型电站设备、化学设备等不仅要求高的力学性能，而且还要求具有耐蚀、耐热和抗氧化等特殊物理及化学性能。而碳钢已不能满足这些要求，于是生产各种合金钢，以适应对钢材更高的要求。

合金钢就是在碳钢的基础上加入其他元素的钢，加入的其他元素就叫做合金元素。常用的合金元素有硅(Si)、锰(Mn)、铬(Cr)、镍(Ni)、钨(W)、钼(Mo)、钒(V)、钛(Ti)、铝(Al)、硼(B)及稀土元素(Re)等。合金元素在钢中的作用，是通过与钢中的铁和碳两个基本组元发生作用、合金元素之间的相互作用以及影响钢的组织和组织转变过程，从而提高了钢的力学性能，改善钢的热处理工艺性能和获得某些特殊性能。

1.合金钢的分类

(1)按合金元素总含量分类

①低合金钢(合金元素总含量质量分数≤5%)；

②中合金钢(合金元素总含量质量分数为5%～10%)；

③高合金钢(合金元素总含量质量分数≥10%)。

(2)按主要用途分类

合金结构钢：按用途可分为工程结构钢和机械制造钢。

①工程结构钢(普通低合金结构钢)：主要用于制造各种工程结构，如桥梁、建筑、船舶、车辆和高压容器等。这类钢是在普通碳素结构钢的基础上加入少量合金元素制成，故又称普通低合金结构钢(简称普低钢)。因此，采用普低钢代替普通碳素结构钢，可减轻结构重

量,保证使用可靠,节约钢材。如普低钢 16Mn 代替 Q235 钢,一般可以节约 25% ~30% 以上。加工过程中经常采用冷弯、冷卷和焊接,不再进行热处理。主加元素为锰(0.8% ~1.8%),为了某些需要,还加入钒、钛、铌等元素,但合金元素总量一般不超过 3%。表 1.14.4 列出了普低钢的力学性能和用途。

表 1.14.4 常见普低钢的力学性能和用途

钢 号	σ_s/MPa	σ_b/MPa	δ/(%)	用 途
16Mn	360	520	26	桥梁、汽车大梁和船舶等
15MnV	400	540	18	锅炉、大型厂房等
09Mn	310	460	21	油罐、油槽等
14MnMoV	500	620	15	500℃以下高压容器

②机械制造钢:主要用于制造各种机械零件。它是在优质或高级优质碳素结构钢的基础上加入合金元素制成的合金结构钢。这类钢一般都要经过热处理,才能发挥其性能。因此,这类钢的性能与使用都与热处理相关。机械制造用合金结构钢按用途和热处理特点,可以分为合金渗碳钢、合金调质钢、合金弹簧钢和滚珠轴承钢等。表 1.14.5 列出了常见机械制造钢的力学性能和用途。

表 1.14.5 常见机械制造钢的力学性能及用途

钢 号	σ_s/MPa	σ_b/MPa	δ(%)	φ(%)	α_k/J·cm^{-2}	用 途
20Cr	600	800	10	40	60	属低碳钢。渗碳、淬火、低温回火表面硬度耐磨性高,心部强度韧性好;适于高速、重载、受冲击重要件,如传动轴、高速齿轮等
20MnZB	800	1 000	10	45	70	
20MnVB	900	1 100	10	45	70	
20CrMnTi	850	1 100	10	45	70	
40Cr	≥800	≥1 000	≥9	≥45	≥50	属中碳钢。调质后具有良好的综合机械性能,适于重载、受冲击零件,如连杆、汽车后桥半轴等;如要表面高硬度、耐磨性可表面淬火(38CrMoAlA 可氮化),如曲轴等
45MnZ	750	900	10	45	60	
40MnVB	850	1 050	10	45	70	
38CrMoAlA	≥850	≥1 100	15	≥50	90	
65Mn	850	1 050	8	30	—	属高碳钢。淬火、中温回火后弹性及疲劳强度高,适于弹簧、板簧等
60Si2Mn	1 150	1 300	10	45	—	

图 1-14-2 所示列出了部分合金结构钢的使用。

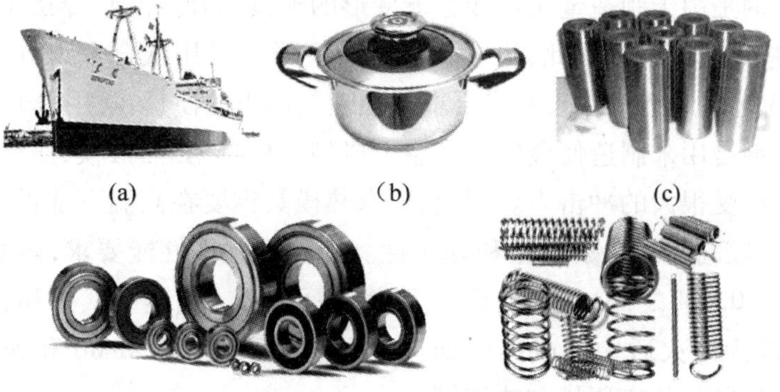

(a) (b) (c)

(d) (e)

图 1-14-2 合金结构钢材料的应用

(a)远洋货轮;(b)灶具活;(c)塞销;(d)轴承;(e)弹簧

合金工具钢。碳素钢工具钢淬火后，虽能达到高的硬度和耐磨性，但它的淬透性（即表示钢在一定条件下时获得淬硬层（马氏体层）的深度）和红硬性差。因此，尺寸大、精度高和形状复杂的模具、量具及切削速度较高的刃具都采用合金工具钢来制造。合金工具钢按用途可分为：合金刃具钢、合金模具钢和合金量具钢。

图 1－14－3 所示列出了部分合金工具钢的使用。

(a)　　　　(b)　　　　(c)

图 1－14－3　合金工具钢材料的应用

（a）量具；（b）刀具；（c）挤压模头

①合金刃具钢：合金刃具钢可分为低合金刃具钢和高速钢。

低合金刃具钢是在碳素工具钢的基础上加入少量的合金元素（一般为 3% ~5%）形成的一类钢。这类钢中常加入铬、锰和硅等元素，此外还有钨和钒等元素，硬度、耐磨性、强度和淬透性均比碳素工具钢好。常用的低合金刃具钢是 9SiCr，CrWMn，主要用于制造丝锥、板牙和铰刀等。

高速钢是一种含钨、铬和钒等多种元素的高合金刃具钢。经过适当热处理后，具有高的硬度、红硬性、耐磨性和淬透性。高速钢主要的合金元素总量达到 10% ~25%。常见的高速钢主要有：钨系高速钢，其代表为 W18Cr4V（含碳量为 0.7% ~0.8%）；钼系高速钢，其代表为 W6Mo5Cr4V2。高速钢主要用于制造切削速度较高的刀具（车刀和钻头等）和形状复杂、负荷较重的成形刀具（铣刀和拉刀等）。此外，高速钢还可以制造冷冲模、冷冲挤压模以及某些耐磨零件。

②合金模具钢：是指用于制造冲压、热锻和压铸等成型模具的钢。根据工作条件不同，可分为：冷变形模具钢和热变形模具钢。

冷变形模具钢是用于制造金属在冷态下变形的模具，如冷冲模、冷挤压模等。冷变形模具与刃具性能要求基本相似，因此，尺寸较小的冷变形模具用低合金刃具钢制造，如 9SiCr，CrWMn 和 GCr15 等。制造尺寸较大或要求热处理变形小的模具，常用 Cr12 和 Cr12MoV 钢。

热变形模具钢是用来制造使金属在高温下成型的模具，如热锻模、压铸模等。热模具是在高温下工作并承受很大的冲击力。因此，要求热模具钢要在高温下能保持足够的强度、韧性和耐磨性，以及较高的抗热疲劳性和导热性。为保证这些性能要求，热变形模具钢，一般碳量比在 0.3% ~0.6% 之间，加入的合金元素主要有铬、锰、硅、钼、钨和钒等，即中碳合金钢，其最终热处理为淬火后中温或高温回火。目前常采用 5CrMnMo 和 5CrNiMo 制作热锻模，采用 3Cr2W8V 制作热挤压模和热铸模。

③合金量具钢：是用于制造测量工具的钢。测量工具即量具，如游标卡尺、千分尺和塞规等，是测量尺寸的工具。它们的工作部分要求高硬度、高耐磨性和高的尺寸稳定性，一般

采用微变形合金工具钢制造，如 CrWMn，GCr15 等。量具钢的最终热处理与刃具钢和冷变形模具钢一样，也是淬火后低温回火，精度要求特别高的量具，可在淬火后进行冷处理（即淬火后冷却至室温的钢件继续冷至摄氏零度以下温度的处理），以保证其尺寸的稳定性。常用的合金工具钢的特性与用途见表 1.14.6 所示。

表 1.14.6　常见合金工具钢的特性与用途

类　别	钢　号	特　　征	用　　途
低合金刃具钢	9SiCr CrMn CrWMn	高硬度、高耐磨性、高淬透性和变形小	要求较高的量具及一般模具刃具，如块规、丝锥等
高速钢	W18Cr4V W6Mo5Cr4V2	高热硬性、高硬度、高耐磨性及高强度	中速切削刃具及复杂刃具，如车刀、铣刀等
冷变形模具钢	Cr12 Cr12MoV	高硬度、高耐磨性、高淬透性、强度韧性好和变形小	尺寸大，变形小的冷模具，如冲模
热变形模具钢	5CrNiMo 3Cr2W8V	高温下强度韧性高、耐磨性及抗热疲劳性好	尺寸大的热锻模及热挤压模
备注	1. 滚珠轴承钢 GCr6，GCr15 也是很好的低合金钢； 2. 低合金刃具钢的热硬性约 300℃，作低速切削刃具；高速钢热硬性 500℃ ~600℃，作中速切削刃具； 3. 5CrNiMo 作大锻模，小锻模可用 5CrMnMo 代替。		

特殊性能钢：具有特殊物理、化学性能的钢。特殊性能钢的种类很多，在机械制造中常用的有：不锈钢、耐热钢和耐磨钢，如图 1－14－4 所示。

①不锈钢：不锈钢有不锈铬钢和不锈铬镍钢。

不锈铬钢可抵抗大气、海水和蒸汽等的锈蚀。常用的不锈铬钢为 Cr13 型，牌号有 1Cr13，2Cr13，3Cr13 和 4Cr13，钢中的铬量约为 13%，碳量为 0.1% ~0.4%。其中前两种用于制造汽轮机叶片、水压机阀门等，后面两种用于制造弹簧、轴承、医疗器械及在弱腐蚀条件下工作而要求高强度的耐蚀零件。

不锈铬镍钢主要用于制造在强腐蚀介质（硝酸、磷酸、有机酸及碱性溶液等）中工作的设备，如吸收塔、贮槽、管道及容器等。这些钢的化学成分为含铬量为 18%，含镍量为 8% ~11%，含碳量很低，其牌号为 0Cr18Ni9，1Cr18Ni9。

②耐热钢：耐热钢通常可分为抗氧化钢和抗热强钢。抗氧化钢的特点是在高温下有较好的抗氧化能力并具有一定强度。这类钢主要用于制造长期工作在高温下的零件，如加热炉的炉底板、渗碳箱等，如 4Cr9Si2，1Cr13SiAl 等。

③耐磨钢：习惯上是指在强烈冲击载荷下发生冲击硬化，从而获得高的耐磨性的高锰钢。它的主要化学成分是碳量比 1.0% ~1.3%，锰量 11% ~14%，它的钢号是 Mn13。由于这种钢基本上都是铸造而成，因而，其钢号也可以是 ZGMn13（铸造高锰钢）。高锰钢主要用于制造铁路道岔、拖拉机履带和挖土机铲齿等。

图 1－14－4 所示列出了部分特殊性能钢的使用。

(a) (b) (c)

图 1－14－4 特殊性能钢材料的应用

(a)水轮机叶片;(b)渗碳炉;(c)铁路道岔

2. 合金钢牌号的表示方法

根据标准规定,合金钢的牌号采用国际化学元素符号、汉字和汉字拼音字母并用的原则。

合金结构钢采用“二位数字加元素符号加数”的形式。前面的二位数字表示钢的平均碳量比的万分数,元素符号表示钢中所含的合金元素,而后面数字表示该元素平均含量的质量分数。当合金元素含量小于1.5%时,牌号中只标明元素符号,而不标明含量,如果含量大于1.5%,则相应地在元素符号后面标出。如:60Si2Mn,表示平均含碳量为0.6%,含硅量为2%,含锰量小于1.5%。

合金工具钢的牌号表示方法与合金结构钢相似,其区别在于其用一位数字表示平均含碳量的千分数,当含碳量大于或等于1%,则不予标出。如9SiCr,表示平均含碳量为0.9%,Si,Cr的含量小于1.5%;Cr12MoV,表示平均含碳量大于1%,铬含量为12%,钼和钒的含量都小于1.5%。

除此之外,还有一些特殊专用钢,为表示钢的用途在钢号前面冠以汉语拼音,而不标出含碳量。如GCr15为滚珠轴承钢,“G”为“滚”字的汉语拼音。还应注意,在滚珠轴承钢中,铬元素符号后面的数字表示铬含量的千分数,其他元素仍用百分数表示。如GCr15SiMn,表示铬量为1.5%,硅和锰的含量小于1.5%。

合金钢一般都为优质钢。合金结构钢若为高级优质钢,则在钢号后面加“A”,如38CrMoAlA;合金工具钢一般都为高级优质钢,所以其牌号后面不再标“A”。

3. 轴承合金

(1)定义:在滑动轴承中,制造轴瓦及其轴衬的合金,成为轴承合金。

(2)特点:根据滑动轴承的工作条件,轴承合金必须具有高的抗压强度和疲劳强度,足够的塑性和韧性,良好的磨合能力,减摩性和耐磨性,除此还要容易制造、价格低廉。为了使轴承材料满足上述要求,除了从原材料的力学性能、物理化学性能及价格上考虑外,还要求配成的合金能形成下述组织:在软基体组织上均匀分布着硬的质点,或在硬基体组织上均匀分布着软的质点。

(3)类型:常用的轴承合金有锡基、铅基和铝基轴承合金(见图1－14－5)。

①锡基轴承合金。锡基轴承合金以锡(Sn)为基础,加入锑(Sb)、铜等元素组成的合金。这种轴承合金具有硬度适中,减摩性好,足够的塑性、韧性,良好的耐蚀性、导热性,膨胀系数小等优点。所以,在汽车、拖拉机、汽轮机等机械的高速轴上应用较广。锡基轴承合金的疲劳强度低,同时,锡的熔点较低,其工作温度不宜高于150℃。

(a) (b)

图 1-14-5 轴承合金

(a)巴士滑动轴承合金;(b)铝基滚动轴衬

锡基轴承合金的牌号是以“铸”字的汉语拼音首字母 Z 加基体元素锡(Sn),以及主加元素、辅助元素和名义质量分数组成,如 ZSnSb11Cu6 表示平均锑量为 11%、铜量为 6% 的锡基轴承合金。这个牌号也是最常用的锡基轴承合金。

②铅基轴承合金。铅基轴承合金是以铅(Pb)、锑(Sb)为基础,加入锡、铜等元素组成的合金。铅基轴承合金的硬度、强度、韧性、减摩性均低于锡基轴承合金,故用于中低速、中等负荷的轴承。由于它的价格便宜,在可能的情况下尽量采用。

铅基轴承合金的牌号表示方法同于锡基轴承合金。常用的牌号为 ZPbSb10Sn16Cu2。

③铝基轴承合金。铝基轴承合金常用的有铝锑镁和高锡铝基轴承合金。

铝锑镁轴承合金,是以铝为基础,加入 4% 锑(Sb),0.3% ~0.7% 镁(Mg)所组成的合金;较高锡铝基轴承合金,是以铝为基础加入约 20% 锡(Sn)和 1% 铜(Cu)所组成的合金。

铝基轴承合金的特点是原料丰富、价格便宜,导热性好,较高的疲劳强度,良好的耐热、耐磨和抗蚀性,能承受较大压力与速度。用它可代替巴氏合金,其中以高锡铝基轴承合金应用最广,用于汽车、拖拉机和内燃机车的轴承。铝锑镁轴承合金仅在低速柴油机等的轴承上使用。

十五、铸铁和铸钢

(一)铸铁的特性

具有优良的铸造性、切削加工性、减摩性与消振性和低的缺口敏感性,而且熔炼铸铁的工艺与设备简单、低成本。

(二)铸铁的分类、牌号及性能(以铸铁中石墨的形态不同)

1. 灰铸铁(片状形式)“HT”

(1)性能:灰铸铁具有良好的铸造性、切削加工性、减摩性和消振性,铸铁对缺口的敏感性较低。

(2)应用:灰铸铁被广泛地用于制作各种需要承受压力和要求减震性的床身、机架,结构复杂的箱体、壳体和经受摩擦的导轨、缸体和减速箱壳体等(见图 1-15-1)。

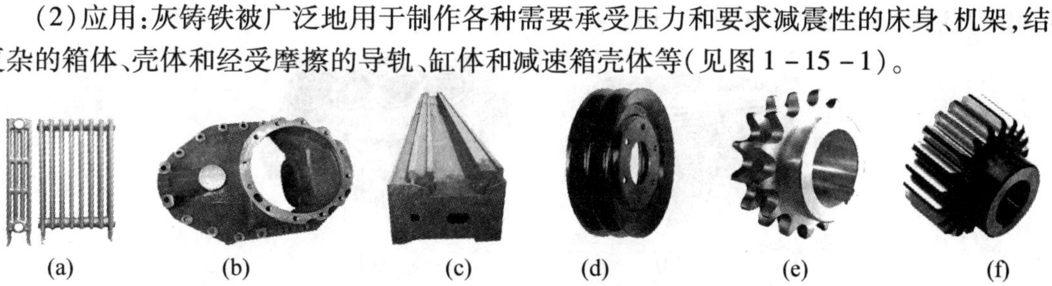

(a) (b) (c) (d) (e) (f)

图 1-15-1 灰铸铁材料产品

(a)暖气片;(b)减速器壳体;(c)机床导轨;(d)带轮;(e)链轮;(f)齿轮

2. 球墨铸铁(球状形式)"QT"

(1)性能:球墨铸铁的抗拉强度、塑性和韧性、疲劳强度高于其他铸铁,球墨铸铁有一个突出优点是屈服强度比较高,因此对于承受静载荷的零件,可用球磨铸铁代替铸钢。

(2)应用:用来制造各种受力复杂、载荷较大和耐磨的重要铸锻件(见图 1-15-2)。

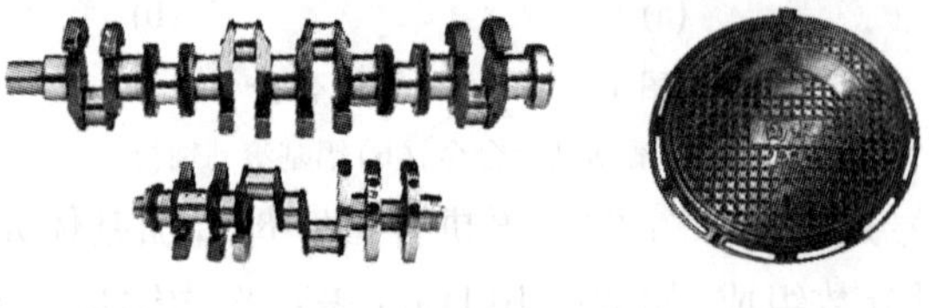

(a) (b)

1-15-2 球墨铸铁材料产品

(a)曲轴;(b)井盖

3. 可锻铸铁(团絮状形式)"KT"

(1)性能:可锻铸铁俗称"马铁",因其具有一定的塑性与韧性而得名,但实际上不能锻造。

(2)应用:可锻铸铁常用作一些截面较薄、形状较复杂、工作时受振动且强度、韧性要求较高的零件(见图 1-15-3)。

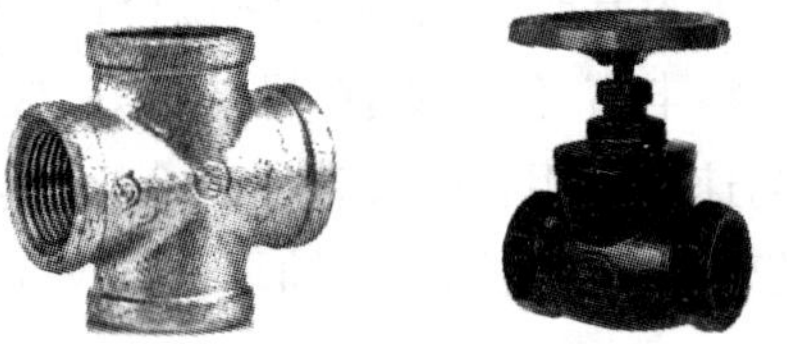

(a) (b)

图 1-15-3 可锻铸铁材料产品

(a)四通式管件;(b)球阀

4. 蠕墨铸铁(蠕虫状形式)"RuT"

(1)性能:蠕墨铸铁的力学性能介于基体组织相同的灰铸铁和球墨铸铁之间。当成分一定时,蠕墨铸铁的强度和韧性比灰铸铁高,塑性和韧性比球墨铸铁低,但强度接近于球墨铸铁。蠕墨铸铁具有优良的抗热疲劳强度性能,其铸造性能和减震能力都好于球墨铸铁,接近于灰铸铁。

(2)应用:蠕墨铸铁广泛用于诸如电机外壳、柴油机缸体、机座、床身、锭模、飞轮、排气管、阀门和液压件等零件(见图 1-15-4)。

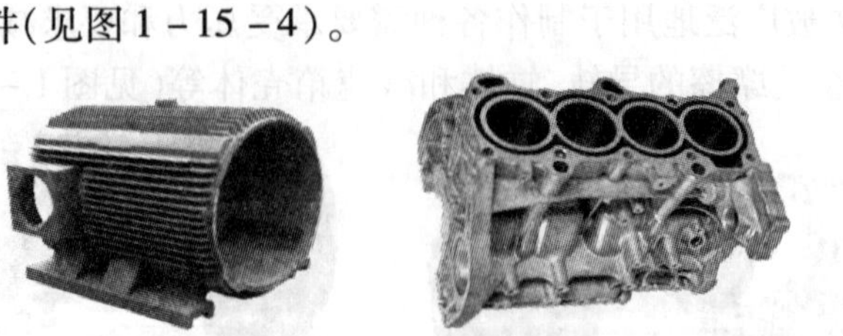

(a) (b)

图 1-15-4 蠕墨铸铁材料产品

(a)电机外壳;(b)发动机缸体

另外，铸铁还有白口铸铁，它的碳几乎全部是以渗碳体（Fe_3C）的形式存在，断口呈白亮色，性能硬而脆，不易切削加工，在机械工业中很少直接应用。

（三）铸钢

将熔炼好的钢液直接铸成零件或毛坯，这种铸件称为铸钢件，铸钢是生产铸钢件的材料。与铸铁相比，铸钢的力学性能，特别是抗拉强度、塑性、韧性较高。因此，铸钢一般用于制造那些形状复杂、综合力学性能要求较高的零件，而这类零件在工艺上难于用锻造方法获得，在性能上又不能用力学性能较低的铸铁制造。

铸钢有碳素铸钢和合金铸钢两种。

1. 碳素铸钢

碳素铸钢又叫铸造碳钢，简称铸钢。铸钢的碳量比（C）一般在0.15% ~0.60%，铸钢的牌号用ZG后加两组数字组成，第一组数字代表屈服强度值（σ_s），第二组数字代表抗拉强度值（σ_b）。根据国家标准，一般工程用碳素铸钢件分为5个牌号，其中ZG200 -400主要用于制作各种机座、变速箱壳等；ZG230 -450用于制作轴承盖、各种外壳、阀体等；ZG270 -500用于制作轧钢机架、轴承座等；ZG310 -570用于制作辊子、缸体、大齿轮等；ZG340 -640主要用于制作齿轮、棘轮、叉头等（见图1 -15 -5）。

图1 -15 -5　碳素铸钢的应用

2. 合金铸钢

为了进一步提高铸钢的力学性能，常在碳素铸钢的基础上加入锰、硅、铬、钼、钒和钛等合金元素，制成合金铸钢，如ZG35SiMn，ZG40Cr，ZG35CrMnMo等。为了满足铸钢件的特殊物理化学性能要求时，还可用耐蚀、耐热和耐磨铸钢等（见图1 -15 -6）。

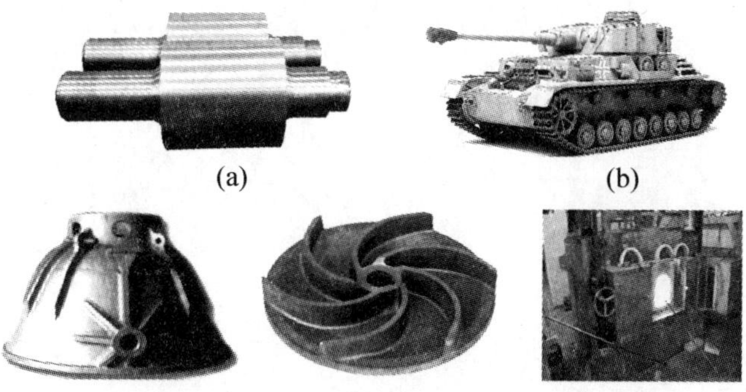

(a)　(b)

(c)　(d)　(e)

图1 -15 -6　合金铸钢的应用

（a）轧钢滚子；（b）军且坦克；（c）炉渣罐；（d）水轮机叶轮；（e）电控坩埚炉

铸钢的流动性即铸造性能差，通常采用提高浇注温度的方法改善其流动性。所以铸钢件的晶粒粗大，还可能产生组织缺陷。为了晶粒细化，改善铸钢件的性能，要进行相应的热处理。

请沿此线剪下

任务实施

资讯单1.1

学习领域	零件加工信息分析		
学习情境一	轴系类零件的信息分析——受力分析和强度计算	学　时	16
资讯方式	图书馆、专业杂志、互联网、参考书籍、信息单查寻或者资讯任课教师		
资讯问题	1. 什么是力？力的三要素是什么？力的单位是什么？力的图示是如何表示的？ 2. 什么叫刚体？ 3. 什么叫力系？ 4. 什么是平面力系？ 5. 什么是等效力系？ 6. 平面力系的形式有哪些？ 7. 静力学基本公理有哪些？ 8. 什么叫约束和约束力？ 9. 工程上常见的约束类型有哪些？其力学模型是？ 10. 什么是平面汇交力系？ 11. 平面汇交力系的合成法则有哪些？ 12. 平面汇交力系的平衡条件是什么？ 13. 什么是力矩？ 14. 合力矩定理的数学表达式是什么？ 15. 力矩的平衡条件是什么？ 16. 什么是力偶？ 17. 合力偶定理的数学表达式是什么？ 18. 力偶的平衡条件是什么？ 19. 力的平移定理是什么？ 20 平面汇交力系的合成法则是什么？ 21. 平面汇交力系的平衡条件是什么？ 22. 平面任意力系的合成法则是什么？ 23. 平面任意力系的平衡条件是什么？ 24. 摩擦的类型有哪些？ 25. 什么是摩擦角和自锁现象？ 26. 杆件变形的基本形式有哪些？ 27. 什么是内力？ 28. 用截面法分析零件内力的方法和思路是什么？		

请沿此线剪下

请沿此线剪下

续表

学习领域	零件加工信息分析		
学习情境一	轴系类零件的信息分析——受力分析和强度计算	学时	16
资讯方式	图书馆、专业杂志、互联网、参考书籍、信息单查寻或者资讯任课教师		
资讯问题	29. 什么是拉压变形 30. 什么是许用应力和安全系数? 31. 杆件受拉压变形的强度校核条件是什么? 32. 什么是剪切和挤压变形? 33. 什么是正应力和切应力? 34. 零件受剪切与挤压变形的强度校核条件是什么? 35. 什么是扭转变形? 36. 轴受扭转变形的强度校核条件是什么? 37. 提高抗扭能力的方法有哪些? 38. 什么是弯曲变形? 39. 梁的简化形式有哪些? 40. 什么是梁的平面弯曲? 41. 什么是梁的纯弯曲 42. 用截面法分析梁弯曲变形的内力(剪力和弯矩)的一般步骤是什么? 43. 梁受弯曲变形时的强度校核条件是什么? 44. 提高抗弯能力的方法有哪些?		
资讯引导	[1]申宾德. 零件加工信息分析[M]. 西安:西北工业大学出版社,2014. [2]张定华. 工程力学[M]. 北京:高等教育出版社,2010. [3]张燕霞. 工程力学[M]. 兰州:兰州大学出版社,2012. [4]李世维. 机械基础[M]. 北京:高等教育出版社,1999. [5]谢蕾. 零件加工信息分析[M]. 北京:北京大学出版社,2010. [6]陈雪,王晓强. 机械基础项目教程[M]. 大连:大连理工大学出版社,2011.		

请沿此线剪下
请沿此线剪下
请沿此线剪下

资讯单 1.2

学习领域	零件加工信息分析		
学习情境一	轴系类零件的信息分析——轴和轴承	学　时	16
资讯方式	图书馆、专业杂志、互联网、参考书籍、信息单查寻或者资讯任课教师		
资讯问题	1. 轴的主要功用是什么？ 2. 轴的分类和特点是什么？ 3. 轴的结构特点是什么？ 4. 轴的设计原则是什么？ 5. 轴承的分类和结构分别是什么？ 6. 滑动轴承的润滑方式是什么？ 7. 滚动轴承的定位方式有哪些？ 8. 滚动轴承的的安装与拆卸方法有哪些？		
资讯引导	[1]申宾德. 零件加工信息分析[M]. 西安：西北工业大学出版社，2014. [2] 李世维. 机械基础[M]. 北京：高等教育出版社，1999. [3] 谢蕾. 零件加工信息分析[M]. 北京：北京大学出版社，2010. [4] 陈雪，王晓强. 机械基础项目教程[M]. 大连：大连理工大学出版社，2011. [5] 同长虹. 机械设计基础[M]. 北京：科学出版社，2012. [6] 濮良贵，纪名刚. 机械设计[M]. 北京：高等教育出版社，2006. [7] 张策. 机械原理与机械设计[M]. 北京：高等教育出版社，2004.		

请沿此线剪下
请沿此线剪下

资讯单 1.3

<table>
<tr><td>学习领域</td><td colspan="3">零件加工信息分析</td></tr>
<tr><td>学习情境一</td><td>轴系类零件的信息分析——键、销、联轴器、离合器和制动器</td><td>学　时</td><td>16</td></tr>
<tr><td>资讯方式</td><td colspan="3">图书馆、专业杂志、互联网、参考书籍、信息单查寻或者资讯任课教师</td></tr>
<tr><td>资讯问题</td><td colspan="3">1. 键、销连接的功能有哪些？
2. 键的类型有哪些？
3. 简述各种键连接的工作特点；
4. 举例说明键连接的应用；
5. 与平键连接相比较，花键连接的优点有哪些？
6. 花键连接按齿形不同可分为哪两种类型？
7. 如何选择键的类型和尺寸？
8. 销的类型有哪些？
9. 举例说明销连接的应用。
10. 简述各种销连接的工作特点。
11. 联轴器、离合器和制动器的功用分别是什么？
12. 联轴器和离合器的区别是什么？
13. 联轴器的类型有哪些？其特点如何？
14. 如何正确选用联轴器？
15. 离合器的类型有哪些？其特点如何？
16. 制动器的类型有哪些？其特点如何？</td></tr>
<tr><td>资讯引导</td><td colspan="3">[1] 申宾德. 零件加工信息分析[M]. 西安：西北工业大学出版社，2014.
[2] 李世维. 机械基础[M]. 北京：高等教育出版社，1999.
[3] 谢蕾. 零件加工信息分析[M]. 北京：北京大学出版社，2010.
[4] 陈雪，王晓强. 机械基础项目教程[M]. 大连：大连理工大学出版社，2011.
[5] 同长虹. 机械设计基础[M]. 北京：科学出版社，2012.
[6] 濮良贵，纪名刚. 机械设计[M]. 北京：高等教育出版社，2006.
[7] 张策. 机械原理与机械设计[M]. 北京：高等教育出版社，2004.</td></tr>
</table>

资讯单 1.4

学习领域	零件加工信息分析		
学习情境一	轴系类零件的信息分析——钢、合金钢、铸铁和铸钢及钢的热处理	学　时	16
资讯方式	图书馆、专业杂志、互联网、参考书籍、信息单查寻或者资讯任课教师		
资讯问题	1. 碳素钢的分类形式有哪些？ 2. 碳素结构钢的类型、力学性能和用途分别是什么？ 3. 碳素工具钢的类型、力学性能和用途分别是什么？ 4. 合金钢的分类形式有哪些？ 5. 合金结构钢的类型、力学性能和用途分别是什么？ 6. 合金工具钢的类型、力学性能和用途分别是什么？ 7. 特殊性能钢的类型、力学性能和用途分别是什么？ 8. 什么是轴承合金？ 9. 轴承合金的类型和用途分别是什么？ 10. 铸铁的分类形式有哪些？ 11. 什么是铸钢，其类型有哪些？ 12. 什么是钢的热处理？ 13. 钢的热处理目的和设备分别是什么？ 14. 如何正确理解钢在加热和冷却时的组织转变？ 15. 钢的热处理类型分别是什么？		
资讯引导	[1]申宾德. 零件加工信息分析[M]. 西安：西北工业大学出版社，2014. [2]谢蕾. 零件加工信息分析[M]. 北京：北京大学出版社，2014. [3]李世维. 机械基础[M]. 北京：高等教育出版社，1999. [4]乔世民. 机械制造基础[M]. 北京：高等教育出版社，2008. [5]崔忠圻，刘北兴. 金属学与热处理原理[M]. 哈尔滨：哈尔滨工业大学出版社，2007.		

请沿此线剪下

请沿此线剪下

请沿此线剪下

资讯单 1.5

<table>
<tr><td>学习领域</td><td colspan="3">零件加工信息分析</td></tr>
<tr><td>学习情境一</td><td>轴系类零件的信息分析——金属材料基本知识</td><td>学　时</td><td>16</td></tr>
<tr><td>资讯方式</td><td colspan="3">图书馆、专业杂志、互联网、参考书籍、信息单查寻或者资讯任课教师</td></tr>
<tr><td>资讯问题</td><td colspan="3">1. 金属材料的力学性能主要有哪些?
2. 了解低碳钢拉伸试验的原理和结果?
3. 如何分析材料的应力应变曲线?
4. 什么是材料的刚度?
5. 什么是材料的强度? 其类型有哪几种?
6. 衡量材料塑性变形的度量指标有哪些?
7. 什么是材料的硬度? 其度量指标和检测设备有哪些?
8. 什么是材料的冲击韧性?
9. 什么是材料的疲劳强度?
10. 晶体结构的术语及定义有哪些?
11. 常见金属的晶体结构有哪些?
12. 如何正确理解金属的结晶过程?
13. 工业生产中,细化金属晶粒的方法有哪些?
14. 如何正确理解金属的同素异构转变?
15. 什么是材料的塑性变形?
16. 金属塑性变形的原理是什么?
17. 如何正确理解金属的冷塑性变形?
18. 如何正确理解金属的热塑性变形?
19. 什么是合金?
20. 合金的术语及定义有哪些?
21. 合金的结构有哪些?
22. 铁碳合金的基本相结构有哪些?
23. 如何正确理解和分析铁碳合金相图?</td></tr>
<tr><td>资讯引导</td><td colspan="3">[1]申宾德. 零件加工信息分析[M]. 西安:西北工业大学出版社,2014.
[2]谢蕾. 零件加工信息分析[M]. 北京:北京大学出版社,2014.
[3]李世维. 机械基础[M] . 北京:高等教育出版社,1999.
[4]乔世民. 机械制造基础[M] . 北京:高等教育出版社,2008.
[5]崔忠圻,刘北兴. 金属学与热处理原理[M] . 哈尔滨:哈尔滨工业大学出版社,2007.</td></tr>
</table>

请沿此线剪下
请沿此线剪下
请沿此线剪下

决策单

<table>
<tr><td colspan="2">学习领域</td><td colspan="6">零件加工信息分析</td></tr>
<tr><td colspan="2">学习情境一</td><td colspan="4">轴系类零件的信息分析</td><td>学　时</td><td>6</td></tr>
<tr><td colspan="8">带式运输机(减速器)设计方案讨论</td></tr>
<tr><td rowspan="9">方案对比</td><td>组别</td><td>序号</td><td>内　　容</td><td>教学设备</td><td>知识信息</td><td>实施操作</td><td>综合评价</td></tr>
<tr><td rowspan="5">I</td><td>1</td><td>轴的设计</td><td>实物</td><td>资讯单 1.1</td><td>可行</td><td rowspan="5">可行</td></tr>
<tr><td>2</td><td>轴承的选用</td><td>实物</td><td>资讯单 1.2</td><td>可选</td></tr>
<tr><td>3</td><td>键和销的选用</td><td>实物</td><td>资讯单 1.3</td><td>可选</td></tr>
<tr><td>4</td><td>联轴器的设计</td><td>实物</td><td>知识拓展 A</td><td>可行</td></tr>
<tr><td>5</td><td>减速器(部分)材料的选用</td><td>实物</td><td>资讯单 1.4,1.5</td><td>可选</td></tr>
<tr><td></td><td colspan="4"></td><td></td><td></td></tr>
<tr><td></td><td colspan="4"></td><td></td><td></td></tr>
<tr><td colspan="7"></td></tr>
<tr><td colspan="7"></td></tr>
<tr><td>方案评价</td><td colspan="7">设计方案一思路清楚、实施可行,可以进行下一阶段的实施。</td></tr>
</table>

班　　级	组　　别	组长签字	教师签字	日　　期

请沿此线剪下

计划单

<table>
<tr><td colspan="2">学习领域</td><td colspan="3">零件加工信息分析</td></tr>
<tr><td colspan="2">学习情境一</td><td>轴系类零件的信息分析</td><td>学 时</td><td>6</td></tr>
<tr><td colspan="2">计划方式</td><td colspan="3">小组讨论，团结协作共同制定计划</td></tr>
<tr><td>序号</td><td colspan="2">带式运输机（减速器）设计实施步骤</td><td colspan="2">知识信息</td></tr>
<tr><td rowspan="7">1</td><td rowspan="7">轴的设计</td><td>1. 选择轴的材料</td><td colspan="2"></td></tr>
<tr><td>2. 初步确定轴的最小直径</td><td colspan="2"></td></tr>
<tr><td>3. 确定轴的结构（轴向、径向）尺寸</td><td colspan="2"></td></tr>
<tr><td>4. 校核轴的强度</td><td colspan="2"></td></tr>
<tr><td>5. 细化处理轴的结构（加工工艺和装配工艺）</td><td colspan="2"></td></tr>
<tr><td>6. 设计轴的精度</td><td colspan="2"></td></tr>
<tr><td>7. 绘制轴的零件图</td><td colspan="2"></td></tr>
<tr><td rowspan="5">2</td><td rowspan="5">轴承的选用</td><td>1. 选择轴承的类型</td><td colspan="2"></td></tr>
<tr><td>2. 确定轴承的型号</td><td colspan="2"></td></tr>
<tr><td>3. 确定轴承的定位方式</td><td colspan="2"></td></tr>
<tr><td>4. 设计轴承的精度</td><td colspan="2"></td></tr>
<tr><td>5. 选择轴承的润滑和密封</td><td colspan="2"></td></tr>
<tr><td rowspan="4">3</td><td rowspan="4">键和销的选用</td><td>1. 选择键和销的类型</td><td colspan="2"></td></tr>
<tr><td>2. 确定键和销的型号</td><td colspan="2"></td></tr>
<tr><td>3. 设计键的精度</td><td colspan="2"></td></tr>
<tr><td>4. 在轴的零件图中标注键槽的精度</td><td colspan="2"></td></tr>
<tr><td rowspan="2">4</td><td rowspan="2">联轴器的设计</td><td>1. 选择联轴器的类型</td><td colspan="2"></td></tr>
<tr><td>2. 确定联轴器的型号（最终确定轴的最小直径）</td><td colspan="2"></td></tr>
<tr><td rowspan="5">5</td><td rowspan="5">减速器（部分）材料的选用</td><td>1. 轴材料的类型</td><td colspan="2"></td></tr>
<tr><td>2. 轴承材料的类型</td><td colspan="2"></td></tr>
<tr><td>3. 键和销材料的类型</td><td colspan="2"></td></tr>
<tr><td>4. 联轴器材料的类型</td><td colspan="2"></td></tr>
<tr><td>5. 减速器箱体材料的类型</td><td colspan="2"></td></tr>
<tr><td>制定计划说明</td><td colspan="4"></td></tr>
<tr><td rowspan="3">计划评价</td><td>班 级</td><td></td><td>组 别</td><td></td><td>组长签字</td><td></td></tr>
<tr><td colspan="2">教师签字</td><td colspan="2"></td><td>日 期</td><td></td></tr>
<tr><td colspan="6">评 语：</td></tr>
</table>

请沿此线剪下

请沿此线剪下

请沿此线剪下

实施单

学习领域	零件加工信息分析		
学习情境一	轴系类零件的信息分析	学　时	12
实施方式	小组成员合作,动手实践		

序号	实施步骤	使用资源
实施说明		

班　级	组　别	组长签字	教师签字	日　期

评语	

请沿此线剪下

请沿此线剪下

请沿此线剪下

检查单

学习领域	零件加工信息分析			
学习情境一	轴系类零件的信息分析		学　时	4
序号	检查项目	检查标准	学生自查	教师检查

检查评价	班　　级	组　　别	组长签字	教师签字	日　　期

评价单

学习领域			零件加工信息分析				
学习情境一			轴系类零件的信息分析	学时		4	
角色	序号	项目	课堂微观察内容	总人数	行为程度(人数)		
					积极	一般	消极
学生	1	参与状态	1. 学生是否全员全程参与学习;2 是否积极投入思考或踊跃发言;3. 是否兴致勃勃的阅读讨论;4. 是否有学生参与教学;5. 是否自觉的进行练习。				
	2	交往状态	1. 学生相互之间是否有友好的合作;2. 课堂气氛是否民主、和谐、愉悦和主动;3. 师生、生生间交流语言是否得体。				
	3	思维状态	1. 观察学生思维的敏捷性,听学生的语言是否流畅、是否有条理、是否善于用自己的语言解释说明表达所学的知识;2. 在观察学生的思维批判性时,看学生是否善于质疑问难,提出有价值的问题,并展开激烈的争论;3. 观察学生思维的独特性、创造性时,看学生的回答或见解是否具有自己的思想或创意。				
	4	情绪状态	1. 通过捕捉学生细微的表情变化,分析个别学生回答问题时,其他学生的反映;2. 看学生是否自我控制与调节学习情绪。				
	5	生成状态	1. 看学生是否全身心投入学习;2. 是否伴有满足、成功和愉悦等体验,并对后续学习更有信心;3. 看学生在课堂教学中有没有独特的表现,是否提出深层次问题或得出不同寻常的答案;4. 学生的个性是否得以凸显。				
	评价						
角色	序号	项目	课堂微观察内容	A	B	C	D
教师	6	学习目标	1. 目标指向是否明确?(学生独立学习,合作学习,教师指导下学习)2. 目标动词表述是否准确?(如“理解”、“体验”、“探索”、“经历”和“朗读”等)3. 目标内容是否具体?是否体现层次性?4. 目标达成度如何?				
	7	教学内容	1. 是否为学生提供了现实的、有意义的和富有挑战性的学习内容?2. 是否注意了教学内容的重组与整合?3. 学习内容是否体现了教育性?				
	8	教学方法	1. 是否组织了有效的小组合作学习?合作要求是否明确?2. 学生学习活动设计是否符合学生实际、有意义?是否符合课程标准的要求?是否体现学科特点?活动数量是否适度?活动设计是否有梯度和层次感?				
	9	教学组织	1. 课堂是否体现“三讲三不讲”原则?(讲重点、讲难点和易错易混知识点;不讲学生已经会的,不讲学生通过自学也能会的,不讲教师讲了学生也不会的)2. 教师讲授是否过长?				
	10	教学评价	1. 教师对学生学习过程中的评价是否及时到位?是否关注学生的自我评价?2. 是否关注了评价的多元化?(组内、组间和师生等)3. 是否进行了当堂训练和检测?4. 评价是否有利于学生的发展。				
	评价						

请沿此线剪下

请沿此线剪下

请沿此线剪下

续表

学习领域			零件加工信息分析				
学习情境一			轴系类零件的信息分析	学 时		4	
角色	序号	项目	课堂微观察内容	A	B	C	D
师生成长	11	学习效果	学生:1. 是否大多数学生都完成了学习任务？2. 是否每个学生都有收获？				
			教师:1. 预设学习任务是否完成?（未完成原因是什么?）2. 教师是否有愉悦感和成就感?				
	12	师生发展	学生:1. 学生获得发展,学习精神得以锻炼,良好习惯得以培养;2. 体验到学习和成功的喜悦,有进一步学习的愿望。				
			教师:1. 专业精神获得发展;2. 教学预设能力和驾驭课堂能力得到提高。				

知识拓展

A. 联轴器、离合器和制动器

联轴器和离合器主要用于轴与轴之间的连接，使它们一起回转并传递转矩。用联轴器连接的两根轴只有在两轴停止转动之后，用拆卸的方法才能把它们分离或结合；而用离合器连接的两根轴，在它们转动中就能方便地使它们分离或结合。

制动器是利用摩擦力矩来降低机器的运转速度或使机器停止运转的部件。

联轴器、离合器和制动器是常见部件，大多数已经标准化、系列化，详细请查阅《机械零件设计手册》。本节主要介绍几种具有代表性的类型。

(一)联轴器的类型

1. 刚性联轴器

(1)刚性固定式联轴器(见图1-A-1)

常用的有：凸缘式联轴器和套筒式联轴器两种。

①凸缘式联轴器：是应用最广泛的一种刚性固定式联轴器，其由两个带凸缘的半联轴器分别和两轴连接在一起，再用螺栓把两半联轴器连成一体而成。这种联轴器构造简单、成本低廉，可传递较大的转矩，常用于对中精度较高，载荷平稳的两轴连接。

②套筒式联轴器：是用连接零件—如销或键—将两轴轴端的套筒和两轴连接起来以传递转矩。这种联轴器结构简单，径向尺寸较小，适用于两轴直径较小、同心度较高、工作平稳的场合，在机床上应用广泛，但其缺点是拆装时需一轴作轴向移动。

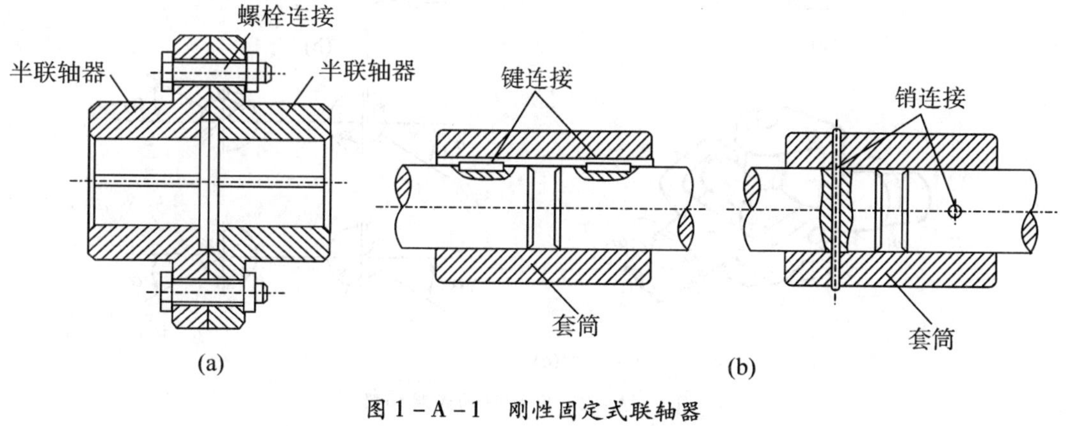

图1-A-1 刚性固定式联轴器

(a)凸缘式联轴器；(b)套筒式联轴器

(2)刚性移动式联轴器(见图1-A-2)

用联轴器连接的两轴，由于制造安装误差、工作过程中的温度变化和外力产生的变形等诸因素的影响，使两轴轴线常有同轴度误差或位移误差。为了补偿这些误差，我们常采用在某一方向或几个方向上有活动度的移动式联轴器，常用的有齿式联轴器、滑块联轴器和万向联轴器3种。

①齿式联轴器：它由带外齿的两个内套筒和带内齿的两个外套筒所组成，有良好的补偿

性并允许有综合位移，安装时两内套筒用螺栓连接，两个外套筒通过过盈配合或键与轴连接。齿式联轴器可在高速重载下可靠地工作，常用于正反转变化多、起动频繁的场合，已在起重机、轧钢机等重型机械中得到广泛应用，但制造成本较高。

②滑块联轴器：它由两个具有较宽凹槽的半联轴器和一个中间滑块组成，半联轴器与中间滑块之间可相对滑动，能补偿两轴间的相对位移和偏斜。滑块联轴器结构简单、重量轻、惯性力小、又具有弹性、适用于传递转矩不大、转速较高、无急剧冲击的两轴连接，而且不需要润滑。

③万向联轴器：它由两个具有叉状端部的万向接头和十字销组成，用于两轴相交某一角度的传动，两轴的角度偏移可达到35°～45°，而且在机器运转时，夹角发生改变仍可正常传动。这种联轴器有一个缺点，就是当主动轴作等角速度转动时，从动轴作变速转动。如果使它们相等，则可用两套万向联轴器，使主动轴与从动轴同步转动，但必须确保安装时，输出轴和输入轴与中间轴之间的夹角 $\alpha_1=\alpha_2$，并且中间轴的两端的叉形接头应在同一平面内，只有这样双万向联轴器才能保证 $\omega_1=\omega_2$。汽车底盘传动轴就是这样的。

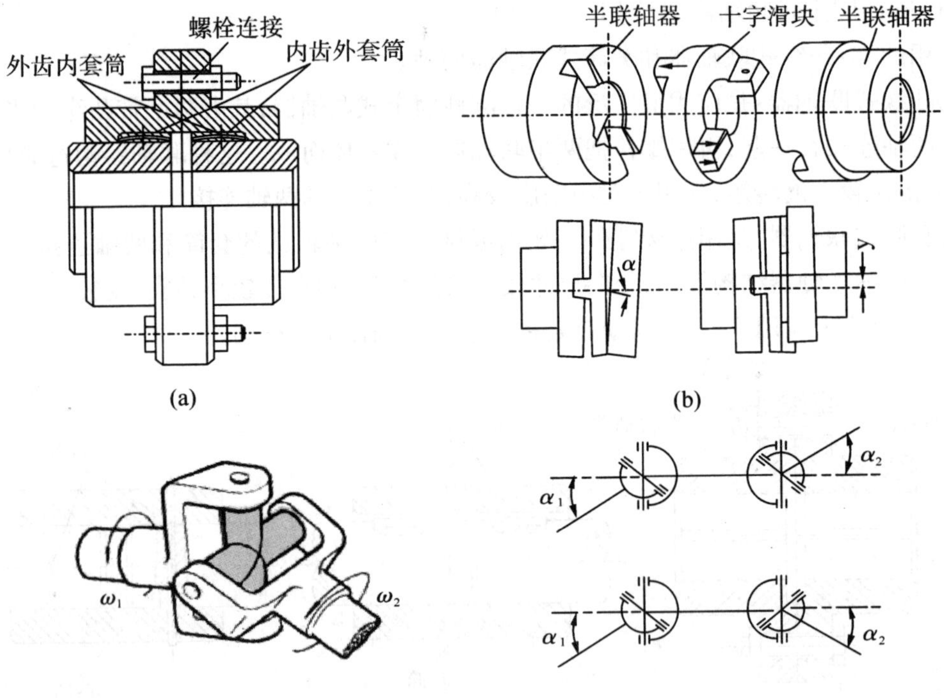

(c)

图1－A－2　刚性移动式联轴器

(a)齿式联轴器；(b)滑块联轴器；(c)万向联轴器

2. 弹性联轴器(见图1－A－3)

靠弹性元件的弹性变形来补偿两轴轴线的相对位移，而且可以缓冲减振。常用的有弹性套柱销联轴器、弹性柱销联轴器和轮胎式联轴器3种。

(1)弹性套柱销联轴器：其结构和凸缘联轴器很相似，只是用套有橡胶弹性套的柱销代替了连接螺栓。这种联轴器容易制造，拆装方便，成本较低，适宜于连接载荷较平稳、需正反转或起动频繁的传递中、小转矩的轴。多用在电动机的输出与工作机械的连接上。

(2)弹性柱销联轴器:这种联轴器比弹性套柱销联轴器结构简单、制造容易、维修方便。弹性柱销用尼龙材料制成,有一定弹性而且耐磨性更好。它适用于轴向窜动较大、正反转起动频繁的传动,但因尼龙对温度敏感,所以要限制使用温度。

(3)轮胎式联轴器:它是由一个像轮胎的弹性元件和两个结构完全相同的半联轴器所组成。这种联轴器在起重机械中得到广泛应用,它的结构简单,拆装时轴不需作轴向移动,但不易制造。

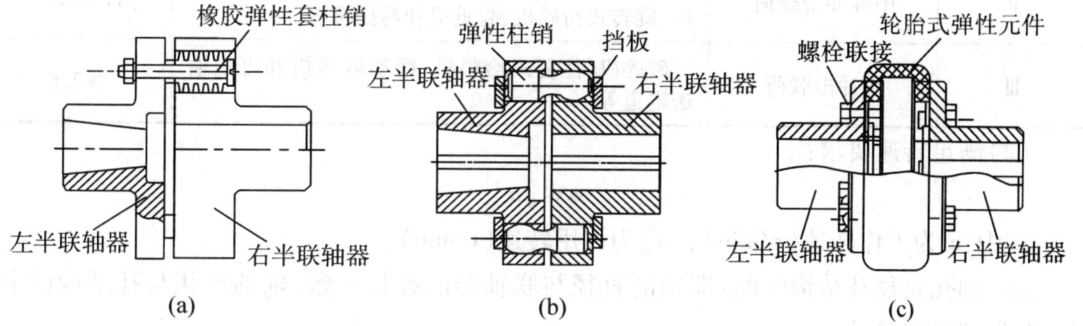

图 1-A-3 弹性联轴器

(a)弹性套柱销联轴器;(b)弹性柱销联轴器;(c)轮胎式联轴器

3. 安全联轴器(见图 1-A-4)

为了对机器进行过载荷保护,可用各种形式的安全联轴器。安全联轴器是靠连接件折断、分离或打滑使传动中断或限制转矩的传递,从而保护重要机件不致损坏,这种联轴器要求工作必须准确可靠,常见的是由剪切销连接的联轴器。

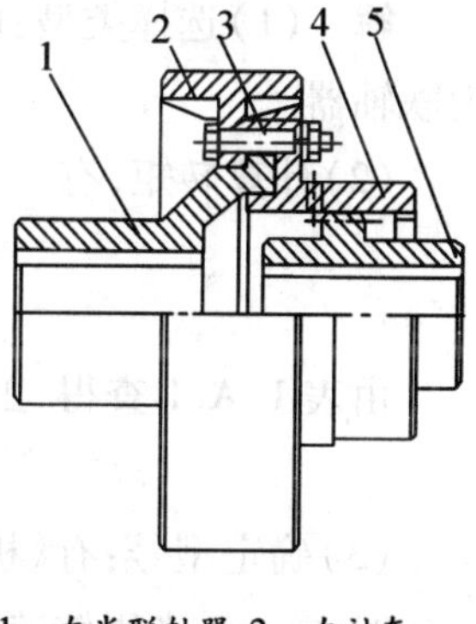

1-左半联轴器;2-左衬套;3-安全销;4-左衬套;5-右半联轴器

图 1-A-4 安全联轴器

(二)联轴器的选择

1. 选择联轴器的类型

对于载荷平稳、转速稳定、同轴度好、无相对位移的场合,常选用刚性联轴器或无弹性零件的挠性联轴器;对于载荷平稳、转速低且平稳、对中性高、刚度大的轴,选刚性联轴器。

对于要求载荷和速度不大、同轴度不易保证的场合,宜选用定金属弹性零件联轴器。

对于要求载荷、速度变化较大的场合,最好选用具有缓冲、减振作用的非金属材料弹性零件联轴器。

对于动载荷较大的机器,宜选用重量轻、转动惯量小的联轴器。

转速很高时,宜选用非金属弹性零件的挠性联轴器。

2. 选择联轴器型号

(1)满足转矩要求:

$$T_C = K_A T \leq [T]$$

式中,T_c为计算转矩(N·m),K_A为工作情况系数,其值见表 1. A. 1,T 为联轴器传递的转矩(N·m),$[T]$为联轴器的公称转矩(N·m)。

表 1. A. 1　工作情况系数 K

载荷类型	工作状况	使用场合	工况系数 K
Ⅰ	均匀载荷	离心式鼓风机和压缩机、发电机、(均匀加载)运输机、废水处理设备和搅拌机等	1.0～1.5
Ⅱ	中等冲击载荷	洗衣机、木材加工机械、工具机、混凝土搅拌机、旋转式粉碎机、起重机和卷扬机等	1.5～2.5
Ⅲ	重冲击载荷	破碎机、往复式给料机、摆动运输机和可逆输送辊道等	≥2.5

(2)满足转速要求:

$$n \leqslant [n]$$

式中,n 为工作转速(r/min),[n]为许用转速(r/min)。

(3)轴孔直径及结构匹配:即轴的直径与联轴器的孔径一致,轴的形状与孔结构(圆柱孔、锥孔)形状匹配。

例　有一减速器的输出轴与一带式输送机之间安装联轴器。已知输出轴的功率 $P=5$ kW,转速 $n=90$ r/min,输出轴的直径和带式输送机卷筒的直径均为 50 mm,试选择该联轴器的型号。

解　(1)选择类型:由于所选联轴器有一定的冲击载荷,所以选择转矩不大的弹性套柱销联轴器。

(2)计算转矩,有

$$T=9550\frac{P}{n}=9550\times\frac{5}{90}=530\text{N}\cdot\text{gm}$$

由表 1. A. 1 查得,工作机的工况系数 K 为 1.5,故计算转矩为

$$T_C=K_AT=1.5\times530=795\text{N}\cdot\text{m}$$

(3)确定型号:有《机械零件设计手册》可选弹性套柱销联轴器 TL9。它的公称扭矩[T]=1000 N·m,许用转速[n]=2100 r/min,允许轴的孔径在 50～60 之间,基本符合要求。

(三)离合器

1. 离合器的基本要求

工作可靠,接合平稳、分离迅速,动作准确,操作方便、省力,维修方便,结构简单。图 1－A－5为汽车、拖拉机中常用的离合器。

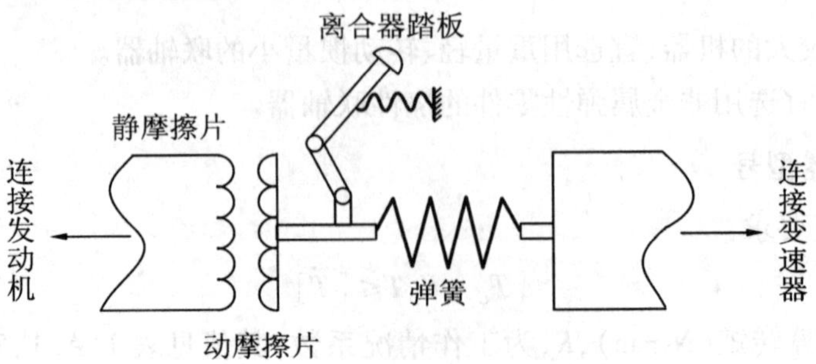

图 1－A－5　离合器的工作原理

2. 离合器的类型

(1)牙嵌式离合器(见图1-A-6):是由端面带牙的两个半离合器组成,前者用平键和主动轴连接,后者用导向平键或花键与从动轴相连。中间用对中环固定在主动轴端的半离合器上,从动轴可在对中环内自由转动,使离合器分离或接合。这种离合器结构简单,制造容易但传递扭矩不大,并有振动。

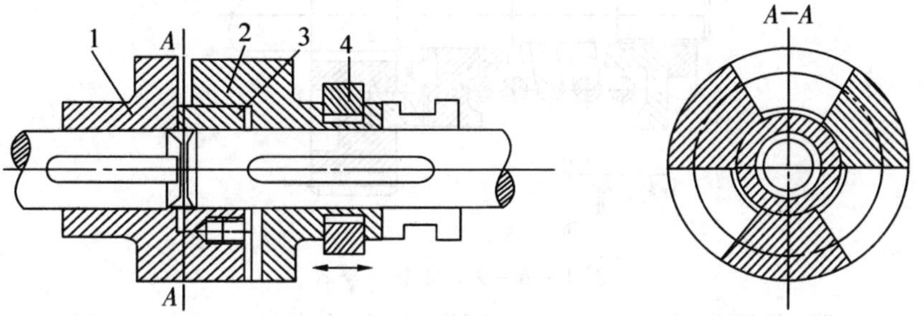

1,2-半离合器;3-对中环;4-滑块

图1-A-6 牙嵌式离合器

(2)圆盘式摩擦离合器(见图1-A-7、图1-A-8):靠工作面上所产生的摩擦力矩来传递转矩。按其结构形式可分为:单盘式和多盘式。

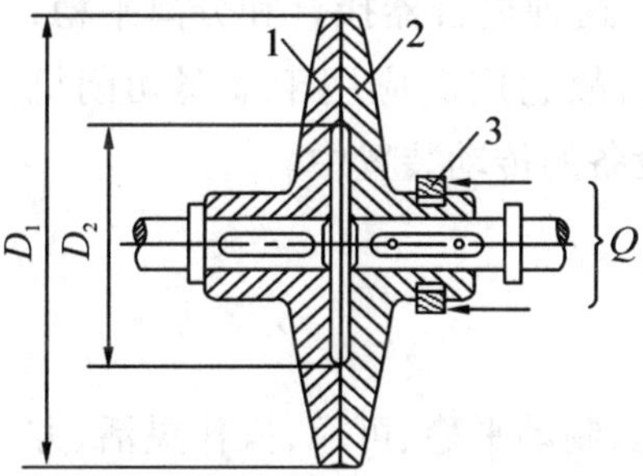

1,2-摩擦盘;3-操作滑环

图1-A-7 单盘式摩擦离合器

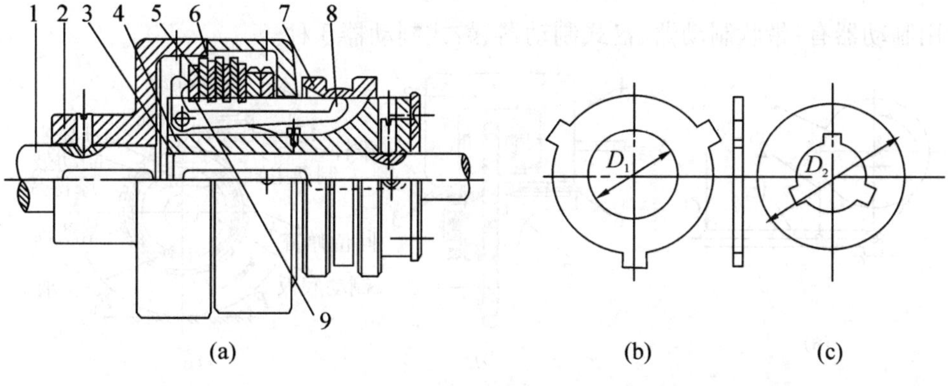

1-主动轴;2-外鼓轮;3-从动轴;4-内套筒;5-外摩擦片;6-内摩擦片;7-滑环;8-杠杆;9-压板

图1-A-8 多盘式摩擦离合器

(3)安全离合器(见图1-A-9):安全离合器与安全联轴器功能类似,用于当机器过载时,自动脱开,以保护机器重要零件不因过载而损坏。它与安全联轴器的主要区别在于,当机器所受载荷恢复正常后，前者自动接合，继续进行动力传递，后者则无法自动接合，须重新更换剪切销。

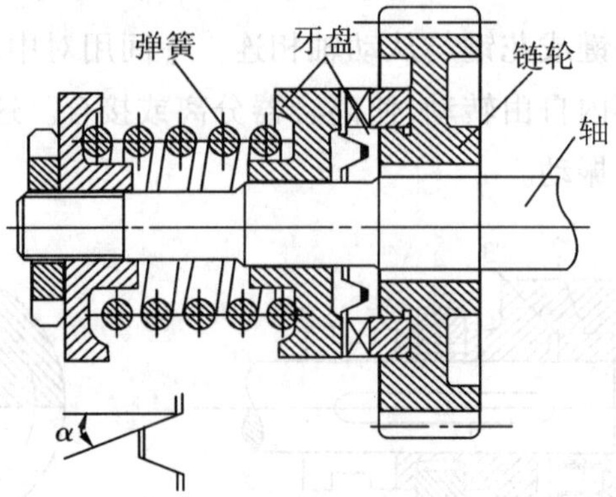

图 1 - A - 9　安全离合器

(4) 超越离合器(见图 1 - A - 10)：是根据两轴角速度的相对关系自动结合和分离，图为最典型的滚柱式超越离合器。当内圈为主动件顺时针转动时，离合器处于分离状态，反之，处于接合状态；当外圈为主动件顺时针转动时，离合器处于接合状态，反之，处于分离状态。这种离合器接合和分离平稳、无噪声，可在高速运转中接合，故它广泛应用于金属切削机床、汽车、摩托车和各种起重设备的传动装置中。

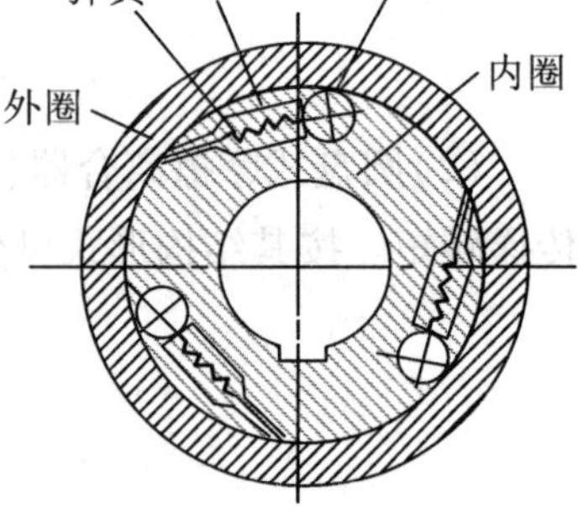

图 1 - A - 10　超越离合器

(四) 制动器

1. 制动器的基本要求

能产生足够大的制动力矩，制动平稳、可靠，操作灵活、方便、散热好，体积小，有较高的耐磨性等。

2. 常用的制动器(见图 1 - A - 11)

常用制动器有：带状制动器、盘式制动器、鼓式制动器 3 种。

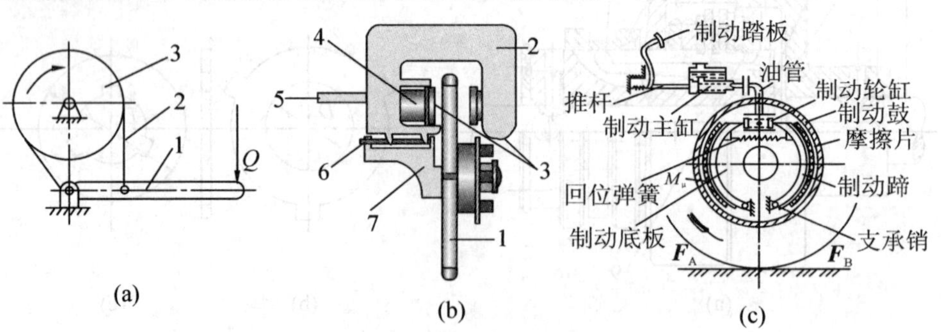

1 - 杠杆；2 - 制动带；3 - 制动轮

1 - 制动盘；2 - 抽动钳体；3 - 摩擦块；4 - 活塞；5 - 进油口；6 - 导向销；7 - 车桥

图 1 - A - 11　常见的制动器类型

(a) 带状制动器；(b) 盘式制动器；(c) 鼓式制动器

B. 金属材料的力学性能

金属材料的力学性能是指金属材料在载荷作用下所表现出来的性能,也称机械性能。这些性能是机械设计、材料选择、工艺评定及材料检验的主要依据。在这些载荷作用下,金属材料的力学性能主要有强度、塑性、硬度韧性和疲劳强度等。

(一)强度

1. 定义:金属材料在静载荷作用下,抵抗变形和破坏的能力。

2. 形式:由于材料承受载荷的不同,所以材料的强度有抗拉、抗压、抗扭、抗弯、抗剪等。其中最常用的强度特性指标主要是屈服强度 σ_s 和抗拉强度 σ_b。

3. 低碳钢试样(件)拉伸试验

在材料拉伸试验机(见图 1－B－1)上加紧试样的两端,缓慢地对试样施加轴向拉伸力的作用,使试样被逐渐拉长,直至最后被拉断。

通过试验可以得到拉伸力 F 与试样伸长量 ΔL 之间的关系曲线称为拉伸曲线。为消除试样几何尺寸对试验的影响,我们将试样所受的拉力转化为试样单位面积上所受的力称为应力,用 σ 表示;试样伸长量转化为试样单位长度上的伸长量称为应变,用 ε 表示,从而得到应力应变曲线,与拉伸曲线完全一致(见图 1－B－2)。

图 1－B－1　材料拉伸试验机

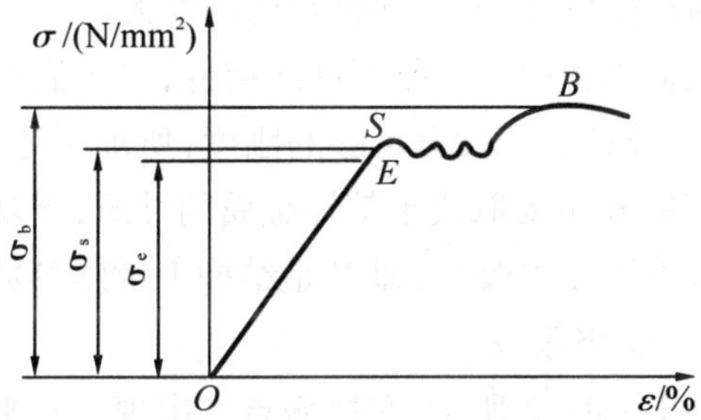

图 1－B－2　应力应变曲线

拉伸曲线中,OE 段为直线,即在应力作用下不超过 σ_e 时,应力与应变成正比关系,此时,将外力去除后,试样将恢复到原来的长度,这种能够完全恢复的变形称为弹性变形。当应力超过 σ_e 后,试样的变形不能完全恢复而产生塑性变形,当应力增大至 S 点后,曲线呈近似水平直线状,即应力不再增加而试样在继续伸长,这种想象称为屈服。屈服后试样产生均匀的塑像变形,应力增大到 B 点后,试样产生不均匀的塑像变形,即试样发生局部直径变细的"缩颈"现象,之后试样在缩颈处被拉断。

通过对拉伸曲线分析(见表 1. B. 1),可以直接在曲线上读出一系列强度指标,并可根据试验结果计算出塑性指标值。

表 1. B. 1　应力应变曲线分析

特　征	内	容	
阶 段	弹性阶段	屈服阶段	断裂阶段
极限(强度)	弹性极限 σ_e	屈服极限 σ_s	抗拉(断裂)极限 σ_b
点	弹性点 E	屈服点 S	断裂点 B
变 形	弹性变形	塑性变形	

(1)弹性和刚性

材料的弹性指标主要是指弹性极限,刚性指标是指材料的弹性模量。

①弹性极限(σ_e)。如图1-B-2所示,在弹性点E处,弹性极限σ_e指在产生完全弹性形变时材料所能承

受的最大应力。即

$$\sigma_e=\frac{F_e}{S_0}$$

式中F_e,试样完全弹性变形时所承受的最大载荷,单位是N;S_o:试样原始截面积,单位:mm^2。

服役条件下不允许产生微量塑性变形的弹性元件(如汽车板弹簧、仪表弹簧等)均是按弹性极限σ_e来进行设计选材的。

②弹性模量(E)。指在应力应变曲线上完全弹性形变阶段,应力与应变的比值。即

$$E=\frac{\sigma}{\varepsilon}$$

在工程中E(单位N/mm^2)称为材料的刚度,是材料的重要力学性能指标之一,它表征材料对弹性变形的抗力。其值愈大,材料产生一定量的弹性变形所需要的应力愈大,表明材料不容易产生弹性变形,即材料的刚度大。

在机械工程中的一些零件或构件,除了满足强度要求外,还严格控制弹性变形量,如锻模、镗床的镗杆。若没有足够的刚度,所加工零件尺寸就不精确。需要指出的是,金属材料的弹性模量E主要取决于基体金属的性质,当基体金属确定时,难于通过合金化、热处理、冷热加工等方法使之改变,即E是结构不敏感参数。

(2)屈服极限(σ_s)

如图1-B-2所示,在屈服点S出现一水平线段(近似),这表明拉力虽然不再增加,但变形仍在进行,此时若卸载,试样的变形不能全部消失,将保留一部分残余的变形。这种不能恢复的残余变形,叫做塑性变形。σ_s即表示材料在外力作用下开始产生塑性变形的最低应力,表示材料抵抗微量塑性变形的能力。

零(构)件在工作中一般不允许发生塑性变形。所以屈服强度σ_s是设计时的主要参数,是材料的重要机械性能指标。

(3)抗拉极限(σ_b)

如图1-B-2所示,在断裂点B处是试样被拉断前的最大承载能力,故又称断裂极限,它反映试样最大的均匀变形的抗力,σ_b也是设计和选材的主要参数之一。

σ_s与σ_b比值叫做屈强比,屈强比愈小,工程构件的可靠性愈高,因为万一超载也不至于马上断裂。

(二)塑性

1. **定义:**金属材料在静载荷作用下,产生永久变形而不破坏的能力。

2. **度量指标:**

(1)断后伸长率:断后试样的伸长量与原始长度之比的百分率。即

$$\delta = \frac{\Delta L}{L_0} \times 100\%$$

式中，ΔL：试样的长度变化量；L_0：试样的原始长度。

（2）断面收缩率：断后试样横截面积的变化量与原始横截面积之比的百分率。即

$$\varphi = \frac{\Delta S}{S_0} \times 100\%$$

式中，ΔS：试样横截面积的变化量；S_0：试样的原始横截面积。

δ，φ 愈大，表示材料的塑性愈好。金属材料具有一定的塑性才能顺利地承受各种成形加工（如冷冲压、轧制、冷弯、校直和冷铆等）和修复工艺（如汽车外壳或挡泥板受碰撞而凹陷）。另一方面，材料具有一定塑性，可以提高零件使用的可靠性，防止突然断裂。

（三）硬度

1. 定义：金属材料抵抗局部塑性变形或破坏的能力。

硬度是衡量材料软硬性的一种综合性能指标，它能够反映金属材料在化学成分、金相组织和热处理状态上的变化，是检验产品质量、研制新材料和确定合理的加工工艺不可缺少的检测方法之一。

2. 测量硬度的试验方法：压入法和划痕法。

在生产中最常用的是压入法硬度试验，即：布氏硬度、洛氏硬度和维氏硬度。

（1）布氏硬度（HB）：其原理是用一定的载荷力，把一定直径的淬火钢球或硬质合金钢球压入被测试件的表面，保持一定时间后卸载载荷，测量压痕的直径，以压痕单位面积上的压力表示材料的布氏硬度，用符号 HB 表示。在实际生产中，测试在布氏硬度计（见图 1－B－3）上进行，只需测出压痕直径，查布氏硬度表即可得出 HB。

布氏硬度通常用于测定铸铁、非铁金属以及经退火、正火和调质处理的钢材。

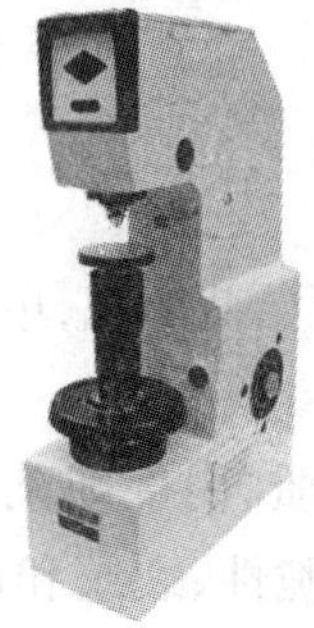

图 1－B－3　布氏硬度计

图 1－B－4　洛氏硬度计

（2）洛氏硬度（HRA，HRB，HRC）：其原理是用锥角为 120°的金刚石圆锥或直径为 1.588 mm 的钢球作为压头，加上一定载荷，使压头压入试件表面，根据压痕深度确定其硬度值。根据试验用的压头与载荷的不同，洛氏硬度分为 HRA，HRB，HRC 3 种，其中以 HRC 应用最广。在实际生产中，测试在洛氏硬度计（见图 1－B－4）上进行，洛氏硬度值可直接在试验机的表盘上读出。

HRA 主要用于高硬度表面、硬质合金的硬度测试；HRB 主要用于退火钢、铸铁、非金属

的硬度测试；HRC 主要用于淬火钢的硬度测试。

(3)维氏硬度(HV)：其原理与布氏硬度相同，不同的是压头采用金刚石制成的正四棱锥体。维氏硬度具有前两种硬度试验的优点而避免了它们的缺点，负荷大小可任意选择，测定范围宽，适合各种软、硬不同的材料，特别适用于薄工件或薄表面硬化层的硬度测试。其缺点是生产率比洛氏硬度试验低，不宜于成批生产检验。

需要指出的是：各种硬度由于试验条件的不同，相互间无理论换算关系，但可通过由试验得到的硬度换算表进行换算以方便应用。

由于进行硬度试验既方便又快捷，所以长期以来，材料科学工作者试图得到硬度与其他力学性能指标间的定量对应关系，但至今没有得到理论上的突破，只是根据大量试验得到了硬度与某些力学性能指标间的对应关系。

(四)冲击韧性

许多机件(如枪炮、炮管、冷冲模和锤头等)都是在冲击载荷(载荷以很快的速度作用于机件，然后速度瞬间为零)作用下工作。试验表明，载荷速度增加，材料的塑性、韧性下降，脆性增加，易发生突然性破断。因此，使用的材料就不能用静载荷下的性能来衡量，而必须用抵抗冲击载荷的作用而破坏的能力，即冲击韧性—简称韧性来衡量，常用 α_k 表示。

测定金属的冲击韧度，工程上最常用的动力试验方法是一次摆锤冲击弯曲试验(见图 1－B－5)。将被测的材料做成标准试样放在冲击试验机的支座上，然后把质量为 m 的摆锤提到 h_1 的高度，然后释放摆锤，使其冲断试样后回升到 h_2 的高度，那么摆锤对试样所做的功 A_k 就等于摆锤重力势能的变化，即：$A_k = G(h_1 - h_2)$，冲击吸收功值可以在试验机的刻度盘上直接读出。那么，冲击韧度就是试样断口处单位面积所消耗的功，即

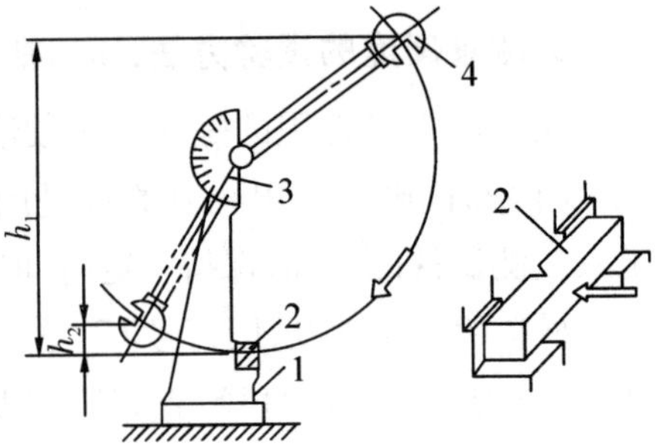

1－支府；2－试样；3－指针；4－摆锤

图 1－B－5　冲击试验原理

$$a_k = \frac{A_k}{S}$$

式中，a_k：冲击韧度，单位是 J/ cm^2；S：试样缺口处原始截面积，单位是 cm^2；A_k：冲断试样所消耗的功，单位是 J。

冲击试验操作简单、迅速，能灵敏地反映材料的品质、内部缺陷和冶炼、热处理工艺质量，因而生产上广泛用它来检验材料的冷脆、蓝脆、回火脆性、裂纹和白点等，此外，在选材方面，冲击韧性 a_k 也是个十分重要的力学性能指标。

(五)疲劳强度

许多零件(如轴、弹簧、齿轮和滚动轴承等)是在交变应力(随时间性变化的应力)作用下工作的，它们断裂时的应力远远低于该材料的屈服强度，这种现象叫疲劳断裂。金属材料在交变载荷作用下而不破坏的最大应力称为疲劳强度。它与静载荷下的断裂不同，在断裂前无明显塑性变形的情况下突然断裂，因此，具有更大的危险性。研究疲劳破断的原因，提高疲劳抗力，防止疲劳事故的发生是非常重要的。

常用的评定材料疲劳抗力的指标是疲劳强度,即表示材料受无限循环而不断裂的最大应力,记作 R_N。对于金属材料我们用旋转弯曲的试验方法测定在对称应力(正应力与负应力对称相等)循环条件(应力随时间呈周期性的变化,变化波形通常是正弦波)下材料的疲劳强度 R_N。试验时用多组试样,在不同的交变应力 R_N 下测定试样发生断裂的周次 N,绘制 $R-N$ 曲线(见图 1-B-6)。当应力降到某一值后,$R-N$ 曲线趋于水平直线,此直线对应的应力即为不被断裂时的最大极限,即疲劳极限。

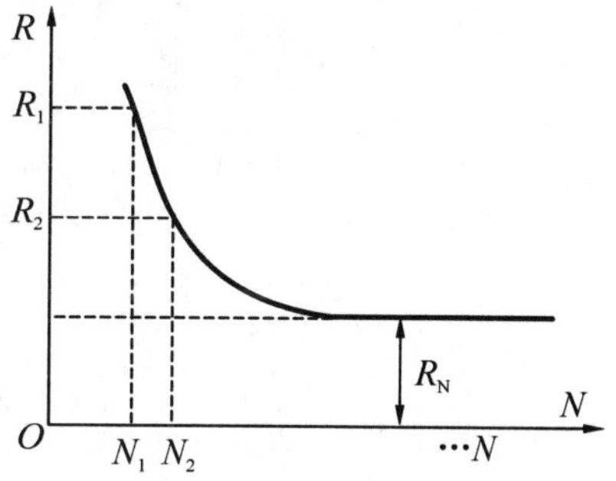

图 1-B-6 疲劳曲线

一般钢铁材料取循环周次为 10^7 次时,能承受的最大循环应力为疲劳强度,所以抗疲劳的机件几乎都选用金属材料。纤维增强复合材料也有较好的抗疲劳强度,因此,复合材料已越来越多地被用于制造抗疲劳的机件。

C. 晶体结构与结晶

(一)晶体结构的有关术语及定义

一切物质都是由原子组成的。根据原子在物质内部聚集状态的不同,可将物质分为晶体和非晶体两大类。

非晶体内部的原子是无规则杂乱地堆积着,如普通玻璃、松香、树胶和蜡烛等。晶体物质内部的原子则是有序地按一定规则排列的。一般情况下固态金属和合金都是晶体。如果将晶体内部的原子看成小球,再将小球用钢丝连接起来,就得到一个一定几何形状的空间结构,这个空间结构就是晶体的结构(见图 1-C-1)。

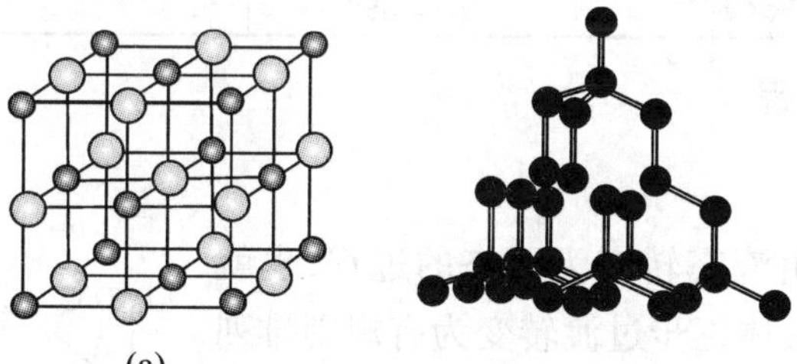

(a)　　(b)

图 1-C-1 晶体结构

(a) NaCl 的晶体结构;(b) 金刚石的晶体结构

1. 晶格:表示原子在晶体中排列规律的空间格架。

2. 晶胞:能够完整地反映晶格特征的最小几何单元。分析一个晶胞形状及原子排列的规律,即知整个晶体中原子的排列规律。

3. 晶面:在金属晶体中,一系列原子构成的平面,称为晶面。

4. 晶向:任意两个原子中心的直线,可代表晶格空间的一定方向,称为晶向。

5. 晶格:常数在晶体学中,用来描述晶胞大小与形状的几何参数称为晶格常数。包括晶胞的 3 条棱边 a,b,c 及其夹角 α,β,γ 共 6 个参数(见图 1-C-2)。

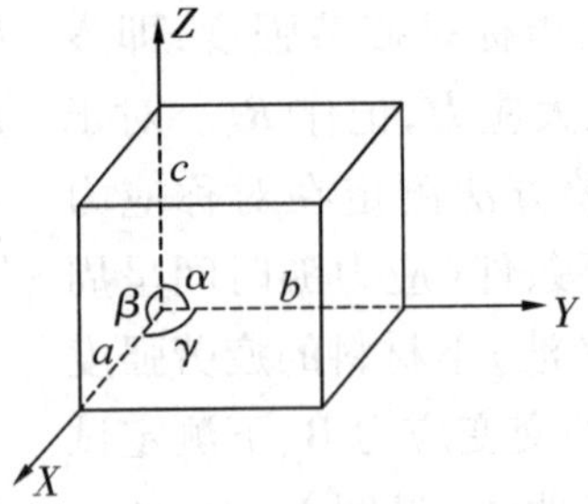

图 1－C－2　晶胞及其参数

(二)常见金属的晶体结构

常见金属的晶体结构有体心立方晶体结构、面心立方晶体结构和密排六方晶体结构 3 种类型(见表 1.C.1)。

表 1.C.1　常见金属的晶体结构

晶体结构	晶体结构模型		晶胞中原子数	代表金属
体心立方晶体结构		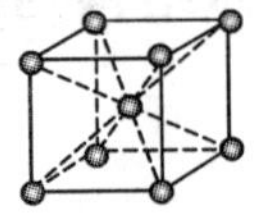	2	α-铁
面心立方晶体结构		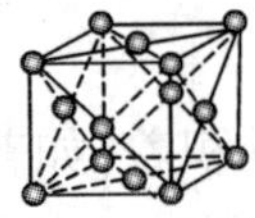	4	γ-铁
密排六方晶体结构		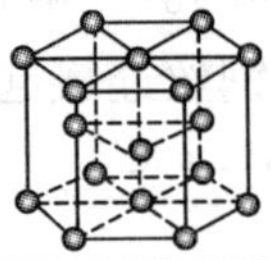	6	Mg,Zn

(三)金属的结晶过程

1. 金属的冷却曲线

金属的结晶是金属由液态转变为固态的过程，也就是原子由不规则排列的液体逐步过渡转变为有规则排列的固体的过程。这个过程可以用热分析的方法来研究，即先把金属熔化，然后极其缓慢地冷却，从而测得温度与时间的关系曲线，称为冷却曲线(见图 1－C－3)。

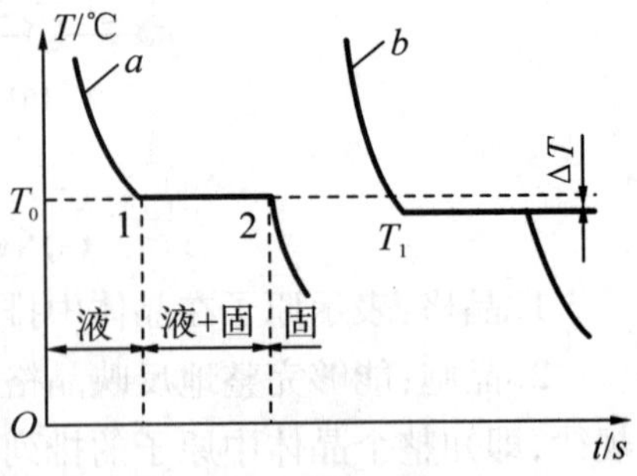

图 1－C－3　纯金属理论和实际冷却曲线

由冷却曲线可知，当液态金属冷却到某一温度时，就会发生结晶现象。由于结晶时放出的热量补偿了冷却时散失的热量，所以曲线上出现一段“平台”直线。“平台”直线对应的温度就是金属的结晶温度，我们把这个温度称为理论结晶温度(T_0)。在生产实际中，金属的实际结晶温度(T_1)总是低于理论结晶温度，这一现象称之为“过冷”，我们把理论结晶温度与实际结晶温度的差值称为过冷度(T_{Δ})。

实际金属总是在过冷情况下进行结晶的，所以过冷是金属结晶的一个必要条件。

2. 金属的结晶过程

液态纯金属在冷却到结晶温度时,其结晶过程是:先在液体中产生一批晶核,已形成的晶核不断长大,并继续产生新的晶核,直到全部液体转变成固体为止。最后形成外形不规则的许多小晶体所组成的多晶体(见图1-C-4)。

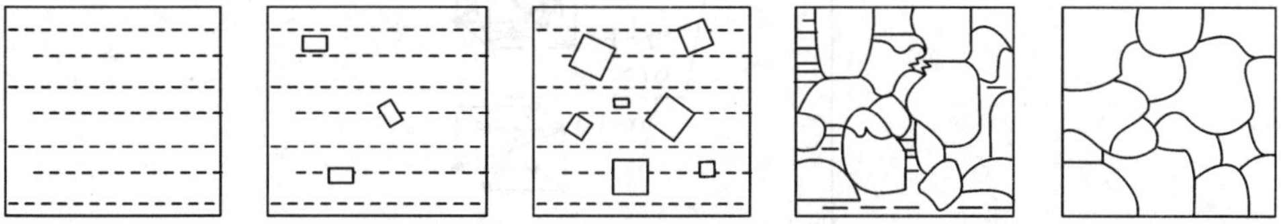

图1-C-4 金属的结晶过程示意图

从金属的结晶过程可以看出,金属的晶体是由无数的晶粒所组成,晶粒外形虽不规则但内部原子排列是规则的。普通金属大多都是多晶体,只有特殊的金属才是单晶体(见图1-C-5)。多晶体中晶粒与晶粒之间的边界叫晶界。

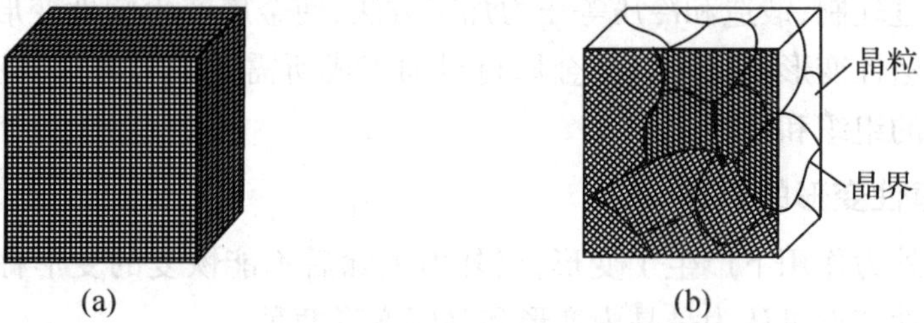

图1-C-5 单晶体与多晶体结构示意图

(a)单晶体;(b)多晶体

3. 晶粒大小与金属力学性能的关系

晶粒的粗细对金属的力学性能影响很大,一般来说,晶粒越细密,金属材料的力学性能越好。因此,为了改善金属的力学性能,我们要控制晶粒的大小。

生产中,细化晶粒采用下述方法。

(1)增加过冷度:就是要提高金属凝固的冷却转变速度。在实际生产中,常采用降低铸型温度和采用导热系数较大的金属铸型来提高冷却速度。

(2)变质处理:是在浇注前向液态金属中加入一些细小的难熔物质(变质剂),在液相中起附加晶核的作用,使形核率增加,晶粒显著细化。如往钢液中加入钛、锆和铝等。

(3)附加振动:金属结晶时,利用机械振动、超声波振动和电磁振动等方法,既可使正在生长的枝晶熔断成碎晶而细化,又可使破碎的枝晶尖端起晶核作用,以增大形核率。

(四)金属的同素异构转变

在常温下,每种金属都有一定的晶格类型。但有些金属在固态下,随着温度的变化,其晶体结构也会发生改变。金属在固态下随着温度的变化,由一种晶格转变为另一种晶格的现象,称为同素异构转变。如:纯铁在常温下是体心立方晶($\alpha-Fe$),当温度升高到910℃时,纯铁的晶格由体心立方晶格转变为面心立方晶格($\gamma-Fe$);再升温到1390℃时,面心立方晶格又重新转变为体心立方晶格($\delta-Fe$),然后一直保持到熔化温度(见图1-C-6)。

正是由于铁能发生同素异构转变,才能使钢铁通过热处理的方法,改变其组织和性能。

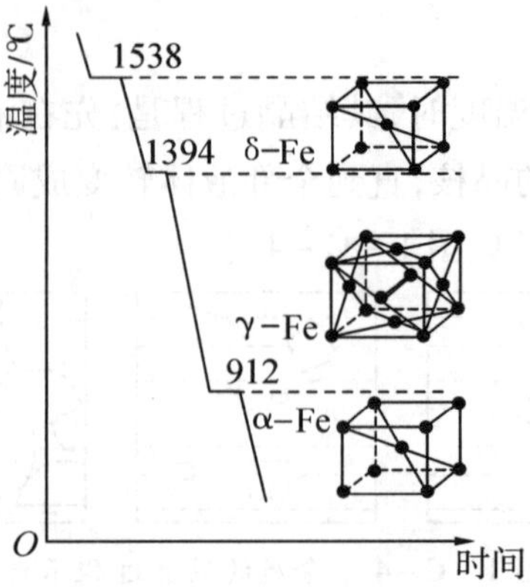

图 1－C－6　纯铁的冷却曲线

D. 金属材料的塑性变形

金属材料通过轧制、锻造和冷压等压力加工方法,使金属产生塑性变形而获得各种成品或半成品。通过塑性变形不仅可以把金属材料加工成所需要的各种形状和尺寸的制品,而且还可改善金属的组织和性能。

(一)金属塑性变形的原理

金属材料在外力作用下产生了变形,当外力去除后不能恢复的变形称为塑性变形。一般来说金属的塑性变形可认为是晶内变形和晶间变形两种。

1. 晶内变形(单晶体)

在金属晶粒的内部发生的塑性变形称为晶内变形。晶内变形是由于晶体的一部分沿着一定晶面和晶向相对晶体的另一部分产生相对移动(见图 1－D－1)。

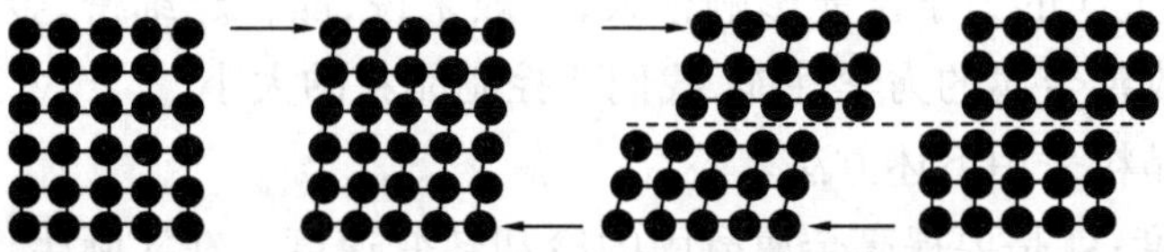

图 1－D－1　金属的弹性变形和塑性变形

2. 晶间变形(多晶体)

金属晶粒之间的塑性变形称为晶间变形。晶间变形主要是晶界和晶粒间位向的影响。由于每个晶粒在塑性变形时都要受到周围晶粒及晶界的影响和阻碍,故多晶体塑性变形时的抗力要比单晶体高得多(见图 1－D－2)。

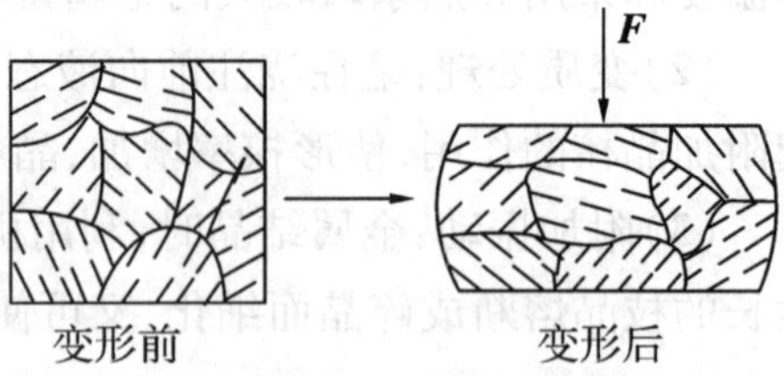

图 1－D－2　晶间变形

由以上分析可知,金属的力学性能不仅与其原子间的结合力大小有关,还与晶粒大小有关。

(二)金属的冷塑性变形

1. 金属冷塑性变形对金属组织性能的影响

(1)冷塑性变形对金属性能的影响:冷塑性变形对金属性能的主要影响是造成加工硬

化，即金属的强度、硬度提高，而塑性、韧性下降。

金属的加工硬化现象在实际生产中有有利的一面，它是强化金属材料的重要手段之一；但也有不利的一面使金属继续变形遇到困难。

(2)冷塑性变形对金属组织结构的影响：金属在外力作用下，随着外形的变化，其内部晶粒沿着变形的方向伸长，使金属的性能具有明显的方向性(见图 1-D-3)。

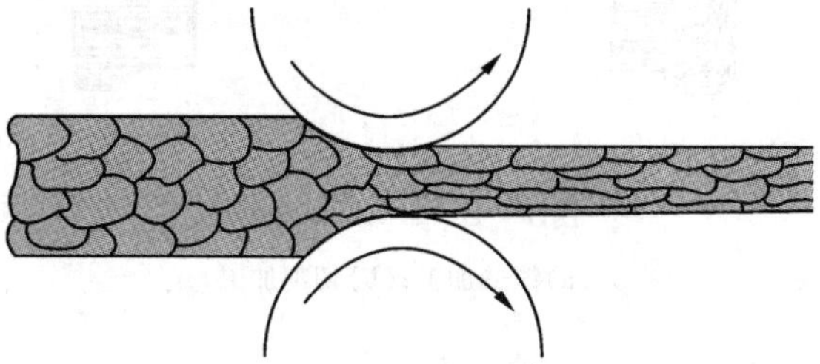

图 1-D-3 冷塑性变形前后的组织变化

2. 回复和再结晶

经过冷塑性变形的金属，其组织结构发生了变化，由于金属内部变形不均匀，所以会产生不同程度的内应力。这种状态本身不稳定，但在常温下恢复很难进行，如果将其加热到较高的温度时，就会发生一系列组织和性能的变化，一般它要经历回复、再结晶和晶粒长大 3 个转变阶段(见图 1-D-4)。

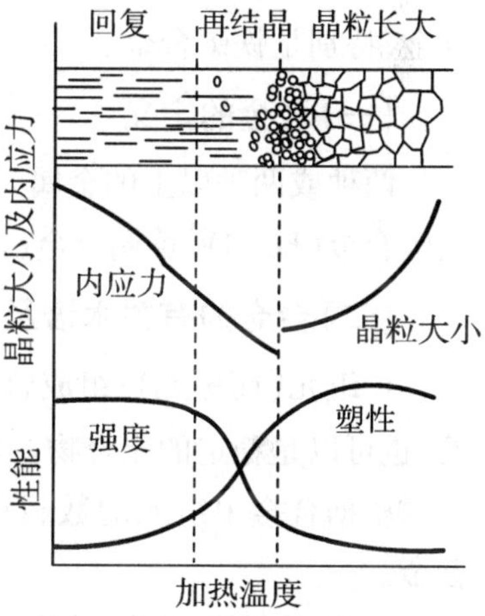

图 1-D-4 加热对冷塑性变形金属的影响

(1)回复：冷塑性变形使金属处于不稳定状态，它本身具有恢复到原来稳定状态的倾向，此时如果温度不太高的情况下，内应力大大下降，显微组织和力学性能无明显变化，这个阶段称为回复。

再结晶：冷塑性变形在较高温度下，内应力继续下降，显微组织便发生了明显的变化，晶核继续形成并长大，看起来像再进行一次结晶过程，这个阶段称为再结晶。

(2)再结晶过程可以消除冷变形造成的晶体缺陷，使变形金属的组织和性能又重新恢复到以前的状态。在实际生产中，常把冷加工变形的金属加热到再结晶温度以上，使其发生再结晶，以消除加工硬化现象，这一处理过程称为再结晶退化。

(三)金属的热塑性变形

1. 热塑性变形与冷塑性变形的界定

金属的冷塑性变形(冷加工)和热塑性变形(热加工)是以再结晶温度来划分的。

2. 热塑性变形的特点

在热加工过程中，金属同时进行塑性变形和再结晶两个过程的变形，因而，热加工后不留下加工硬化。

热加工可以改善材料的组织和性能，从而提高金属的致密程度。

热加工过程中还会形成随变形方向的纤维组织(或称流线)，这些组织使金属材料的性能在不同的方向上有明显的差异性，流线的合理布置可以改善金属材料的力学性能。如，曲柄通过锻造加工比切削加工性能好（见图 1 – D – 5）。

(a) (b)

图 1 – D – 5 纤维组织

(a)锻造加工；(b)切削加工

E. 合 金

纯金属的力学性能常常不能满足机械工程上的需要，所以在实际生产中大量使用的是合金，特别是铁碳合金。

（一）合金的定义

两种或两种以上的金属元素或金属与非金属元素融合在一起具有金属特性的物质。如铁碳合金（Fe，C）、黄铜合金（Cu，Zn）。

（二）合金的有关术语及定义

1. 组元（简称元）：组成合金的最基本的独立的物质叫做组元，组元可以是组成合金的元素，也可以是稳定的化合物。如铜、锌是黄铜的组元，Fe_3和 C 是铁碳合金的组元。

根据合金中组元的数目的多少，合金可分为二元合金（铁碳合金）、三元合金和多元合金。

2. 相：合金中成分、结构、性能都相同并与其他部分有界面分开的均匀部分称为相。合金的性能一般都是由组成合金的各相的性能、数量和各相的组合情况所决定的。

3. 显微组织（或者金相结构）：通常我们在金相显微镜下观察到的合金各相具有某种形态的组成部分的总称。

一种合金力学性能不仅取决于它的化学成分，更取决于它的显微组织。通过对金属的热处理可以在不改变其化学成分的前提下改变其显微组织，从而达到调整金属材料力学性能的目的。

（三）合金的结构

根据合金的各组元之间相互作用的不同，合金的相结构可分为以下 3 种。

1. 固溶体

当合金由液态变结晶为固态时，组元间仍像合金溶液那样互相溶解，形成均匀一致的固体合金称为固溶体。

根据溶质原子在溶剂晶格中所处的位置不同，固溶体分为：①间隙固溶体；②置换固溶体（见图 1 – E – 1）。

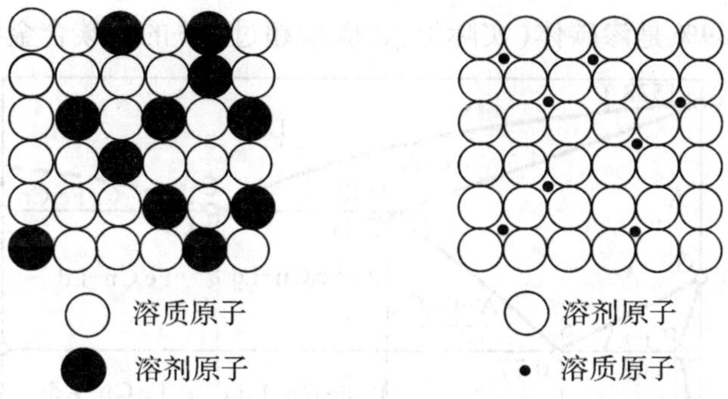

图 1-E-1 间隙固溶体和置换固溶体

2. 金属化合物

组成合金的组元，按照一定的原子数量比，相互化合而组成的一种完全不同于原来组元晶格类型的固体物质，称为金属化合物。

3. 机械混合物

当组成合金的组元在固态下，其数量不能完全溶解或完全化合时，则形成由两相或多相构成的组织，可由两种（或多种）固溶体组成，也可由固溶体和化合物组成。这些有两相或多相构成的组织，称为机械混合物。

（四）铁碳合金的基本相

在固态时根据碳的质量分数不同，碳可以溶解在铁中形成固溶体，也可以与铁形成化合物，或者形成固溶体与化合物的机械混合物（见表 1.E.1）。

表 1.E.1 铁碳合金基本组织

组织名称	符号	组织特征	晶体结构	力学性能
铁素体（单相）	F	碳溶解在 α-Fe 中形成的间隙固溶体	体心立方晶体结构	塑性、韧性较好，强度、硬度较低
奥氏体（单相）	A	碳溶解在 γ-Fe 中形成的间隙固溶体	面心立方晶体结构	硬度较低、塑性较高，适用于锻造（压力加工）
渗碳体（单相）	Fe_3C	铁与碳的化合物	复杂结构的间隙化合物	硬度很高，塑性和韧性几乎等于零
珠光体（多相）	P	铁素体和渗碳体组成的机械混合物		力学性能介于铁素体和渗碳体之间
莱氏体（多相）	Ld	奥氏体和渗碳体组成的机械混合物		硬度很高，塑性、韧性极差

（五）铁碳合金相图

铁碳合金相图（见图 1-E-2）是表示在缓慢冷却条件下，不同成分的铁碳合金的状态随温度化的一种图形。图中纵坐标表示温度，横坐标表示含碳量的质量分数，含碳量 0% 是是纯铁，含碳量为6.69%是渗碳体（实际上，含碳量超过5%的铁碳合金没有实用价值）。

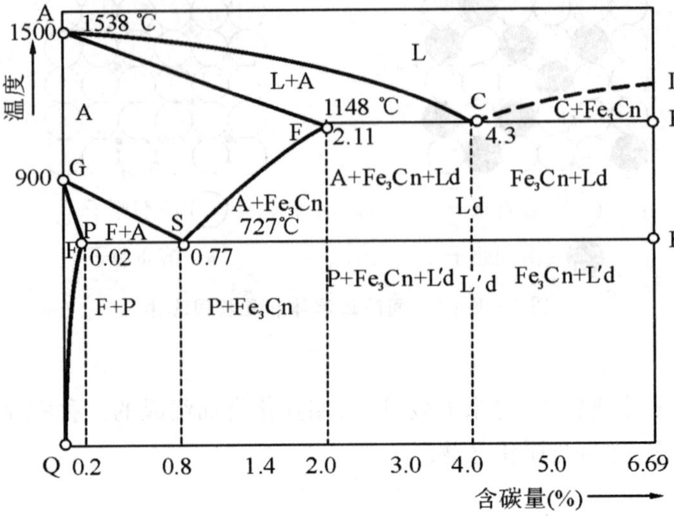

图1－E－2　铁碳合金相图

它是研究钢铁的成分、组织与性能之间关系的重要依据，对选择材料制定有关的热加工工艺有重要的指导意义。

1. 特征分析见表1.E.2，1.E.3

表1.E.2　铁碳合金相图中特征点的说明

点	温度/℃	含碳量(%)	说　明
A	1538	0	纯铁的熔点
C	1148	4.3	共晶点
D	1227	6.69	渗碳体的熔点
E	1148	2.11	碳在γ－Fe中的最大溶解度点
G	912	0	纯铁的同素异晶转变点
S	727	0.77	共析点
P	727	0.0218	碳在α－Fe中的最大溶解度点

表1.E.3　铁碳合金相图中特征线、特征相区的说明

特征线	说　明	特征相区	说　明
ACD	铁碳合金的液相线	ACD线以上	L
AECF	铁碳合金的固相线	AESGA	A
GS	冷却时，从奥氏体中析出铁素体的开始线，常用A_3表示	AEC	L＋A
ES	碳在奥氏体中的溶解度曲线，常用A_{cm}表示	DFC	L＋ Fe_3C_1
ECF	共晶转变线	GSP	A＋F
PSK	共析转变线，常用A_1表示	ESKF	A＋Fe_3C
PQ	碳在铁素体中的溶解度曲线	PSK线以下	F＋Fe_3C

2. 应用

铁碳合金相图全面总结了铁碳合金的组织、性能随成分变化的规律,从而为选择材料提供依据。同时,相图也是制定铸、锻、焊及热处理等工艺的重要依据,如图 1-E-3 所示。

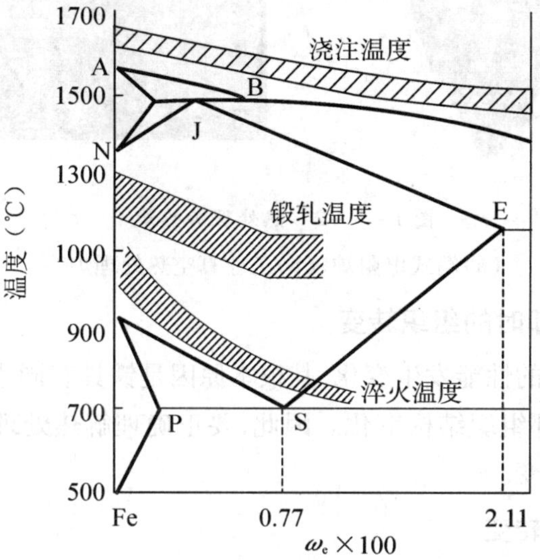

图 1-E-3 铁碳合金相图与铸、锻及热处理工艺之间的关系

F. 钢的热处理

(一)钢的热处理定义

钢在固态下加热、保温、冷却,以改变其组织,从而获得所要求的性能的一种工艺(见图 1-F-1)。

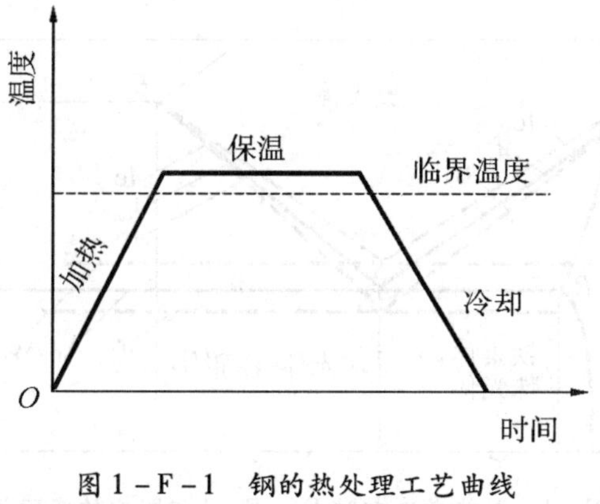

图 1-F-1 钢的热处理工艺曲线

(二)钢的热处理目的和设备

热处理可以显著提高钢的力学性能,发挥钢材的潜力,提高工件的使用性能和寿命。另外热处理还可以作为消除毛坯(如铸件、锻件等)中的缺陷,改善其工艺性能,为后续工序作组织准备。

常用的热处理加热炉如图 1-F-2 所示。

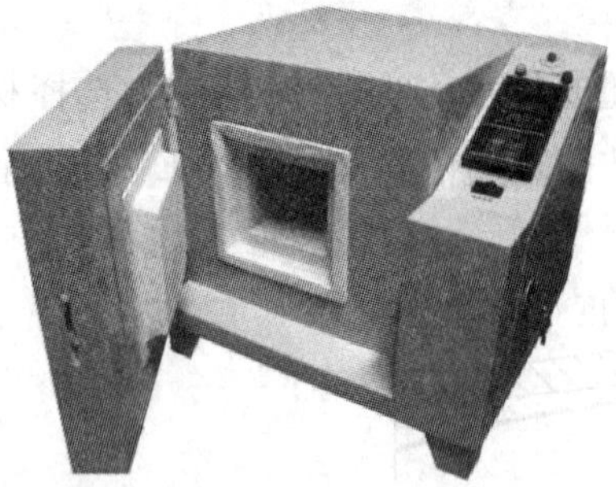

图 1-F-2　热处理加热炉

(a)箱式电阻炉;(b)工业真空热处理炉

(三)钢在加热和冷却时的组织转变

热处理之所以能使钢的性能发生变化,其根本原因是铁具有同素异构转变,从而使钢在加热和冷却过程中,其内部组织结构变化。因此,要正确理解热处理工艺,就是了解钢在加热和冷却过程中的组织转变。

1. 钢在加热时的组织转变

在 $Fe-Fe_3C$ 相图中,钢加热超过 A_1(PSK 线)线时,其组织完全变为奥氏体。亚共析钢和过共析钢必须加热到 A_3(GS 线)和 A_{cm}(ES 线)以上才能全部转变为奥氏体。

相图中的临界点(A_1,A_3和 A_{cm})是碳钢在极缓慢地加热或冷却下测定的。但在实际生产中,由于加热和冷却的不缓慢性,使得加热转变发生在临界线以上进行,而冷却转变发生在临界线以下进行。加热和冷却速度越大,其偏离平衡临界点就越大。为了区别临界点,我们通常将实际加热的临界点标为:Ac_1,Ac_3和 A_{cm};实际冷却的临界点标为:Ar_1,Ar_3和 Ar_{cm}(见图 1-F-3)。

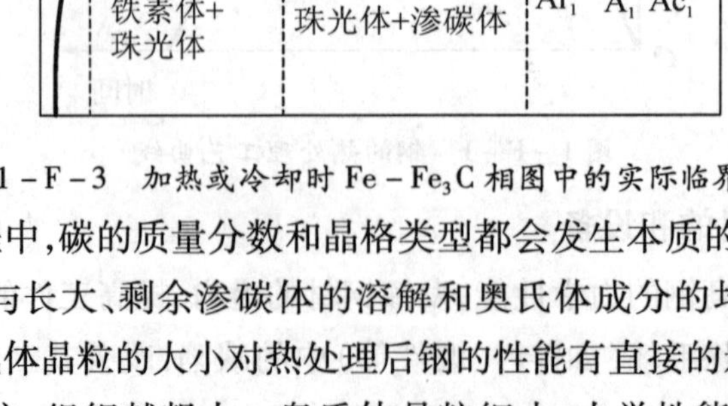

图 1-F-3　加热或冷却时 $Fe-Fe_3C$ 相图中的实际临界点

在奥氏体化的过程中,碳的质量分数和晶格类型都会发生本质的变化,奥氏体的形成过程包括:奥氏体的形核与长大、剩余渗碳体的溶解和奥氏体成分的均匀细化处理 3 个过程(见图 1-F-4)。奥氏体晶粒的大小对热处理后钢的性能有直接的影响,加热时晶粒越小,冷却后组织越细密;反之,组织越粗大。奥氏体晶粒细小,力学性能好,所以在热处理过程中,必须严格控制加热温度和保温时间,以免晶粒长大而导致工件的性能下降。

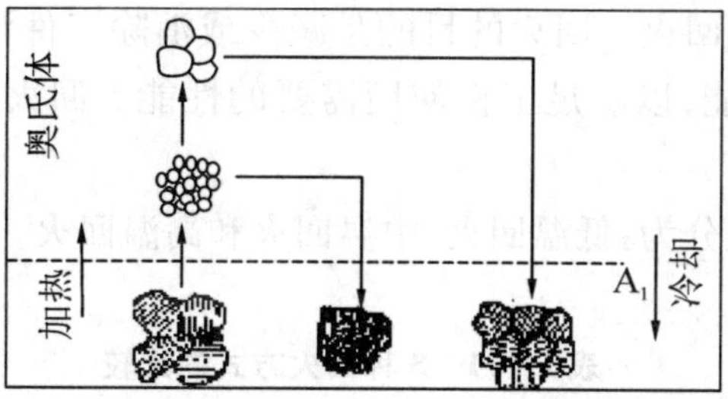

图 1-F-4 奥氏体晶粒大小对冷却组织的影响

2. 钢在冷却时的组织转变

在实际热处理操作过程中，为改变或改善钢的性能，则采用不同的冷却速度，从而得到不同的组织和性能。也就是说，冷却过程是钢热处理的关键工序，它决定着钢冷却后的组织和性能。实际产生的冷却方式是多种多样的，但就其冷却过程而言，主要是连续冷却（如随炉冷却、空冷等）和等温冷却（由高温快速冷却到某一温度，等温停留一段时间，然后冷却到室温）。

（四）钢的热处理分类

1. 普通热处理（“四把火”）

（1）退火：将钢加热到一定温度，保留一定时间，然后缓慢冷却到室温的热处理工艺。退火的目的是降低硬度，以利于切削加工；提高塑性和韧性，以利于冷变形加工；消除组织缺陷（粗大晶粒，铸造偏析），改善钢的性能或为以后热处理做好准备；消除钢中的残余内应力，防止变形和开裂。

根据钢的成分和退火的目的不同，钢的退火方法有完全退火、球化退火、等温退火、去应力退火和均匀化退火等（见图 1-F-5）。

（2）正火：将钢加热到 Ac_3 或 A_{cm} 以上 30℃～50℃温度，保温一定时间即完全奥氏体化后出炉空冷的热处理工艺。正火冷却速度比退火的快，以获得更细密的组织。正火的目的是细化组织，用于低碳钢，可提高硬度，改善切削加工性；用于中碳钢和性能要求不高的零件，可代替调质处理；用于高碳钢，可消除网状碳化物，为球化退火做组织准备。

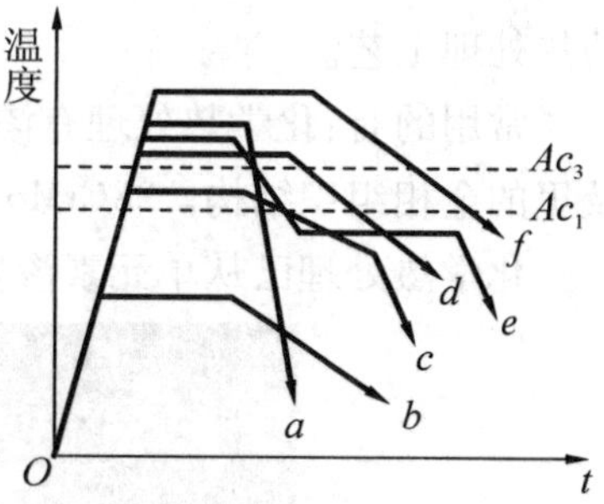

a－正火；b－去应力退火；c－球化退火；
d－完全退火；e－等温退火；
f－均匀化退火

图 1-F-5 钢的退火和正火曲线

正火与退火相比较，钢在正火后强度、硬度高于退火，而塑性、韧性则稍低，而且操作简便，生产周期短，成本低，在可能的条件下宜用正火代替退火。

（3）淬火：将钢加热到 Ac_3 或 Ac_1 以上 30℃～50℃温度，保温一定时间，然后快速冷却，从而使奥氏体转变为马氏体的热处理工艺，称为淬火。淬火的目的是获得马氏体或马氏体加渗碳体组织，从而提供钢的硬度、强度和耐热性。钢在淬火以后，必须配以适当的回火，才能获得理想的力学性能，它是强化钢材的重要热处理工艺。

常用的淬火冷却介质为水和油。一般碳钢采用水冷，而合金钢采用油冷。

（4）回火：将淬火钢重新加热到低于 A_1 的某一温度，保温一定时间，然后空冷到室温的热处理工艺。淬火钢必须回火。回火的目的是减少或消除工件淬火时产生的内应力,稳定组织和尺寸,调整钢的性能,以满足工件使用需要的性能。回火是热处理工艺的最后一道工序。

按回火温度可将回火分为:低温回火、中温回火和高温回火。表1.F.1为3种回火方式的比较。

表1.F.1　3种回火方式的比较

回火方式	加热温度/℃	力学性能	应用范围	硬度 HRC
低温	150~250	高硬度和高耐磨性	刃具、量具和冷模等	58~65
中温	350~500	高弹性和高韧性	弹簧、发条和钢丝绳等	35~50
高温(调质)	500~650	良好的综合力学性能	连杆、齿轮和曲轴等	20~30

2.表面热处理

在冲击载荷和摩擦条件下工作的零件(如齿轮等),要求其表面具有高的硬度和耐磨性,而心部应具有足够的塑性和韧性。这一工件表面和心部不同的性能要求,难于从选材和普通热处理解决。而表面热处理就能满足这类零件的要求。

(1)表面淬火:将工件的表面层淬硬到一定深度,而心部仍保持未淬火状态的一种局部淬火法。其目的使工件表面具有高硬度、耐磨性,而心部具有足够的塑性、韧性。

常用的有:感应加热淬火和火焰淬火。图1-F-6所示为45钢表面淬火处理后由表及里的金相组织结构。

(2)化学热处理:将工件置于某种化学介质中,通过加热、保温、冷却的方法,使化学介质中的某些元素渗入钢件表面层,从而改变钢件表面层的化学成分和组织,进而改变表层性能的热处理工艺。

常用的有:化学热处理有渗碳和氮化两种。图1-F-7所示为Q235钢渗碳处理后由表及里的金相组织结构。38CrMoAl就是一种含有Cr,Mo,Al等合金元素的最常用的渗氮钢。

化学热处理已从单元素渗发展到现在的多元素复合渗,使之具有综合的优良性能。

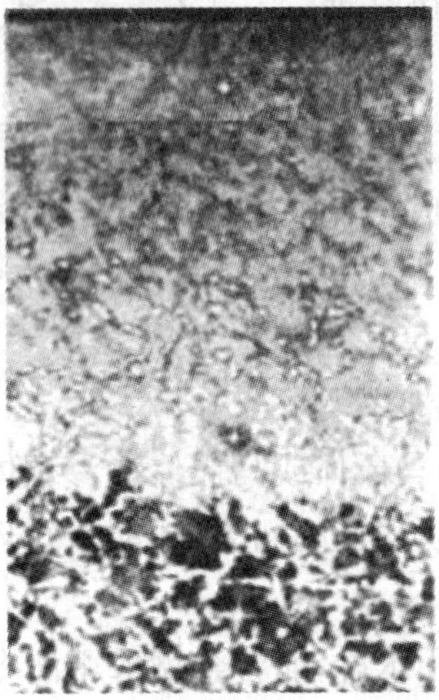

图1-F-6　45钢的表面淬火热处理

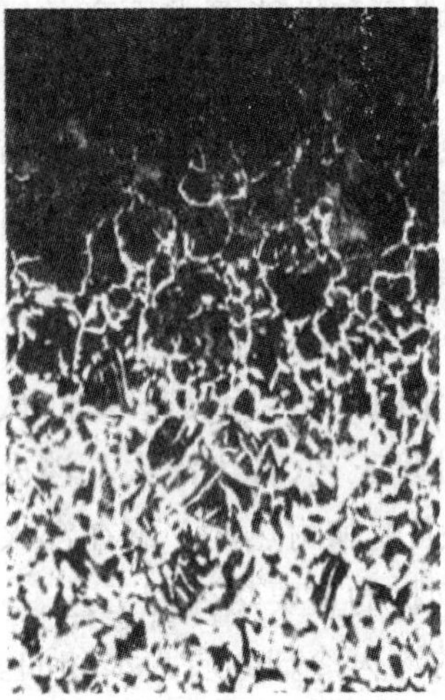

图1-F-7　Q235钢的渗碳热处理

思考与练习

一、填空题

1. 轴承的功用是支承______及______，并保持轴的正常______和______。

2. 轴承按摩擦性质不同可分为______和______两大类。

3. 滚动轴承的基本结构是由______、______、______和______4 部分组成。

4. 保持架的作用是______，以减少滚动体之间的______和______。

5. 常见滚动轴承的类型有______、______、______和______等。

6. 滚动轴承的常用的密封方法有______和______等。

7. 滚动轴承按承载方向分为______和______。

8. 滑动轴承的润滑方式主要有______和______等。

9. 常用径向滑动轴承一般有______、______和______3 种结构形式。

10. 轴上零件的轴向定位方式主要有______、______、______和______等。

11. 轴上零件周向定位的目的是为了保证轴能可靠地传递______，防止轴上零件与轴产生______。

12. 轴常设计成阶梯形，其主要目的是便于轴上零件的______和______。

13. 为了防止润滑剂中脂或油的泄漏和外界有害物质的侵入，滚动轴承必须进行______。

14. 键连接主要是用来实现轴与轴上零件之间的______并传递______和______。常用的键连接有______、______、______、______和______。

15. 机器中零件与零件之间根据连接后是否可拆，分为______连接和______连接。

16. 平键连接根据用途不同，分为______连接、______连接和______连接等。

17. 普通平键的端部形状不同可分为______、______和______3 种形式。

18. 平键连接的特点是依靠平键的两侧面传递______，因此键______是工作面，对中性______。

19. 普通平键的规格采用______标记，其截面尺寸应根据______查表选取。

20. 采用 A 型和 C 型普通平键时，轴上键槽一般用______铣刀切制出。

21. 在键"24 × 120 GB/T 1096 - 2003"的标记中，其为______型的普通平键，"24"表示______，"120"表示______，"GB/T 1096 - 2003"表示______。

22. 在平键连接中，当轮毂需要在轴上沿轴向移动时可采用______。

23. 半圆键工作面是键的______，可在轴上键槽中绕槽底圆弧______，适用于锥形轴与轮毂的连接。

24. 花键连接多用于__________和__________的场合，尤其适用于经常______的连接。

25. 销连接主要用于__________，既是组合加工和装配时______零件，还可以作为安全装置中的______。

26. 销的基本类型有______和______两种。

27. 联轴器和离合器是机械传动中常见的部件，它们都是用来______，使其一起______并传递______的装置。

28. 按结构特点不同，联轴器可分为______联轴器和______联轴器两大类。
29. 常用的机械离合器有______和______两种。
30. 对离合器的要求是:工作______，接合______，分离______。
31. 制动器一般是利用______来降低机器运动部件的______或使其______的装置。
32. 按制动零件的结构特征，制动器一般可分为______、______和______等。
33. 制动器的零件要有足够的______和______，还要有较高的______和______。

二、选择题

1. 具有结构简单、定位可靠、能承受较大的轴向力等特点，广泛应用于各种轴上零件的轴向固定方式是(　　)。

A. 紧定螺钉　　B. 轴肩与轴环　　C. 弹性挡圈

2. 常用于轴上零件间距离较小的场合，但当轴的转速要求很高时，不宜采用的轴向固定方式是(　　)。

A. 轴肩与轴环　　B. 轴端挡板　　C. 套筒

3. 接触面积大、承载能力强、对中性和导向性都好的周向固定方式是(　　)。

A. 紧定螺钉　　B. 花键连接　　C. 平键连接

4. 同时具有轴向和周向固定作用，但不宜用于重载和经常装拆的场合，其采用周固定方式是(　　)。

A. 过盈配合　　B. 花键连接　　C. 销钉连接

5. 可同时承受径向载荷和轴向载荷，一般成对使用的滚动轴承是(　　)。

A. 深沟球轴承　　B. 圆锥滚子轴承　　C. 推力球轴承

6. 主要承受径向载荷，外圈内滚道为球面，能自动调心的滚动轴承是(　　)。

A. 角接触球轴承　　B. 调心轴承　　C. 深沟球轴承

7. 主要承受径向载荷，也可同时承受少量双向轴向载荷，应用最广泛的滚动轴承是(　　)。

A. 推力球轴承　　B. 圆柱滚子轴承　　C. 深沟球轴承

8. 能同时承受较大的径向载荷和轴向载荷，且内、外圈可以分离，通常成对使用的滚动轴承是(　　)。

A. 圆锥滚子轴承　　B. 推力球轴承　　C. 圆柱滚子轴承

三、判断题

1. 轴承性能的好坏对机器的性能没有影响。(　　)
2. 调心球轴承不允许成对使用。(　　)
3. 双列深沟球轴承比深沟球轴承承载能力大。(　　)
4. 双向推力球轴承能同时承受径向和轴向载荷。(　　)
5. 角接触球轴承的公称接触角越大，其承受轴向载荷的能力越小。(　　)
6. 滚动轴承代号通常都压印在轴承内圈的端面上。(　　)
7. 圆锥滚子轴承的滚动轴承类型代号是 N。(　　)
8. 滚动轴承代号的直径系列表示同一内径轴承的各种不同宽度(　　)

9. 滚动轴承在满足使用要求的前提下，尽量选用精度低、价格便宜的轴承。( )

10. 载荷小且平稳时，可选用球轴承；载荷大且有冲击时，宜选用滚子轴承。( )

11. 滚动球轴承的极限转速比滚子滚动轴承低。( )

12. 同型号的滚动轴承精度等级越高，其价格越贵。( )

13. 在轴承商店，只要告诉售货员滚动轴承的代号，就可买到所需要的滚动轴承。( )

14. 在轴的一端安装一只调心球轴承，在轴的另一端安装一只深沟球轴承，则可起调心作用。( )

15. 滚动轴承的前置代号、后置代号是轴承代号的补充代号，不能省略。( )

16. 调心式滑动轴承的轴瓦可以自动调位，以适应轴受力弯曲时轴线产生的倾斜。( )

17. 滑动轴承能获得很高的旋转精度。( )

18. 滑动轴承轴瓦上的油沟应开在承载区。( )

19. 轴瓦上的油沟不能开通，是为了避免润滑油从轴瓦端部大量流失。( )

20. 润滑油的压力润滑是连续式供油装置，而润滑脂的要润滑是间歇式供油装置。( )

21. 滑动轴承工作时的噪声和振动均小于滚动轴承。( )

22. 普通平键、楔键、半圆键都是以两侧面为工作面。( )

23. 键连接具有结构简单、工作可靠、装拆方便和标准化等特点。( )

24. 键连接属于不可拆连接。( )

25. *A* 型键不会产生轴向移动，应用最为广泛。( )

26. 普通平键键长 L 一般比轮毂的长度略长。( )

27. *C* 型普通平键一般用于轴端。( )

28. 采用 *A* 型普通平键时，轴上键槽通常用指状铣刀加工。( )

29. 半圆键对中性较好，常用于轴端为锥形表面的连接中。( )

30. 平键连接中，键的上表面与轮毂键槽底面应紧密配合。( )

31. 键是标准件。( )

32. 花键多齿承载，承载能力高，且齿浅，对轴的强度削弱小。( )

33. 平键连接配合常采用基轴制。( )

34. 导向平键就是平键。( )

35. 楔键的两侧面为工作面。( )

36. 切向键多用于传递转矩大、对中性要求不高的场合。( )

37. 销可用来传递动力或转矩。( )

38. 圆柱销和圆锥销都依靠过盈配合固定在孔中。( )

39. 联轴器都具有安全保护作用。( )

40. 万向联轴器主要用于两轴相交的传动。为了消除不利于传动的附加动载荷，一般将万向联轴器成对使用。( )

41. 自行车后飞轮采用了超越式离合器，因此，可以蹬车、滑行乃至回链。( )

42. 汽车从启动到正常行驶过程中，离合器能方便地接合或断开动力的传递。（　　）
43. 离合器能根据工作需要使主、从动轴随时接合或分离。（　　）
44. 就连接、传动而言，联轴器和离合器是相同的。（　　）

四、简答题

1. 简述碳素钢的分类、牌号及其主要特性。
2. 简述铸铁的分类、编号及其主要特性。
3. 什么是钢的热处理？
4. 热处理的目的和种类分别是什么？
5. 正火与退火的主要区别是什么？生产中如何选择正火与退火？
6. 钢在淬火后，为什么要回火？
7. 什么是钢的化学热处理？
8. 化学热处理的种类有哪些？
9. 默绘简化的铁碳合金相图，指出图中主要点、线表示的意义，并标出各相区的组织名称。
10. 图Ⅰ-1所示为3种不同材料的拉伸曲线（试件尺寸相同），试比较它们的刚度E、屈服强度σ_s、抗拉强度σ_b和塑性的大小。

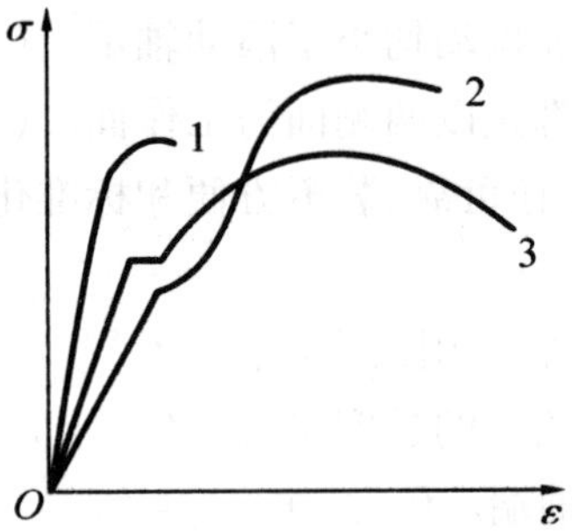

图Ⅰ-1　题10图

11. 对照铁碳合金相图，分析碳的质量分数分别为0.4%，0.77%和1.2%的铁碳合金从液态缓慢冷却至室温时的组织变化过程。
12. 液态金属发生结晶的必要条件是什么？可用哪些方法获得细密的晶粒组织？
13. 什么是金属的同素异构转变？
14. 什么是“加工硬化”？它在实际生产中有什么利弊？
15. 金属热塑性变形的特点有哪些？
16. 为什么钢的锻造温度选在奥氏体区域？铸铁、铸钢的浇注温度选在ACD线以上？

五、计算题

1. 画出如图Ⅰ-2所示的指定物体的受力图。

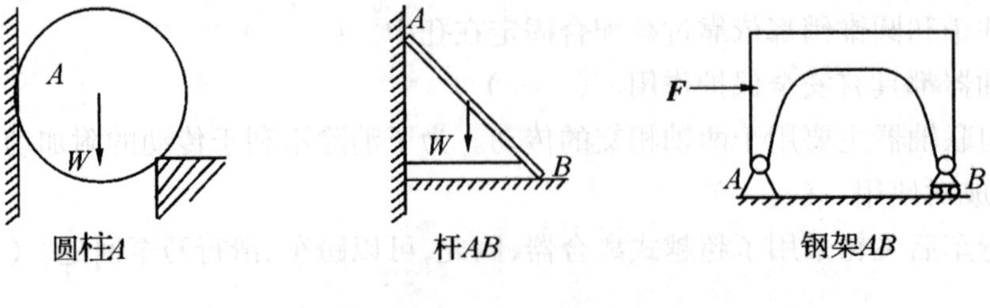

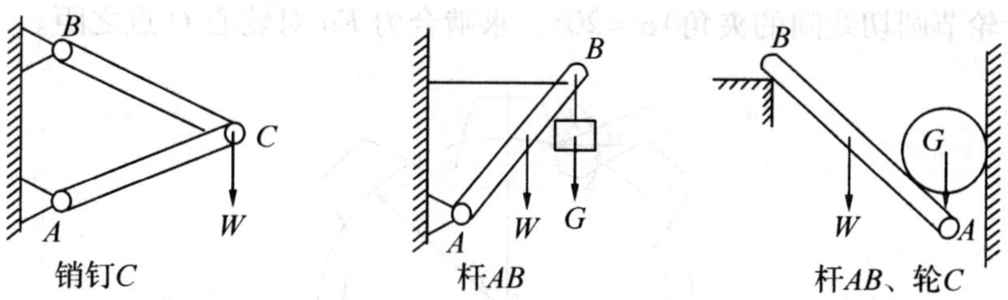

图Ⅰ-2　题1图

2. 如图Ⅰ-3 所示的水平梁 *AB* 用斜杆 *CD* 支撑，*A*，*C*，*D*3 处均为光滑铰链连接。梁上放置一重为 G_1 的电动机，已知梁重 G_2，不计杆 *CD* 的重量，试分别画出杆 *CD* 和梁 *AB* 受力图。

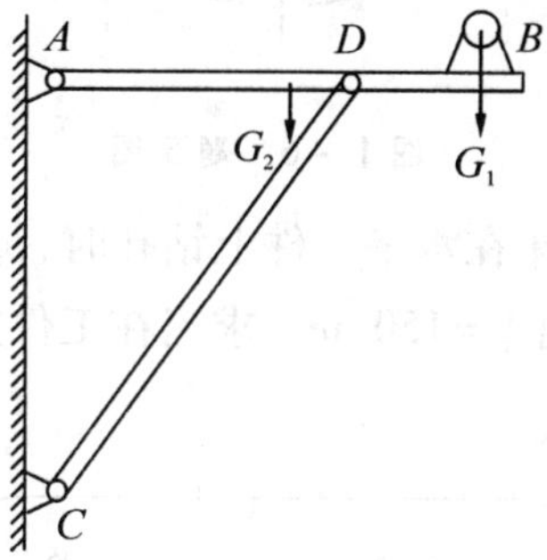

图Ⅰ-3　题2图

3. 已知如图Ⅰ-4 所示，重 F_G =20 kN 的物体被绞车匀速吊起，绞车的绳子绕过光滑的定滑轮 *A*，滑轮由不计重力的杆 *AB*，*AC* 支撑，*A*，*B*，*C*3 点均为光滑铰链。试求 *AB*，*AC* 所受的力。

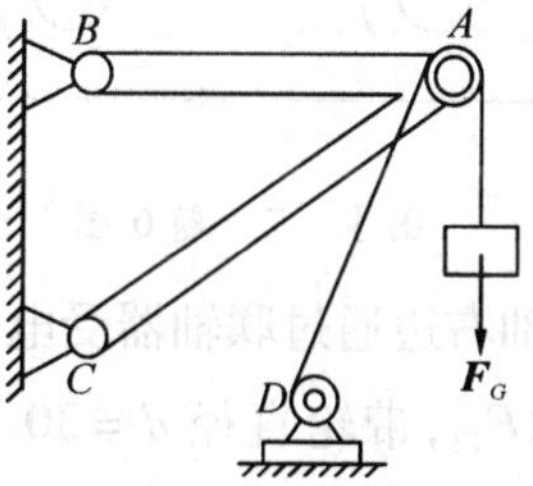

图Ⅰ-4　题3图

4. 已知如图Ⅰ-5 所示，一悬臂式起重机的 *A*，*B*，*C* 都是铰链连接。梁 *AB* 自重 F_G = 1 kN，作用在梁的中点，提升重量 F_p =8 kN，杆 *BC* 自重不计，求支座 *A* 的约束反力和杆 *BC* 所受的力。

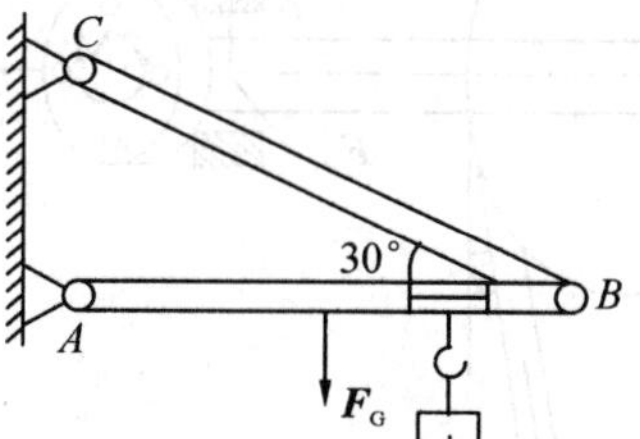

图Ⅰ-5　题4图

5. 如图Ⅰ-6 所示作用于齿轮的啮合力 F_n =1000 N，齿轮节圆直径 *D* =160 mm，压力角

(啮合力与齿轮节圆切线间的夹角)$\alpha=20°$。求啮合力 Fn 对轮心 O 点之距。

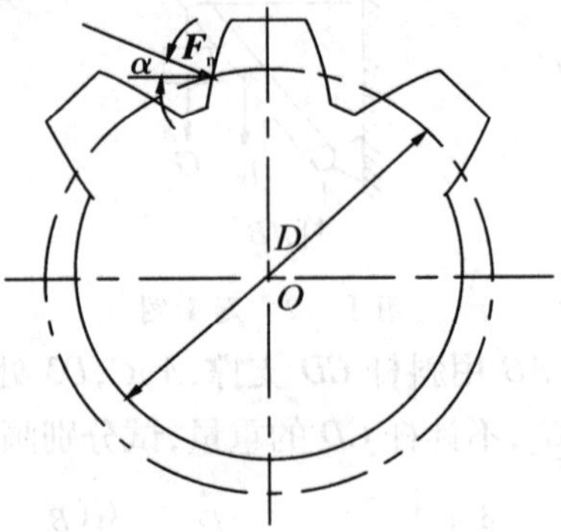

图Ⅰ-6　题5图

6. 如图Ⅰ-7所示用多轴钻床在水平工件上钻孔时,每个钻头对工件的切削力偶矩 $M=10\ \mathrm{N\cdot m}$,固定螺柱 A 和 B 的距离 $L=150$ mm,求当在工件上同时钻3个孔时,两螺柱所受的水平力 F。

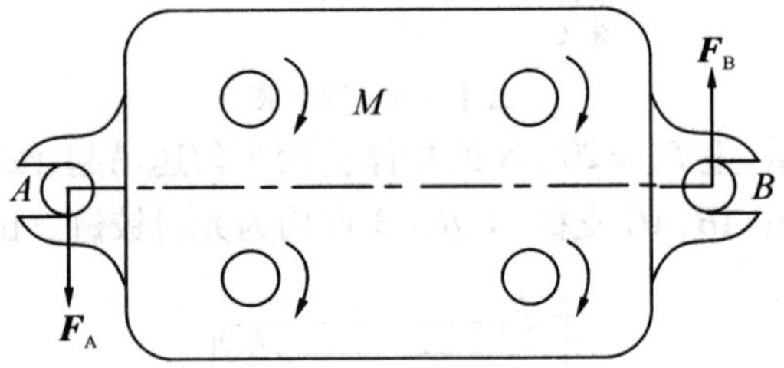

图Ⅰ-7　题6图

7. 已知如图Ⅰ-8所示,带传动轴右边通过联轴器受电动机给予的驱动力偶矩 $M=30\ \mathrm{N\cdot m}$ 作用,若传动带的紧边拉力 $F_{T1}=2F_{T2}$,带轮直径 $d=30$ cm,$a=20$ cm,$\alpha=30°$,轮轴自重不计,试求传动带的拉力和 A,B 轴承的约束力。

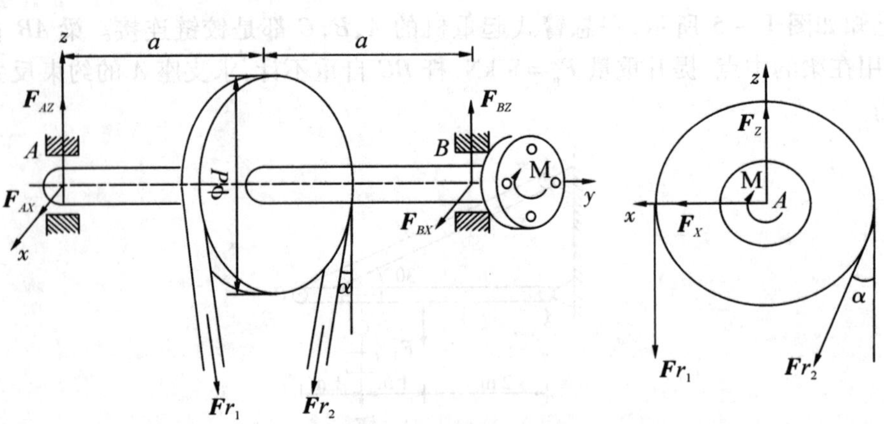

图Ⅰ-8　题7图

8. 已知如图Ⅰ-9所示,曲柄连杆机构中曲柄 $AB=230$ mm,当机构在图示位置平衡时,

已知活塞所受阻力 $F_P=519.6\text{N}$，试求此时缸壁对活塞的侧压力和曲柄所受的力偶矩 M，以及轴承 O 的约束力。

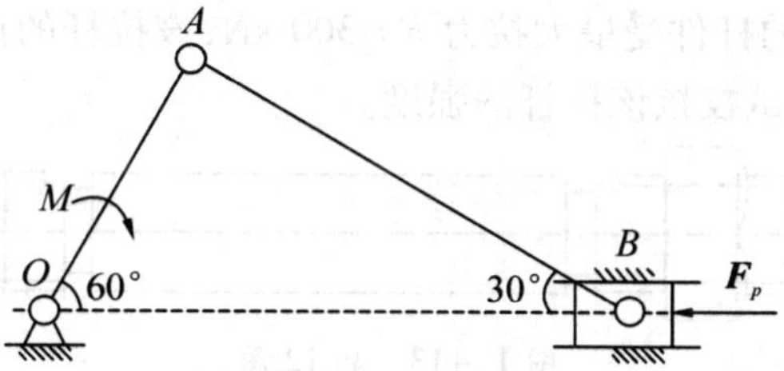

图Ⅰ-9 题8图

9. 如图Ⅰ-10 所示塔式起重机，机架重 $P=700$ kN，作用线通过塔架的中心，最大起重量 $W=200$ kN，最大悬臂长 12m，轨道 A，B 的间距为 4m，平衡块重 Q 到机身中心线距离为 6m，试问：

（1）保证起重机在满载和空载时都不致翻到，求平衡块的重量 Q 应为多少？

（2）当平衡块重 $Q=180$ kN 时，求满载时轨道 A，B 给起重机轮子的约束反力。

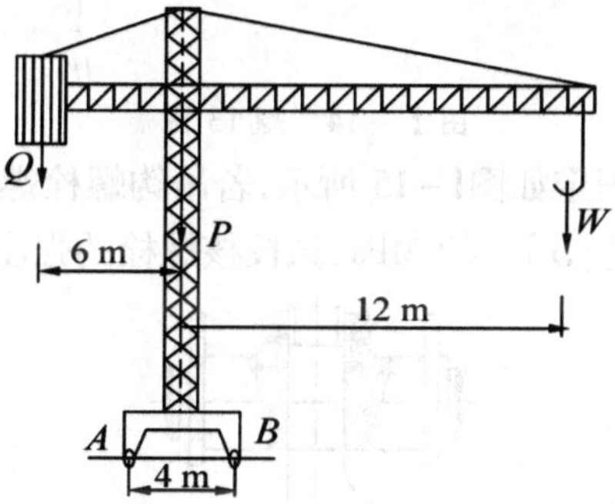

图Ⅰ-10 题9图

10. 试求图Ⅰ-11 所示各杆横截面 1-1，2-2，3-3 上的轴力。

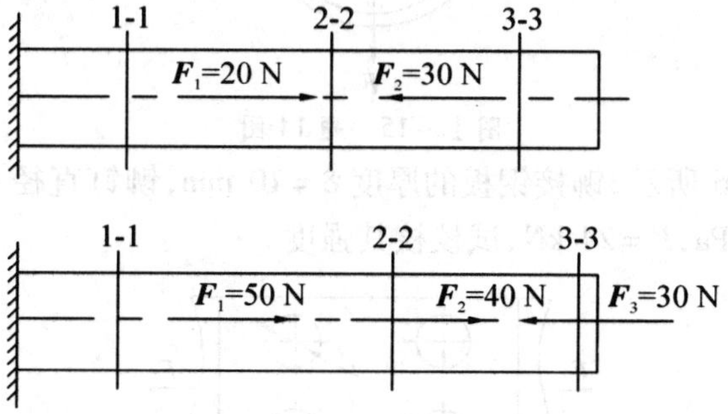

图Ⅰ-11 题10图

11. 图Ⅰ-12 为变截面圆球杆。已知 $F_1=20$ kN，$F_2=30$ kN，$F_3=20$ kN，试求：

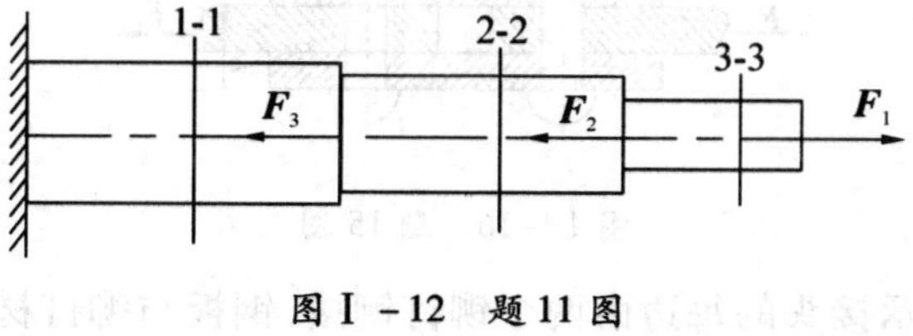

图Ⅰ-12 题11图

(1)截面1－1,2－2,3－3上的轴力；

(2)杆的最大正应力σ_{max}。

12. 如图Ⅰ－13所示的杆件受最大拉力$F=300$ kN,该拉杆的许用应力$[\sigma]=300$ MPa,最细处的直径$d=44$ mm,试校核该拉杆的强度。

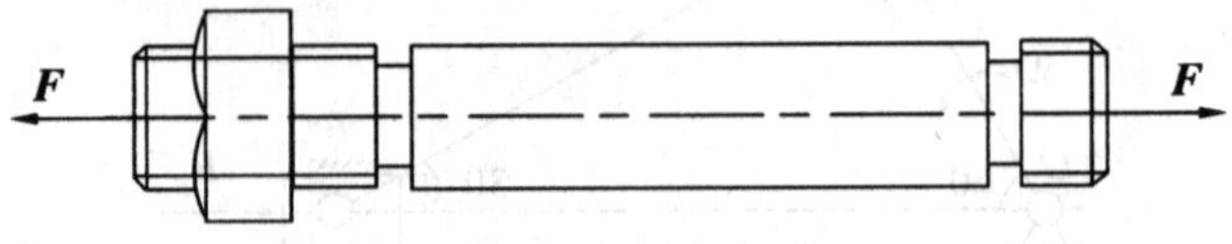

图Ⅰ－13　题12图

13. 图Ⅰ－14所示吊架,BC为钢杆,AB为木杆,木杆的横截面积$A_1=100\ cm^2$,许用应力$[\sigma]_1=7$ MPa;钢杆BC的横截面积$A_2=8\ cm^2$,许用应力$[\sigma]_2=160$ MPa,试求许可的吊重W。

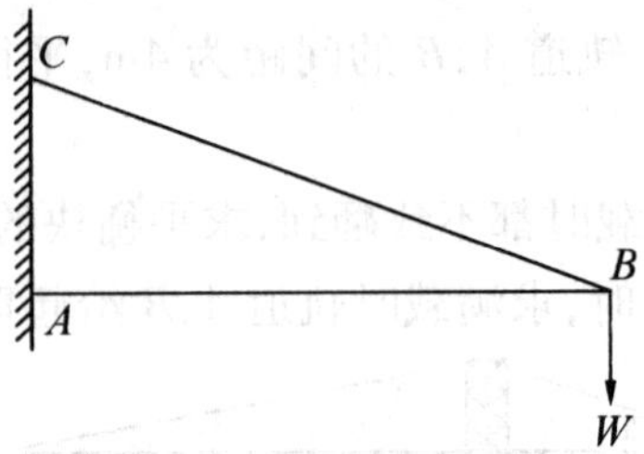

图Ⅰ－14　题13图

14. 起重吊钩上端用螺母固定如图Ⅰ－15所示,若吊钩螺栓螺纹内径为60 mm,吊钩所受拉力$W=160$ kN,材料的许用应力$[\sigma]=80$ MPa,试校核螺栓的强度(松螺栓连接的强度计算)。

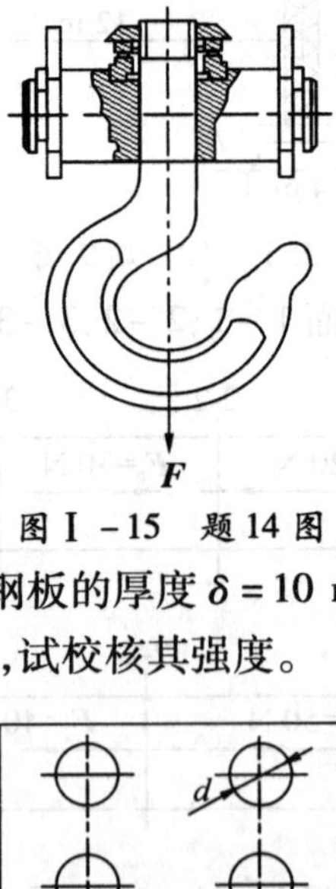

图Ⅰ－15　题14图

15. 已知如图Ⅰ－16所示,铆接钢板的厚度$\delta=10$ mm,铆钉直径$d=18$ mm,铆钉$[\tau]=140$ MPa,$[\sigma_B]=320$ MPa,$F=24$ kN,试校核其强度。

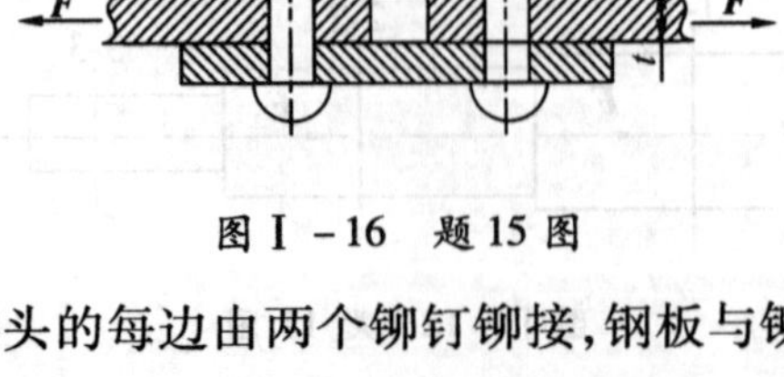

图Ⅰ－16　题15图

16. 如图Ⅰ－17所示接头的每边由两个铆钉铆接,钢板与铆钉材料均为Q235。已知许用挤压应力$[\sigma_B]=320$ MPa，许用切应力$[\tau]=320$ MPa，$F=100$ kN，$t=10$ mm，$d=17$ mm。试校核铆钉的强度。

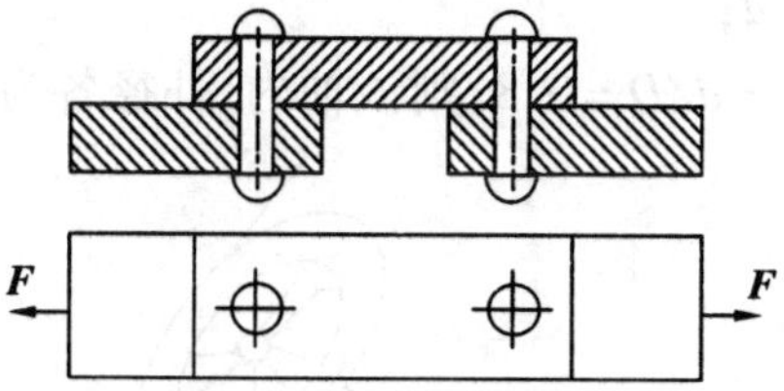

图Ⅰ-17　题16图

17. 已知如图Ⅰ-18所示，车床光杆的直径$D=20$ mm，安全销材料为30钢，抗剪强度极限$\tau_b=360$ MPa，为保护光杆的安全性，传递力矩M不能超过120 N·m。设计光杆上安全销直径d的大小。

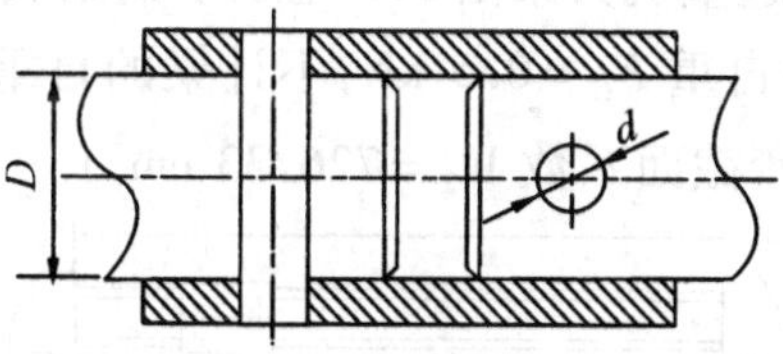

图Ⅰ-18　题17图

18. 已知如图Ⅰ-19所示，钢板厚度$\delta=10$ mm，其极限切应力$\tau=300$ MPa，若用冲床将钢板冲出直径$d=25$ mm的孔，问需多大的冲力？

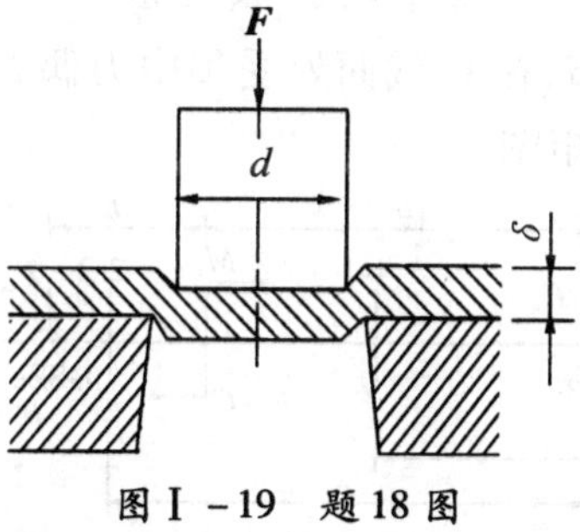

图Ⅰ-19　题18图

19. 一阶梯轴如图Ⅰ-20所示，AB段的直径$d_1=100$ mm，BC段的直径$d_2=60$ mm。已知材料的许用切应力$[\tau]=800$ MPa，受外力偶矩$M_1=10$ kN·m，$M_2=7$ kN·m，$M_3=3$ kN·m。

(1)做出该阶梯轴的扭矩图；

(2)试校核该轴的强度。

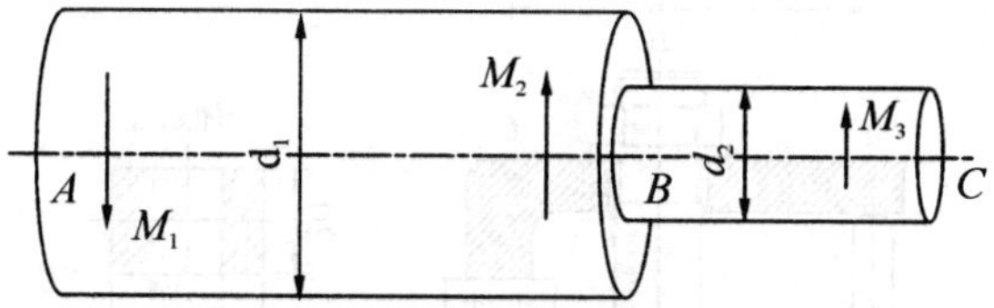

图Ⅰ-20　题19图

20. 汽车传动轴由无缝钢管制成。该轴外径$D=90$ mm，壁厚$t=2.5$ mm，工作时的最大扭矩$T_{max}=1.5$ kN·m。材料的许用切应力$[\tau]=60$ MPa。试校核该轴的强度；如果该轴设计成实心轴，直径应该为多少？

21. 已知如图Ⅰ-21所示，汽车方向盘的直径 $D=52$ cm，驾驶员每只手作用在方向盘上的最大切向力 $F=200$ N，转向轴材料的 $[\tau]=50$ MPa。

(1)试设计实心轴的直径 d；

(2)若改为空心转向轴，$\alpha=d/D=0.8$，则该轴内、外径各为多少？

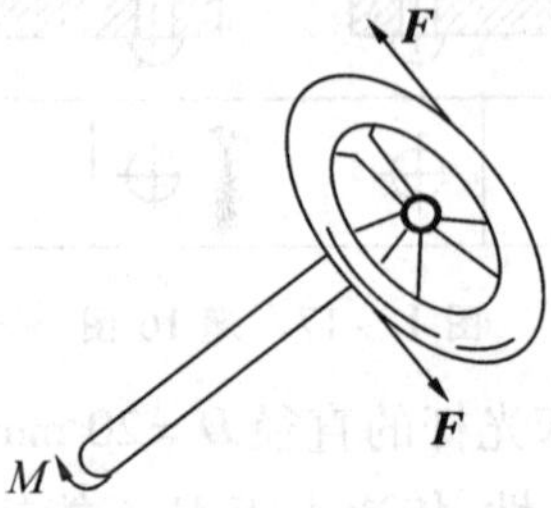

图Ⅰ-21　题21图

22. 如图Ⅰ-22所示桥式起重机大梁由32b型工字钢制成，已知跨度 $l=10$m，材料的许用应力 $[\sigma]=140$ MPa，电葫芦自重 $F_G=0.5$ kN，不计梁的自重。试求梁能够承受的最大载荷 F(已知32b型工字钢的抗弯截面系数 $W_Z=726.33\ cm^3$)。

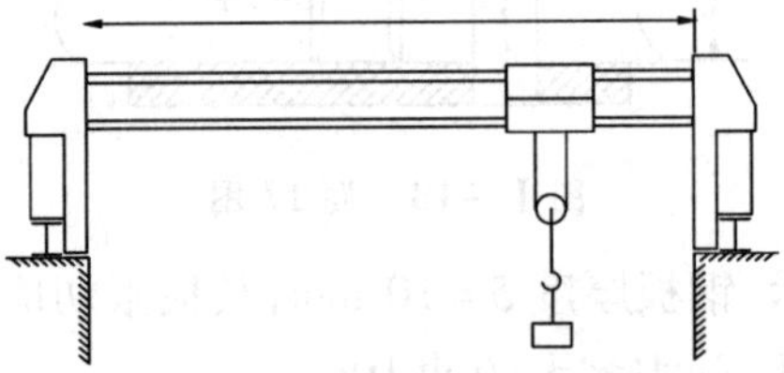

图Ⅰ-22　题22图

23. 图Ⅰ-23所示简支梁 AB，在 C 截面处受集中力偶 Ma 作用。试列出梁的剪力方程和弯矩方程，并画出剪力图和弯矩图。

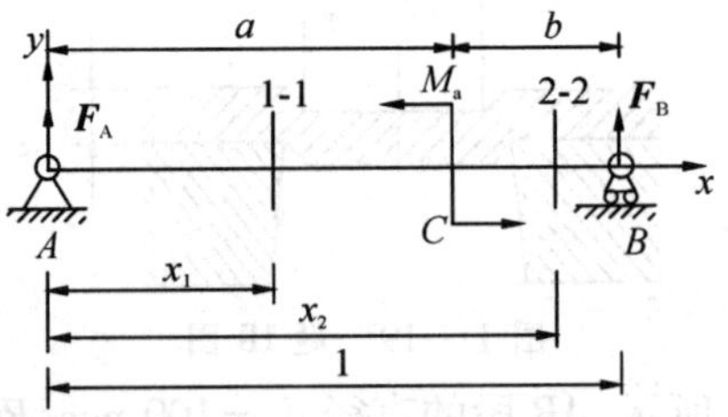

图Ⅰ-23　题23图

24. 螺栓压紧装置如图Ⅰ-24所示。已知板长 $a=50$ mm，压板材料的弯曲许用应力 $[\sigma]=160$ MPa，工作所需夹紧力 $F=3$ kN，试校核压板的强度，并画出压板的剪力图和弯矩图。

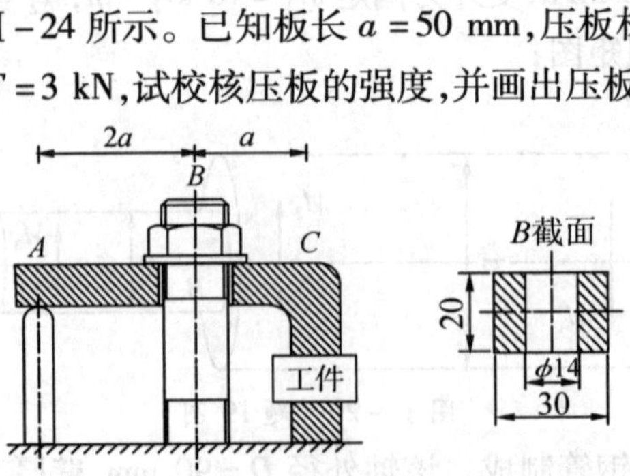

图Ⅰ-24　题24图

◇学习情境二

盘类零件的信息分析

任务描述

☆任务内容:

根据实际工作情况,简单设计如下图所示的带式运输机

☆任务分解

(1)设计 V 带传动机构;(2)设计“一级圆柱齿轮减速器”的齿轮传动机构。

☆任务条件

(1)异步电动机额定功率 $P=5.5\ \mathrm{kW}$,转速 $n_1=1440\ \mathrm{r/min}$;

(2)转轴 $n_3=90\ \mathrm{r/min}$;

(3)带传动中心距 $a<500\ \mathrm{mm}$;

(4)运输机连续单向运转,载荷变动小,三班工作制,使用年限 8 年。

☆注意事项

为方便同学们完成任务,有些参数是给定的,但在实际工作中,这些参数需要我们查阅、测量或与生产厂家联系获得。

为能让同学们完整地感受工作过程的任务,我们会给出一些需要参考的参数或查阅途径,请同学们配合完成任务。

完成任务的方法不止这一种,同学们可以思考其他的方法来仔细完成所需表格。

带传动

齿轮传动

学习目标

☆知识目标

认识带传动和齿轮传动的特点和类型,达到通过已知条件简单设计带传动和齿轮传动的一般思路和方法。

☆技能目标

能正确维修和更换易损带、带轮和齿轮的技能。

学时安排

资讯	决策	计划	实施	检查	评价
5	2	2	4	2	1

知识链接

一、带传动

(一)带传动的组成

带传动是由主动带轮、从动带轮和传动带所组成。工作时,它是以带和轮缘接触面间产生的张紧力来传递运动和动力的,因此,带传动是一种利用中间挠性件的摩擦传动(见图2-1-1)。

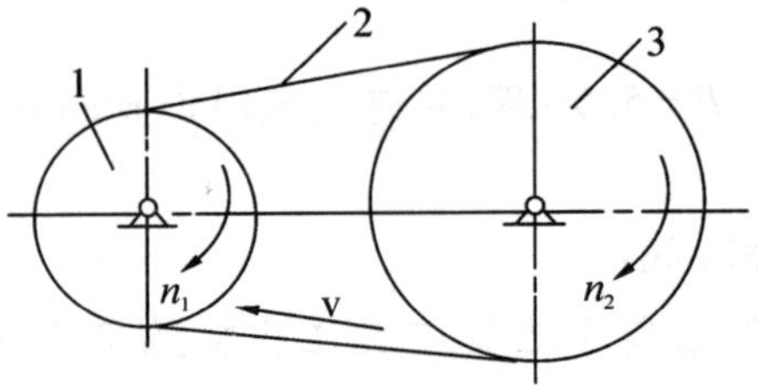

1-主动轮;2-传动带;3-从动轮

图2-1-1 带传动的组成

(二)带传动的类型

带传动按工作原理可分为摩擦带传动和啮合带传动两种。啮合带传动又称为同步带传动;按带的横剖面形状不同,又可分为平带、V带、圆带、多楔带等(见图2-1-2)。

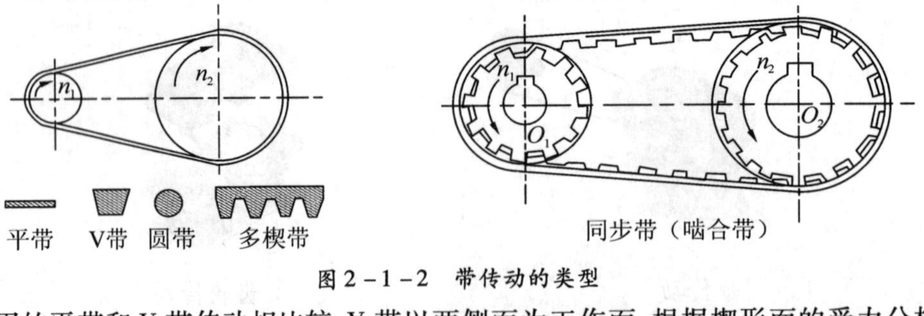

图2-1-2 带传动的类型

常用的平带和V带传动相比较,V带以两侧面为工作面,根据楔形面的受力分析可知,在相同压紧力和相同摩擦系数的条件下,V带产生的摩擦力要比平带的摩擦力大3倍,所以V带传动能力强,结构紧凑,在机械传动中应用最为广泛。

V带按其宽度和高度相对尺寸的不同,又可分为普通V带、窄V带等多种类型。目前普通V带应用最广,本节主要介绍普通V带。

(三)带传动的特点

带传动是一种应用广泛的机械传动方式。它是利用环状的挠性传动带紧箍两个带轮,在传动带与带轮之间产生摩擦力,将主动带轮的运动和动力传递给从动带轮。其主要有下述特点。

(1)带传动柔和,能缓冲、吸振、传动平稳,无噪声。

(2)过载时产生打滑,可防止损坏零件,起安全保护作用,但不能保证传动比的准确性。

(3)结构简单,制造容易,成本低廉。

(4)外轮廓尺寸较大,适用于两轴中心距较大的场合。

(5)传动效率较低,一般在0.90~0.98之间。

(6)传动功率一般小于700 kW,故不适用于大功率传动。

(7)工作速度较低,一般在5~25 m/s之间,速度过高时,离心力不仅使带与带轮间的压紧程度减低,而且会使得带受到附加拉力的作用,故传动能力和寿命降低。

(四)带传动的形式

带传动的形式有开口式、交叉式和半交叉式3种(见图2-1-3)。后两种不适用于V带。

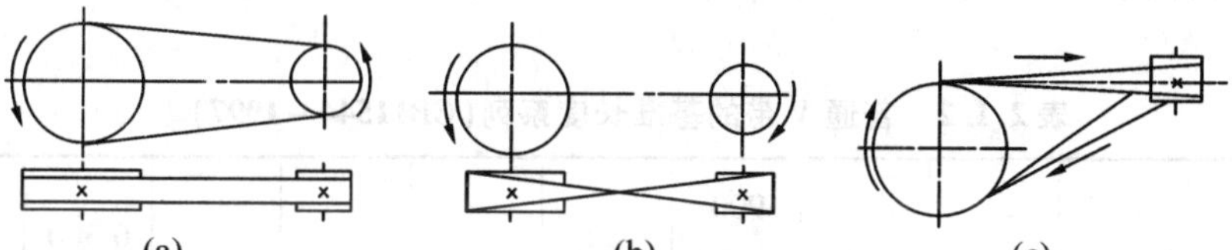

图2-1-3 带传动的形式

(a)开口式;(b)交叉式;(c)半交叉式

(五)带传动的传动比(i_{12})

传动比为

$$i_{12}=\frac{n_1}{n_2}=\frac{D_2}{D_1}$$

式中:n_1,n_2分别为主、从动轮的转数(r/ mm);D_1,D_2分别为主、从动轮的直径(mm)。

(六)V带

1. V带的结构

普通V带是由:顶胶、抗拉体、底胶和包布组成(见图2-1-4)。抗拉体的结构形式有帘布、线绳两种结构,前者抗拉强度高,但柔韧性及抗弯曲强度不如后者好,后者适用于高速、带轮直径较小的场合。

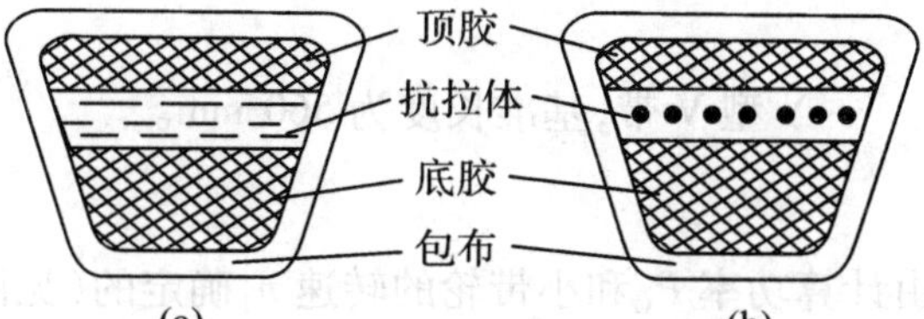

图2-1-4 标准V带的结构

(a)帘布结构;(b)线绳结构

2. V 带的型号

根据国家标准，普通 V 带可分为 Y,Z,A,B,C,D,E 7 种型号（见表 2.1.1），其中 Y 型最小，E 型最大，在实际应用中，Z,A,B,C 型采用最多。

表 2.1.1　普通 V 带截面尺寸（GB11544－1997）

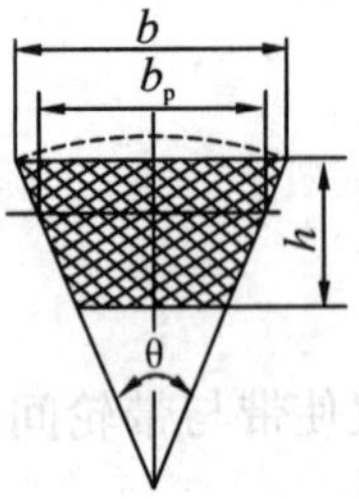

型　别	Y	Z	A	B	C	D	E
顶宽 b/mm	5.3	8.5	11	14	19	27	32
节宽 b_p/mm	6	10	13	17	22	32	38
高度 h/mm	4	6	8	11	14	19	25
楔 角 θ/(°)	40°						
质量 q/(kg · m^{-1})	0.04	0.06	0.10	0.17	0.30	0.62	0.90

普通 V 带制成无接头的环形，在工作时中间存在一长度不变的中性层，中心层面称为节面，节面的宽度称为节宽 b_p，与节宽相对应的带轮直径称为基准直径 d_d，位于带轮直径上 V 带的周线长度称为 V 带的基准长度 L_d。每种 V 带型号规定了一系列标准长度（见表2.1.2）。

表 2.1.2　普通 V 带的基准长度系列（GB11544－1997）　　单位：mm

<table>
<tr><td>基准长度 L_d 的基本尺寸</td><td>315
355</td><td>400
450
500</td><td>560</td><td>630
710
800</td><td>900
1 000
1 120
1 250
1 400
1 600</td><td>1 800
2 000
2 240
2 500</td><td>2 800</td><td>3 150
3 550
4 000</td><td>4 500
5 000
5 600</td><td>6 300
7 100
8 000
9 000
10 000</td><td>11 200
12 500
14 000</td><td>16 000</td></tr>
<tr><td rowspan="7">截型</td><td colspan="2">Y</td><td colspan="10"></td></tr>
<tr><td></td><td colspan="4">Z</td><td colspan="7"></td></tr>
<tr><td colspan="3"></td><td colspan="4">A</td><td colspan="5"></td></tr>
<tr><td colspan="4"></td><td colspan="5">B</td><td colspan="3"></td></tr>
<tr><td colspan="5"></td><td colspan="5">C</td><td colspan="2"></td></tr>
<tr><td colspan="6"></td><td colspan="5">D</td><td></td></tr>
<tr><td colspan="7"></td><td colspan="5">E</td></tr>
</table>

普通 V 带的标记由截型和基准长度组成，标记通常压印在 V 带的外表面上。

如“Y560”是指：

Y 型 V 带，基准长度为 560 mm。

3. V 带截型

普通 V 带的截型是由计算功率 P_C 和小带轮的转速 n_1 确定的（见图 2－1－5）。

例如：$P_C=4.5$ kW，电动机转速即小带轮转速 $n_1=1450$ r/min，根据图 2－1－5 所示可知选择 A 型普通 V 带。

由此可知，假设任务给出电动机的铭牌，就可以通过此方法确定普通 V 带的截型。

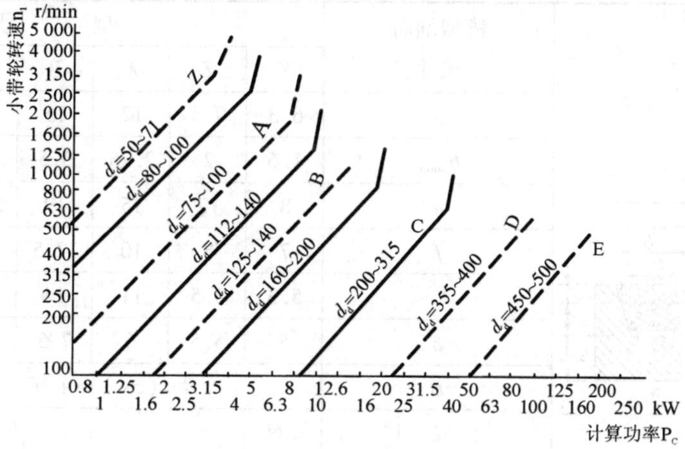

图 2-1-5　V 带选型图

（七）V 带轮

1. V 带轮的结构

普通 V 带轮通常由轮缘、轮辐和轮毂组成（见图 2-1-6）。

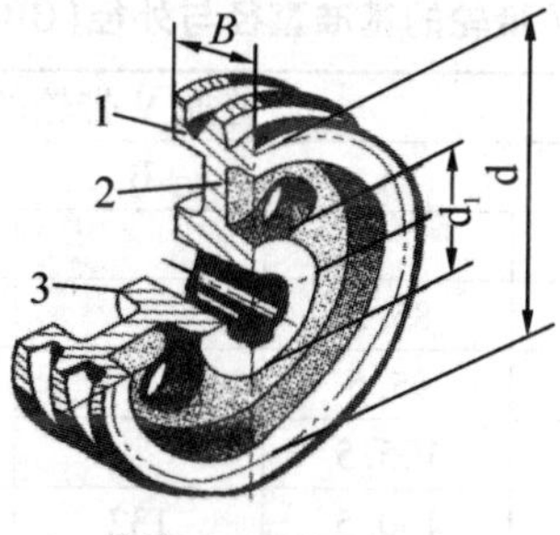

1-轮缘；2-轮辐；3-轮毂

图 2-1-6　V 带轮的结构

一般当带轮直径 $D<150$ mm 时可制成实心式，当 150 mm $<D<$ 450 mm 时制成腹板式或孔板式，当 $D>150$ mm 时可制成轮辐式（见图 2-1-7）。

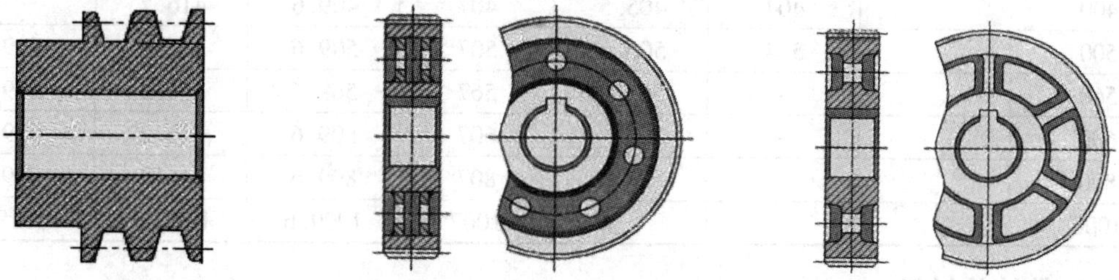

(a)　(b)　(c)

图 2-1-7　V 带轮的轮辐结构

(a)实心式；(b)孔板式；(c)轮辐式

2. V 带轮的轮槽结构

普通 V 带轮的轮槽结构尺寸要与普通 V 带的型号相对应（见表 2.1.3）。

表 2.1.3　普通 V 带轮轮槽结构尺寸(GB/T13575.1－2008)　　单位:mm

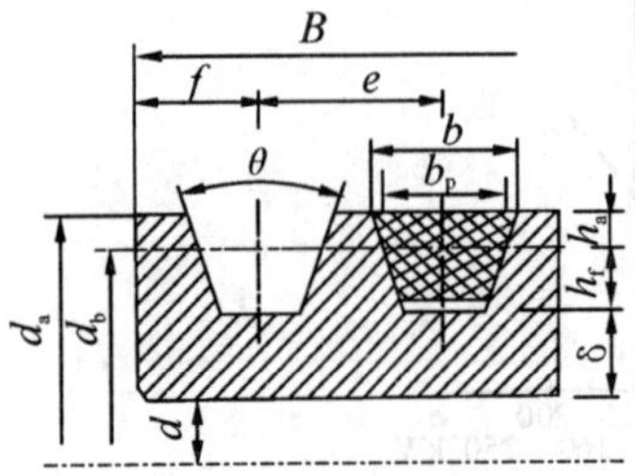

槽型剖面尺寸			型号						
			Y	Z	A	B	C	D	E
b			6.3	9.5	12	15	20	28	33
h_{amin}			1.6	2	2.75	3.5	4.8	8.1	9.6
e			8	12	15	19	25.5	37	44.5
f			7	8	10	12.5	17	23	29
b_d			5.3	8.5	11	14	19	27	32
δ			5	5.5	6	7.5	10	12	15
B			$B=(z-1)e+2f$,z 为槽轮数						
φ	32°	d_d	≤60						
	34°			≤80	≤118	≤190	≤315		
	36°		>60					≤475	≤600
	38°			>80	>118	>190	>315	>475	>600

普通 V 带轮的基准直径与外圆直径之间的关系见表 2.1.4。

表 2.1.4　普通 V 带轮的基准直径与外径(GB/T13575.1－2008)　　单位:mm

基准直径 d_d	普通 V 带轮的						
	Y	Z	A	B	C	D	E
50	53.2	54					
80	83.2	84	85.5				
90	93.2	94	95.5				
100	103.2	104	105.5				
125	128.2	129	130.5	132			
150		154	155.5	157			
200		204	205.5	207	209.6		
280		284	285.5	287	289.6		
300		–	–	–	309.6		
400		404	405.5	407	409.6	416.2	
500		504	505.5	507	509.6	516.2	519.2
560		–	565.5	567	569.6	576.2	579.2
600		–	–	607	609.6	616.2	619.2
800			805.5	807	809.6	816.2	819.2
1000				1007	1009.6	1016.2	1019.2

3. V 带轮的材料

带轮材料必须满足质量分布均匀,安装对中性好,工作表面要经过精细加工,以减少磨损,重量尽可能轻,强度足够,旋转稳定。

在圆周速度 $v<30$ m/s 时,带轮最常用材料为铸铁,如 HT150,HT100,速度大时用 HT200。高速时,常用铸钢或轻合金,以减轻重量;低速转动 $v<15$m/s 和小功率传动时,常用木材和工程塑料。

(八)V 带传动

1. V 带传动的主要参数

(1)V 带传动的传动比 i:由于带传动存在弹性滑动,我们引入一个参数滑移率 ε 来表示主从带轮的滑移程度。那么带传动的传动比 i 为

$$i_{12}=\frac{n_1}{n_2}=\frac{d_{d2}}{d_{d1}(1-\varepsilon)}$$

式中:d_{d1},d_{d2}分别为主、从带轮的基准直径(mm),n_1,n_2分别为主、从带轮的转速(r/mm)。

从 V 带传动的传动比中可知,所以当 i 一定时,主动带轮越小,则从动带轮也就越小,因而整个传动装置的尺寸就越小,传动所占空间越小,结构越紧凑。但 V 带受到的弯曲应力增大,容易疲劳断裂。为了使带具有一定的疲劳寿命,带轮直径不宜过小,设计带传动时往往一定要控制小带轮的直径,使其 $d_{d1}\geqslant d_{dmin}$(表 2.1.5)。

表 2.1.5 V 带轮最小基准直径 单位:mm

型号	Y	Z	A	B	C	D	E
d_{dmin}	20	50	75	125	200	355	500

(2)V 带轮的包角(α):带对带轮的包围弧对应的中心角称为包角 α。包角越大,则带与带轮的接触弧就越长,传动能力就越大,因此,为了保证一定的工作能力,带传动一般要求小带轮上的包角 α_1 不得小于 120°(见图 2-1-8)。

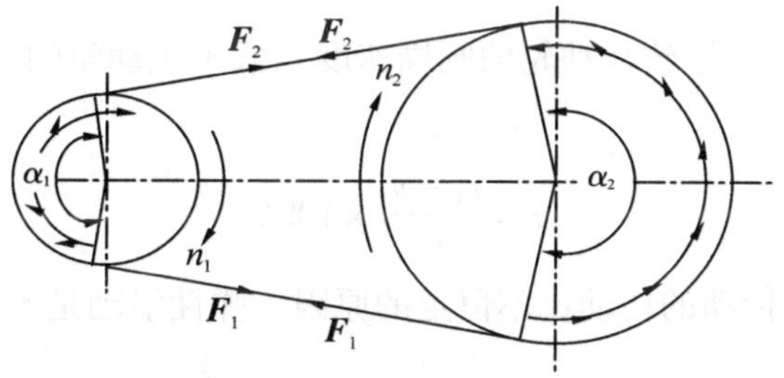

图 2-1-8 带传动的包角

(3)中心距(a)和带的基准长度(L_d):中心距是两带轮中心连线的长度。两带轮中心距越大,小带轮包角也越大,对带传动承载能力越有利。同时,中心距越大,带越长,在传动过程中弯曲次数相对减少,有利于提高带的寿命。但增大中心距又会使整个传动尺寸不够紧凑,在高速时易使发生振动,承载能力下降。为此,中心距 α 一般取 0.7~2 倍的($d_{d1}+d_{d2}$)。中心距确定之后,带的基准长度 L_d 也就确定了。

(4)带的线速度(v):在带的传动中,带的运动速度直接影响其传动能力。速度大,则离心力太大,容易发生疲劳破坏,且有效工作拉力减小,减低了带传动的工作能力;如果速度过小,则所需摩擦力太小,带根数过多,使带的传动能力不能得到充分发挥。一般情况下,把 V 带轮中的带速限制在 v=5 m/s~25 m/s 的范围内。

(5)V 带的根数(z):V 带的根数影响到传动能力。根数多,传动功率大,所以 V 带传动中所需带的根数应按具体传递功率大小而定,但为了使各根带受力比较均匀,根数不宜过多,通常 z 应小于 10,否则,应改用较大型号的 V 带。

V 带传动的主要参数已标准系列化,详细查阅《机械零件设计手册》。

2. V 带传动的初拉力

常用型号 V 带的初拉力推荐值见表 2.1.6。

表 2.1.6　常用 V 带的初拉力推荐值

型号	Z		A		C		D	
小带轮直径/mm	90 ~ 112	≥125	125 ~ 160	≥180	200 ~ 224	≥250	315 ~	≥355
初拉力/N	100	120	165	210	275	350	580	700

3. 带传动的打滑

当带传动的实际传递功率超过其最大功率时，带将沿轮面产生相对的滑动，这种现象称为带的打滑现象。此时，带磨损严重，从动轮转速急剧下降，带传动失效。打滑是可以避免的。

4. 带传动的弹性滑动

由于带和带轮间的摩擦力作用，带传动（见图 2－1－8）工作时上边的拉力由 F_0减小到 F_2，称为松边；下边的拉力由 F_0增大到 F_1，称为紧边。所以带工作时，转一周各点的拉力是不相等的，紧边大，松边小。当带绕过主动轮时，带所受的拉力逐渐减小，带将逐渐缩短并沿轮面滑动，使带速落后于轮速；带经过从动轮时，带所受大拉力逐渐增大，带将逐渐被拉长并沿轮面滑动，使带速超过轮速，这种由于材料的弹性变形而产生带的滑动现象称为带的弹性滑动。

由于弹性滑动的存在，导致从动轮的圆周速度 v_2低于主动轮的圆周速度 v_1，其降低程度用滑移率 ε 来计算，即

$$\varepsilon = \frac{v_1 - v_2}{v_1} \times 100\%$$

弹性滑动是引起带传动的传动比不恒定的原因。弹性滑动是不可避免的。

5. 带传动的张紧

由于带不是完全的弹性体，其在张紧力的长期作用下会因失去弹性而松弛，使带的初拉力降低，传动能力下降，甚至无法传动。因此，为了保证一定的初拉力，带传动中常设置有带的张紧装置，带传动的张紧装置有定期张紧装置（见图 2－1－9）和自动张紧装置（见图 2－1－10）两种形式。

在带的自动张紧装置中，我们采用张紧轮来克服传动中心距不可调整的弊端。张紧轮一般设置在松边的内侧且靠近大带轮处。如果设置在外侧，则应使其靠近小轮，这样可以增加带轮的包角。

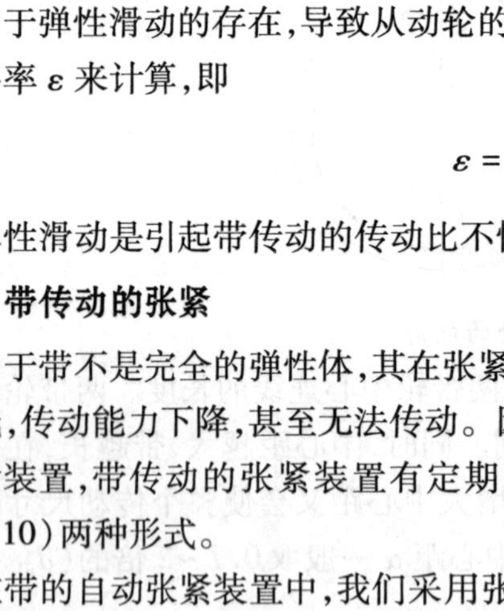

图 2－1－9　带传动定期张紧装置

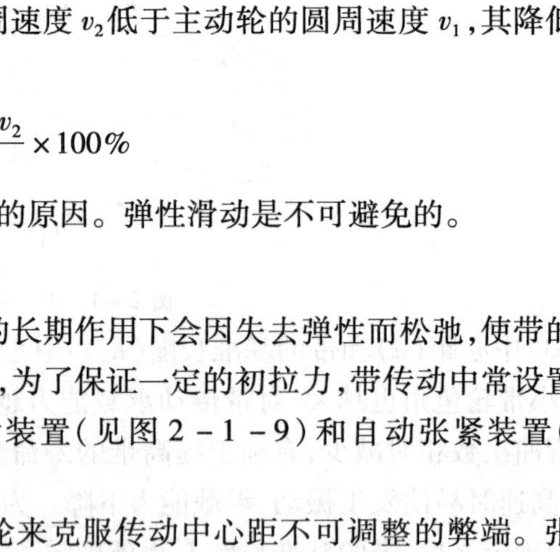

图 2－1－10　带传动自动张紧装置

6. 带传动的安装与维护

(1)安装时,主、从动带轮轮轴线应与轴中心线重合;两带轮轴线必须保持平行,且两带轮轮槽的对称平面必须在同一平面内,否则会引起V带侧面过早磨损,从而使带扭曲,轴承工作恶化(见图2-1-11)。

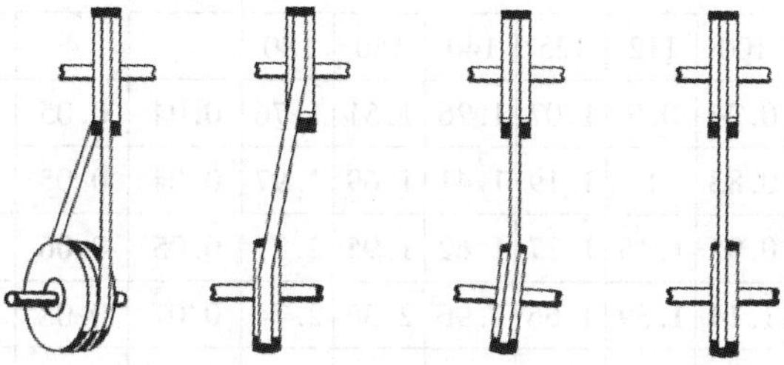

图2-1-11　V带轮的安装要求

(2)V带在槽轮中应有一正确位置,即带顶面应和带轮外缘相平。这样,V带工作面和轮槽工作面可很好地接触。如果V带嵌入太深,将使带面与轮槽地面接触,失去V带传动优点;位置过高,则接触面积减少,使传动能力降低,加剧带的磨损。

(3)成组使用的V带长度应经挑选,长度相差不易过大。另外新旧带最好不共用,否则将使各带受力不均匀。

(4)带轮安装在轴上不得晃动,轴或轴端不应弯曲,带轮本身应经过平衡测试。

(5)使用中应保持V带清洁,不可与油接触。污垢多时,可用温水或1.5%的洗碱溶液洗涤。

(6)带传动要安装安全护罩,防止V带在烈日下暴晒且过早老化。

(九)普通V带传动的设计

1. 单根普通V带所能传递的功率

为了便于设计,对单根普通V带所能传递的功率进行了实验研究,我们称之为额定功率P_0。但在实际使用条件下,由于工况的不相符,应对额定功率P_0进行修正,以得到单根V带在实际工作条件的额定功率$[P_0]$。

(1)实验条件:要求载荷平稳,传动比$i=1$(包角$\alpha_1=\alpha_2=180°$)。特定带长时,单根V带在保证不打滑,并具有一定寿命时所能传递的功率P_0(kW),称为额定功率。实验结果:各种型号V带的P_0值见表2.1.7。

(2)实际条件:实际工作情况下的额定功率为

$$[P_0]=(P_0+\Delta P_0)k_a k_L$$

式中,k_a为包角修正系数,考虑$\alpha\neq180°$时对传动能力的影响,其值见表2.1.8

k_L为带长修正系数,考虑当带长不等于特定带长时对传动能力的影响,其值见表2.1.9ΔP_0功率增量,它是在考虑传动比$i\neq1$时带在大带轮上的弯曲应力较小,从而使P_0值有所提高,ΔP_0值见表2.1.7。

表 2.1.7　普通 V 带的基本额定功率 P_0 和功率增量 ΔP_0

型号	小带轮转速 n /(r/min)	小带轮基准直径 d_{d1}/mm							传动比 i					
		单根带的额定功率 P_0/kW							1.13~1.18	1.19~1.24	1.25~1.34	1.35~1.51	1.52~1.99	≥2.00
									额定功率增量 ΔP_0(kW)					
A		90	100	112	125	140	160	180						
	700	0.61	0.74	0.9	1.07	1.26	1.51	1.76	0.04	0.05	0.06	0.07	0.08	0.09
	800	0.68	0.83	1	1.19	1.41	1.69	1.97	0.04	0.05	0.06	0.08	0.09	0.1
	950	0.77	0.95	1.15	1.37	1.62	1.95	2.27	0.05	0.06	0.07	0.08	0.1	0.11
	1 200	0.93	1.14	1.39	1.66	1.96	2.36	2.74	0.07	0.08	0.1	0.11	0.13	0.15
	1 450	1.07	1.32	1.61	1.92	2.28	2.73	3.16	0.08	0.09	0.11	0.13	0.15	0.17
	1 600	1.15	1.42	1.74	2.07	2.45	2.94	3.4	0.09	0.11	0.13	0.14	0.17	0.19
	2 000	1.34	1.66	2.04	2.44	2.87	3.42	3.93	0.11	0.13	0.16	0.19	0.22	0.24
B		125	140	160	180	200	224	250						
	400	0.84	1.05	1.32	1.59	1.85	2.17	2.5	0.06	0.07	0.08	0.1	0.11	0.13
	700	1.3	1.64	2.09	2.53	2.96	3.47	4	0.1	0.12	0.15	0.17	0.2	0.22
	800	1.44	1.82	2.32	2.81	3.3	3.86	4.46	0.11	0.14	0.17	0.2	0.23	0.25
	950	1.64	2.08	2.66	3.22	3.77	4.42	8.1	0.13	0.17	0.2	0.23	0.26	0.3
	1 200	1.93	2.47	3.17	3.85	4.5	8.26	6.14	0.17	0.21	0.25	0.3	0.34	0.38
	1 450	2.19	2.82	3.62	4.39	8.13	8.97	6.82	0.2	0.25	0.31	0.36	0.4	0.46
	1 600	2.33	3	3.86	4.68	8.46	6.33	7.2	0.23	0.28	0.34	0.39	0.45	0.51
C		200	224	250	280	315	355	400						
	500	2.87	3.58	4.33	8.19	6.17	7.27	8.52	0.2	0.24	0.29	0.34	0.39	0.44
	600	3.3	4.12	8	6	7.14	8.45	9.82	0.24	0.29	0.35	0.41	0.47	0.53
	700	3.69	4.64	8.64	6.76	8.09	9.5	11	0.27	0.34	0.41	0.48	0.55	0.62
	800	4.07	8.12	6.23	7.52	8.92	11.4	12.1	0.31	0.39	0.47	0.55	0.63	0.71
	950	4.58	8.78	7.04	8.49	10	11.7	13.4	0.37	0.47	0.56	0.65	0.74	0.83
	1 200	8.29	6.71	8.21	9.81	11.5	13.3	18	0.47	0.59	0.7	0.82	0.94	1.06
	1 450	8.84	7.45	9.04	10.7	12.4	14.1	18.3	0.58	0.71	0.85	0.99	1.14	1.27

表 2.1.8　普通 V 带的包角修正系数 k_a

包角 α_1	180°	175°	170°	165°	160°	155°	150°	145°	140°	135°	130°	125°	120°
k_a	1	0.99	0.98	0.96	0.95	0.93	0.92	0.91	0.89	0.88	0.86	0.84	0.82

表 2.1.9　普通 V 带的带长修正系数 k_L

基准带长 L_d/mm	Y	Z	A	B	C	D	E
355	0.92						
400	0.96						

续表

基准带长 L_d/ mm	Y	Z	A	B	C	D	E
500		0.91					
800		1.00	0.85				
1 000		1.06	0.89	0.84			
1 250		1.11	0.93	0.88			
1 600		1.16	0.99	0.92	0.83		
2 000			1.03	0.98	0.88		
2 500			1.09	1.03	0.93		
3 150			1.13	1.07	0.97	0.86	
4 000			1.19	1.13	1.02	0.91	
4 500				1.15	1.04	0.93	0.9
5 000				1.18	1.07	0.96	0.92

2. V 带传动的设计

V 带传动设计条件：要传递的功率 P，主从动轮的转速 n_1，n_2（或传动比 i），传动装置的用途和工作条件（空间要求、工况条件等），传动的位置要求及主动机的类型等。

设计内容：①带：确定 V 带的型号、基准长度和根数；②带轮：带轮直径、轮槽结构尺寸、带轮结构设计及工作图绘制；③其他：初拉力、对轴的压力、传动中心距及调整范围。

设计步骤：

(1)确定计算功率 P_C，选择 V 带的型号

V 带传动的计算功率 $P_C = K_A P$

式中：P 是需要传递的名义功率（kW）；K_A是工作情况系数，按表 2.1.10 选取。

表 2.1.10　工作情况系数 K_A

工作情况		空载起动			负载起动		
		每天工作时间数/h					
		<10	10～16	>16	<10	10～16	>16
载荷平稳	液体搅拌机、通风机和鼓风机（≤7.5）、离心式水泵和压缩机、轻型输送机等	1.0	1.1	1.2	1.1	1.2	1.3
载荷变动小	带式输送机（受到不均匀载荷）、通风机（>7.5）、压缩机、发电机、金属切削机床、印刷机、木工机械等	1.1	1.2	1.3	1.2	1.3	1.4
载荷变动较大	制砖机、斗式提升机、起重机、冲剪机床、纺织机械、橡胶机械、磨粉机等	1.2	1.3	1.4	1.4	1.5	1.6
载荷变动大	破碎机、磨碎机等	1.3	1.4	1.5	1.5	1.6	1.8

由计算功率 P_C和小带轮的转速 n_1，可由图 2－1－5 选取普通 V 带的型号。

(2)确定带轮的基准直径：普通 V 带传动，国家标准中规定了带轮的基准直径，见

表2.1.4。

①选小带轮基准直径 d_{d1}。由带传动的应力分析可知，小带轮直径过小会使带的弯曲应力增大，降低带的使用寿命，且带速也会降低，进而影响带的传动能力。但小带轮直径过大，又会使传动的外廓尺寸增大，结构不够紧凑，所以小带轮直径应选取适当的值。通常可参阅图2－1－5和表2.1.4结合要求选取 d_{d1}，且使 $d_{d1} \geqslant d_{dmin}$（见表2.1.5）。初选时，可选择 $d_{d1} = d_{dmin}$，然后通过验算带速再做调整。

②验算带速 v，有

$$v = \frac{\pi d_{d1} n_1}{60 \times 1000}$$

先按上式计算带速，如果在5～25m/s，说明小带轮选择合适。如果过低，则应适当增加小带轮的基准直径 d_{d1}，再按标准选取。如果过高，则离心力增大，带的传动能力降低，这也是不可取的。

③计算并确定大带轮基准直径 d_{d2}。根据选定的小带轮基准直径 d_{d1}、传动比 i 和滑移系数 ε 来计算大带轮的基准直径 d_{d2}，然后再按表2.1.4来选择标准值。如果没有滑移系数，可以直接进行计算，则

$$d_{d2} = i d_{d1}(1 - \varepsilon)$$

(3)确定中心距 a 和带长 L_d

①初选中心距 a_0。由实际经验可知中心距过大，则传动的外廓尺寸增大，且带容易颤动，影响正常工作；中心距过小，包角减小，会导致传动能力降低，且带长减小，使带在单位时间内绕过带轮的次数增加，带的寿命会降低。如设计时无外廓要求时，通常按下式计算并取值，有

$$0.7(d_{d1} + d_{d2}) \leqslant \alpha_0 \leqslant 2(d_{d1} + d_{d2})$$

初步计算带长 L_0，选取并确定标准带长 L_d，有

$$L_0 \approx 2a_0 + \frac{\pi}{2}(d_{d1} + d_{d2}) + \frac{(d_{d2} - d_{d1})^2}{4a_0}$$

按表2.1.2查取与 L_0 最接近的标准基准长度 L_d。

③计算并确定实际中心距 a，有

$$a \approx a_0 + \frac{L_d - L_0}{2}$$

考虑到安装时带调整和带松弛后需要张紧需要，中心距应当可调整并留有调整间隙，其变动范围为

$$a_{max} = a + 0.03L_d \qquad a_{max} = a - 0.015L_d$$

(4)验算小带轮包角 α_1：小带轮包角 α_1 是影响传动能力的重要因素之一，为了保证带传动的传动能力，必须控制小带轮的包角，通常要求 $\alpha_1 \geqslant 120°$。否则，应采取加大中心距、减小传动比或增加张紧轮等措施进行重新设计，则

$$\alpha_1 = 180° - 57.3° \frac{d_{d2} - d_{d1}}{a}$$

(5)确定带根数 z，有

$$z \geqslant \frac{P_C}{[P_0]} = \frac{P_C}{(P_0 + \Delta P_0)k_a k_L}$$

计算带根数z值应圆整成整数,且采取向较大的接近整数的数圆整。为使各根带受力比较均匀,其根数不宜过多,一般取 $z = 2 \sim 5$ 根为宜,最多不能超过 8 ~ 10 根,否则应改选更大型号带进行重新设计。

(6)确定初拉力 F_0:初拉力过小,则产生的摩擦力小,传动易打滑;过大则降低带的寿命,并增加作用在轴上的压力。单根V带的初拉力 F_0 可按下式计算:

$$F_0 = 500\frac{P_C}{vz}\left(\frac{2.5}{k_a} - 1\right) + qv^2$$

式中:q 是单位长度的质量(kg/m),见表2.1.1。其他符号的意义及单位同上。

(7)计算作用在轴上的径向压力 F_r:为了设计安装带轮的轴和轴承,需要确定带作用在轴上的径向压力。为了简化计算。可近似按带两边的初拉力的合力来计算,有

$$F_r = 2zF_0\sin\frac{\alpha_1}{2}$$

二、齿轮传动

(一)齿轮传动的特点

齿轮传动是用主、从动轮轮齿直接啮合,传递运动和动力的装置。

在所有机械传动中,齿轮传动应用最广,可用来传递任意两轴之间的运动和动力。齿轮传动平稳,传动比精确,工作可靠,效率高,寿命长,适用的功率、速度和尺寸范围大。但是制造齿轮需要有专门的设备,啮合传动不可避免地会产生噪声。

(二)齿轮传动的类型

根据齿轮轴的相对位置和轮齿方向,齿轮传动可分为以下类型。

1. **圆柱齿轮传动**:用于平行轴间的传动。

按照轮齿和轮轴的相对位置可分为:

(1)直齿圆柱齿轮传动。

(2)斜齿圆柱齿轮传动。

(3)人字齿圆柱齿轮传动(见图2-2-1)。

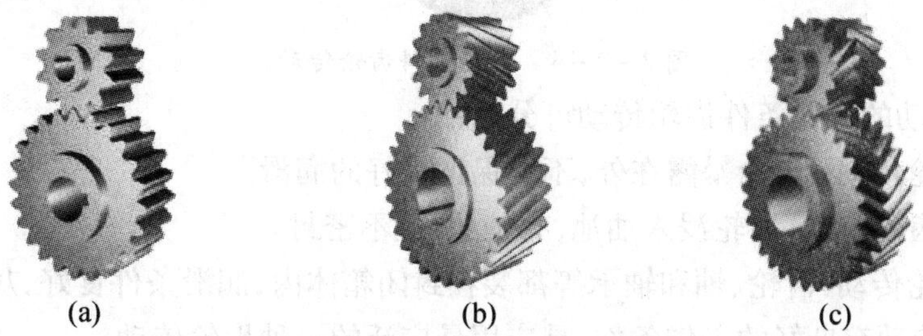

(a) (b) (c)

图2-2-1 圆柱齿轮传动

(a)直齿圆柱齿轮转动;(b)斜齿圆柱齿轮传动;(c)人字齿圆柱齿轮传动

按照轮齿排列在圆柱体的外表面、内表面或平面上的不同可分为:

(1)外啮合齿轮传动。

(2)内啮合齿轮传动。

(3)齿轮齿条传动(见图2-2-2)。

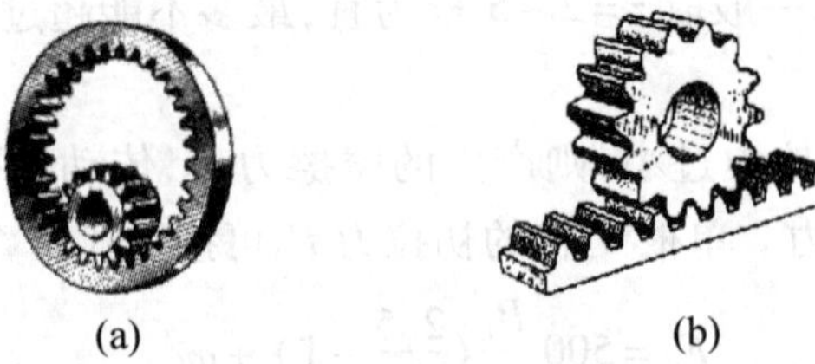

图2-2-2 圆柱齿轮传动

(a)内啮合齿轮传动;(b)齿轮齿条传动

2. 锥齿轮传动:用于相交轴间的传动。

按照轮齿和轮轴的相对位置可分为:

(1)直齿圆锥齿轮传动。

(2)斜齿圆锥齿轮传动。

(3)曲齿圆锥齿轮传动(见图2-2-3)。

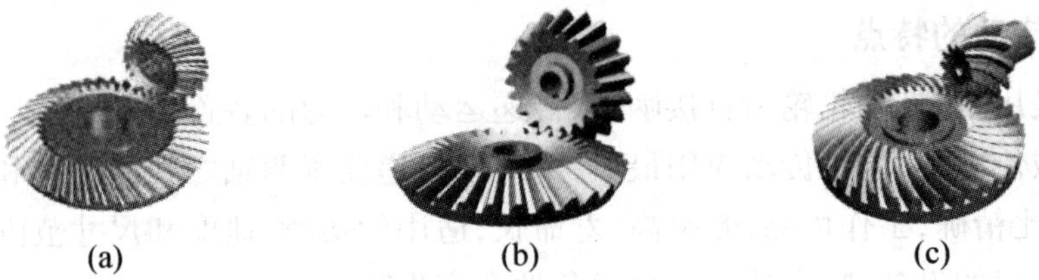

图2-2-3 锥齿轮传动

(a)直齿圆锥齿轮传动;(b)斜齿圆齿齿轮传动;(c)曲齿圆齿齿轮传动

3. 交错轴斜齿轮传动:用于空间垂直交叉轴间的传动(见图2-2-4)。

图2-2-4 交错轴斜齿轮传动

按照齿轮传动的工作条件齿轮传动可分为:

(1)开式齿轮传动 :齿轮暴露在外,不能保证良好的润滑。

(2)半开式齿轮传动:齿轮浸入油池,有护照,但不密封。

(3)闭式齿轮传动:齿轮、轴和轴承等都装在封闭箱体内,润滑条件良好,灰砂不易进入,安装精确,齿轮传动有良好的工作条件,是应用最广泛的一种齿轮传动。

(三)渐开线的形成及其性质

齿轮的齿廓形状有摆线、圆弧和渐开线3种。

目前，摆线齿形多用于钟表和某些仪器中，圆弧齿形多用于重型机械传动，但用的最多的还是渐开线齿形，因为渐开线具有一系列优点。

1. 渐开线的形成

在一个圆盘上围绕一段棉线（也叫发生线），线的一端固定，一端拴上一支铅笔，拉紧铅笔逐渐把棉线展开，用铅笔划出一条曲线，这条曲线就是渐开线（见图 2－2－5），产生渐开线的圆叫渐开线的基圆。两条对称渐开线就可以形成渐开线齿廓。

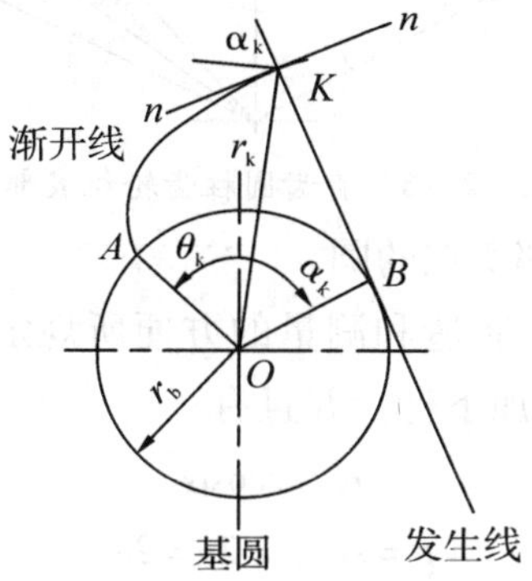

图 2－2－5 渐开线的形成

2. 渐开线的性质

（1）发生线在基圆上滚过的线段$\overline{BK}$，等于基圆上被滚过的一段弧长 AB，即$\overline{BK}=AB$，B 是瞬时转动中心（在圆上），BK 是瞬时转动半径（变化）。

（2）渐开线上任意点的法线 BK 必切基圆于 B 点。

（3）渐开线上各点的曲率半径不等。B 点为曲率中心，BK 为曲率半径，渐开线起始点 A 处曲率半径为零，K 点离基圆越远，曲率半径 BK 越大。

（4）渐开线形状取决于基圆的大小。同一基圆得到的渐开线形状完全相同。基圆越小，渐开线越弯曲；基圆越大，渐开线越平直。

基圆半径无穷大时，渐开线变成直线，这种直线型渐开线就是齿条的轮廓线，也就形成了齿条。

（5）啮合角（压力角）：啮合时 K 点的正压力方向与速度方向所夹锐角为渐开线上该点的压力角 α_k，即 $cos\alpha_k=\frac{\overline{OB}}{OK}=\frac{r_b}{r_k}$。同一条渐开线各点压力角不等，离基圆愈远压力角越大，基圆上的压力角为零度。

（6）基圆内无渐开线。这是因为渐开线是由发生线以基圆向外形成的。

渐开线齿廓不但转动平稳，而且即使中心稍有变动，也不会改变瞬时传动比，传动仍能保持平稳，这是渐开线齿廓的重要优越性。

（四）渐开线标准直齿圆柱齿轮的各部分名称、基本参数和几何尺寸

1. 渐开线齿轮各部分的名称（见图 2－2－6）

（1）齿槽宽（e_k）：在任意圆周上，一个齿槽两侧齿廓之间的弧长。

（2）齿厚（s_k）：在任意圆周上，一个轮齿两侧齿廓之间的弧长。

（3）齿距（p_k）：在任意圆周上，相邻两齿同侧齿廓之间的弧长，$p_k=e_k+s_k$。

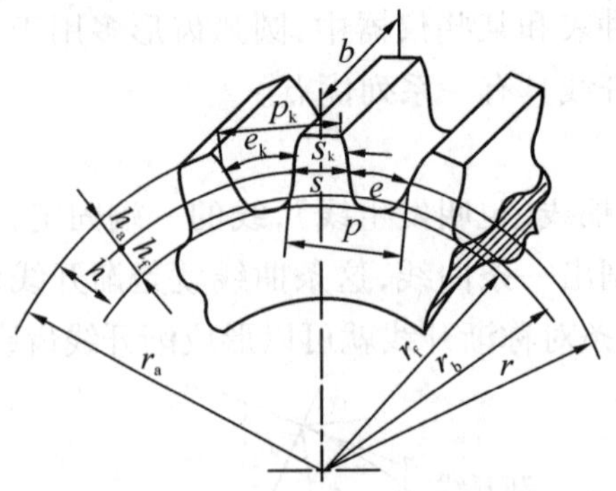

图 2-2-6　直齿圆柱齿轮组成部分

(4)齿顶圆(r_a,d_a):齿的顶部所在的圆。

(5)分度圆(r,d):为了设计、制造和测量的方便所规定的一个基准圆。在该圆上齿槽宽 e 等于齿厚 s,所有参数也都不加下标。并且有

$$r_b = r\cos\alpha$$

$$p = s + e = 2s = 2e$$

(6)基圆(r_b,d_b):产生渐开线的圆。

(7)齿根圆(r_f,d_f):齿的根部所在的圆。

(8)齿顶高(h_a):齿顶圆与分度圆之间的径向距离。

(9)齿根高(h_f):齿根圆与分度圆之间的径向距离。

(10)全齿高(h):齿顶圆与齿根圆之间的径向距离,$h = h_a + h_f$。

(11)齿宽(B):齿轮有齿部分的有效宽度。

此外,在分析和测量中有时还会用到,相邻两轮齿同侧齿廓之间在法向方向的距离(p_n)和相邻两轮齿在基圆上的齿距(p_b)。根据渐开线的性质 $p_n = p_b$。

2. 渐开线齿轮的基本参数

(1)齿数(z):一个齿轮的牙齿数目即齿数,是齿轮的最基本参数之一。

(2)模数(m):在齿轮分度圆上,相邻两齿轮同侧渐开线的弧长称为齿距 P,则分度圆周长 $\pi d = zp$,可得 $d = p/\pi z$。规定 $p/\pi = m$ 即为模数。

模数直接影响齿轮的大小,轮齿齿形和强度的大小。对于相同齿数的齿轮,模数越大,齿轮的几何尺寸越大,齿轮也越大,因此承载能力越大(见图 2-2-7)。

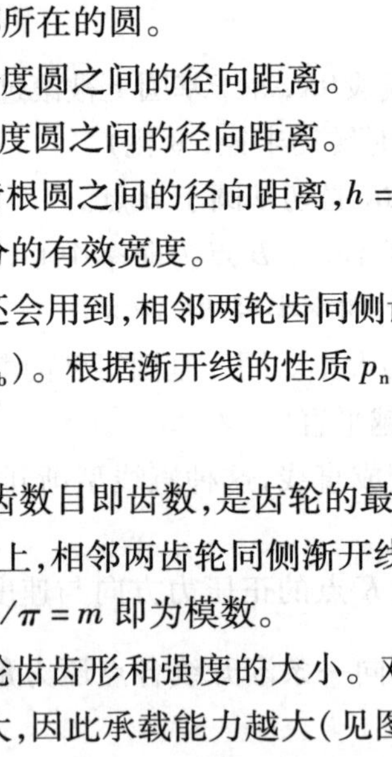

图 2-2-7　相同齿数不同模数的齿轮对比

国家对模数值规定了标准模数系列(见表 2.2.1)。

表 2.2.1 渐开线齿轮的标准模数系列表(GB1357－2008) 单位:mm

第一系列	1 1.25 1.5 2 2.5 3 4 5 6 8 10 12 16 20 25 32 40 50
第二系列	1.125 1.375 1.75 2.25 2.75 3.5 4.5 5.5 (6.5) 7 9 (11) 14 18 22 28 36 45

选用模数时,应优先采用第一系列,其次采用第二系列,括号内的模数尽量不用。

(3)压力角(α):齿轮在工作时,齿廓上任意一点的受力方向应是该点与基圆相切的齿廓法线方向,运动方向则是基圆中心与该点连线的垂直方向,压力角就是运动方向与受力方向的夹角。通常所说的齿轮压力角是指分度圆上的压力角,压力角已标准化,我国规定标准压力角是20°。

(4)齿顶高系数(h_a):齿顶高用齿顶高系数和模数的乘积来表示,即 $h_a = h_a * m$。我国规定齿顶高系数(h_a^*)的标准值是1。

(5)顶隙系数(c^*):齿根高比齿顶高大一些,以便在齿顶圆和另一个齿轮的齿根圆间形成间隙——顶隙 c,既有利于存储润滑油,也避免两齿轮卡死。顶隙用顶隙系数和模数的乘积来表示,即 $c_a = c * m$。我国规定顶隙系数(c^*)的标准值是0.25。

3. 渐开线齿轮的几何尺寸

渐开线直齿圆柱齿轮各部分名称及几何尺寸关系见表2.2.2。

表 2.2.2 渐开线标准直齿圆柱齿轮的几何尺寸(外啮合)

名 称	代 号	计算公式
模 数	m	通过计算定出
压力角	α	$\alpha = 20°$
齿 数	z	由传动比计算求出
齿 距	p	$P = \pi m$
齿 厚	s	$s = p/2 = \pi m/2$
槽 宽	e	$e = s = p/2 = \pi m/2$
基圆齿距	p_b	$p_b = p\cos\alpha = \pi m\cos\alpha$
齿顶高	h_a	$h_a = ha^* m = m$
齿根高	h_f	$h_f = (ha^* + c^*)m = 1.25\ m$
全齿高	h	$h = h_a + c_f = 2.25\ m$
顶 隙	c	$c = c^* m = 0.25\ m$
分度圆直径	d	$d = mz$
基圆直径	d_b	$d_b = d\cos\alpha = mz\cos\alpha$
齿顶高直径	d_a	$d_a = d + 2h_a = m(z+2)$
齿根高直径	d_f	$d_f = d - 2h_f = m(z-2.5)$
齿 宽	b	$b = (6 \sim 12)m$,通常取 $b = 10m$
中心距	a	$a = d_1/2 + d_2/2 = 9/2(z_1 + z_2)$

具有如下特征的齿轮称为标准齿轮。

(1)分度圆上具有标准的模数 m、压力角 α、齿顶高系数 h_a^* 和齿根高系数 c^*。

(2)分度圆圆上的齿厚 s 和齿槽宽 e 相等。

不具备上述特征的齿轮称为非标准齿轮。

(五)渐开线齿轮的啮合传动

1. 渐开线齿轮啮合的基本参数(见图2-2-8)

(1)理论啮合线(N_1N_2):在齿轮传动中,连接啮合点K的连线是两齿轮的啮合线。根据渐开线的性质,该啮合线既是两基圆O_1,O_2的内公切线,切点于N_1,N_2,又是两齿轮齿廓啮合的公法线nn,另外线段N_1N_2也是齿轮啮合的理论啮合线段。由于齿轮基圆的大小和位置均固定,故啮合线N_1N_2为一定直线。

(2)实际啮合线(B_1B_2):一对齿轮啮合时,首先是主动齿轮的根部齿廓的某位置与从动齿轮的齿顶开始啮合,因此,从动齿轮的齿顶圆与啮合线的交点B_1为啮合起始点;齿轮继续转动,啮合点位置沿N_1N_2移动,直至主动齿轮的齿顶圆转到与啮合线的交点B_2为止,该对轮齿退出啮合,B_2为啮合终止点。那么,从啮合起始点B_1到啮合终止点B_2之间的线段称为实际啮合线。实际啮合线$\overline{B_1B_2}$总是小于理论啮合线$\overline{N_1N_2}$。

(3)节点(P):啮合线N_1N_2与O_1O_2的连线交于一点P,我们称P点为节点。

(4)节圆(r_1',r_2'):以两齿轮中心O_1、O_2为圆心,过两节点P所作的两个相切的圆,叫做两齿轮的节圆。

(5)啮合角(α):轮齿在啮合点P的运动方向与受力方向(两齿轮齿廓啮合的公法线nn)所夹的锐角叫啮合角。

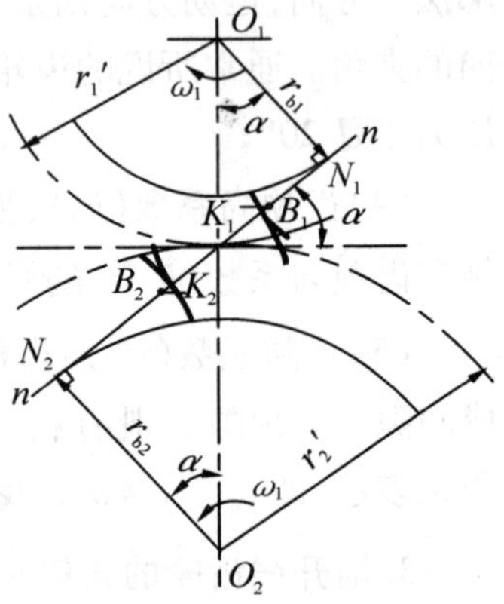

图2-2-8 渐开线齿轮的啮合

2. 渐开线齿轮啮合特性

渐开线齿廓应用非常广泛,是因为其具有下述特性。

(1)瞬时传动比的恒定性:由于制造和安装的误差,使得实际中心距与标准中心距往往不一致,但是齿轮基圆不变,瞬时传动比就不变。即

$$i_{12}=\frac{\omega_1}{\omega_2}=\frac{r_{b2}}{r_{b1}}=\text{常数}$$

(2)满足齿廓啮合基本规律:一对渐开线齿廓无论在任何位置啮合,其两轮的传动比等于节点分割两轮圆心距线段(即节圆半径)的反比。即

$$i_{12}=\frac{W_1}{W_2}=\frac{r_{b2}}{r_{b1}}=\frac{r_2'}{r_1'}=\text{常数}$$

(3)齿轮传动的平稳性(啮合角恒定不变):由于齿轮传动的啮合线与两基圆的内公切线重合,且两基圆的内公切线是唯一的,所以啮合角保持不变。在齿轮啮合时,啮合线又是接触点的法线,正压力总是沿法线方向,故齿轮接触点处正压力方向不变,这就是齿轮传动的平稳性。

(4)中心距具有可调性(微量):两齿轮啮合时,只要两齿轮的基圆半径一定,则瞬时传动比即为恒定。在实际工作中,即使两齿轮的中心距稍有变化,但仍能保证其瞬时传动比的恒定,这一特种称为中心距可调性。

在实际制造和安装时,齿轮传动的实际中心距与标准中心距很难完全相等,渐开线齿轮的中心距可调性这一特征,给齿轮传动的制造和安装带来了方便。

(5)齿轮传动的连续性:在啮合传动时,当前一对轮齿终止啮合之前,后一对轮齿就已经啮合了,这样任何瞬时都有一对以上轮齿啮合,这就是齿轮传动的连续性。

3. 渐开线齿轮的正确啮合条件

齿轮传动是靠多对轮齿依次啮合实现的,当两个齿轮的法向齿距 $P_{n1}=P_{n2}$ 时才能正确啮合。由渐开线的性质可知,法向齿距 P_n 等于两轮基圆上的齿距 P_b。由此推得,要是两齿轮正确啮合,必须满足 $P_{b1}=P_{b2}$。

因为,$P_b=P\cos\alpha=\pi m\cos\alpha$,因此得到:$\pi m_1\cos\alpha_1=\pi m_2\cos\alpha_2$

由于标准渐开线直齿圆柱齿轮的模数和压力角均为标准值,因此,要满足上式,必须有

$$m_1=m_2;\alpha_1=\alpha_2$$

由此可见,标准渐开线直齿圆柱齿轮传动的正确啮合条件是:两齿轮的模数相等,压力角相等。

4. 渐开线齿轮啮合的重合度

为了保证两齿轮连续平稳地传动,必须满足:在前一对轮齿退出啮合之前,后一对齿轮已经进入或至少刚刚进入啮合。

(1)当实际啮合线 $\overline{B_1B_2}$ 等于一个基圆齿距 P_b 时,实际啮合线上刚好拥有一对齿啮合,即前一个齿在退出啮合之时,后一对齿进入啮合,这两个齿轮转动是连续的。

(2)当实际啮合线 $\overline{B_1B_2}$ 大于一个基圆齿距 P_b 时,实际啮合线上不仅拥有一对齿啮合,即前一个齿在退出啮合之时,后一对齿已经进入啮合,这两个齿轮转动是连续的。

(3)当实际啮合线 $\overline{B_1B_2}$ 小于一个基圆齿距 P_b 时,实际啮合线上没有拥有一对齿啮合,即前一个齿在退出啮合之时,后一对齿还没有进入啮合,这两个齿轮转动是不连续的。

综上所述,要保证齿轮的连续传动性,除了满足正确啮合条件以外,还要满足:

$$\overline{B_1B_2}\geqslant p_b$$

为了表述方便,我们把 $\overline{B_1B_2}$ 与 P_b 比值 ε,称为渐开线齿轮啮合的重合度,这样,连续传动的条件为

$$\varepsilon=\frac{\overline{B_1B_2}}{P_b}\geqslant 1$$

重合度反映了一对齿轮工作时同时参与啮合的轮齿的对数。重合度越大,表示同时啮合的轮齿的对数越多,传动越平稳,同等条件下齿轮的承载能力越强。

考虑到制造、安装误差以及工作载荷下的变形因素,重合度的推荐值[ε]见表 2.2.3。

表 2.2.3 重合度的推荐值[ε]

使用场合	一般机械制造业	汽车拖拉机	金属切削机床
[ε]	1.4	1.1~1.2	1.3

5. 渐开线齿轮啮合的安装、啮合角和中心距

(1)齿侧间隙:指一对齿轮啮合时,一个齿轮节圆上的齿槽宽与另一个齿轮节圆上齿厚之间的距离。齿轮啮合传动时,为了避免齿轮反转产生空程和冲击,理论上要求齿轮传动为无侧隙啮合。

(2)标准安装:一对齿轮无侧隙的安装称为标准安装。

(3)标准中心距：是指满足标准安装条件时齿轮传动的中心距 $a = d_1/2 + d_2/2 = m/2(z_1+z_2)$。

(4)实际中心距：$a' = r_1' + r_2' = \frac{r_{b1}}{\cos\alpha'} + \frac{r_{b2}}{\cos\alpha'} = (r_1+r_2)\frac{\cos\alpha}{\cos\alpha'} = \alpha\frac{\cos\alpha}{\cos\alpha'}$

显然，当 $\alpha=\alpha'$时，才有 $a=a'$。但由于渐开线齿轮中心距的不确定性(微变)，即使 $a\neq\alpha'$，一对齿轮仍能正常啮合工作。

(5)实际啮合角为

$$\cos\alpha' = \frac{a}{a'}\cos\alpha$$

(6)标准安装有以下性质。

①分度圆与节圆重合，即 $r'=r$；

②实际中心距等于标准中心距，即 $a'=a$；

③啮合角等于压力角，即 $\alpha'=\alpha$。

6. 渐开线齿轮的加工原理

在一般机械制造中，齿轮的加工方法还是以切削法为主，根据切削加工原理的不同可分为仿形法和展成法两种。

(1)仿形法：在普通铣床上利用成形铣刀(即刀具的轴向剖面形状为渐开线，与被加工齿轮的轮齿槽形完全相同)加工齿轮的方法，又称为成形法，如图 2－2－9 所示。每铣完一个齿槽后，分度头将齿坯转过 360°/z，再铣下一个齿槽，直到铣出所有的齿槽。

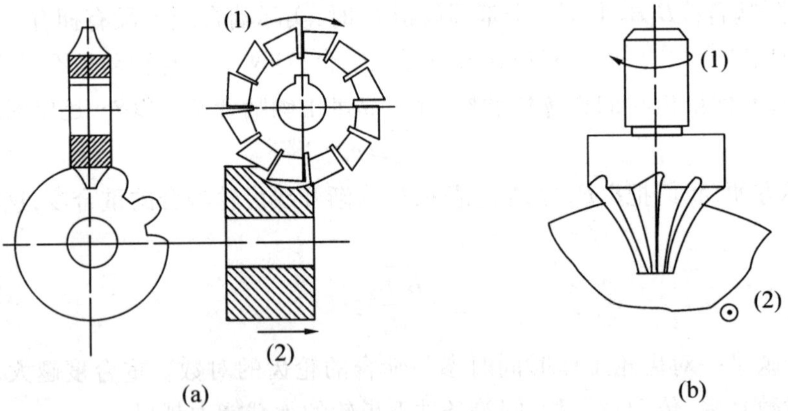

图 2－2－9　仿形法加工齿轮

(*a*)盘形铣刀；(*b*)指形铣刀

仿形法加工有如下特点。

①加工简便易行，仅需要普通铣床和成形铣刀；

②不会出现根切现象；

③加工不连续，生产效率较低；

④一般采用 8 把铣刀近似加工，存在原理误差，故加工精度较低。因此，仿形法多用于单件少量或配制加工。

仿形法加工齿轮时，一般 $m\leqslant10$ 时用盘形铣刀；$m>10$ 时用指形铣刀。常用的铣刀及加工齿数范围见表 2. 2. 4。

表 2.2.4 圆盘铣刀型号及其加工齿数范围

刀 号	1	2	3	4	5	6	7	8
加工齿数范围	12~13	14~16	17~20	21~25	26~34	35~54	55~134	≥135

(2)展成法:利用一对齿轮啮合时,其两轮齿廓互为包络线的原理加工齿轮的方法。刀具与轮坯之间的对滚运动与一对齿轮相互啮合传动的原理完全相同,在对滚运动中刀具切削出渐开线齿形,也称范成法。

展成法加工齿轮有如下特点。

①连续加工,生产效率高;

②加工与齿轮工作状态接近,加工精度高;

③用一把刀具可以加工出模数相同而齿数不同的齿轮,刀具利用率高;

④齿轮加工需要专用机床,如滚齿机,设备成本较高;

⑤当齿数过小时会出现根切现象。因此,展成法适合于大批量或专业化生产。

展成法切削加工齿轮的刀具有如下 3 种。

①齿轮插刀。如图 2-2-10 所示,是用齿轮插刀加工齿轮的示意图。齿轮插刀是一种具有切削刃的外齿轮,加工时,插刀沿齿坯的轴线作快速的往复运动(进刀和退刀)以实现切齿;同时插刀和轮坯作缓慢的对滚运动($i=\frac{\omega_1}{\omega_2}=\frac{z_2}{z_1}$),即保证啮合。加工出的齿廓为插刀在各个位置的包络线。

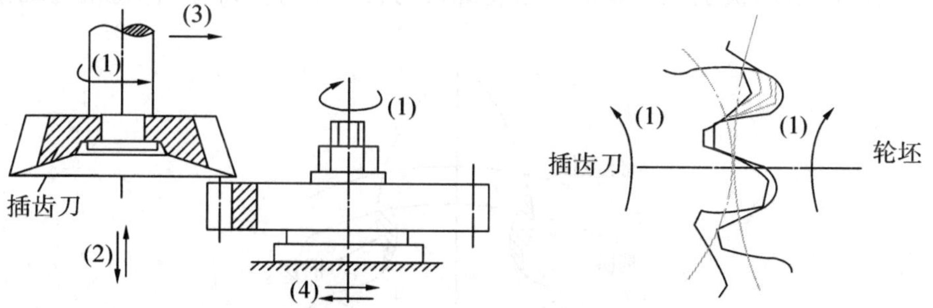

图 2-2-10 齿轮插刀加工齿轮

②齿条插刀。当齿轮插刀的齿数为无穷多时,就演变为齿条插刀,如图 2-2-11 所示。加工时,齿条插刀一方面与轮坯按啮合关系($v_1=\omega_2\frac{mz_2}{2}$)作相对转动,另一方面,齿条插刀作上下切削运动,从而切削轮坯加工出轮齿。

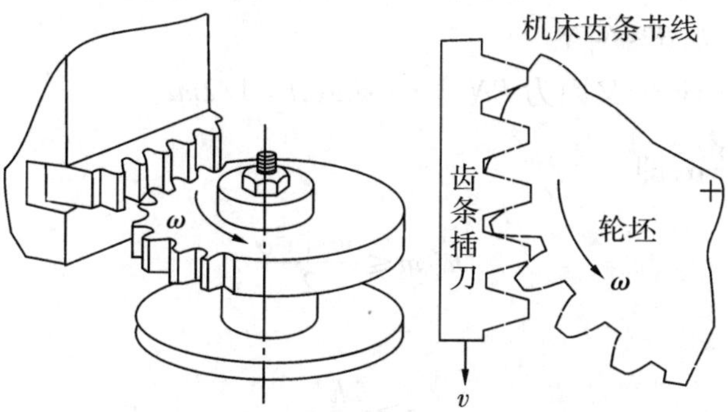

图 2-2-11 齿条插刀加工齿轮

齿条插刀与传动齿条是有区别的，一是齿条插刀具有刀刃；二是齿条插刀齿顶高比一般齿顶高出一个顶隙($c^* m$)，即刀具齿顶高 $h_a = h_f = (h^* a + c^*)m$，以保证被加工齿轮在径向具有要求的顶隙

③滚齿刀。如图 2－2－12 所示，滚齿刀是纵向开有斜槽的蜗杆状刀具，其轴向截面的齿廓与齿条插刀相同。滚刀转动时，相当于一假想的齿条插刀连续沿其轴线移动，轮坯在滚齿机带动下与该齿条保持着与齿条插刀相同的运动关系。这样可以连续切削出渐开线齿廓。

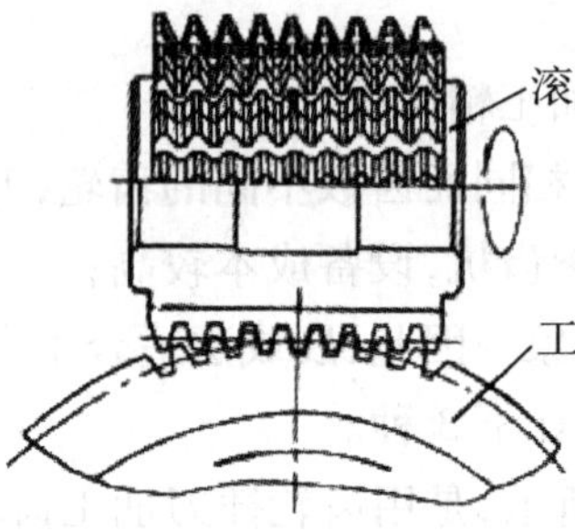

图 2－2－12　齿轮滚刀加工齿轮

7. **根切现象**

(1)根切现象：由于被加工齿轮的齿数太少，导致刀具齿顶线(或齿顶圆)超过理论啮合线的极限位置 N 点时，被加工齿轮的齿根轮廓被切去一部分的现象，称为根切现象(见图 2－2－13)。

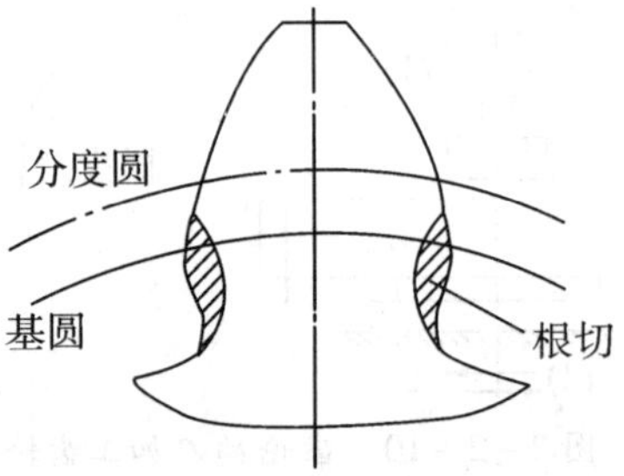

图 2－2－13　根切现象

(2)根切的危害：根切会严重地削弱轮齿根部的抗弯强度，而且会降低齿轮传动的重合度和传动的平稳性，因此，根切应尽量避免发生。

(3)避免根切的条件：要使被切齿轮不产生根切，刀具的齿顶线不得超过啮合极位点 N(见图 2－2－14)，即：$B_1B \leqslant N_1N$。

由于 $N_1N = PN_1 \cdot \sin\alpha$，又因为 $PN_1 = r \cdot \sin\alpha, r = 1/2mz$。

所以 $N_1N = \frac{mz\sin^2}{2}\alpha$，即

$$h_a^* m \leqslant \frac{mz\sin^2\alpha}{2}$$

整理得

$$z \geqslant \frac{2h^*}{\sin^2\alpha}$$

即不发生根切的最少齿数为：$z_{\min}=\dfrac{2h^*}{\sin^2\alpha}$。

对于标准的渐开线直齿圆柱齿轮来说，$\alpha=20°$，$h*a=1$，可得 $z_{\min}=17°$。

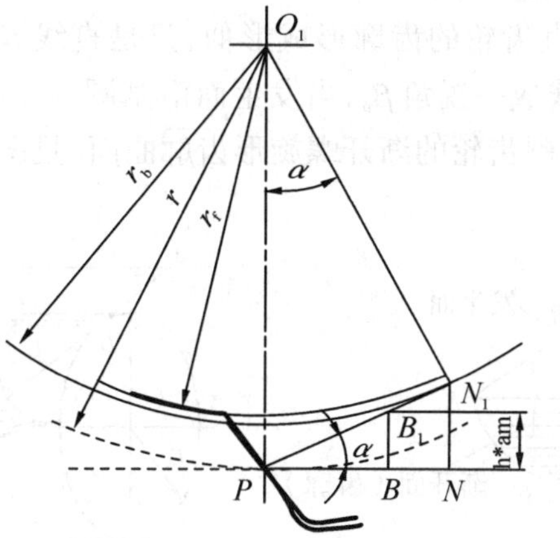

图 2-2-14　避免根切的条件

8. 齿轮传动的精度等级

国家标准规定：圆柱齿轮传动分为 12 个精度等级，其中 1 级最高，12 级最低。齿轮精度等级的选择，应根据齿轮用途、使用条件、传递的圆周速度和功率大小以及有关经济指标综合选择，初步选择可参阅表 2.2.5。

表 2.2.5　常见精度等级的齿轮加工方法及其应用范围

分类项目			齿轮的精度等级			
			6 级（高精度）	7 级（较高精度）	8 级（普通）	9 级（低精度）
加工方法			用展成法在精密机床上精磨或精剃	用展成法在精密机床上精插或精滚，对淬火齿轮需磨齿或研齿	用展成法或仿形法加工，无需磨齿，必要时剃齿或研磨	用切削、冲压和模锻等方法加工，不需要精加工
Ra/μm			0.8～1.6	1.6～3.2	3.2～6.3	6.3～12.5
用途			用于分度机构或高速重载的齿轮，如机床、精密仪器、汽车、船舶、飞机中的重要齿轮	用于高、中速重载的齿轮，如机床、汽车、内燃机中的较重要齿轮、标准系列减速器中的齿轮	一般机械中的齿轮，不属于分度系统的机床齿轮、飞机、拖拉机中的非重要齿轮、纺织机械、农业机械中的重要齿轮	轻载传动的不重要齿轮，或低速传动、对精度要求不高的齿轮
圆周速度 m/s	圆柱齿轮	直齿	≤15	≤10	≤5	≤3
		斜齿	≤25	≤17	≤10	≤3.5
	圆锥齿轮	直齿	≤9	≤6	≤3	≤2.5

（六）斜齿圆柱齿轮传动

1. 直齿和斜齿圆柱齿轮齿廓线的形成及啮合

前面介绍的渐开线齿形，实际上只是直齿圆柱齿轮端面齿形，而齿轮是有宽度的，因此，齿轮的端面齿廓沿轴向方向形成一曲面，我们叫做渐开曲面。直齿圆柱齿轮齿廓曲线在形成时，发生面与基圆柱相切作纯滚动时，平面上与基圆柱母线 *AA* 平行的直线 *KK* 所展成的渐开曲面，即为直齿圆柱齿轮的齿廓曲面（见图 2－2－15）。

斜齿轮的齿廓形成与直齿轮的齿廓形成形似，只是直线 *KK* 不再与齿轮的基圆柱母线 *AA* 平行，而是与基圆柱母线成一锐角 β_b，当发生面沿基圆柱作纯滚动时，直线 *KK* 上各点展成的渐开线曲面，就形成了斜齿轮的渐开螺旋形齿廓曲面（见图 2－2－16）。角 β_b 称为基圆柱上的螺旋角。

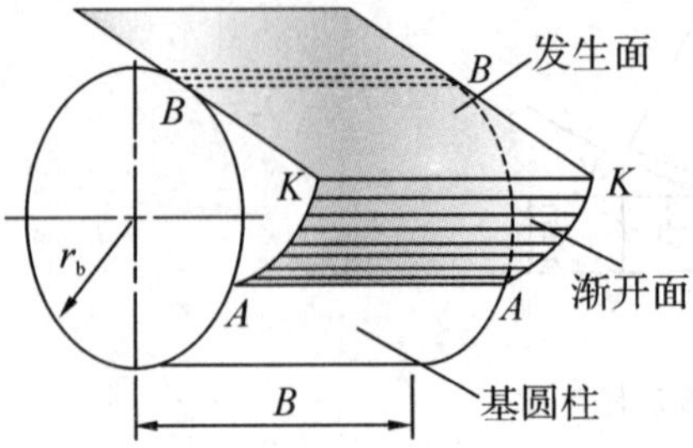

图 2－2－15　直齿圆柱齿轮齿廓的形成

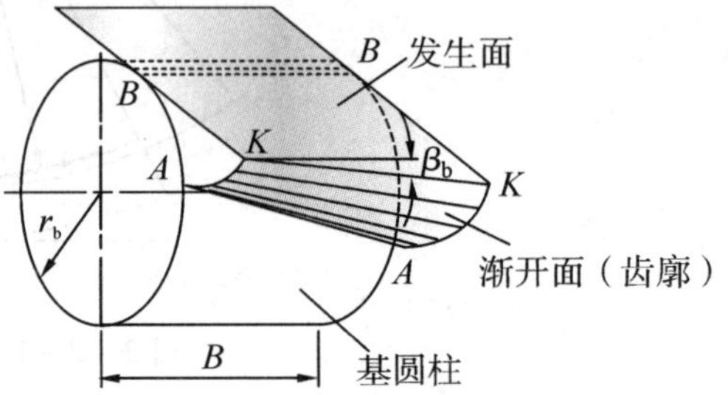

图 2－2－16　斜齿圆柱齿轮齿廓的形成

斜齿圆柱齿轮和直齿圆柱齿轮一样，仅限于传递两平行轴之间的运动。但在啮合过程中，直齿圆柱齿轮的齿面接触线总是平行于齿轮轴线，而斜齿圆柱齿轮的齿面接触线是由齿轮一端齿顶开始，逐渐由短而长，再由长而短，至另一端齿根为止（见图 2－2－17）。这样，斜齿圆柱齿轮传动的载荷的分配也是由小而大，由大而小，同时啮合的齿数多，所以斜齿圆柱齿轮传动的优越性就比直齿圆柱齿轮传动的高。

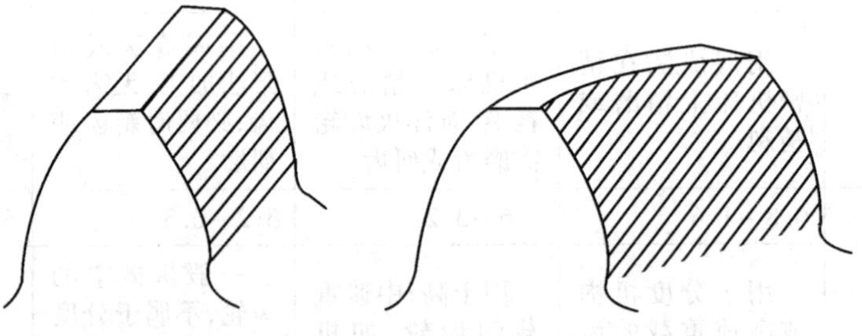

图 2－2－17　直齿轮与斜齿轮传动的啮合线

2. 斜齿圆柱齿轮传动的特点

斜齿轮与直齿轮传动相比，有以下优点。

（1）传动平稳，冲击、噪声和振动小，所以适用于高速传动。

（2）承载能力强，适用于重载情况下工作。

（3）使用寿命长。

（4）不能作变速滑移齿轮使用。

（5）传动中产生轴向力。

作用在斜齿轮齿面上的轴向力，对轴承与轴提出了特殊的要求，如需要安装推力轴承。这将会使结构复杂化，为了克服这一缺点，可采用人字齿轮。人字齿轮可看作螺旋角大小相等、方向相反的两个斜齿轮合并而成，因左右对称而使两轴向力的作用互相抵消（见图

2-2-18)。但人字齿轮的缺点是制造较困难,成本较高。

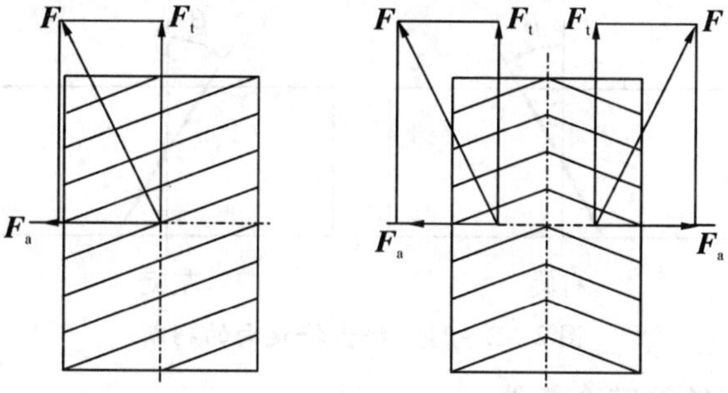

图 2-2-18 斜齿轮与人字齿轮的轴向力

3. 斜齿圆柱齿轮的主要参数

斜齿圆柱齿轮有两套参数:法向(n)参数和端面(t)参数。但加工斜齿轮时,刀具是沿着螺旋线方向的,因此,规定斜齿轮的法向参数为标准值。

(1)模数(m_n,m_t):P_n为法向齿距,P_t为端面齿距,显然 $P_n = P_t\cos\beta$(见图 2-2-19),故可得

$$m_n = m_t\cos\beta$$

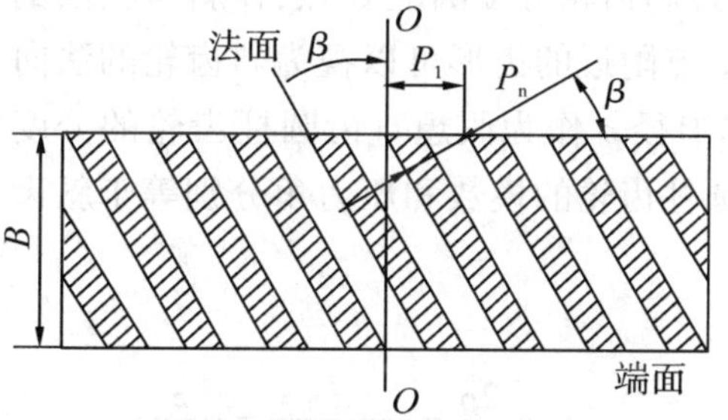

图 2-2-19 斜齿轮分度圆展开图

(2)压力角(α_n,α_t):由图 2-2-20 可推导出:

$$\tan\alpha_n = \tan\alpha_t\cos\beta$$

法向压力角 α_n一般取 20°。

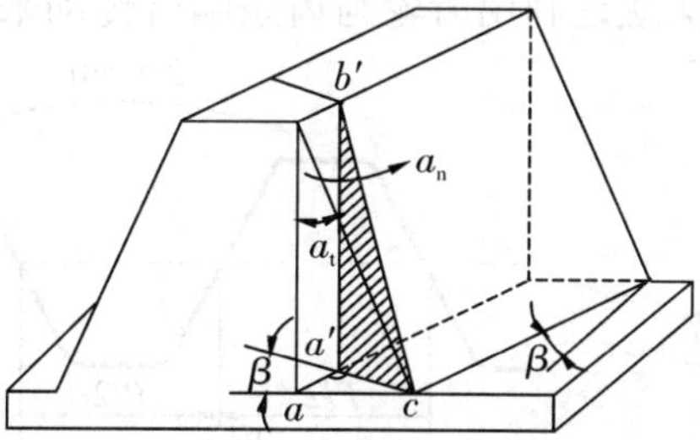

图 2-2-20 斜齿轮的法面和端面压力角

(3)螺旋角(β):分度圆柱面展开图中轮齿与轴线的夹角 β,即螺旋角。螺旋角 β 越大,重合度 ε 越大,传动越平稳,但工作时产生的轴向力也越大。故螺旋角 β 一般为 7°~20°,人字齿为 27°~45°。

斜齿轮按旋向分为左旋和右旋两种(见图 2-2-21)。判断方法是将齿轮沿轴向铅垂

放置,螺旋线倾斜方向即为斜齿轮的旋向方向。

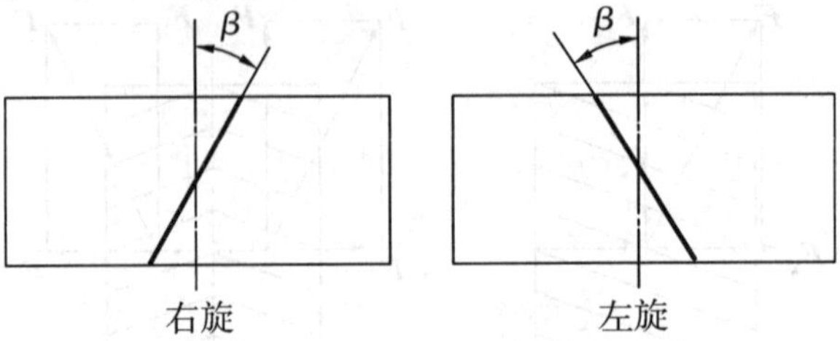

图 2-2-21 斜齿轮旋向的判断

4. 标准斜齿圆柱齿轮的啮合条件

两齿轮法向模数相等、压力角相等,且螺旋角相等螺旋方向相反,即

$$m_{n1} = m_{n1},\alpha_{n1} = \alpha_{n2},\beta_1 = \beta_2$$

5. 斜齿圆柱齿轮的当量齿轮

用仿形法加工斜齿轮时,铣刀的轴面形状与斜齿轮的法向齿槽形状相同。按斜齿轮的法向齿作一假想的直齿轮,这个假想直齿轮称为斜齿轮的当量齿轮,其齿数称为当量齿数。

如图 2-2-22 所示,过斜齿轮分度圆上 C 点,作斜齿轮法剖面,得到一椭圆。该剖面上点附近的齿形可以视为斜齿轮的法向齿形。以椭圆上点的曲率半径 ρ 作为假想直齿圆柱齿轮的分度圆半径,并设该虚拟直齿圆柱齿轮的模数和压力角分别等于斜齿轮法向模数和压力角。

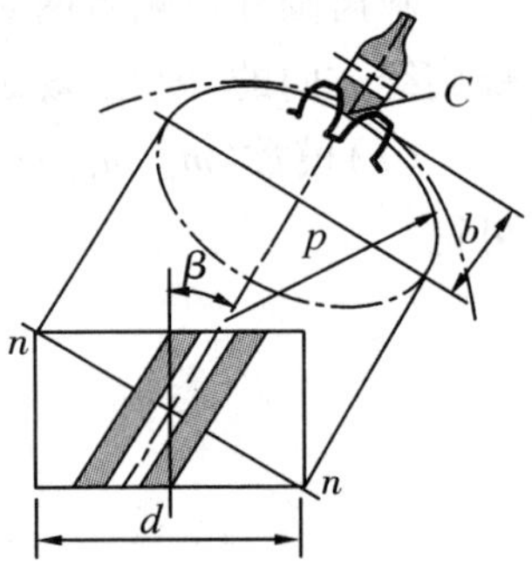

图 2-2-22 斜齿圆柱齿轮的当量齿轮

当量齿数 z_v 为

$$z_v = \frac{2\rho}{m_n} = \frac{d}{m_n\cos^2\beta} = \frac{z}{\cos^3\beta}$$

(七)齿轮齿条传动

齿条是齿轮的一种特殊形式。齿条与齿轮啮合主要用于把齿轮的旋转运动,变成齿条的直线往复运动,或把齿条的直线往复运动变成为齿轮旋转运动(见图 2-2-23)。各种机床走刀机构及钻床的升降机构就是利用齿轮与齿条啮合传动来实现的。

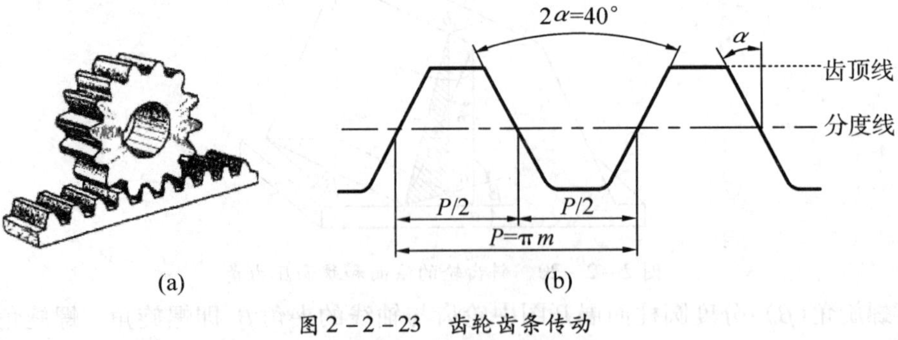

图 2-2-23 齿轮齿条传动

(a)齿轮齿条传动;(b)标准齿条参数

齿条与齿轮相比有下述两个主要特点。

(1)由于齿条的齿廓是直线,所以齿廓上各点的法线是平行的,在传动时齿条作直线运

动。齿条上各点的速度的大小和方向都一致。标准齿条的齿廓线夹角 $2\alpha = 40°$。

(2)由于齿条上各齿同侧的齿廓是平行的，所以不论在基准线上、齿顶线上，还是与基准线平行的其他直线上，齿距都相等，即 $P = \pi m$。

当齿轮与齿条啮合时，齿轮转动 n 转时，齿条(或齿轮)移动距离 s(mm)为 $s = nzP = nz\pi m$。

(八)锥齿轮传动

锥齿轮有直齿、斜齿和曲齿等几种类型。但因直齿锥齿轮的加工、测量和安装比较简便，生产成本低廉，故应用最为广泛。

锥齿轮传动应用于两轴线相交的场合，通常采用两轴交角 $\sum = 90°$(见图2-2-24)。它的轮齿是沿着圆锥面的素线切出的。工作时相当于用两齿轮的节圆锥作成的摩擦轮进行滚动，两节圆锥顶必须重合，才能保证两节圆锥传动一致。这样就增加了制造、安装的困难，并降低了圆锥齿轮传动的精度和承载能力。因此，圆锥齿轮传动一般应用于轻载和低速场合。

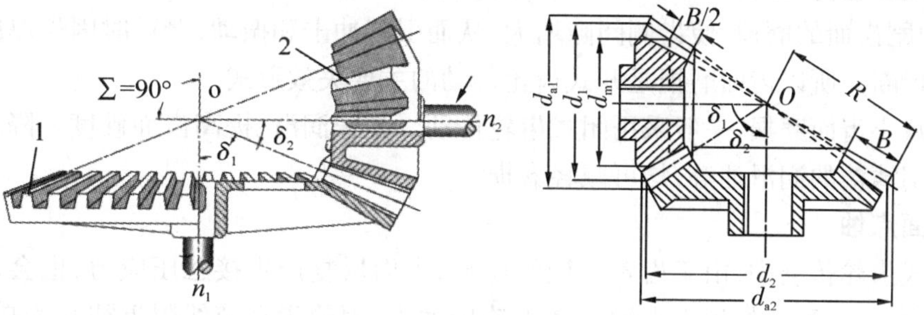

图2-2-24 直齿锥齿轮

直齿锥齿轮的齿形一端大、一端小，这样就有两套齿形参数，一般以大端参数作为标准参数来设计。

直齿锥齿轮的齿形已标准化、系列化，详细请查阅《机械零件设计手册》。

(九)齿轮传动的失效形式

齿轮失效是指齿轮在传动过程中，由于载荷的作用使轮齿发生折断，齿面损坏等现象，而使齿轮过早地失去正常工作能力的情况(见图2-2-25)。

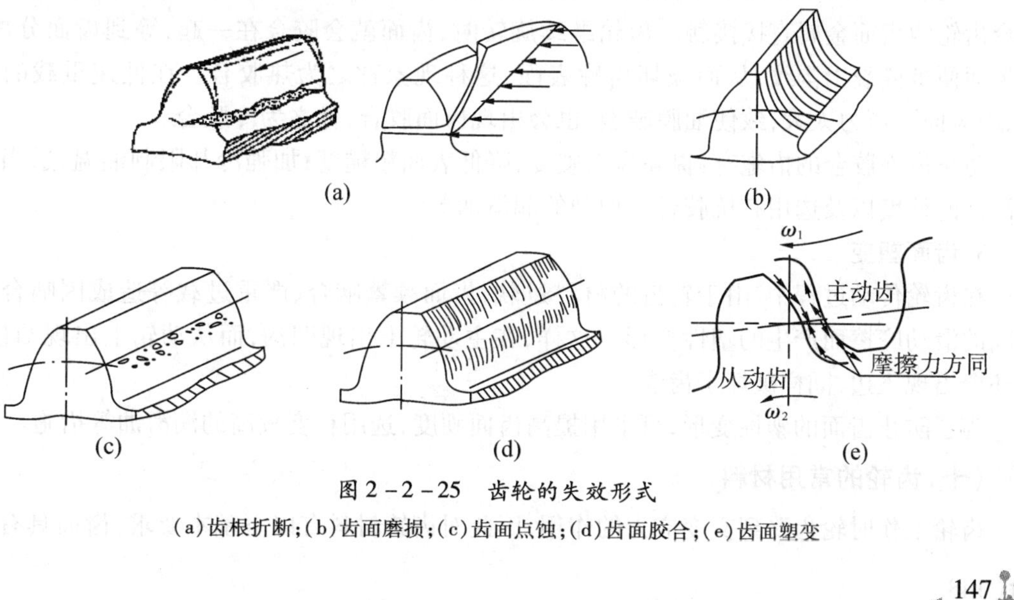

图2-2-25 齿轮的失效形式

(a)齿根折断；(b)齿面磨损；(c)齿面点蚀；(d)齿面胶合；(e)齿面塑变

1. 齿根折断

在齿轮传动过程中，因为齿轮的受力类似于悬臂梁，再加上齿根处存在较大的应力集中，所以危险截面即最大弯矩往往会发生在齿根。当严重过载，受到冲击或反复受到弯曲应力时，齿根会发生疲劳裂纹，进而会在齿根折断。前一种折断是由于过载引起的，称为过载折断；后一种是在交变应力反复作用下，应力值超过材料的弯曲疲劳极限时，产生疲劳裂纹，并逐渐扩展，最终导致轮齿折断，称之为疲劳折断。

过载折断属于不正常失效，应在使用时避免。这里仅介绍齿根弯曲疲劳折断。

提高轮齿抗弯折断能力的措施有：增大齿根处过渡圆角半径，消除刀痕，从而降低应力集中；增大轴及支承的刚度，避免局部过载；对轮齿进行喷丸、碾压等冷作硬化处理，提高轮齿心部韧性。

2. 齿面磨损

在开式齿轮传动过程中，由于轮齿外露，润滑条件不好，有硬质颗粒杂物落入齿面啮合处等，会加剧齿面的磨损，使齿侧间隙增大，从而引起冲击和振动，严重时因齿厚减薄太大而导致轮齿折断。所以齿面磨损是开式齿轮传动的主要失效形式。

为了减小齿面磨损，一般采用闭式齿轮传动。加强润滑，提高齿面硬度。降低齿面粗糙度以及采用清洁的润滑油等，均可减轻磨损。

3. 齿面点蚀

在闭式齿轮传动中，由于齿轮长期的运转，齿面反复产生接触压应力，也会产生齿面小点状疲劳剥落，这种叫做齿面点蚀。在齿轮传动中，因轮齿在节线附近往往为单齿啮合，接触应力最大，且该处润滑油膜不易形成，故疲劳点蚀首先出现在节线附近靠近齿根处。齿面点蚀以后，齿廓表面损坏，造成传动不平稳和噪声。

一般疲劳点蚀主要发生在闭式软齿面齿轮传动中，为了防止齿轮过早地出现疲劳点蚀，可采用提高齿面硬度、降低表面粗糙度以及增大润滑油粘度等措施。对于开式齿轮传动，由于磨损较快，一般不会出现疲劳点蚀。

4. 齿面胶合

在高速重载的齿轮传动中，由于啮合处散热不好产生高温，加上齿面油膜挤压破坏，使啮合齿轮两齿面金属直接接触。齿轮继续旋转时，齿面就会胶合在一起，等到齿面分离，较软齿面便被撕裂出沟纹，从而破坏齿廓表面，这种现象称之为热胶合。在低速重载的传动中，因齿面间压力太大，致使油膜破裂，也会出现齿面胶合，称之为冷胶合。

防止齿面胶合的措施有：提高齿面硬度，降低表面粗糙度；加强冷却限制油温；适当增大润滑油的粘度以及选用有抗胶合添加剂的润滑油等。

5. 齿面塑变

在齿轮传动过程中，由于轮齿的材料过软、齿面频繁啮合、严重过载等造成因啮合齿面之间的滑动摩擦而产生的塑性变形。这样，在主动轮上出现凹沟，而从动轮上出现凸棱，甚至还会出现飞边，同样破坏了齿廓。

为了防止齿面的塑性变形，可采用提高齿面硬度，选用粘度较高的润滑油等措施。

(十) 齿轮的常用材料

齿轮工作时轮齿受到交变应力的作用，因此对齿轮材料有以下基本要求：齿面具有较高的硬度，以便达到抗磨损、抗点蚀、抗胶合和防止塑性变形的特点；轮齿的心部具有一定的抗冲击韧性，以防止轮齿折断。简言之齿轮材料的基本要求是“面硬而心韧”。

常用的齿轮材料有锻钢、铸钢和铸铁，见表2.2.6，在某些情况下也选用工程塑料等非金属材料。

(1)锻钢：含碳量为0.15% ~0.6%的碳素钢或合金钢。一般齿轮用碳素钢，重要齿轮用合金钢。

(2)铸钢：耐磨性及强度较好，常用于大尺寸齿轮。

(3)铸铁：常作为低速、轻载、不太重要场合的齿轮材料。

(4)非金属材料：适用于高速、轻载且要求降低噪声的场合。

表2.2.6 常用的齿轮材料及应用

材料	牌号	热处理	硬度	抗拉极限 σ_b/ MPa	屈服极限 σ_s/ MPa	应用范围
优质碳素钢	45	正火	169 ~217HBS	580	290	低速轻载
		调质	217 ~255 HBS	650	360	低速中载
		表面淬火	48 ~55 HRC	750	450	高速中载或低速重载冲击很小
	50	正火	180 ~220 HBS	620	320	
合金钢	40Cr	调质	240 ~260 HBS	700	550	中速中载
		表面淬火	48 ~55 HRC	900	650	高速中载无剧烈冲击
	42SiMn	调质	217 ~269 HBS	750	470	高速中载无剧烈冲击
		表面淬火	44 ~55 HRC			
	20Cr	表面淬火	56 ~62HRC	650	400	高速中载承受冲击
	20CrMnTi	表面淬火	56 ~62 HRC	1100	850	
铸钢	ZG310 ~570	正火	240 ~260 HBS	570	320	中速中载（大直径齿轮）
		表面淬火	40 ~50HRC			
	ZG340 ~640	正火	170 ~230 HBS	650	350	
		调质	240 ~270 HBS	700	380	
球墨铸铁	QT600 -2	正火	220 ~280 HBS	600		低中速轻载有小冲击
	QT500 -5		147 ~241 HBS	500		
灰铸铁	HT200	人工时效	170 ~230 HBS	200		低速轻载冲击很小
	HT300	低温退火	187 ~235HBS	300		

(十一)渐开线标准直齿圆柱齿轮的强度计算

齿轮的失效形式在不同的工作条件下是不同的。在工程设计中，目前只进行齿面接触疲劳强度和齿根弯曲疲劳强度的计算，以此来主要防止轮齿疲劳点蚀和疲劳折断，一般按以下准则来进行设计。

(1)闭式软齿面齿轮传动：对于闭式软齿面齿轮传动，主要的失效形式为齿面疲劳点蚀和胶合，设计时先按齿面接触疲劳强度进行计算（优先保证不出现疲劳点蚀），确定齿轮的分度圆直径或中心距后，再校核齿根弯曲疲劳强度。

（2）闭式硬齿面齿轮传动：对于闭式硬齿面齿轮传动，主要失效形式为轮齿疲劳折断，设计时先按齿根弯曲疲劳强度进行设计（优先保证不出现疲劳折断），确定齿轮的齿数后，再校核齿面接触疲劳强度。

（3）开式齿轮传动：对于开式齿轮传动，主要失效形式为齿面磨损和因磨损严重而引起的轮齿折断，一般先按齿根弯曲疲劳强度进行设计，确定齿轮的模数，然后再将模数增大10% ~20% 作为磨损预留量，一般无需校核齿面接触疲劳强度。

1. 齿面接触疲劳强度计算

进行齿轮接触疲劳强度计算是为了防止齿面发生疲劳点蚀。根据弹性力学计算接触应力的赫兹公式，可以推导出一对钢制标准外啮合直齿圆柱齿轮的齿面接触疲劳强度计算公式为

$$\sigma_{H\max} = Z_H Z_E Z_\varepsilon \sqrt{\frac{2KT_1(\mu \pm 1)}{bd_1^2\mu}} \leqslant [\sigma_H]$$

式中，$\sigma_{H\max}$是齿面工作时所产生的最大接触应力（MPa）；

$[\sigma_H]$是齿轮材料的许用接触应力（MPa）；

Z_H 是节点区域系数，$Z_H = \sqrt{\frac{2}{\cos^2\alpha\tan\alpha}}$，对于标准直齿圆柱齿轮，$Z_H = 2.5$；

Z_E 是齿轮材料的弹性系数（$\sqrt{\mathrm{MPa}}$），其值查表 2.2.6；

Z_ε 是重合度系数，对于直齿圆柱齿轮，$Z_\varepsilon = 0.85 \times 0.92$，齿数多时，重合度取大值，反之取小值；

K 是载荷系数，其值查表 2.2.7；

T_1 是作用在主动轮上的转矩（N · mm）；

μ 是齿数比，$\mu = \frac{z_2}{z_1}$，其中 z_2 为大齿轮齿数，对于减速器，μ = 传动比 i；

± 中“ + ”用于外啮合，“ - ”用于内啮合；

b 是大齿轮的齿宽（mm）；

d_1 是主动轮分度圆直径（mm）

表 2.2.6　材料的弹性系数 Z　　单位：$\sqrt{\mathrm{MPa}}$

两轮材料组合	钢对钢	钢对铸铁	铸铁对铸铁
Z_E	189.8	165.4	144

表 2.2.7　载荷系数 K

工作机械	载荷特性	原动机		
		电动机	多缸内燃机	单缸内燃机
均匀加料的运输机和加料机、轻型卷扬机、发电机、机床辅助传动	均匀、轻微冲击	1 ~1.2	1.2 ~1.6	1.6 ~1.8
不均匀加料的运输机和加料机、重型卷扬机、球磨机、机床主传动	中等冲击	1.2 ~1.6	1.6 ~1.8	1.8 ~2.0
冲床、钻机、轧机、破碎机、挖掘机	大冲击	1.6 ~1.8	1.9 ~2.1	2.2 ~2.4

进而可得

$$d_1 \geqslant \sqrt[3]{\left(\frac{Z_H Z_E Z_\varepsilon}{[\sigma_H]}\right)^2 \frac{2KT_1(\mu \pm 1)}{\varphi_d \mu}}$$

式中，φ_d 是齿宽系数，$\varphi_d = \frac{b}{d_1}$，其值见表 2.2.8。

表 2.2.8 齿宽系数 φ_d

齿轮相对于轴承布置	齿面硬度	
	软齿面（≤350 HBS）	硬齿面（>350HBS）
对称布置	0.8~1.4	0.4~0.9
不对称布置	0.6~1.2	0.3~0.6
悬臂布置	0.3~0.4	0.2~0.25

注：1. 对于直齿圆柱齿轮取较小值；斜齿轮可取较大值；人字齿可取更大些；

2. 载荷平稳、轴的刚性较大时，取值应大一些；变载荷、轴的刚性较小时，取值应小些。

应用上述公式时应注意：

（1）两齿轮啮合时由于所受力是一对作用力与反作用力，接触面积也相等，因此，两轮所受的齿面接触应力大小相等，即 $\sigma_{H1} = \sigma_{H1}$；

（2）由于两齿轮的材料、热处理不同，以及轮齿的大小通常并不相等，因此，一般 $[\sigma_{H1}] \neq [\sigma_{H1}]$。因此，利用公式计算时，应代入其较小许用接触应力值。

（3）齿轮传动的接触疲劳强度决定于小齿轮的分度圆直径 d_1，而 $d_1 = mz$，即 d_1 与 m 和 z 的乘积有关，与单一的模数的大小无关。

2. 齿根弯曲疲劳强度计算

进行齿根弯曲疲劳强度计算是为了防止轮齿疲劳折断。轮齿啮合弯曲可以简化为悬臂梁受弯，其危险截面位于齿根处，可利用材料力学知识推得

$$\sigma_{F\max} = \frac{2KT_1}{bm^2 z_1} Y_F Y_S Y_E \leqslant [\sigma_F]$$

式中，$\sigma_{F\max}$ 是齿根危险截面的最大弯曲应力（MPa）；

$[\sigma_F]$ 是齿轮材料的许用弯曲应力（MPa）；

Y_F 是齿形系数，与齿形有关，对于标准齿轮仅决定于齿数 z，而与模数无关；其值见表 2.2.9；

Y_S 是应力修正系数，其值见表 2.2.9；

Y_ε 是重合度系数，$Y_\varepsilon = 0.25 + \frac{0.75}{\varepsilon_a}$，$\varepsilon_a$ 为端面重合度，其值等于 $\varepsilon_a = \left[1.88 - 3.2\left(\frac{1}{z_1} \pm \frac{1}{z_2}\right)\right]\cos\beta$（直齿轮 $\beta = 0°$）；

其他参数同上。

表 2.2.9 齿形系数 Y_F 和应力修正系数 Y_S

Z	12	14	16	17	18	19	20	22	25	28	30	35	40	45	50
Y_F	3.47	3.22	3.03	2.97	2.91	2.85	2.81	2.75	2.65	2.58	2.54	2.47	2.41	2.37	2.35
Y_S	1.44	1.47	1.51	1.53	1.54	1.55	1.56	1.58	1.59	1.61	1.63	1.65	1.67	1.69	1.71

进而可得

$$m \geqslant 1.26\sqrt[3]{\frac{KT_1 Y_F Y_S Y_\varepsilon}{\varphi_d z_1^2 [\sigma_F]}}$$

参数同上。

应用上述公式时需注意：上式可以看出，齿根的弯曲疲劳强度主要取决于模数 m。一对齿轮传动时，大小齿轮的齿形系数 Y_F、应力修正系数 Y_S 以及许用弯曲应力 $[\sigma_F]$ 是不同的，它们的齿根危险截面的最大弯曲应力 σ_{Fmax} 也不尽相同。因此，在利用公式计算时，应将两齿轮的 $\frac{Y_F Y_S}{[\sigma_F]}$ 值进行比较，取较大者代入公式计算，最后将计算的最接近模数值按齿轮标准模数来确定。

三、轮系

在实际应用中，需要将主动轴的较快转速变为从动轴的较慢转速，将主动轴的一种转速变为从动轴的多种转速，或者改变从动轴的转向，我们采用一系列相互啮合齿轮组成的传动系统来实现，称为轮系。

（一）轮系的功用

（1）轮系可获得很大的传动比：一般成对齿轮的传动比只能达到 2 ~6，传动比超过 6 以后，小齿轮磨损太快，不宜采用。

（2）轮系可做较远距离传动：当两轴中心距较远时，如仅用一对齿轮传动，则两齿轮的尺寸必然很大，不宜进行较远距离传动。若用轮系传动，则可使其结构紧凑，并能进行远距离传动。

（3）轮系可实现变速、换向要求：一般机器为了适应各种工作需要，多采用轮系组成各种机构，将运转速度分为如干等级进行变换，并能变换运转方向。

（4）轮系可合成或分解运动：采用周转轮系可将两个独立运动合成一个运动，或将一个运动分解为两个独立的运动（见图 2 -3 -1）。

图 2 -3 -1　轮系

（二）轮系的分类

轮系的结构形式很多，根据轮系中齿轮轴线在空间的相对位置是否固定，可将轮系分为：定轴轮系和周转轮系两大类。

（1）定轴轮系：齿轮（包括蜗杆、涡轮）在运转中轴线位置都是不动的轮系（见图 2 -3 -2）。

（2）周转轮系：至少有一个齿轮及轴线是围绕另一个齿轮进行旋转的轮系（见图 2 -3 -3）。

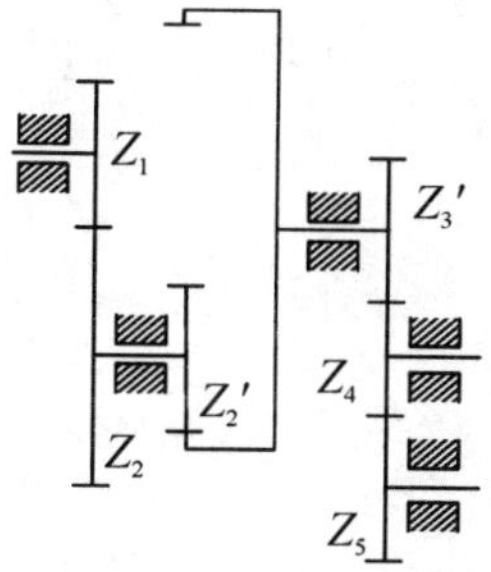

图 2-3-2 定轴轮系

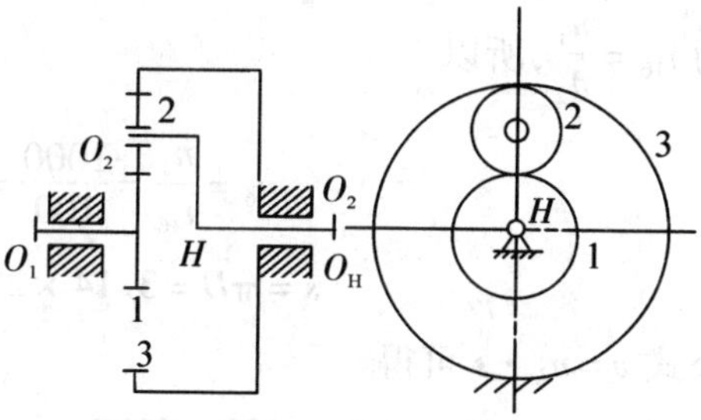

图 2-3-3 周转轮系

(三)定轴轮系

1. 传动比

轮系中首末两轮转速之比,称为轮系的传动比。用所有从动轮齿数的连乘积与所有主动轮齿数连乘积之比来计算定轴轮系的传动比,在图 2-3-2 所示的定轴轮系中,如果 1 是第一主动轮,5 是最末的从动轮,那么该轮系的输出传动比 i_{15} 为

$$i_{15}=\frac{n_1}{n_2}=\frac{Z_2\cdot Z_3\cdot Z_5}{Z_1\cdot Z_{2'}\cdot Z_{3'}}$$

在一对齿轮所组成的传动中,若这对齿轮为内啮合,两轮回转方向相同;若为外啮合,两轮回转方向相反。

通常规定若最末从动轮与第一个主动轮的回转方向相同,传动比取为正号;若两轮回转方向相反,则取为负号。因为一对齿轮传动时,齿轮的回转方向极易看出,所以在这种情况下,一般都不加写符号。这种方法只适用于平行轴的轮系,一般可采用画箭头的方法来表示各轮的转向。

根据以上公式我们可以计算出末轮的线速度 v,即

$$v=n_k\cdot s(\mathrm{mm/min})$$

式中,n_k:末轮的转速(r/min),s:每转一转的移动距离(mm)。

2. 惰轮

如图 2-3-2 所示中,定轴轮系中的中心轮 4 称为惰轮。

惰轮不影响传动比,但每增加一个惰轮改变一次转向,惰轮既是主动轮,又是从动轮。

例 图 2-3-4 所示为一卷扬机的传动系统,末端是蜗杆传动。$z_1=18$,$z_2=36$,$z_3=20$,$z_4=40$,$z_5=2$,$z_6=50$。若 $n_1=1000$ r/min,鼓轮直径 D=240 mm,蜗杆右旋,求重物移动速度 v 及方向。

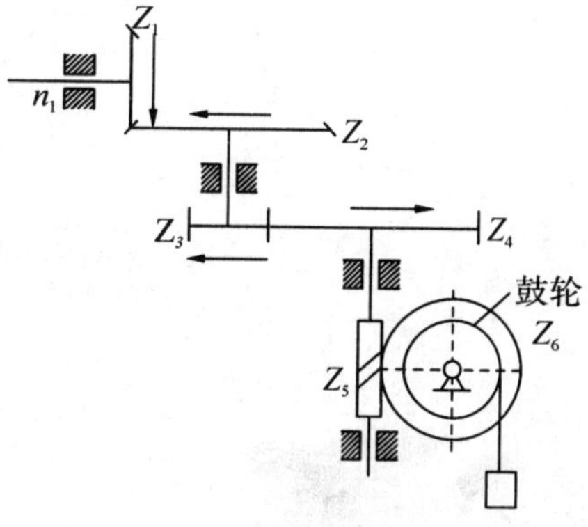

图 2-3-4

由定轴轮系的传动比计算公式可得

$$i_{16}=\frac{Z_2\cdot Z_4\cdot Z_6}{Z_1\cdot Z_3\cdot Z_5}=\frac{36\cdot 40\cdot 50}{18\cdot 20\cdot 2}=100$$

又因为 $i_{16}=\frac{n_1}{n_2}$,所以

$$n_6=\frac{n_1}{i_{16}}=\frac{1000}{100}=10\ \text{r/min}$$

$$s=\pi D=3.14\times200=628\ \text{mm}$$

根据公式 $v=n_k\cdot s$ 可得

$$v=10\times628=6280\ \text{mm/min}=6.28\ \text{m/min}$$

根据定轴轮系各齿轮的方向,可以判断鼓轮逆时针方向转动,所以重物为提升阶段,方向向上。

(四)周转轮系

(1)行星轮系:一个齿轮绕另一个固定齿轮旋转的轮系称为行星轮系,行星轮系的结构类似于地球绕太阳转动,有公转也有自转(见图2-3-5(a))。

行星轮系可以用较少的齿轮和紧凑的结构得到很大的传动比,并具有传动效率高、传动平稳等一系列优点,常用它作大速比的减速器。

例如,内啮合行星齿轮减速器、摆线针轮减速器以及谐波齿轮传动等,近年来都得到广泛的应用,并受到了良好的效果。

(2)差动轮系:差动轮系与行星轮系相比,主要区别是它没有一个固定的中心轮。

如图2-3-5(b)所示转臂 H 与中心轮 Z_3 都可以是主动件,这样,转臂 H 与中心轮 Z_3 的两种转动,可以在从动件 z_1 综合为一种传动(运动的合成或分解)。

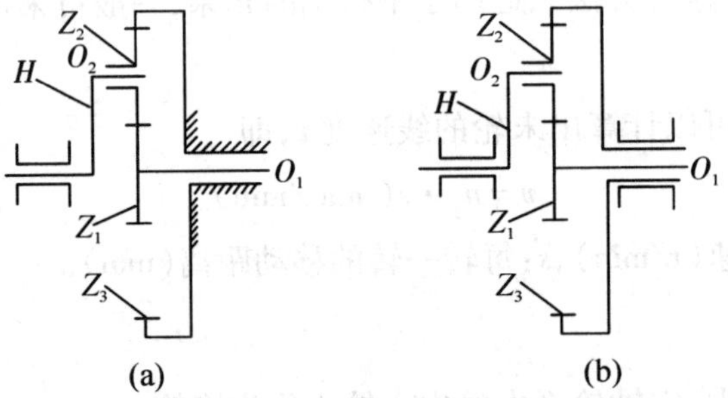

图2-3-5 行星轮系与周转轮系的区别

请沿此线剪下

任务实施

资讯单

学习领域	零件加工信息分析		
学习情境二	盘类零件的信息分析	学　时	5
资讯方式	在图书馆、专业杂志、互联网、参考书籍及信息单查寻或者资讯任课教师		
资讯问题	1. 带传动的组成有哪些？ 2. 带传动的类型有哪些？ 3. 带传动的特点有哪些？ 4. 带传动的形式有哪些？ 5. 带传动的传动比如何计算？ 6. V 带的结构有哪些？其特点如何？ 7. V 带的型号有哪些？ 8. V 带是如何标记的？ 9. V 带传动的主要参数有哪些？ 10. V 带轮的结构是什么？ 11. V 带轮轮槽的结构是什么？ 12. 如何正确选择 V 带轮的材料？ 13. 如何正确理解带传动的打滑和弹性滑动？ 14. 带传动的张紧措施有哪些？ 15. 如何正确使用带传动？ 16. 齿轮传动的特点是什么？ 17. 按齿轮轴的相对位置和轮齿方向，齿轮传动可分为哪几种类型？其特点如何？ 18. 按齿轮传动的工作条件不同，齿轮传动可分为哪几种类型？其特点如何？ 19. 齿轮传动的基本要求是什么？ 20. 渐开线是如何形成的？ 21. 渐开线的性质有哪些？ 22. 直齿圆柱齿轮的基本参数有哪些？ 23. 如何正确计算直齿圆柱齿轮的几何尺寸？ 24. 渐开线齿轮啮合的特点有哪些？ 25. 斜齿圆柱齿轮传动的特点有哪些？ 26. 斜齿圆柱齿轮的主要参数有哪些？ 27. 斜齿圆柱齿轮的啮合条件是什么？ 28. 齿轮齿条传动的特点是什么？ 29. 锥齿轮传动的特点是什么？ 30. 齿轮传动的失效形式有哪些？ 31. 如何正确选择齿轮的材料？ 32. 什么是轮系？ 33. 轮系传动的特点有哪些？		

请沿此线剪下

请沿此线剪下

续表

学习领域	零件加工信息分析		
学习情境二	盘类零件的信息分析	学　时	5
资讯方式	在图书馆、专业杂志、互联网、参考书籍及信息单查寻或者资讯任课教师		
资讯问题	34. 轮系的类型有哪些？其特点是什么？ 35. 什么是定轴轮系的传动比？应如何计算？ 36. 什么是惰轮？其特点如何？ 37. 链传动的特点有哪些？ 38. 传动链的类型和特点分别是什么？ 39. 链轮的结构有哪几种？ 40. 如何正确理解链传动的不均匀性和不稳定性？ 41. 如何正确选择和设计链传动？ 42. 如何正确安装、维护链传动？ 43. 链传动的润滑方式有哪些？ 44. 链传动的张紧措施有哪些？		
资讯引导	[1]申宾德. 零件加工信息分析[M]. 西安:西北工业大学出版社,2014. [2]同长虹. 机械设计基础[M]. 北京:科学出版社,2012. [3]谢蕾. 零件加工信息分析[M]. 北京:北京大学出版社,2014. [4]李世维. 机械基础[M]. 北京:北京大学出版社,2014. [5]陈雪,王晓强. 机械基础项目教程[M]. 大连:大连理工大学出版社,2011. [6]郑文纬,吴克坚. 机械原理[M]. 北京:高等教育出版社,1996. [7]濮良贵,纪名刚. 机械设计[M]. 北京:高等教育出版社,2006. [8]张策. 机械原理与机械设计[M]. 北京:高等教育出版社,2004.		

请沿此线剪下
请沿此线剪下
请沿此线剪下

决 策 单

<table>
<tr><td>学习领域</td><td colspan="7">零件加工信息分析</td></tr>
<tr><td>学习情境一</td><td colspan="5">盘类零件的信息分析</td><td>学　时</td><td>2</td></tr>
<tr><td colspan="8">带式运输机(带传动)设计方案讨论</td></tr>
<tr><td rowspan="15">方案对比</td><td>组别</td><td>序号</td><td>内容</td><td>教学设备</td><td>知识信息</td><td>实施操作</td><td>综合评价</td></tr>
<tr><td rowspan="3">I</td><td>1</td><td>V 带的选择</td><td>实物</td><td>资讯单</td><td>可选</td><td rowspan="3">可行</td></tr>
<tr><td>2</td><td>V 带轮的设计</td><td>实物</td><td>资讯单</td><td>可行</td></tr>
<tr><td>3</td><td>V 带传动的安装与维护</td><td>实物</td><td>资讯单</td><td>可行</td></tr>
<tr><td></td><td colspan="4"></td><td></td><td></td></tr>
<tr><td colspan="7">带式运输机(带传动)设计方案讨论</td></tr>
<tr><td>组别</td><td>序号</td><td>内容</td><td>教学设备</td><td>知识信息 2.1</td><td>实施操作</td><td>综合评价</td></tr>
<tr><td rowspan="3">I</td><td>1</td><td>主动齿轮设计</td><td>实物</td><td>资讯单 2.1</td><td>可行</td><td rowspan="3">可行</td></tr>
<tr><td>2</td><td>从动齿轮设计</td><td>实物</td><td>资讯单 2.1</td><td>可行</td></tr>
<tr><td>3</td><td>齿轮传动的安装与设计</td><td>实物</td><td>资讯单 2.1</td><td>可行</td></tr>
<tr><td></td><td colspan="4"></td><td></td><td></td></tr>
<tr><td colspan="7"></td></tr>
<tr><td>方案评价</td><td colspan="7"></td></tr>
<tr><td>班级</td><td></td><td>组长签字</td><td></td><td>教师签字</td><td></td><td colspan="2">月　　日</td></tr>
<tr><td></td><td></td><td></td><td></td><td></td><td></td><td colspan="2"></td></tr>
</table>

请沿此线剪下
请沿此线剪下
请沿此线剪下

计划单

<table>
<tr><td>学习领域</td><td colspan="4">零件加工信息分析</td></tr>
<tr><td>学习情境二</td><td colspan="2">盘类零件的信息分析</td><td>学　时</td><td>2</td></tr>
<tr><td>计划方式</td><td colspan="4">小组讨论，团结协作共同制定计划</td></tr>
<tr><td>序号</td><td colspan="2">带式运输机（带传动）设计实施步骤</td><td colspan="2">知识信息</td></tr>
<tr><td></td><td colspan="2">1. 认识带传动的类型</td><td colspan="2"></td></tr>
<tr><td></td><td colspan="2">2. 学习带传动的标准</td><td colspan="2"></td></tr>
<tr><td></td><td colspan="2">3. 确定带传动的参数</td><td colspan="2"></td></tr>
<tr><td></td><td colspan="2">4. 确定带传动的型号</td><td colspan="2"></td></tr>
<tr><td></td><td colspan="2">5. 绘制带传动带轮的零件图</td><td colspan="2"></td></tr>
<tr><td></td><td colspan="2"></td><td colspan="2"></td></tr>
<tr><td></td><td colspan="2"></td><td colspan="2"></td></tr>
<tr><td></td><td colspan="2"></td><td colspan="2"></td></tr>
<tr><td></td><td colspan="2"></td><td colspan="2"></td></tr>
<tr><td>序号</td><td colspan="2">带式运输机（齿轮传动）设计实施步骤</td><td colspan="2">知识信息</td></tr>
<tr><td></td><td colspan="2">1. 认识齿轮传动的类型</td><td colspan="2"></td></tr>
<tr><td></td><td colspan="2">2. 学习齿轮传动的标准</td><td colspan="2"></td></tr>
<tr><td></td><td colspan="2">3. 确定齿轮传动的参数</td><td colspan="2"></td></tr>
<tr><td></td><td colspan="2">4. 绘制齿轮传动齿轮的零件图</td><td colspan="2"></td></tr>
<tr><td></td><td colspan="2"></td><td colspan="2"></td></tr>
<tr><td></td><td colspan="2"></td><td colspan="2"></td></tr>
<tr><td></td><td colspan="2"></td><td colspan="2"></td></tr>
<tr><td></td><td colspan="2"></td><td colspan="2"></td></tr>
<tr><td></td><td colspan="2"></td><td colspan="2"></td></tr>
<tr><td></td><td colspan="2"></td><td colspan="2"></td></tr>
<tr><td>制定计划说明</td><td colspan="4"></td></tr>
<tr><td rowspan="3">计划评价</td><td>班　级</td><td>组　别</td><td>组长签字</td><td></td></tr>
<tr><td>教师签字</td><td></td><td>日　期</td><td></td></tr>
<tr><td colspan="4">评语：</td></tr>
</table>

请沿此线剪下

请沿此线剪下

请沿此线剪下

实施单

学习领域	零件加工信息分析		
学习情境二	盘类零件的信息分析	学　时	4
实施方式	小组成员合作,动手实践		

序号	实施步骤	使用资源

实施说明	

班　　级	组　　别	组长签字	教师签字	日　　期

评语	

请沿此线剪下
请沿此线剪下
请沿此线剪下

检查单

学习领域	零件加工信息分析			
学习情境二	盘类零件的信息分析		学　时	2
序号	检查项目	检查标准	学生自查	教师检查

检查评价	班　　级	组　　别	组长签字	教师签字	日　　期

评价单

学习领域			零件加工信息分析				
学习情境二			盘类零件的信息分析	学　时		1	
角色	序号	项目	课堂微观察内容	总人数	行为程度(人数)		
					积极	一般	消极
生学	4	参与状态	1. 学生是否全员全程参与学习;2 是否积极投入思考或踊跃发言;3. 是否兴致勃勃的阅读讨论;4. 是否有学生参与教学;5. 是否自觉的进行练习。				
	2	交往状态	1. 学生相互之间是否有友好的合作;2. 课堂气氛是否民主、和谐、愉悦和主动;3. 师生、生生间交流语言是否得体。				
	3	思维状态	1. 观察学生思维的敏捷性,听学生的语言是否流畅、是否有调理、是否善于用自己的语言解释说明表达所学的知识;2. 在观察学生的思维批判性时,看学生是否善于质疑问难,提出有价值的问题,并展开激烈的争论;3. 观察学生思维的独特性、创造性时,看学生的回答或见解是否具有自己的思想或创意。				
	4	情绪状态	1. 通过捕捉学生细微的表情变化,分析个别学生回答问题时,其他学生的反映;2. 看学生是否自我控制与调节学习情绪。				
	5	生成状态	1. 看学生是否全身心投入学习;2. 是否伴有满足、成功和愉悦等体验,并对后续学习更有信心;3. 看学生在课堂教学中有没有独特的表现,是否提出深层次问题或得出不同寻常的答案;4. 学生的个性是否得以凸显。				
	评价						
角色	序号	项目	课堂微观察内容	A	B	C	D
教师	6	学习目标	1. 目标指向是否明确?(学生独立学习,合作学习,教师指导下学习)2. 目标动词表述是否准确?(如“理解”“体验”“探索”“经历”和“朗读”等)3. 目标内容是否具体?是否体现层次性?4. 目标达成度如何?				
	7	教学内容	1. 是否为学生提供了现实的、有意义的和富有挑战性的学习内容?2. 是否注意了教学内容的重组与整合?3. 学习内容是否体现了教育性?				
	8	教学方法	1. 是否组织了有效的小组合作学习?合作要求是否明确?2. 学生学习活动设计是否符合学生实际、有意义?是否符合课程标准的要求?是否体现学科特点?活动数量是否适度?活动设计是否有梯度和层次感?				
	9	教学组织	1. 课堂是否体现“三讲三不讲”?(讲重点、讲难点和讲易错易混知识点;不讲学生已经会的,不讲学生通过自学也能会的,不讲教师讲了学生也不会的)2. 教师讲授是否过长?				
	10	教学评价	1. 教师对学生学习过程中的评价是否及时到位?是否关注学生的自我评价?2. 是否关注了评价的多元化?(组内、组间和师生等)3. 是否进行了当堂训练和检测?4. 评价是否有利于学生的发展。				
	评价						

续表

学习领域			零件加工信息分析				
学习情境二			盘类零件的信息分析	学　时		4	
角色	序号	项目	课堂微观察内容	A	B	C	D
师生成长	11	学习效果	学生:1. 是否大多数学生都完成了学习任务? 2. 是否每个学生都有不同的收获?				
			教师:1. 预设学习任务是否完成?(未完成原因是什么?)2. 教师是否有愉悦感和成就感?				
	12	师生发展	学生:1. 学生获得发展,学习精神得以锻炼,良好习惯得以培养;2. 体验到学习和成功的喜悦,有进一步学习的愿望。				
			教师:1. 专业精神获得发展;2. 教学预设能力和驾驭课堂能力得到提高。				

知识拓展

A. 链传动

(一)链传动的特点

链传动是通过链条将主动链轮的运动和动力传递到从动链轮的一种传动方式,它由主动链轮、从动链轮和绕在链轮上的链条组成(见图2-A-1)。目前,在矿山机械、运输机械、石油化工机械、摩托车和自行车中得到广泛的应用。

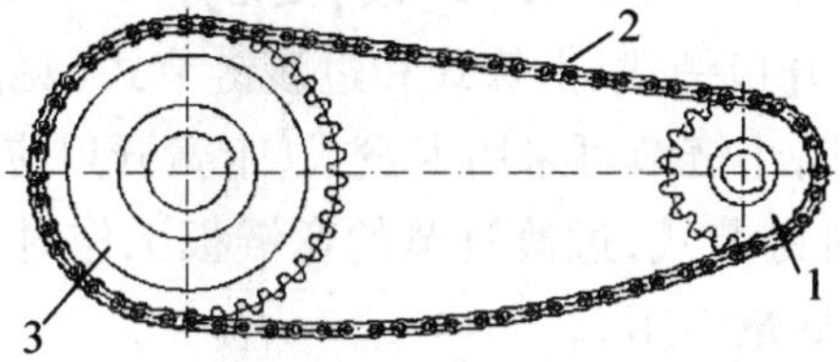

1-主动链轮;2-链条;3-从动链轮

图2-A-1 链传动

1. 链传动优点

(1)与带传动相比,链传动无弹性打滑和打滑现象,平均传动比准确,工作可靠,效率较高。

(2)传递功率大,过载能力强,相同工况下的传动尺寸小。

(3)所需张紧力小,作用于轴上的压力小。

(4)能在高温、多沉、潮湿、有污染等恶劣环境中工作。

2. 链传动缺点

(1)链传动仅能用于两平行轴间的传动。

(2)链传动成本高,易磨损,易伸长,传动平稳性差,运转时会产生附加动载荷、振动、冲击和噪声,不宜用在急速反向的传动中。

链传动多用在不宜采用带传动与齿轮传动,而两轴平行,且距离较远,功率较大,平均传动比准确的场合。一般链传动使用的范围为:传动功率 $P \leqslant 100$ kW,传动比 $i \leqslant 7$,链速 $v \leqslant 15$ m/s,中心距 $a \leqslant 5 \sim 6$ m,效率 $\eta = 0.92 \sim 0.97$。

(二)传动链的类型

根据不同的用途,链传动可分为传动链、起重链和牵引链。传动链用来传递动力和运动,起重链用于起重机械中提升重物,牵引链用于链式输送机中移动重物。常用的传动链又分为滚子链和齿形链。滚子链结构简单,磨损较轻,故应用最广,齿形链传动平稳,噪声小,但结构复杂,质量大,并且价格高,目前应用较少。本节主要介绍滚子链的结构特征。

1. 滚子链

(1)滚子链的结构:内链板、外链板、销轴、套筒和滚子组成(见图2-A-2)。其中内链板与套筒、外链板与销轴之间用过盈配合连接;销轴和套筒、滚子与套筒之间用间隙配合连接,以形成转动。当链与链轮啮合时,滚子与轮齿之间是滚动摩擦,减轻了链与轮齿的磨损,这种滚子链也叫套筒滚子链。若受力不大而速度较低时,也可不要滚子,这种链叫套筒链。

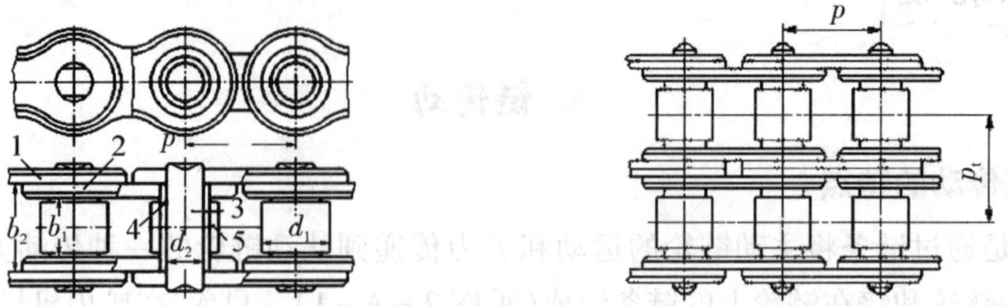

1－内链板;2－外链板;3－销轴;4－套筒;5－滚子

图2－A－2　滚子链结构

(2)滚子链的接头形式:开口销式、卡簧式和过渡链节式(见图2－A－3)。当链节为偶数时,大链节可采用开口销式,小链节可采用卡簧式(卡簧开口应装在其运动相反方向)。当链节数为奇数时,可采用过渡链节式,过渡链节的弯链板工作时会受到附加弯曲应力,容易发生断裂,降低传动能力,故尽量不用。

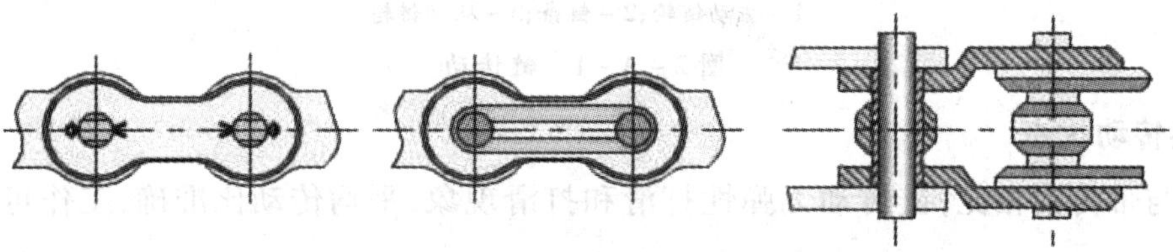

(a)　(b)　(c)

图2－A－3　套筒滚子链的接头形式

(a)开口销式;(b)卡簧式;(c)过渡链节式

(3)滚子链的参数

①节距(P):链条上相邻两销轴中心之间的距离。节距越大,链条各零件尺寸越大,所能传递的功率也越大,传动的振动、冲击和噪声也越严重。因此,应用时尽可能选用小节距的链。高速、功率大时,可选用小节距的双排链或多排链。

②排数(m):滚子链的承载能力和排数成正比,但排数越多,各排受力越不均匀,所以排数不能过多。常用双排链和3排链,多排链制造比较困难,装配时产生的误差易使受载不均匀,所以4排以上的链则使用较少。

③链节数(L_p):链条长度以链节数表示。链接数最好用偶数,以便链条连成环形时正好是内外链板相接。若链接数为奇数时,则要采用过渡链节。

(4)滚子链的标记

套筒滚子链已经标准化,主要参数和尺寸见表2.A.1。

表2.A.1　滚子链的基本参数与尺寸(GB1243.1－1983)

链　号	节　距 P/mm	排　距 P_t/ mm	滚子外径 d_1/mm	内链节内宽 b_1/mm	销轴直径 d_2/mm	内链节外宽 b_2/mm	单排极限拉伸载荷 Q_{min}/N	单排质量 q/(kg·m^{-1})
06 B	9.525	10.24	6.35	5.72	3.28	8.53	8 900	0.4
08 B	12.7	13.92	8.51	7.75	4.45	11.30	17 800	0.7
08A	12.7	14.38	7.95	7.85	3.96	11.18	13 800	0.6

续表

链号	节距 P/mm	排距 P_t/mm	滚子外径 d_1/mm	内链节内宽 b_1/mm	销轴直径 d_2/mm	内链节外宽 b_2/mm	单排极限拉伸载荷 Q_{min}/N	单排质量 q/(kg·m^{-1})
10 A	15.875	18.11	10.16	9.40	5.08	13.84	21 800	1.0
12 A	19.05	22.78	11.91	12.57	5.94	17.75	31 100	1.5
16 A	25.4	29.29	15.88	15.75	7.92	22.61	55 600	2.6
20 A	31.75	35.76	19.05	18.9	9.53	27.46	86 700	3.8
24A	38.10	45.44	22.23	25.22	11.1	35.46	124 600	5.6
28 A	44.45	48.87	25.40	25.22	12.7	37.19	169 000	7.5
32 A	50.8	58.55	28.58	31.55	14.27	45.21	222 400	10.1
40 A	63.5	71.55	39.68	37.85	19.84	54.89	347 000	16.1
48 A	76.2	87.83	47.63	47.35	13.80	67.82	500 400	22.6

注:作为过渡链节时,其极限拉伸载荷按表值得 80% 计算。

套筒滚子链分为 A,B 两级,其中,A 级用于重载、高速和重要场合,一般情况下选 B 级。根据国家标准规定,套筒滚子链的标记方法:

TG381 Ax2-67 GB1243.1-83

- GB1243.1-83——套筒滚子链国家标准代号
- 67——节数
- 2——排数(单排不标)
- A——等级(B级不标)
- TG381——标准链号

2. **齿形链**

齿形链是由铰链连接的齿形板组成(见图 2-A-4)。与套筒滚子链比较,它传动平稳、噪声较小,能传动较高的速度,但摩擦较大,易磨损。

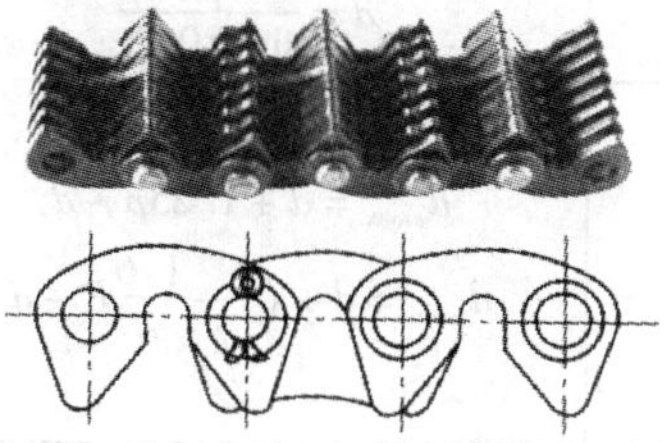

图 2-A-4 齿形链

(三)链轮

1. 链轮的齿形

链轮的齿形应保证链轮与链条接触良好、受力均匀,链节能顺利地进入和推出与轮齿的啮合,又便于加工。在国标 GB/T1243-97 中没有规定具体的链轮齿形,仅仅规定了最小和最大齿槽形状及其极限参数见表 2.A.2。实际齿槽形状取决于加工齿轮的刀具和加工方法,并应使其位于最小和最大齿槽形状之间。链轮的轴向齿廓采用圆弧状,以使链节进入和退出啮合时比较方便，滚子链轮的基本参数与主要尺寸见表2.A.3。

表2.A.2　滚子链链轮端面齿形及齿槽形状

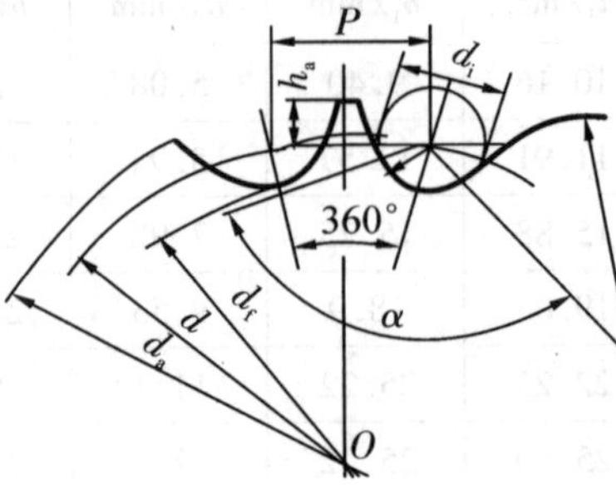

名称	代号	计算公式	
		最小齿槽形状	最大齿槽形状
齿侧圆弧半径	r_e/mm	$d_{emax}=0.12d_1(z+2)$	$d_{emax}=0.008d_1(z^2+180)$
滚子定位圆弧半径	r_i/mm	$r_{imin}=0.05d_1$	$r_{imax}=0.505d_1+0.069\sqrt[3]{d_1}$
滚子定位角	α(°)	$\alpha_{max}=140°-\dfrac{90°}{z}$	$\alpha_{min}=120°-\dfrac{90°}{z}$

表2.A.3　滚子链链轮的基本参数与主要尺寸(GB1244－85)(mm)

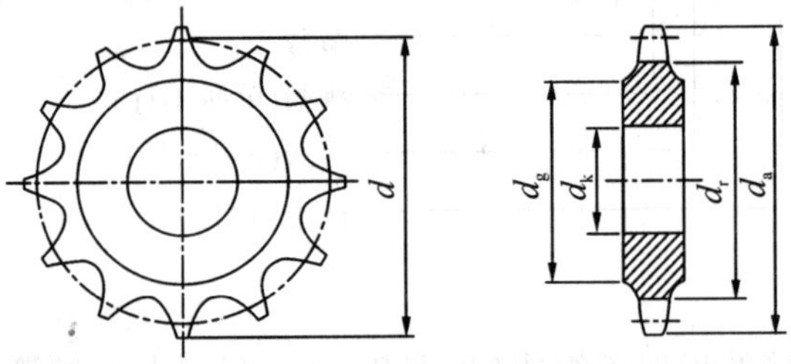

名　称	代　号	计算公式	备　注
分度圆直径	d	$d=\dfrac{p}{\sin180°/z}$	p 是节距，z 是链轮齿数
齿顶圆直径	d_a	$d_{amax}=d+1.25p-d_r$ $d_{amin}=d+(1-\dfrac{1.6}{Z}P-d_r$	d_r 是滚子直径。d_a 可在 d_{amax} 与 d_{amin} 之间选取，但选择 d_{amax} 时，应注意用展成法加工时可能发生的根切，所以 d_a 要取整数
齿根圆直径	d_f	$d_f=d-d_r$	d_r是滚子直径
齿高	h_a	$h_{amin}=0.625p-0.5d_1+\dfrac{0.8p}{z}$ $h_{amin}=0.5(p-d_1)$	p 是节距，d_1 是滚子外径，z 是链轮齿数。h_a 为节距多边形以上部分的齿高，用于绘制放大尺寸的齿槽形状
齿侧凸缘直径	d_g	$d_g<p\cot\dfrac{180°}{z}-1.04h-0.76$	h 是内链板高度，d_g 要取为整数
链轮孔径	d_k		根据轴的强度进行确定

2. 链轮的结构

链轮的结构根据直径大小可分为整体式、焊接式和组合式3种(见图2-A-5),用轧制、冲压或焊接、铸造制成,要求较高时可渗碳,淬火处理,以增加耐磨性。

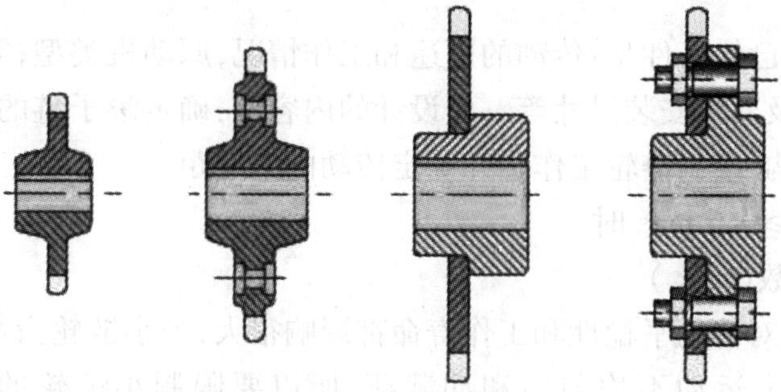

图2-A-5 链轮的结构

3. 链轮的材料

链轮的材料应能保证轮齿有足够的强度和耐磨性。常用碳素钢、合金钢和灰铸铁等材料,小功率高速链轮也可用夹布胶木。齿面通常应热处理,使其达到一定的硬度。

(四)链传动的运动分析

当链条绕在链轮上时,在啮合区域的一部分链将折成一个正多变形,该正多边形的边长相当于链节距P(见图2-A-6)。假设该链轮的转动角速度为ω_1,当链轮转过一个角度时,由于链轮的正多边形,而使得其半径r_1为一个变量,故其瞬时速度$v_A = r_1\omega_1$也是一个变量。将这个瞬时速度在水平和竖直方向上进行分解,我们可以得到两个分速度:$r_1\omega_1\sin\theta$和$r_1\omega_1\cos\theta$。这两个速度一个使其发生转动,一个使得链条上下抖动。

由上述分析,链速的这种变化,就造成了链传动速度的不均匀性和不稳定性。故我们说链传动的瞬时传动比是变化的,而平均传动比是一个常数。

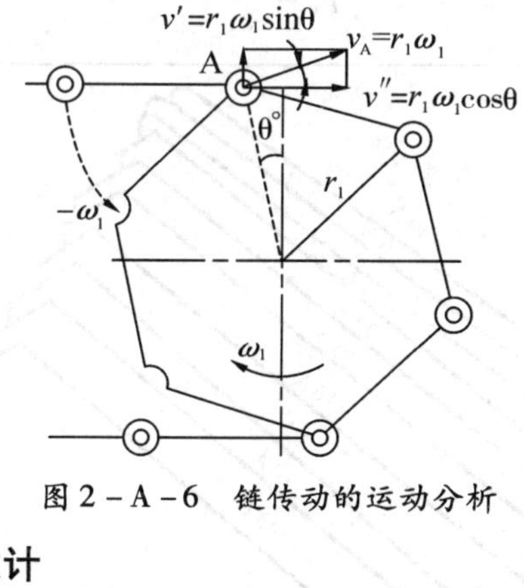

图2-A-6 链传动的运动分析

(五)链传动的选择与设计

1. 链传动的失效形式

由于链条的结构比链轮的复杂,强度不如链轮高,所以一般链传动的失效主要是链条的失效。常见的失效形式:

(1)链条的疲劳破坏。

(2)链条铰链的磨损。

(3)链条铰链的胶合。

(4)链条的静载荷拉断。

2. 链传动的设计

链传动设计时的已知条件是:传动的用途和工作情况,原动机类型,需要传递的功率,主动轮转速,传动比以及外廓安装尺寸等。而设计的内容是:确定滚子链的型号,链节数,选择链轮齿数、材料和结构,绘制链轮工作图并确定传动的中心距。

当链传动速度 $v \geqslant 0.6$ m/s 时:

(1)确定链轮齿数(z_1, z_2)

因为链轮的齿数对传动平稳性和工作寿命都影响很大,当小链轮齿数较少时,虽然可减小外廓尺寸,但会增大运动不均匀性和动载荷,所以要限制小链轮的最少齿数,通常取 $z_1 \geqslant 9$;当小链轮齿数过多时,大链轮齿数也随之增多,将使传动尺寸和重量增大;大链轮齿数过多时,还容易因磨损而造成脱链,故一般应使大链轮齿数 $z_2 \leqslant 120$。设计时,小链轮齿数根据已知速度可从表 2. A. 4 中选取;大链轮齿数 $z_2 = iz_1$。由于链节数常取偶数,为使磨损均匀,链轮齿数一般取为奇数。

表 2. A. 4　按线速度 v 选取小链轮齿数 z_1

v(m·s^{-1})	0.6~3	3~8	>8
z_1	15~17	19~21	23~25

(2)选择链条节距 p 及排数(m)、确定链的型号

链节距越大,承载能力越高,但运动的不平稳性、动载荷和噪声也越严重。因此,在满足承载能力的前提下,设计时应尽量选取小节距的单排链;重载荷时,可选择小节距的多排链。一般根据传动的计算功率和小链轮的转速由图 2-A-7 选取。链传动的计算功率为

$$p_c = \frac{k_A P}{k_z}$$

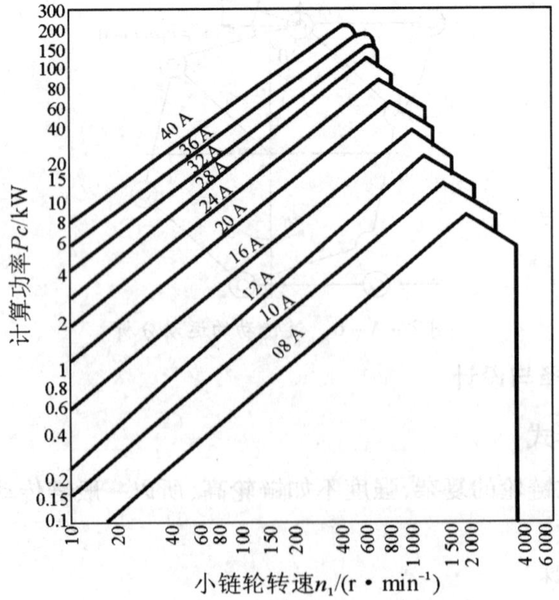

图 2-A-7　A 系列滚子链的功率曲线

式中，k_A是工作情况系数（见表2.A.5），P是链传动的额定功率（kW），k_z是小链轮的齿数系数（见表2.A.6）。

表2.A.5 链传动的工作情况系数 k_A

载荷情况	工作机种类	原动机种类		
		电动机与汽轮机	内燃机	
			带流体机构	无流体机构
平稳传动	载荷平稳的带式运输机、链式运输机、离心泵、离心鼓风机及一般纺织机，载荷无变化的一般机械等	1.0	1.0	1.2
稍有冲击	离心压缩机，船舶推进机，载荷稍有变化的运输机，自动炉，粉碎机，压气机，一般金属切削机床、工程机械和造纸机等	1.3	1.2	1.4
有大冲击	冲床、碎石机、矿山机械、石油钻机、冲剪机床、纺织机械、橡胶搅拌机和轧辊等	1.5	1.4	1.7

表2.A.6 小链轮的齿轮系数 k_z

z_1	9	11	13	15	17	19	21	23	25	27	29	31	33	35
k_z	0.466	0.555	0.667	0.775	0.893	1	1.12	1.23	1.35	1.46	1.58	1.7	1.81	1.94

（3）确定链节数（L_P）

中心距小可使链传动结构紧凑，但链条在小链轮上的包角小，与小链轮啮合的链节也少。当链速一定时，链绕链轮的次数增多，即应力变化次数也增多，从而使链的寿命降低。中心距太大，则结构不紧凑，并且会使链条的松边发生颤动，增加运动的不均匀性。故一般可初选中心距为

$$a_0=(30\sim50)P$$

最大可取 $a_{0\max}=80\ P$。

链节数 L_P按下式计算为

$$L_p=\frac{2a_0}{p}+\frac{z_1+z_2}{2}+\frac{p}{a_0}(\frac{z_2-z_1}{2\pi})^2$$

将计算值圆整为整数，最好为偶数。

链长的计算公式为

$$L=L_Pp$$

确定中心距（a'）

理论中心距 a 可由下式算的得

$$a=p(2L_P-z_1-z_2)k_L$$

式中，k_L是链的长度系数（见表2.A.7），有$\dfrac{L_P-Z_1}{Z_2-Z_1}$

表 2.A.7 链的长度系数 k_L

$\frac{L_P - Z_1}{Z_2 - Z_1}$	k_L	$\frac{L_P - Z_1}{Z_2 - Z_1}$	k_L	$\frac{L_P - Z_1}{Z_2 - Z_1}$	k_L	$\frac{L_P - Z_1}{Z_2 - Z_1}$	k_L
13	0.24991	3.2	0.24825	1.68	0.24048	1.37	0.23170
12	0.24990	3.0	0.24795	1.66	0.24013	1.36	0.23123
11	0.24988	2.9	0.24778	1.64	0.23977	1.35	0.23073
10	0.24986	2.8	0.24758	1.62	0.23938	1.34	0.23022
9	0.24983	2.7	0.24735	1.60	0.23897	1.33	0.22968
8	0.24978	2.6	0.24708	1.58	0.23854	1.32	0.22912
7	0.24970	2.5	0.24678	1.56	0.23807	1.31	0.22854
6	0.24958	2.4	0.24643	1.54	0.23758	1.30	0.22793
5	0.24937	2.3	0.24602	1.52	0.23750	1.29	0.22729
4.8	0.24931	2.2	0.24552	1.50	0.23648	1.28	0.22662
4.6	0.24925	2.1	0.24493	1.48	0.23588	1.27	0.22593
4.4	0.24917	2.0	0.24421	1.46	0.23524	1.26	0.22520
4.2	0.24907	1.9	0.24333	1.44	0.23455	1.25	0.22443
4.0	0.24896	1.85	0.24281	1.42	0.23381	1.24	0.22361
3.8	0.24883	1.80	0.24222	1.40	0.23301	1.23	0.22275
3.6	0.24868	1.75	0.24156	1.39	0.23259	1.22	0.22185
3.4	0.24849	1.70	0.24081	1.38	0.23215	1.21	0.22090

确定实际中心距 a'，有

$$a' = a - \Delta a$$

式中，Δa 为中心距减少量，其作用是保证松边有合适的垂度，通常 $\Delta a = (0.002 \sim 0.004)a$，对中心距可调的传动，取大值；对中心距不可调和没有张紧装置的传动，取小值。

(4)验算链速(v)并确定润滑方式。

链速 v 过高时，会增加链传动的动载荷和噪声，因此，一般将链速 v 限制在 15m/s 以下。链速 v 可按下式计算为

$$v = \frac{z_1 n_1 p}{60 \times 1000}$$

若链速 v 超过了允许范围，应调整设计参数重新计算。

(5)计算有效圆周力(F_t)及作用于轴上的压力(F_q)

有效圆周力 F_t的计算公式为

$$F_t = \frac{1000P}{v}$$

轴上的压力 F_q的计算公式为

$$F_q = K_{Fq} F_t$$

式中，K_{Fq}是压轴力系数，对于水平传动 $K_{Fq} = 1.15$；对于垂直传动 $K_{Fq} = 1.05$。

(6)绘制链轮工作图

当链传动速度 $v < 0.6$m/s 时：静强度安全系数应满足的条件为

$$S = \frac{Q_{\min}}{k_A F_t} \% \geqslant [S]$$

式中，Q_{min}是单排滚子链的极限拉伸载荷（N），k_A是工作情况系数；F_t是链的圆周力（N），[S]是许用安全系数，通常[S] = 4 ~ 8，多排链取较大的值。

例 如图 2 − A − 8 所示为一带式运输机，其传动装置为链传动。已知传递功率 $P = 7.5$ kW，主动链轮的转速 $n_1 = 960$ r/min，从动链轮的转速 $n_2 = 320$ r/min，载荷平稳。要求中心距 $a \approx 600$ mm，小链轮孔轴直径 $d_k = 38$ mm。传动近似水平布置，试设计此链传动。

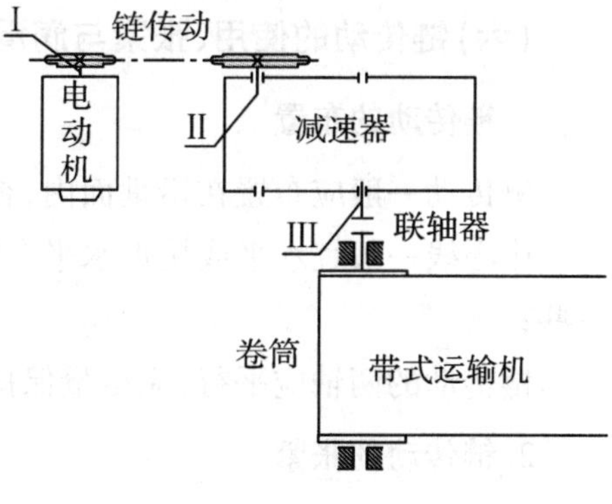

图 2 − A − 8 生产中的链传动

解 假设链速在 3 ~ 8m/s 之间，选取小链轮齿数 $z_1 = 21$，大链轮齿数 $z_2 = iz_1 = 3 \times 21 = 63$。其他设计见表 2. A. 8。

表 2. A. 8 链传动设计说明书

设计项目	计算内容	计算结果
1. 选择链条节距 P 及排数 m，确定链的型号	①确定计算功率 查表得工作情况系数 $k_A = 1$，查表得到齿数系数 $k_Z = 1.12$，则计算功率 $P_C = \frac{k_A P}{kz} = \frac{1 \times 7.5}{1.12} = 6.7$ kW ②由计算功率 $P_C = 6.7$ kW 和小链轮转速 $n_1 = 960$ r/min 查表得链节距 $P = 15.875$ mm，链型号为 10A，且为单排链	$p = 15.875$ mm $m = 1$ 链型号为 10A
2. 确定链节数 L_P和链条长度 L	①先初选中心距 $a_0 = (30 \sim 50)p$ 即 $a_0 = (30 \sim 50)p = (30 \sim 50) \times 15.875 = 476.25 \sim 793.75$ mm ②按题目要求，取 $a_0 = 600$ mm，则链节数按公式计算得： $L_p = \frac{2a_0}{p} + \frac{z_1 + z_2}{2} + \frac{p}{a_0}(\frac{z_2 - z_1}{2\pi})^2 = \frac{2 \times 600}{15.875} + \frac{63 + 21}{2} + \frac{15.875}{600}(\frac{63 - 21}{2\pi})^2 = 118.77$ mm 取链节数 $L_P = 118$ mm ③链条长度 $L = L_p p = 118.77 \times 15.875 = 1885.48$ mm	$L_p = 118.77$mm $L = 1\,885.48$mm
3. 确定中心距 a 和 a'	①计算理论中心距 a，可由公式算得： 由$\frac{L_P - Z_1}{Z_2 - Z_1} = \frac{118 - 21}{63 - 21} = 2.3$，查表得 $K_L = 0.24602$ 代入其他已知数值，则理论中心距为 $a = p(2L_p - z_1 - z_2)k_L = 15.875 \times (2 \times 118 - 21 - 63) \times 0.24602 = 593.65$ mm ②计算实际中心距 a'，有 $a' = a - \Delta a = 593.65 - 0.004 \times 593.65 = 591.3$ mm	$a = 593.65$ mm $a' = 591.3$ mm
4. 验算链速 v 并确定润滑方式	①链速 v 可按公式计算，代入有关数值，可得 $v = \frac{21 \times 960 \times 15.875}{60 \times 1000} = 5.334$m/s，故所取速度合适 ②根据节距 $p = 15.875$ mm 和 $v = 5.334$ m/s 查图可知，该传动的润滑方式采用油浴润滑或飞溅润滑	$v = 5.334$ m/s

(六)链传动的使用、张紧与润滑

1. 链传动的布置

链传动一般应布置在铅垂面内,否则将引起脱链或不正常磨损;

中心线一般宜水平或接近水平布置,链传动的紧边在上方或在下方都可以,但在上方好一些;

链传动的两轴应平行,应尽量保持链传动的两个链轮工面,否则工作中容易脱链。

2. 链传动的张紧

链传动应适当张紧,以避免链条松边垂度过大而产生啮合不良和振动过大。

3. 调整中心距

中心距不可调节时,采用张紧装置或将磨损变长后的链条拆掉 1 ~2 个链节。

4. 链传动的润滑

润滑方式有:人工给油、油杯滴油、油浴润滑、飞溅给油和用油泵强制润滑和冷却等(见图 2 – A –9)。

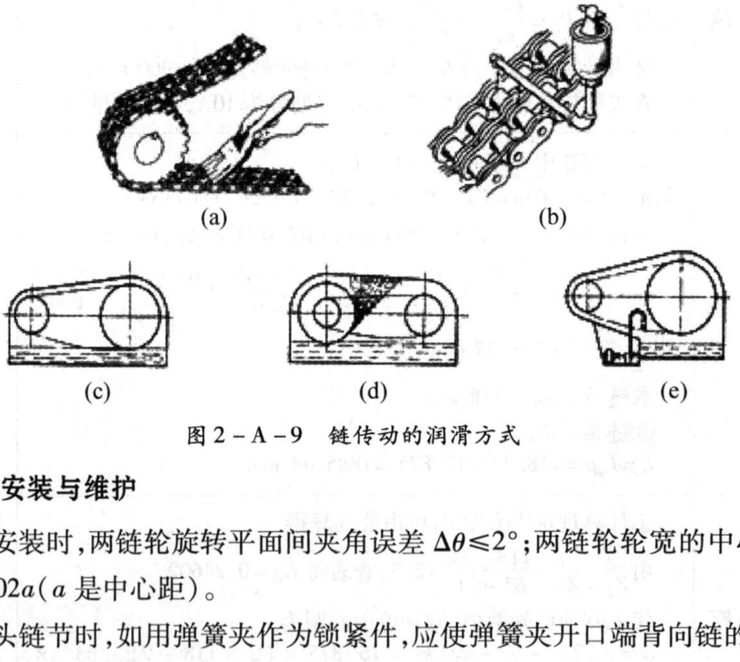

图 2 – A –9　链传动的润滑方式

5. 链传动的安装与维护

(1)链传动安装时,两链轮旋转平面间夹角误差 $\Delta\theta \leqslant 2°$;两链轮轮宽的中心平面轴向位移误差 $\Delta e \leqslant 0.002a$($a$ 是中心距)。

(2)安装接头链节时,如用弹簧夹作为锁紧件,应使弹簧夹开口端背向链的运动方向,以免链运动时受到撞击而脱离。

(3)应定期清洗滚子链,及时更换已损坏链节。若更换次数太多,应更换整根链条,以免新旧链节并用时加速链条跳动并损坏。

(4)通常,链传动应装设防护罩密封,既防尘又减轻噪声,并起安全防护作用;

(5)链传动工作时如噪声过大,导致的原因可能是链轮不共面、松边垂度不合适、润滑不良、链罩或支撑松动、链条或链轮磨损和链条振动等,应及时检查、修理。

思考与练习

一、填空题

1. 带传动一般由________、________和________组成。

2. 根据工作原理的不同,带传动可分为________带传动和________带传动两大类。

3. 摩擦型带传动的工作原理是:当主动轮回转时,依靠带与带轮接触面间产生的______带动从动轮转动,从而来传递________和________。

4. V 带传动过载时,传动带会在带轮上______,可以防止______的损坏,起______作用。

5. V 带是一种______接头的环形带,其工作面是与轮槽相接触的______,带与轮槽底面________。

6. 普通 V 带已经标准化,其横截面尺寸由小到大分为______种型号。

7. 普通 V 带的标记由________、________和________3 部分组成。

8. 普通 V 带带轮的常用结构有________、________和________3 种。

9. V 带传动常见的张紧方法有________和________。

10. 安装带带轮时,两带轮的轴线应相互______,两带轮轮槽的对称平面应______。

11. 齿轮传动与带轮传动、链传动和摩擦传动相比较,具有功率范围________,传动效率______,传动比______,使用寿命______等一系列特点,所以应用广泛。

12. 齿轮传动的传动比,指主动轮与从动轮的______之比,与齿数成______比,用公式表示为________。

13. 齿轮传动获得广泛应用的原因是能保证瞬时传动比______,工作可靠性______,传递运动______等。

14. 渐开线的形状取决于______的大小。

15. 齿数相同的齿轮,模数越大,齿轮尺寸______,轮齿承载能力______。

16. 国家标准规定:渐开线圆柱齿轮分度圆上的齿形角等于______。

17. 直齿圆柱齿轮正确啮合条件是:两轮齿模数必须______;两齿轮分度圆上的压力角必须______。

18. 为了保证齿轮传动的连续性,必须在前一对齿轮______啮合,后继的一对轮齿______啮合状态。

19. 斜齿圆柱齿轮比直齿圆柱齿轮承载能力________,传动平稳性________,工作寿命______。

20. 一对外啮合斜齿圆柱齿轮的正确啮合条件为:两齿轮______模数相等,______压力角相等,螺旋角______,螺旋方向______。

21. 齿轮齿条传动的目的是将齿轮的________,运动转变为齿条的________运动。

22. 斜齿圆柱齿轮螺旋角 β 越大,轮齿倾斜程度越______,传动平稳性越______,但轴向力也越______。

二、选择题

1. 在一般机械传动中,应用最广的带传动是(　　)。

A. 平带传动　　B. 普通带传动　　C. 同步带传动

2. 普通 V 带的横截面积是(　　)。

A. 矩形　　B. 圆形　　C. 等腰梯形

3. 按国家标准,普通带有(　　)种型号。

A. 6　　B. 7　　C. 8

4. 普通带的楔 α 角为(　　)。

A. 36°　　B. 38°　　C. 40°

5. 在相同的条件下,普通 V 带横截面积尺寸(　　),其传递的功率也(　　)。

A. 越小　越大　　B. 越大　越小　　C. 越大　越大

6. (　　)结构用于基准直径较小的带轮。

A. 实心式　　B. 孔板式　　C. 轮辐式

7. V 带轮的轮槽角(　　)V 带的楔角。

A. 小于　　B. 大于　　C. 等于

8. 在 V 带传动中,张紧轮应置于(　　)内侧且靠近(　　)处。

A. 松边　小带轮　　B. 紧边　大带轮　　C. 松边　大带轮

9. 在带传动中,带的根数是由所传递的(　　)大小确定的。

A. 速度　　B. 功率　　C. 转速

10. 如Ⅱ－1 所示,V 带在轮槽中的位置是(　　)。

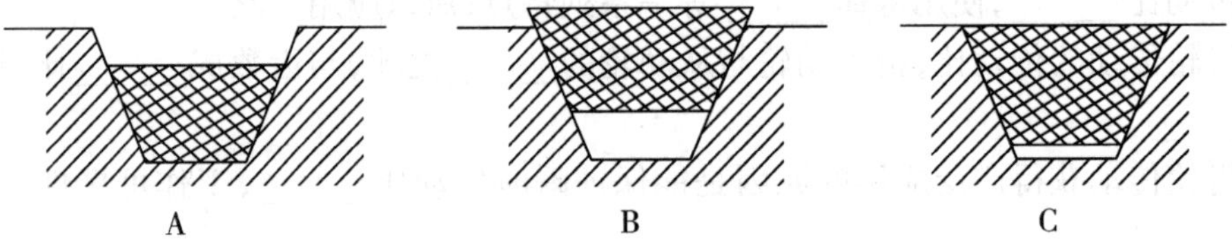

图Ⅱ－1　题 10 图

11. 考虑带的使用寿命,要求小带轮基准直径(　　)国家标准规定的最小值 。

A. 不小于　　B. 不大于　　C. 等于

12. (　　)传动具有传动比准确的特点。

A. 普通 V 带　　B. 窄 V 带　　C. 同步带

13. 齿轮传动能保证准确的(　　),所以传动平稳、工作可靠性高。

A. 平均传动比　　B. 瞬时传动比　　C. 传动比

14. 渐开线齿轮是以(　　)作为齿廓的齿轮。

A. 同一基圆上产生的两条反向渐开线

B. 任意两条反向渐开线

C. 必须是两个基圆半径不同所产生的两条反向渐开线。

15. 当基圆半径趋于无穷大时,渐开线形状(　　)。

A. 越弯曲　　B. 越平直　　C. 不变

16. 一对渐开线齿轮制造好后,实际中心距与标准中心距稍有变化时,仍能够保证恒定的传动比,这个性质称为(　　)。

A. 传动的连续性　　B. 传动的可分离性　　C. 传动的平稳性

17. 标准中心距条件下啮合的一对标准齿轮,其节圆直径等于(　　)。

A. 基圆直径　　B. 分度圆直径　　C. 齿顶圆直径

18. 一对标准直齿圆柱齿轮，实际中心距比标准中心距略小时，不变化的是（ ）。

A. 节圆直径 B. 啮合角 C. 瞬时传动比

19. 标准直齿圆柱齿轮的分度圆齿厚（ ）齿槽宽。

A. 等于 B. 大于 C. 小于

20. 标准齿轮分度圆上的压力角（ ）。

A. 大于20° B. 小于20° C. 等于20°

21. 对于标注齿轮，正常齿齿顶高系数 h_{a*} 等于（ ）。

A. 0.25 B. 0.75 C. 1

22. 一对标准直齿圆柱齿轮正确啮合，两齿轮的模数（ ），两齿轮的分度圆上压力角（ ）。

A. 相等，不相等 B. 不相等，相等 C. 相等，相等

23. （ ）具有承载能力大，传动平稳、使用寿命长等特点。

A. 斜齿圆柱齿轮 B. 直齿圆柱齿轮 C. 圆锥齿轮

24. 国家标准规定，斜齿圆柱齿轮的（ ）模数和齿形角为标准值。

A. 法面 B. 端面 C. 法面和端面

25. 国家标准规定，直齿圆锥齿轮（ ）处的参数为标准参数。

A. 小端 B. 大端 C. 中间平面

26. 斜齿轮传动时，其轮齿啮合线先（ ），再（ ）。

A. 由短变长 B. 由长变短 C. 不变

27. 在直齿圆锥齿轮中，为了便于（ ），规定以大端的参数作为标准参数。

A. 计算 B. 测量 C. 加工

28. 斜齿圆柱齿轮的端面用（ ）作标记，法面用（ ）作标记。

A. x B. n C. t

29. 以下各齿轮传动中，不会产生轴向力的是（ ）。

A. 直齿圆柱齿轮 B. 斜齿圆柱齿轮 C. 直齿圆锥齿轮

30. 在（ ）齿轮传动中，容易发生齿面磨损。

A. 开式 B. 闭式 C. 开式与闭式

三、判断题

1. V带的横截面为等腰梯形。（ ）
2. 在计算机、数控机床等设备中，通常采用同步带传动。（ ）
3. V带传动不能保证准确的传动比。（ ）
4. 一般情况下，小带轮的轮槽角要小些，大带轮的轮槽角则大些。（ ）
5. 普通V带传动的传动比 i 一般都应大于7。（ ）
6. 为了延长传动带的使用寿命，通常尽可能地将带轮基准直径选得大些。（ ）
7. 在使用过程中，需要更换V带时，不同新旧的带可以同组使用。（ ）
8. 安装V带时，张紧程度越紧越好。
9. 在V带传动中，带速 v 过大或过小都不利于带的传动。
10. V带传动中，主动轮上的包角一定小于从动轮上的包角。（ ）
11. V带传动装置应有防护罩。（ ）
12. 因为V带弯曲时横截面变形，所以V带轮的轮槽角要小于V带的楔角。（ ）

13. V 带的根数影响带的传动能力,根数越多,传动功率越小。

14. 同步带传动的特点之一是传动比准确。(　　)

15. 齿轮传动的瞬时传动比恒定、工作可靠性高,所以应用广泛。(　　)

16. 因渐开线齿轮能保证传动比恒定,所以齿轮传动常用于传动比要求准确场合。(　　)

17. 当模数一定时,齿轮的几何尺寸与齿数无关。(　　)

18. 模数反映了齿轮的大小,齿数相同的齿轮,模数越大,齿轮承载能力越强。(　　)

19. 一对外啮合斜齿圆柱齿轮传动时,两齿轮螺旋角大小相等、旋向相同。(　　)

20. 斜齿轮圆柱齿轮可以作为滑移齿轮。(　　)

21. 齿条齿廓上各点的齿形角均相等,都等于标注值 20°。(　　)

22. 斜齿圆柱齿轮传动适用于高速重载的场合。(　　)

23. 直齿圆锥齿轮两轴间的夹角可以是任意的。(　　)

24. 齿轮传动的失效,主要是轮齿的失效。(　　)

25. 点蚀多发生在靠近节线的齿根面上。(　　)

26. 适当提高齿面硬度,可以有效地防止或减缓齿面点蚀、齿面磨损、齿面胶合和轮齿折断导致的失效。(　　)

27. 轮齿发生点蚀后,会造成齿轮传动的不平稳和产生噪声。(　　)

四、简答题

1. 带的弹性滑动与打滑有何区别？应如何避免？

2. 采用张紧轮张紧时,张紧轮应如何放置？

3. 渐开线是怎样形成的？有哪些性质？

4. 什么是斜齿圆柱齿轮的当量齿轮？当量齿轮有何作用？

五、计算题

1. 一对外啮合标准直齿圆柱齿轮,主动轮转速 $n_1 = 1\ 500$ r/min,从动齿轮转速 $n_2 = 500$ r/min,两轮齿数之和为 120,模数 = 4。求:z_1, z_2 和中心距 a。

2. 如图Ⅱ-2 所示为铣床主轴箱的传动图,箱内各有一对双联和三联齿轮。用拨叉移动三联及双联滑移齿轮,可以得到轴Ⅲ的不同转速。已知电动机转速 $n_1 = 1\ 000$ r/min,主动带轮直径 $d_1 = 108$ mm,从动带轮直径 $d_2 = 300$ mm,各轴齿轮齿数 $z_{Ⅰ1} = 14$, $z_{Ⅰ2} = 48$, $z_{Ⅰ3} = 28$; $z_{Ⅱ1} = 20$, $z_{Ⅱ2} = 30$, $z_{Ⅱ3} = 70$, $z_{Ⅱ4} = 36$, $z_{Ⅱ5} = 56$; $z_{Ⅲ1} = 40$, $z_{Ⅲ2} = 30$,试判断轴Ⅲ转速有几种转速并分别计算。

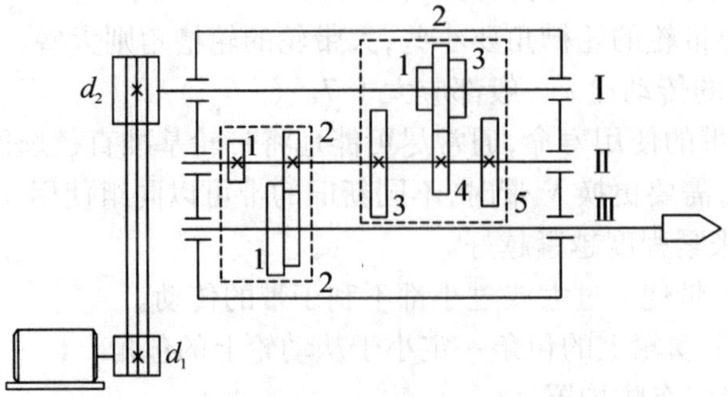

图Ⅱ-2　题 2 图

◇学习情境三

异形件的信息分析

任务描述

1. 通过内燃机的工作原理，从运动学角度和制造学角度分析机器的组成，会识读和绘制机构运动简图；

2. 分解内燃机的工作过程，按传动路线得出两个独立的运动机构：曲柄连杆机构和凸轮机构，分别分析它们的相关知识；

3. 分析内燃机工作过程中弹簧的作用。

☆具体任务

(1)平面四杆机构的设计(曲柄摇杆、双曲柄和双摇杆机构)；

(2)平面机构运动模型工作原理的分析和测绘；

(3)凸轮机构设计；

(4)绘制如下图所示内燃机机构运动简图。

内燃机

学习目标

☆知识目标

能用专业术语分析机器的组成，熟练掌握平面机构运动简图的测绘与识读。

☆技能目标

具备机械系统的分析能力，根据实际需要，简单设计机械传动系统的原理。

学时安排

资 讯	决 策	计 划	实 施	检 查	评 价
6	2	3	4	2	1

知识链接

一、平面机构概述

(一)机器和机构的有关术语及定义

(1)机器:机器是人工的物体组合,它的各部分之间具有一定的相对运动,并能用来作出有效的机械功或转换机械能。如内燃机(见图3-1-1)等。

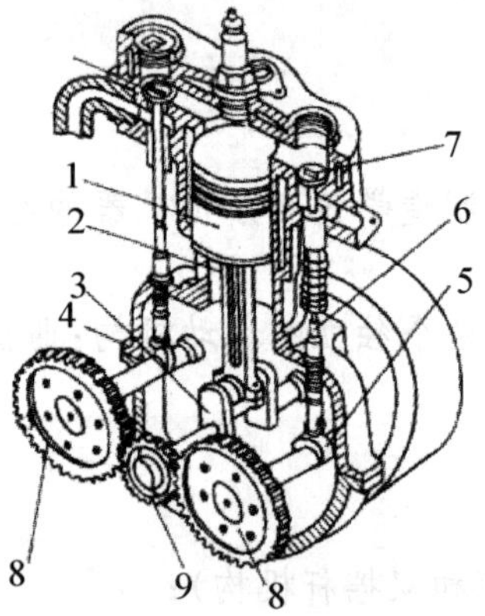

1-活塞;2-连杆;3-曲柄轴;4-气缸体;
5-凸轮;6-顶杆;7-进、排气阀;8,9-齿轮

图3-1-1 内燃机

图3-1-2 带传动机构

(2)机构:机构是人工的物体组合,各部分之间具有一定的相对运动,但它不能做机械功,也不能转换机械能,只能完成能量的传递。如皮带轮机构(见图3-1-2)等。

(3)机械:机器和机构的总称。

(4)构件:构件是指相互之间能作相对运动的机件。例如图3-1-2中,小带轮通过V带带动大带轮,大、小带轮与V带之间都有相对运动,均是构件;而大小带轮与轴或轴上的键,其相互之间没有相对运动,所以不能称之为构件。所以,构件是运动的单元。

(5)零件:构件系统的组成单元叫零件。零件制成之后组合成构件,所以,零件是制造的单元。例如图3-1-2中,轴、键和带轮都是零件。

1. 机器的组成

(1)原动机:推动机器各部分运动、工作的部件。例如:发动机和电动机等。

(2)执行机构:进行各种具体工作的部件。例如:汽车车轮、缝纫机机头和洗衣机拨水盘等。

(3)传动机构:联系原动机与执行机之间的部件。例如:连杆机构、凸轮机构、齿轮机构、带传动和螺旋传动等。

(4)控制机构:操纵或控制机器工作的部件。例如:机械、液压、气动和电气控制装置等。

2. 机器的传动方式

(1)机械传动:采用机械零件组成的传动装置来进行能量的传递方式。

(2)液压传动:采用液压元件,利用液体(油或水)作为工作介质,以其压力进行能量的传递方式。

(3)气动传动:采用气压元件,利用气体作为工作介质,以其压力进行能量的传递方式。

(4)电气传动:采用电力设备和电气元件,利用调整其电参数(电压、电流、电阻)来实现能量的传递方式。

(二)平面机构的有关术语及定义

(1)平面机构:是指机构中各构件都在同一平面或相互平行平面内运动的机构。常用的平面机构有平面连杆机构、凸轮机构和间歇运动机构。

(2)平面连杆机构:是指全部以低副(移动副和转动副)连接组成的平面机构。

(3)铰链机构:是指所有运动副均为转动副的平面机构。

(4)机构运动简图:机构中各构件的相对运动只与运动副的数目、类型、相对位置及某些尺寸有关,而与构件的截面尺寸、运动副的具体结构无关。所以对机构进行运动和受力分析时,并不需要了解机构的真实外形和具体结构,只需用规定符号和线条按一定比例表示构件和运动副的相对位置,这种简明表示机构各构件运动关系的图形称为机构运动简图(见图3-1-3)。

图3-1-3 机构运动简图

(a)内燃机;(b)雨伞

机构运动简图是机构分析的重要工具,通过绘制运动简图可以清楚地反映机构传动的原理。正确绘制机构运动简图对研究已有的机构和设计新的机械非常重要。

(5)运动链与机构的区别:运动链是指若干个构件与运动副连接而成的系统(见图3-1-4)。

根据构件连接是否封闭,运动链可分为闭式运动链、开式运动链和混合运动链。其中各构件构成首末相连的系统称为闭式运动链;运动链中至少含有一个构件未构成首末相连的系统称为开式运动链;二者兼有的,称为混合运动链。开式运动链常用在机器人传动中,而平面机构中多为闭式运动链。

图3-1-4 运动链

(a)闭式运动链;(b)开式运动链

在运动链中,若将某一构件固定作为机架,并给定原动件的运动规律,此时运动链便成为机构。因此,运动链只是一个由运动副连接而成的构件系统,而机构是规定了原动件和机架的具有确定相对运动的运动链。

(三)构件的运动副

使两构件直接接触而又能产生一定相对运动的连接,称为运动副。根据运动副中两构件的接触形式不同,运动副可分为低副和高副。

1. 低副

是指两构件之间作面接触的运动副(见图3-1-5),按两构件间的相对运动特征又分为转动副、移动副和螺旋副。

低副的特点:由于是面接触,承载时的单位面积压力较小,故较耐用,传力性能好。但低副是滑动摩擦,摩擦损失大,因而效率低,不能传动较复杂的运动。

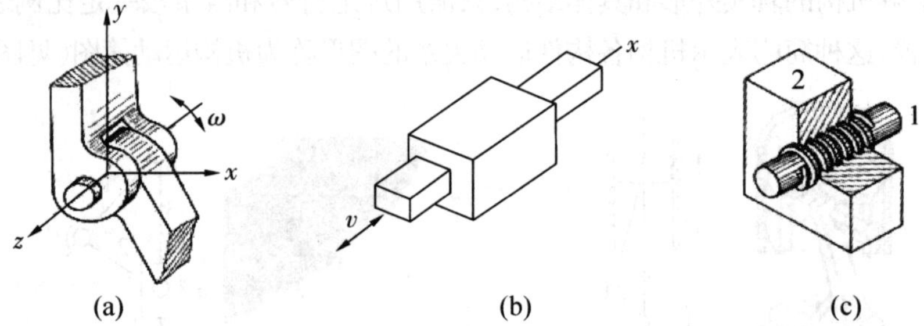

图3-1-5　低副

(a)转动副;(b)移动副;(c)螺旋副

2. 高副

是指两构件之间作点或线接触的运动副(见图3-1-6)。

高副的特点:由于是点、线接触,承载时的单位面积压力较大,故两构件接触处容易磨损,制造和维修困难,但高副能传递较复杂的运动。

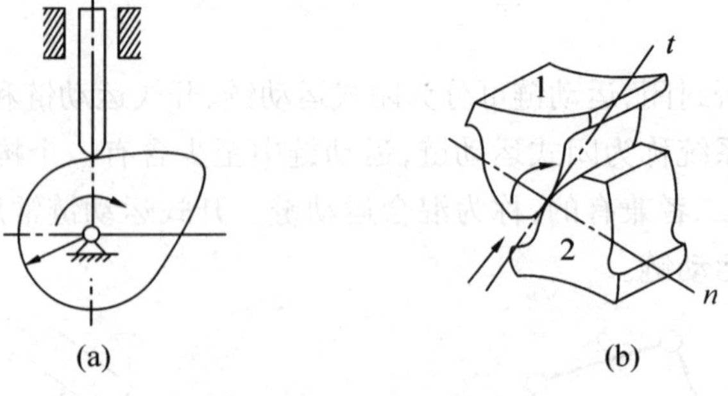

图3-1-6　高副

(a)凸轮机构;(b)齿轮机构

(四)机构的组成

1. 机架

机构中固结于定参考系的构件称为固定构件,或称为机架。

2. 主动件

机构中已给定运动规律的活动构件,给机构运动提供驱动力或力矩。

3. 从动件

机构中除了主动件外,随主动件的运动而运动的其余可动构件均称为从动件。

由上可知,构件的类型通常也可分为机架(固定件)、主动件和从动件 3 种。从动件的运动规律取决于主动件的运动规律和机构的结构。

(五)构件和运动副的表示方法

1. 构件的表示方法

在机构运动简图中,构件用一个线条来表示,但当一个构件上有几个运动副时,就需要其他的表示方法(见表 3.1.1)。

表 3.1.1 构件的符号表示

构件名称	符号表示
机 架	
杆、轴类构件	
固联构件	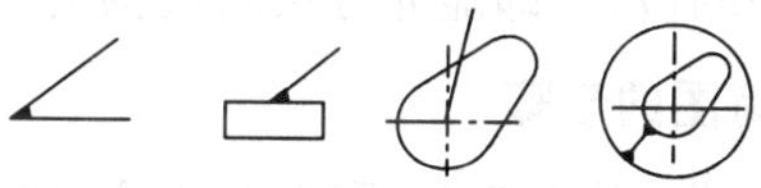
两副构件	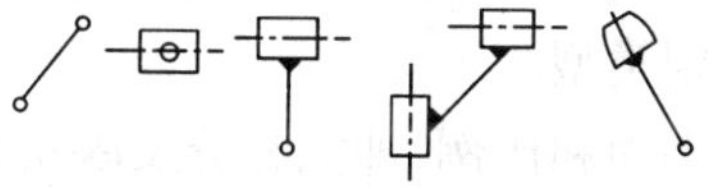
三副构件	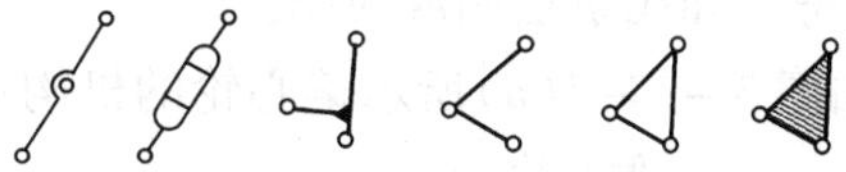

2. 运动副的表示方法

运动副的表示方法(见表 3.1.2)。

表 3.1.2 运动副的符号表示

运动副名称		运动副符号	
		两运动构件的连接	运动构件与固定构件的连接
平面副	转动副	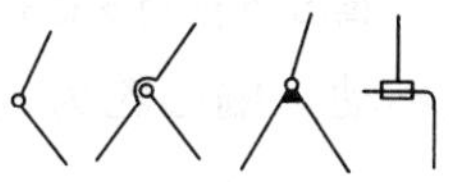	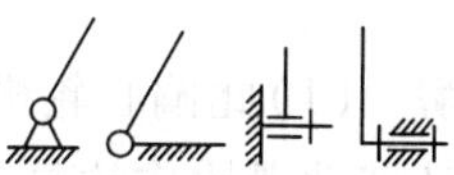
	移动副	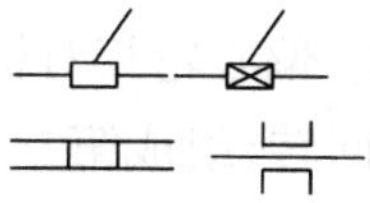	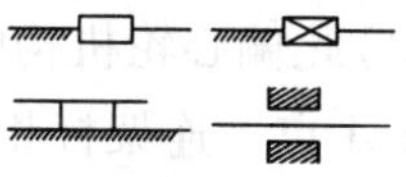
	高副		

续表

运动副名称		运动副符号	
		两运动构件的连接	运动构件与固定构件的连接
空间副	螺旋副	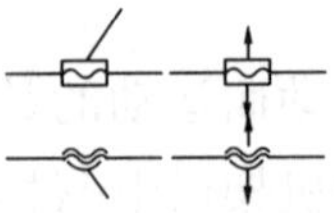	
	球面副		
	球销副		

(六)平面机构的运动简图的画法

1. 绘制运动简图的要求

(1)分析机构,观察相对运动。

(2)找出所有的构件与运动副。

(3)选择合理的位置,即能充分反映机构的特性。

2. 绘制运动简图的步骤

(1)分析机构的结构及动作原理,找出主动件、从动件和机架。

(2)确定运动副类型。

(3)选择视图平面和比例,即能充分反映机构的特性。

(4)用规定符号和线条绘制成简图。

例 绘制如图 3-1-7(a)所示偏心轮的机构运动简图。

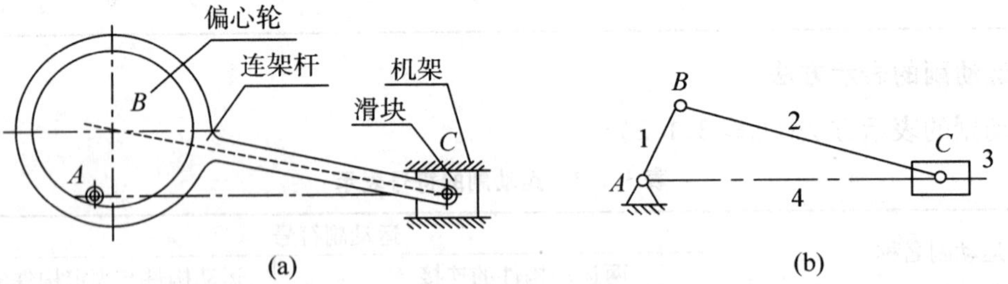

图 3-1-7 偏心轮机构及运动简图

解 (1)此偏心轮机构中机架固定不动。偏心轮为主动件,作转动,带动连架杆运动,连架杆又带动滑块作往复直线运动。

(2)此偏心轮机构中的机架相对静止,偏心轮相对机架绕 A 点回转,组成一个转动副,其轴心在 A 点。连架杆相对偏心轮绕 B 点回转,组成第二个转动副,其轴心在 B 点。连架杆相对滑块绕 C 点回转,组成第三个转动副,其轴心在 C 点。滑块相对机架沿水平方向作直线移动,组成一个移动副。

(3)通过分析,该机构为平面机构,所以选择与纸面平行的平面为视图平面。

(4)首先画出偏心轮与机架4组成的转动副的轴心 A 以及滑块与机架4组成移动副的路径。然后以一定比例画出连架杆与偏心轮组成的转动副轴心 B(B 是偏心轮的几何中心),构件1为偏心距,即曲柄。再用同一比例画出滑块3与连杆2组成的转动副轴心 C,C 应在滑块的运动路径上。最后用构件和运动副的符号相连接,并用数字标示个构件(见图3-1-7(b))。

(七)平面机构的自由度

1.平面机构的自由度及计算

(1)平面机构的自由度和约束:平面机构自由度是指机构允许构件具有独立运动的数目,用 F 来表示。

一个作平面运动的构件有3个独立运动的可能性,它有3个自由度,即 $F=3$;而一个作空间运动的构件就有6个独立运动的可能性,它有6个自由度,即 $F=6$,如图3-1-8所示。

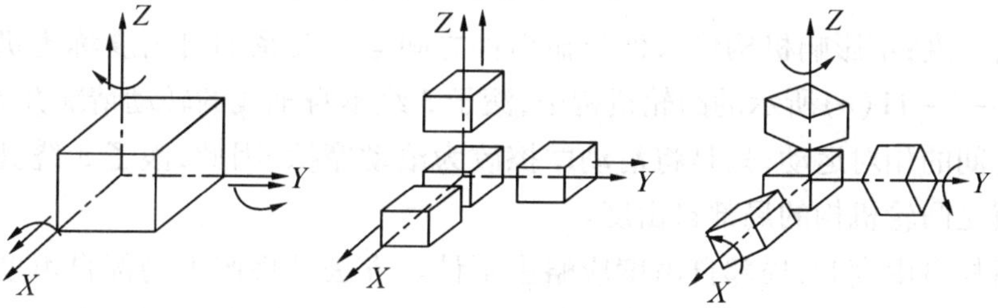

图3-1-8 空间自由度

当两个构件组成运动副之后,它们的运动就受到限制,对于相对运动所加的限制称为约束,每加上一个约束,构件就减少一个自由度,不同种类的运动副引入的约束不同。在平面机构中,每加入一个低副将引入两个约束,使构件失去两个自由度;每加入一个高副引入一个约束,使构件失去一个自由度。

(2)平面机构自由度计算:在一个平面机构中,设共有 N 个构件,其中一个是机架,故活动构件的数目为 $n=N-1$,再假设该机构共有 P_L 个低副和 P_H 个高副。由于一个活动构件有3个自由度,一个平面低副引入2个约束,一个平面高副引入1个约束,所以 n 个活动构件在未用这些运动副连接前共有 $3n$ 个自由度,当用 P_L 个低副和 P_H 个高副连接起来后,共引入 $(2P_L+P_H)$ 个约束,即失去 $(2P_L+P_H)$ 个自由度。则该构件的自由度为

$$F=3n-2P_L+P_H$$

(3)计算平面机构自由度时应注意的几个问题:在应用公式计算平面机构自由度时,必须要注意以下几种情况,否则就会出现计算结果与实际相矛盾的情况。

①复合铰链:两个以上的构件在同一处组成轴线重合的转动副称为复合铰链(见图3-1-9)。构件1,2,3在 A 处组成了两个共轴线的转动副,在图3-1-9侧视图(b)中可以比较明显地显示出来,但我们所画的机构运动简图往往是俯视图(a),则只能显示一个转动副符号,在计算机构自由度时,很容易将其看成一个转动副而出错。

一般地,当有 m 个构件汇集在一起组成复合铰链时,自由度计算时,应按 $(m-1)$ 个转动副计算。在计算时,应仔细观察是否有复合铰链存在,以免算错转动副的数目。

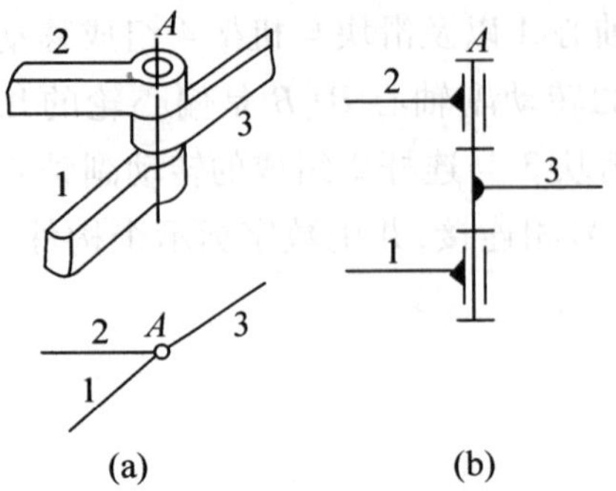

图 3-1-9 复合铰链

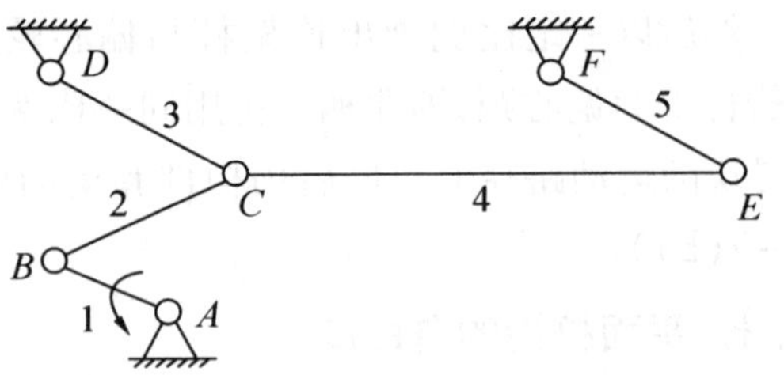

图 3-1-10 含有复合铰链的机构

例 计算如图 3-1-10 所示机构的自由度。

解 此机构 C 处构成复合铰链，该处含有两个转动副，所以对该机构有：$n=5, P_L=7, P_H=0$，由式 $F=3n-2P_L+P_H$，得

$$F=3\times5-2\times7-0=1$$

②局部自由度：不影响机构输入件与输出件之间运动关系的自由度称为机构的局部自由度。在图 3-1-11(a)所示的凸轮机构中，滚子 3 绕本身轴线的转动情况并不影响凸轮 1 和从动件 2 之间的相对运动，只是将滑动摩擦改为滚动摩擦，因此，滚子 3 绕其自身轴线转动的自由度就是凸轮机构的局部自由度。

在计算机构自由度时，局部自由度应略去不计。方法是将产生局部自由度的两个构件看成一个整体，即作为一个构件来对待。在图 3-1-11(b)中，将滚子 3 和从动件 2 固连成一个整体，排除局部自由度后，即可按公式计算机构的自由度。

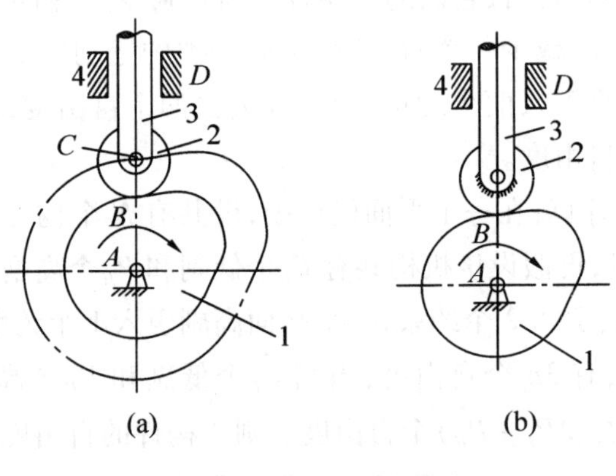

图 3-1-11 局部自由度

例 计算如图 3-1-11(a)所示凸轮机构的自由度

解 此机构中滚子 3 转动的自由度为局部自由度，所以将其与从动件 2 固连起来。所以对该机构有：$n=2, P_L=2, P_H=1$，由式 $F=3n-2P_L+P_H$，得

$$F=3\times2-2\times2-1=1$$

③虚约束：从运动学角度看，在机构中与其他约束作用重复的约束称为虚约束。计算机构自由度时应将虚约束除去不计。

但从受力均匀或传动稳定性看，虚约束起到了真正的作用，有时候是必不可少的，平面机构中虚约束常出现在下列场合。

Ⅰ. 两构件组成多处导路平行或重合的轨迹，如图 3－1－12 所示。

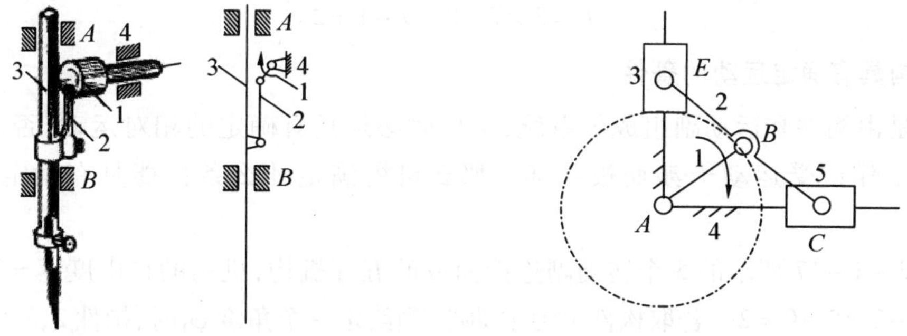

图 3－1－12 两构件组成导路平行或重合的虚约束

Ⅱ. 两构件多处组成重合的运动副，如图 3－1－13 所示。

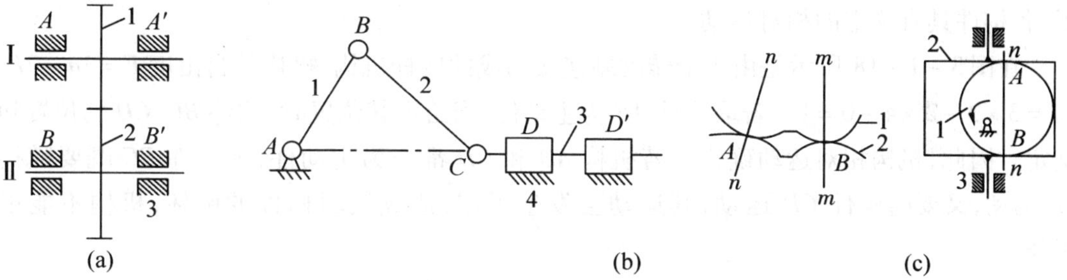

图 3－1－13 两构件多处组成重合运动副时的虚约束

(a)多处组成转动副；(b)多处组成移动副；(c)多处组成高副

Ⅲ. 对称或重合结构，如图 3－1－14 所示。

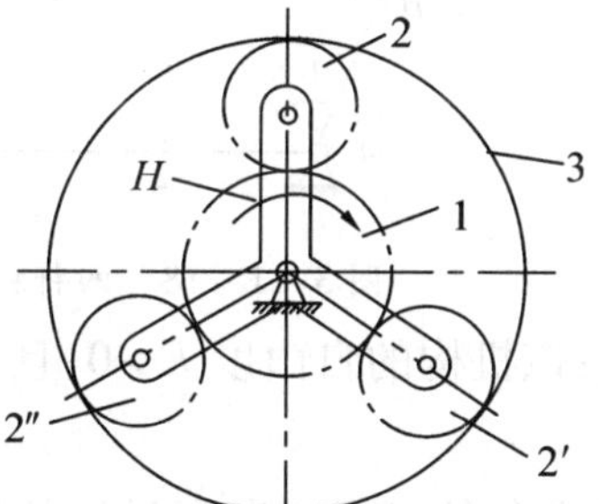

1－中心齿轮；2，2′，2″－星行齿轮；3－齿圈

图 3－1－14 对称结构(差动轮系)中构成的虚约束

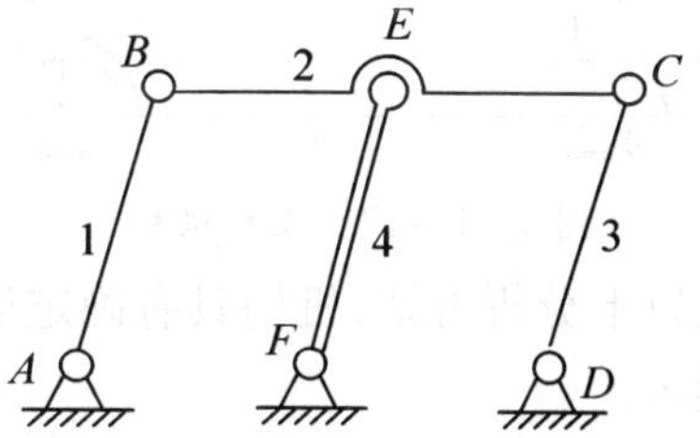

图 3－1－15 运动轨迹不变构成的虚约束

Ⅳ. 拆除该约束后构件上该点的运动轨迹不变，如图 3－1－15 所示。

例 计算如图 3－1－16 所示大筛机构的自由度

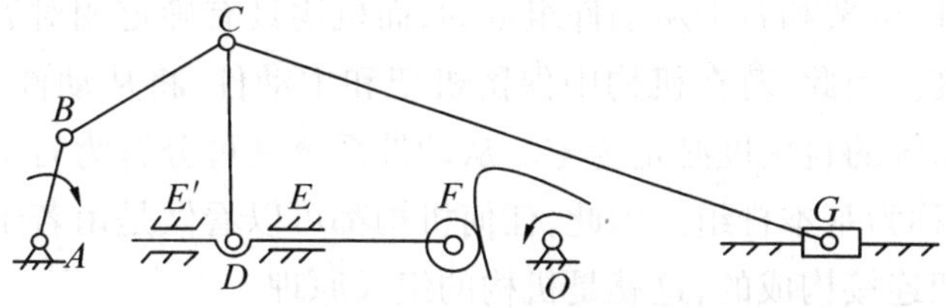

图 3－1－16 大筛机构

解 经分析，机构中的滚子为局部自由度，顶杆 *DF* 与机架在 *E* 和 E_1 处有一个是虚约

束，C 处是复合铰链。因此，该机构的 $n=7$，$P_L=9$，$P_H=1$，由式 $F=3n-2P_L+P_H$，得

$$F=3\times7-2\times9-1=2$$

2. 机构具有确定运动的条件

机构是由构件和运动副组成的系统，工作时必须具有确定的相对运动，否则，该机构无法正常工作或受运动干涉而被破坏。那么机构满足什么条件能具有确定的相对运动呢？

在图 3－1－17 所示的 5 个转动副连接而成的五杆机构，机构的自由度 $F=3n-2P_L+P_H=3\times4-2\times5-0=2$。若取构件 1 为主动件，当给定一个角度 φ_1 时，构件 2，3 和 4 既可位于图中实线位置，也可位于虚线位置，故其运动不确定，此时，机构不具有确定的相对运动。但若同时取构件 1 和构件 4 为主动件，在给定两个角度 φ_1 和 φ_2 后，构件 2，3 的位置就确定了，各构件具有确定的相对运动。

在图 3－1－18 所示是由 4 个转动副连接而成的四杆机构，机构的自由度 $F=3n-2P_L+P_H=3\times3-2\times4-0=1$。若取构件 AB 为主动件，当给定其位置时，构件 BC，CD 的位置随之确定。因此，机构相对运动确定。若机构 AB 和 CD 都作为主动件，则构件 BC 既要随构件 AB 运动，又要随构件 CD 运动，其运动会发生干涉，造成较弱构件的破坏，机构不能正常工作。

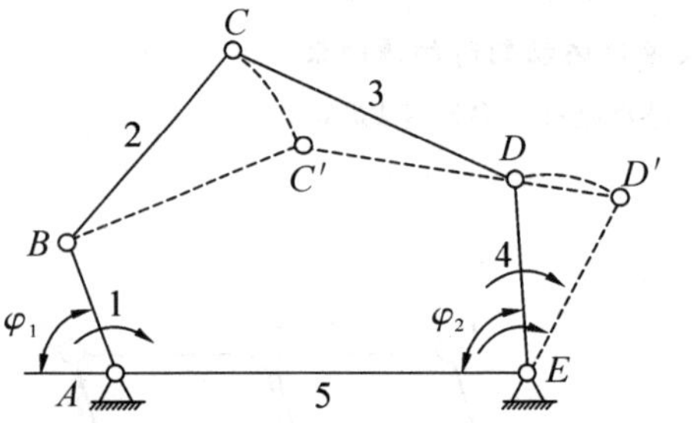

图 3－1－17　五杆机构

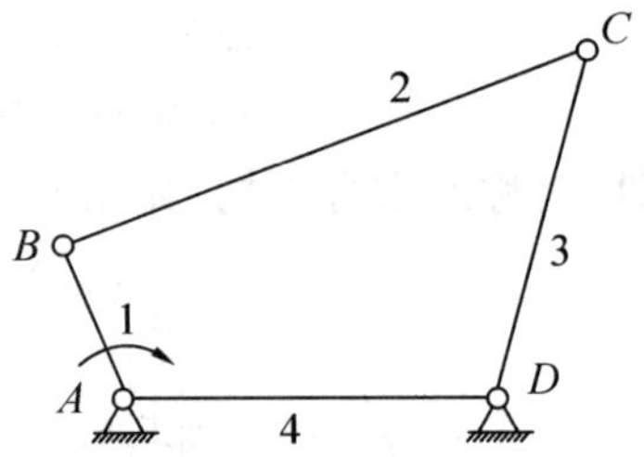

图 3－1－18　四杆机构

从以上分析可知，机构具有确定运动的条件是：该机构的自由度 $F>0$，且主动件与其自由度相等。

正确计算平面机构的自由度，利用机构运动确定条件可以判断所设计的机构传动方案是否合理，为改进不合理的运动方案提供方向和依据。

（八）平面机构的组成原理与结构分析

1. 平面机构的组成原理

机构是由主动件、机架和若干从动件组成的，而机构具有确定相对运动的条件是主动件数等于机构的自由度。因此，若在机构中保留机架和主动件，将从动件系统从机构中拆除，则所拆除的从动件系统的自由度必定为零。从动件系统又可分解为若干个不可再拆分的自由度为零的构件组，称为基本杆组。因此，任何机构都可以看做是由若干个基本杆组按一定次序与主动件和机架连接构成的，这就是机构的组成原理。

从上述分析可知，通过选择适当的基本杆组与主动件、设计相应的机架，就可以组成不同的机构，这正是机构创新的思路和原理。由于基本杆组是机构中传递运动和动力的部分，

因此,分析基本杆组是研究机构组成的关键。

2. 平面机构的分类

为了方便,现在先分析平面低副机构

(1)基本杆组的类型。根据基本杆组自由度等于零分析得出 $3n'-2P_L'=0$,低副数目 $P_L'=1.5n'$。要满足此条件,必须有

$$n'=2,4,6\cdots,P_L'=3,6,9\cdots$$

因此,最简单的基本杆组成为 2 构件 3 低副,每个构件具有两个低副,称为Ⅱ级杆组。Ⅱ级杆组是最常用的基本杆组,常见的类型如图 3-1-19 所示。若基本杆组由 4 个构件 6 个低副组成,那么其中一个构件必为 3 副构件,此类杆组称为 Ⅲ级杆组。更高级别的杆组在机构中很少用到,在此不作赘述。

(2)平面机构的类型。平面机构的分类方法很多,根据组成机构的基本杆组的最高级别分类。当机构中基本杆组的最高级别为Ⅱ级杆组时,该机构称为Ⅱ级机构。以此类推。若机构仅由机架和主动件组成,称为Ⅰ级机构,如图 3-1-20 所示。如杠杆机构、斜面机构和铡刀机构等。

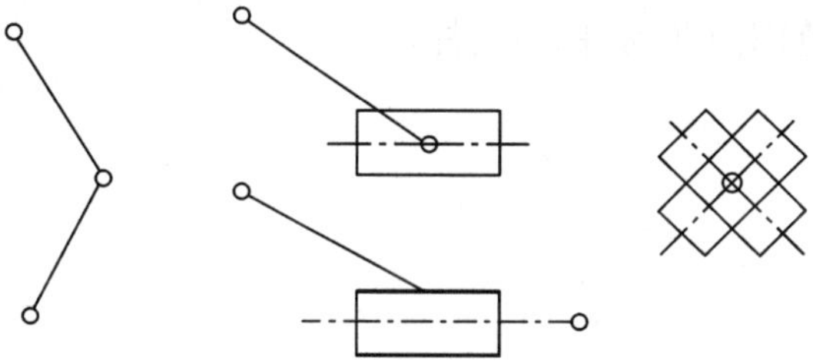

图 3-1-19 Ⅱ级杆组的基本形式

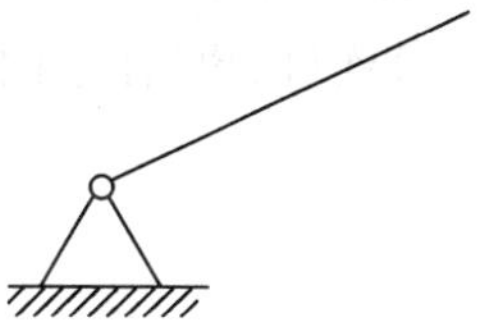

图 3-1-20 Ⅰ级杆组的基本形式

3. 平面机构的结构分析

机构的结构分析就是将已知机构分解为主动件、机架和若干个基本杆组,并确定机构的级别。它与机构的扩展形成的过程正好相反。

拆分的方法是:先从远离主动件的构件开始拆组,先用级别较低的杆组(如Ⅱ级杆组)试拆,无法拆分时,再换更高级别的杆组试拆,直到拆分为若干个基本杆组。最后再根据基本杆组的级别确定机构的级别。

注意问题:①拆分后仅剩下主动件和机架,没有从动件;②检查每个基本杆组的自由度是否为零;③如果机构中存在局部自由度、复合铰链或虚约束,则应先将其作相应的处理后再拆分。处理的方法是:局部自由度按照固联处理,虚约束除去不计,复合铰链按照$(m-1)$拆分。

例 试对如图 3-1-21(a)所示的机构进行结构分析。

解 通过分析得知,机构的自由度 $F=3n-2P_L-P_H=3\times7-2\times10-0=1$,与机构主动件数量相等。机构仅在运动副 C 处存在复合铰链,可直接拆分。

机构的主动件为 AB 杆,先从远离主动件 AB 的滑块开始拆分。拆分结果如图 3-1-21(b)所示。由于拆分的 3 个基本杆组均为Ⅱ级杆组,因此,该机构为Ⅱ级机构。

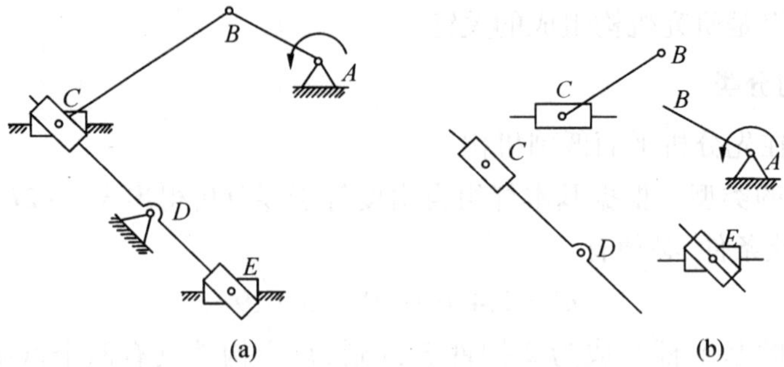

图 3-1-21 机构的结构分析

二、平面四杆机构

由 4 个构件组成的平面连杆机构称为平面四杆机构。

(一)平面四杆机构的组成(见图 3-2-1)

(1)机架:*AD* 固定不动,称为机架。

(2)连架杆:*AB*,*CD* 两构件与机架组成转动副,称为连架杆。其中,*AB* 杆能作圆周运动,称为曲柄;摇杆 *CD* 杆只能在一定角度范围内摆动,称为摇杆。

(3)连杆:*BC* 作平面运动,称为连杆。

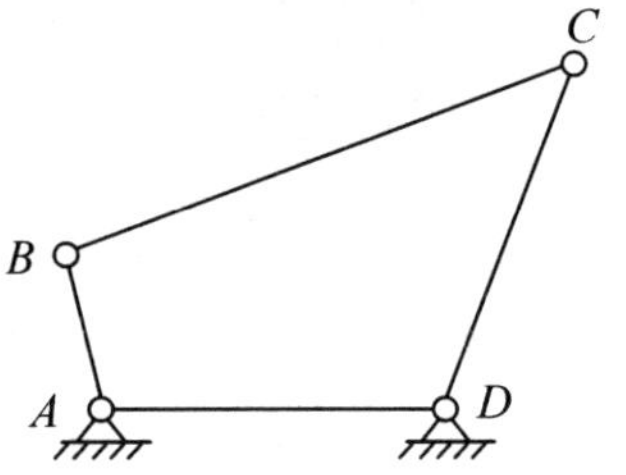

图 3-2-1 平面四杆机构

(二)平面四杆机构的基本形式

对于平面四杆机构来说,机架和连杆总是存在的,因此可按曲柄的存在情况,分为 3 种基本形式:曲柄摇杆机构、双曲柄机构和双摇杆机构。它们的根本区别在于:机构中有无曲柄存在,那么在什么条件下,机构中才有曲柄?现在就来分析平面四杆机构中曲柄存在的条件。

如图 3-2-2 所示的平面四杆机构,如果 *AB* 为曲柄,*BC* 为连杆,*CD* 为摇杆,*AD* 为机架,各杆长度分别为1,2,3,4 来表示,且1 <4。要使杆 *AB* 成为曲柄,它必须能顺利地通过两个共线位置 AB_1 和 AB_2。

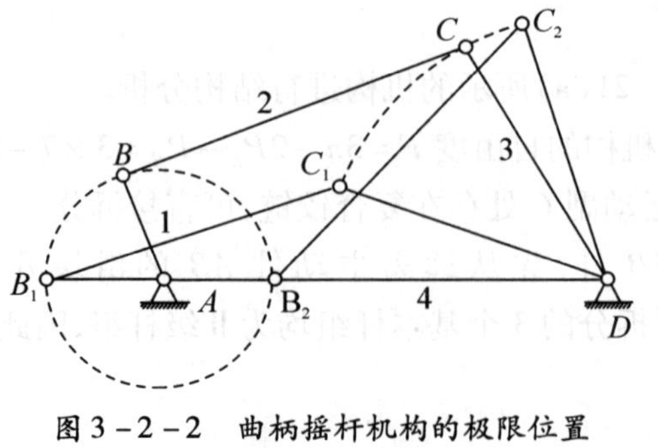

图 3-2-2 曲柄摇杆机构的极限位置

由图可见，为了使构件 AB 能够转至位置 AB_1，显然各构件的长度关系应满足：

$$1+4\leqslant 2+3$$

而为了使构件 AB 能够转至位置 AB_2，各构件的长度关系应满足：

$$2\leqslant (4-1)+3 \quad 或 \quad 3\leqslant (4-1)+2$$

将上式分别两两相加，则有

$$1\leqslant 2,1\leqslant 3,1\leqslant 4$$

根据以上分析可知，可将平面四杆机构曲柄存在的条件概括为：①连架杆与机架中必有一个是最短杆；②最短杆与最长杆长度之和必小于或等于其余两杆长度之和。

上述两个条件必须同时满足，否则机构中无曲柄存在。根据曲柄存在条件，还可作以下推论：

①若平面四杆机构中最短杆与最长杆长度之和必小于或等于其余两杆长度之和，则可能有以下 3 种情况：曲柄摇杆机构；双曲柄机构；双摇杆机构。

②若平面四杆机构中最短杆与最长杆长度之和大于其余两杆长度之和，则不论以哪一杆为机架，均为双摇杆机构。

现在分别介绍平面四杆机构的 3 种形式。

1. 曲柄摇杆机构

以最短杆的相邻杆作机架（见图 3-2-3）。

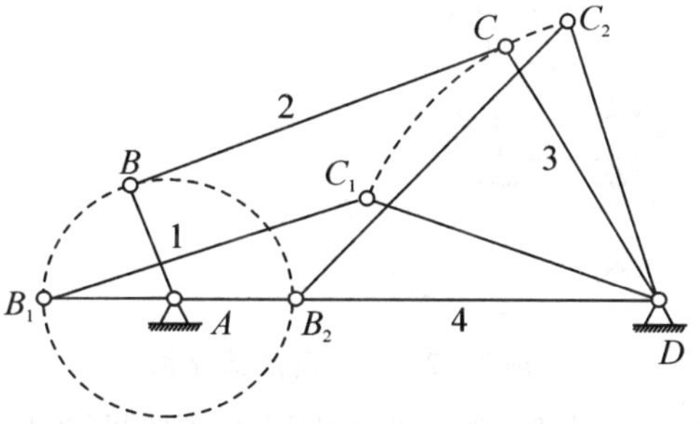

图 3-2-3 曲柄摇杆机构

曲柄摇杆机构在实际生产中应用广泛，如搅拌机（见图 3-2-4）是以曲柄为主动件，摇杆为从动件的机构；缝纫机的踏板机构（见图 3-2-5）是以摇杆为主动件，曲柄为从动件的机构。

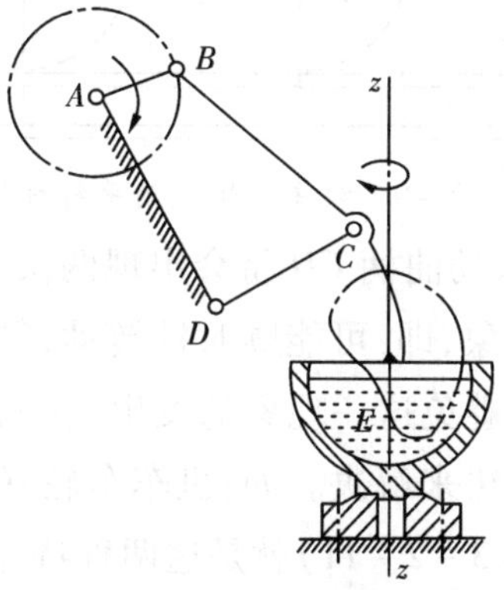

图 3-2-4 搅拌机

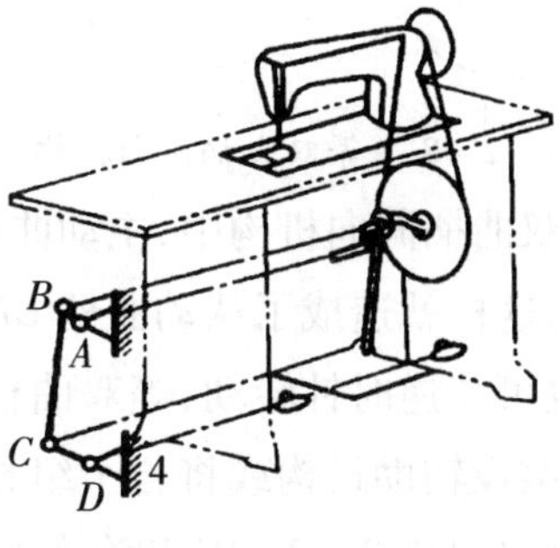

图 3-2-5 缝纫机踏板机构

2. **双曲柄机构**

以最短杆为机架(见图3-2-6)。

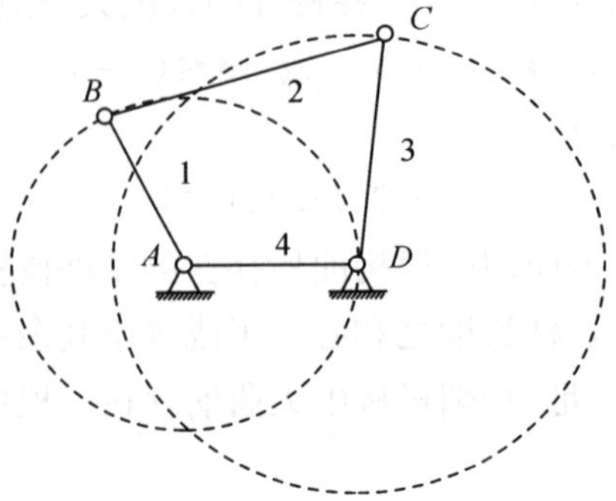

1,3-曲柄;2-连杆;4-机架

图3-2-6　双曲柄机构

双曲柄机构是当主动曲柄作等速转动时,从动曲柄随之作变速转动。如惯性筛分机(见图3-2-7),就是利用从动件的周期性变速转动和物料的惯性来达到筛分的目的。

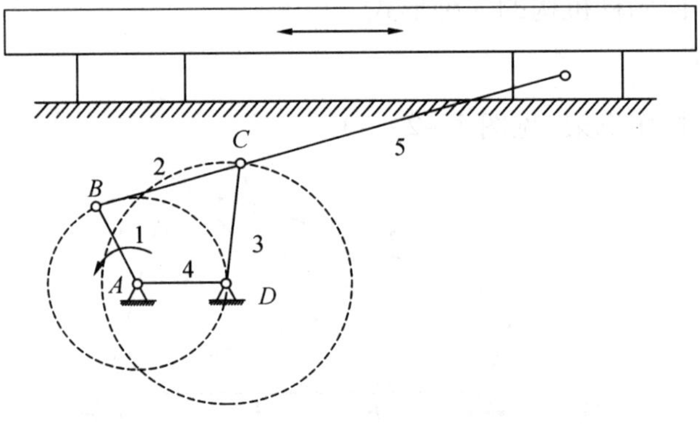

图3-2-7　惯性筛分机

另外,双曲柄机构还有两种类型:等双曲柄同向机构(见图3-2-8)和等双曲柄反向机构(见图3-2-10)。

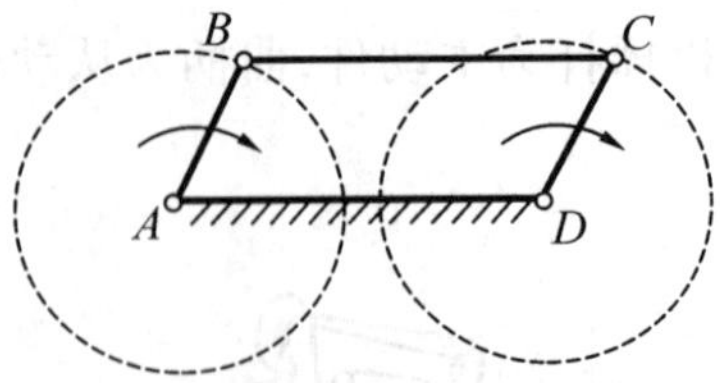

图3-2-8　等双曲柄同向机构

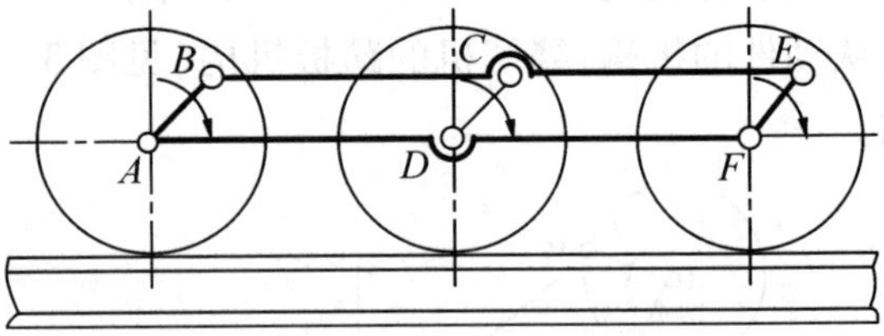

图3-2-9　机车车轮联动平行机构

在等双曲柄同向机构中,主动曲柄 *AB* 转动一周,从动曲柄 *CD* 将会出现两次与连杆 *BC* 共线位置,这样就造成了从动曲柄 *CD* 运动的不确定现象,即:可能顺时针转动,等双曲柄同向机构;也可能逆时针转动;等双曲柄反向机构。为了避免这一现象的发生,我们在等双曲柄机构中增设辅助机构或将若干组相同机构错列等方法来解决。如:机车车轮联动的平行四边形机构(见图3-2-9)和汽车车门开闭机构(见图3-2-11)就是这两种特殊双曲柄机构的应用。

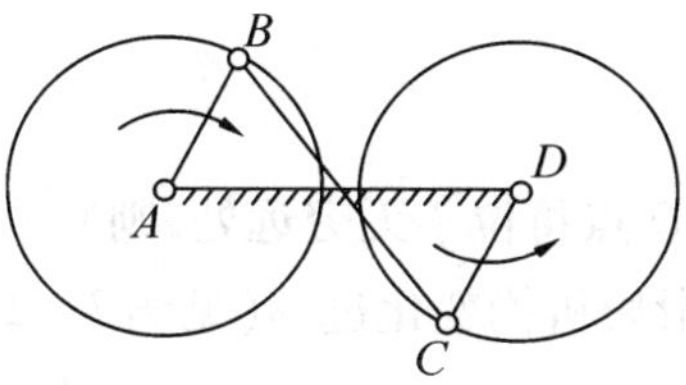

图 3-2-10　等双曲柄反向机构

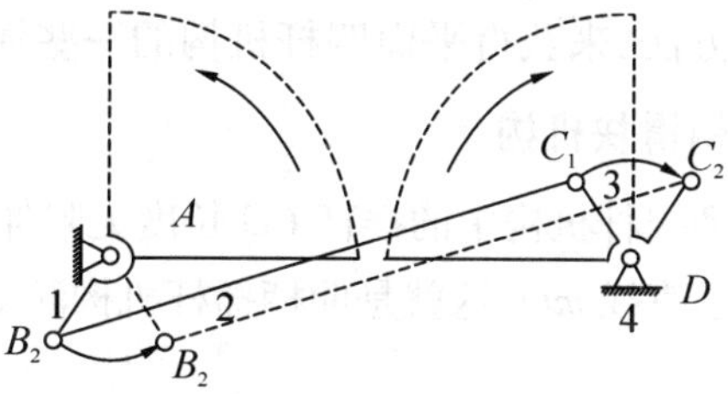

图 3-2-11　汽车车门开闭机构

3. 双摇杆机构

以最短杆的相对杆作为机架(见图 3-2-12)。

平面四杆机构曲柄不存在时:最短杆与最长杆长度之和大于其余两杆长度之和,则不论以哪一杆为机架,均为双摇杆机构。

双摇杆机构的应用在实际生活中非常普遍,如:港口的鹤式起重机(见图 3-2-13),吊钩的移动轨迹近似水平,从而避免重物平移时不必要的升降而消耗能量。自卸载货汽车的翻斗机构(见图 3-2-14)和大型铸造时造型用的翻箱机构(见图 3-2-15)都是双摇杆机构的应用。

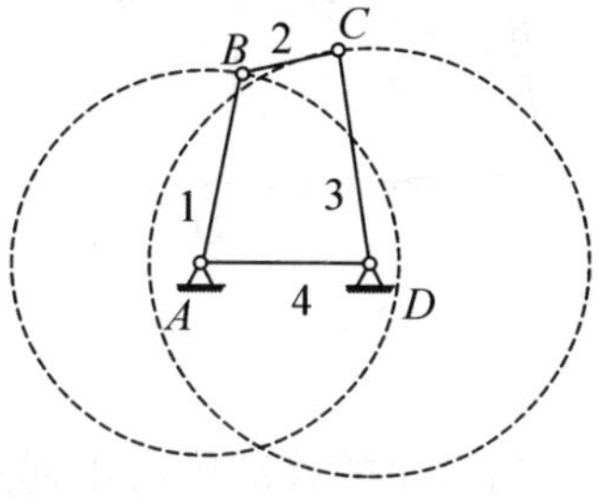

1,3-摇杆;2、连杆;4、机架

图 3-2-12　双摇杆机构

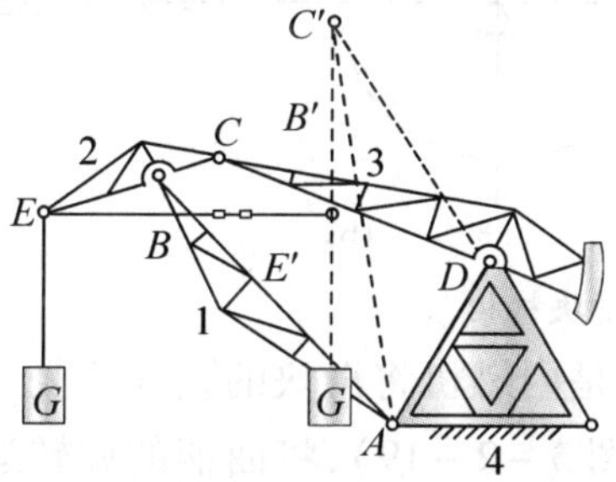

图 3-2-13　鹤式起重机

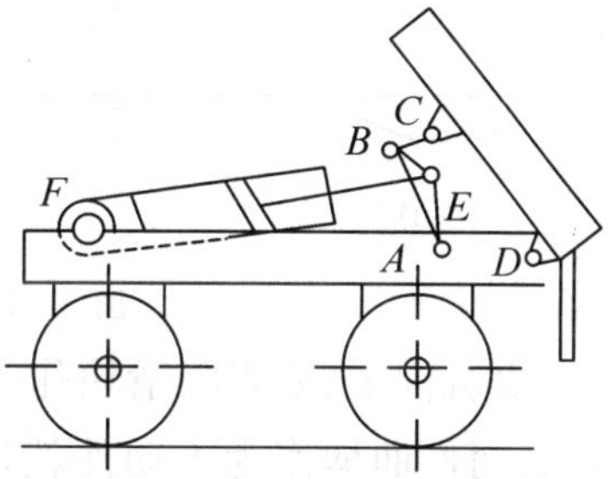

图 3-2-14　自卸车翻斗机构

在双摇杆机构中,若两摇杆长度相等,则称为等腰梯形机构。如汽车的前轮转向机构(见图 3-2-16),在该机构作用下,汽车转弯时,可使两前轮轴线与后轮轴线近似汇交于一点,保证各轮相对于地面作纯滚动,以免轮胎因滑动而产生大的磨损。

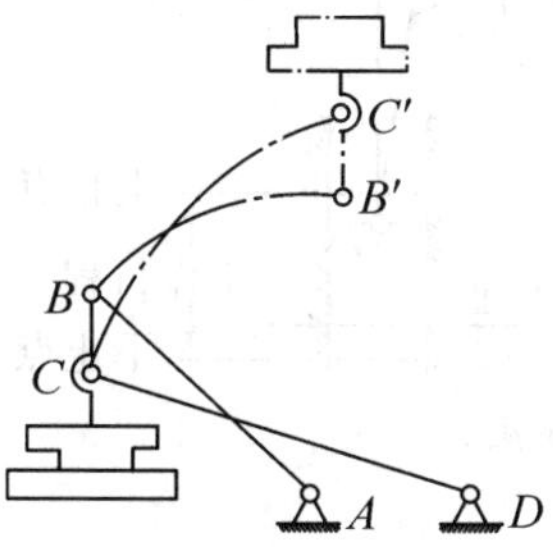

图 3-2-15　翻箱机构

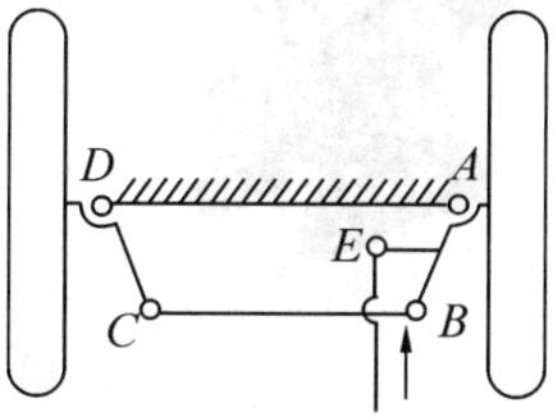

图 3-2-16　汽车前轮转向机构

(三)平面四杆机构的演化形式

在生产实际应用中,还有一些机构是通过改变运动副、扩大转动副和选择不同的构件作为机架等方法，来获得平面四杆机构的一些演变机构。

1. **曲柄滑块机构**

将曲柄摇杆机构中的摇杆 CD 长度无限伸长，那么 D 点将位于无穷远处，则 C 点的摆动圆弧就变成了直线 mm，这就是曲柄摇杆机构演变为曲柄滑块机构变化过程(见图 3－2－17)。

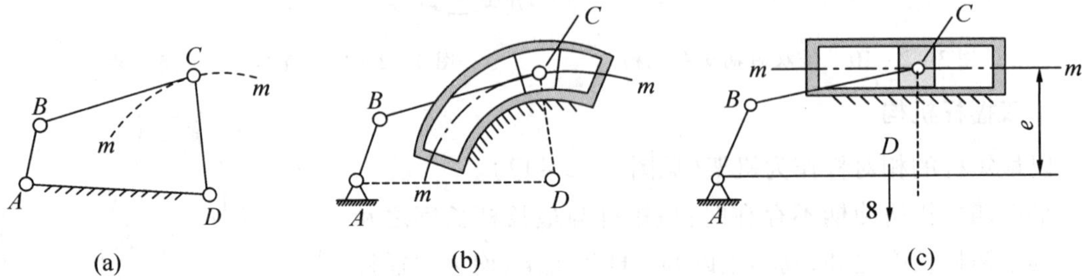

图 3－2－17　曲柄滑块机构的演变过程

当滑块的移动中心不通过曲柄的回转中心时，我们把这个机构称之为偏置曲柄滑块机构(见图 3－2－18(a))，e 为偏距；当滑块的移动中心通过曲柄的回转中心时，我们把这个机构称之为对心曲柄滑块机构(见图 3－2－18(b))，滑块的行程 H 距离是曲柄长度 a 的 2 倍。

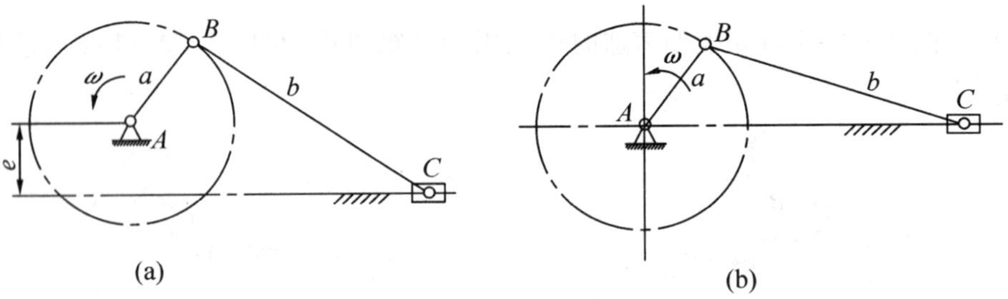

图 3－2－18　曲柄滑块机构

在曲柄滑块机构中，如果将滑块作为主动件就是内燃机将滑块的直线往复运动变成曲柄的旋转运动；而件曲柄作为主动件就是冲床(见图 3－2－19)，将曲柄的旋转运动变成滑块的直线往复运动。

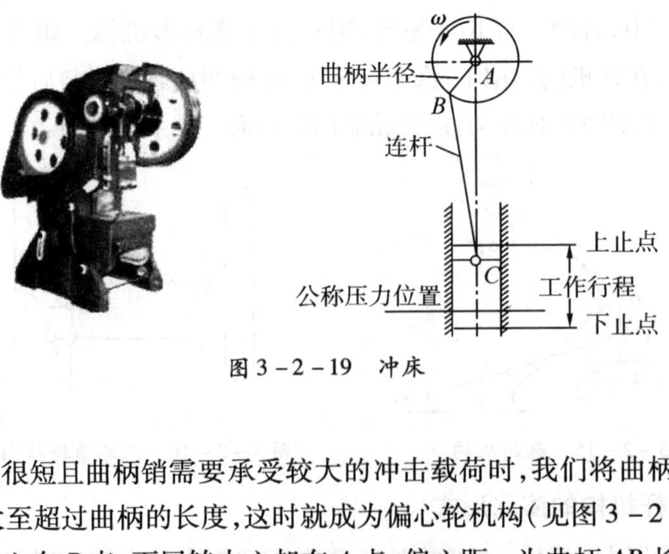

图 3－2－19　冲床

2. **偏心轮机构**

当曲柄的长度很短且曲柄销需要承受较大的冲击载荷时，我们将曲柄滑块机构中的转动副 B 的半径增大至超过曲柄的长度，这时就成为偏心轮机构(见图 3－2－20)。这个偏心圆盘机构的几何中心在 B 点，而回转中心却在 A 点，偏心距 e 为曲柄 AB 长。与曲柄滑块机构相比，偏心轮机构强度好，且当偏心距 e 很小时，滑块行程也很小，这种机构在各种机床和夹具中广泛应用。

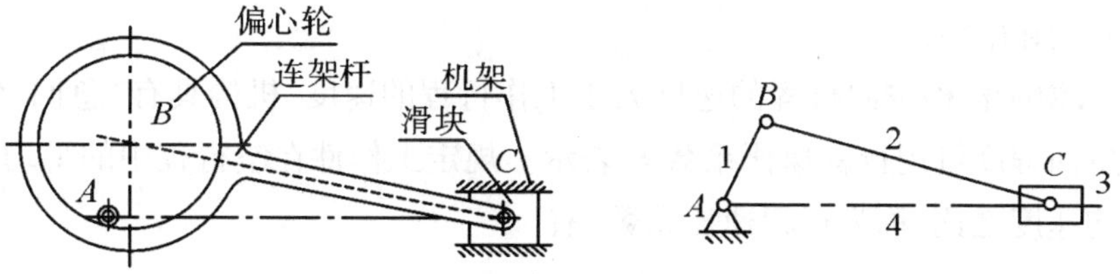

(a)　　(b)

1－偏心轮；2－连杆；3－滑块；4－机架

图 3－2－20　偏心轮机构

3. 导杆机构

在曲柄滑块机构中，如果将 AB 作为机架，构件 AC 绕 A 旋转为主运动，那么滑块将以构件 $m(n)$ 为导轨沿该构件相对移动，构件 $m(n)$ 绕 B 点发生一定角度的摆动，称为摆动导杆机构（见图 3－2－21）；如果将 AB 作为机架，构件 AC 绕 A 旋转为主运动，那么滑块将以构件 $m(n)$ 为导轨沿该构件相对移动，构件 $m(n)$ 绕 B 点发生整周转动，称为转动导杆机构（见图 3－2－22）。

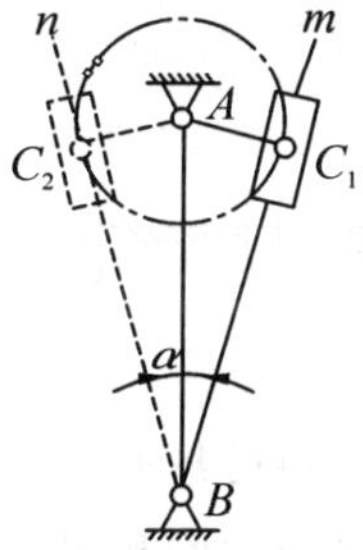

图 3－2－21　摆动导杆机构

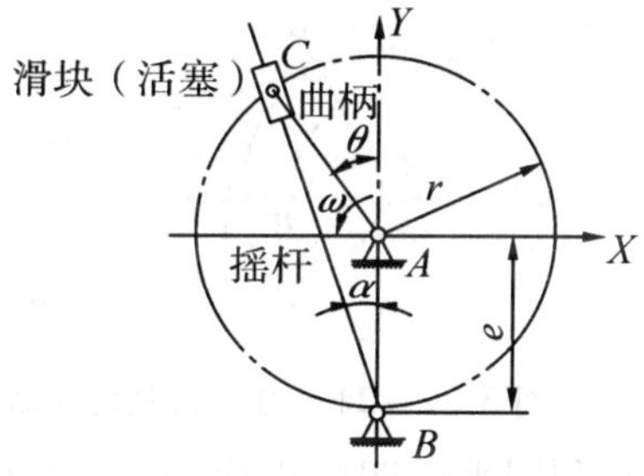

图 3－2－22　转动导杆机构

（四）平面四杆机构的特性

1. 急回特性

在某些从动件作往复运动的平面连杆机构中，当主动件曲柄等速转动时，从动件摇杆摆回的平均速度大于摆出的平均速度，摇杆的这种运动特性称为急回特性。

如图 3－2－23 所示的曲柄摇杆机构中，设曲柄 AB 为主动件，摇杆 CD 为从动件，当曲柄在转动一周过程中，有两次与连杆共线，这时摇杆有两个极限位置，因此，摇杆的两个极限位置间的夹角 φ 称为摇杆的摆角，而对应曲柄与连杆两次共线时所形成的锐角 θ 称为曲柄摇杆机构的极位夹角。

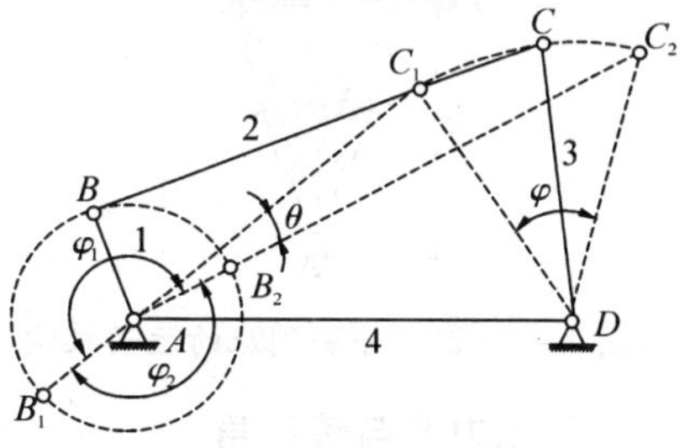

图 3－2－23　急回特性

工作行程：

曲柄由 AB_2 转至 AB_1，转过 $\varphi_1 = 180 + \theta$，用时 t_1，摇杆由 DC_2 摆至 DC_1，转过 C_2C_1 弧长，平均速度 $v_1 = C_2C_1 / t_1$。

空回行程：

曲柄由 AB_1 转至 AB_2，转过 $\varphi_2 = 180 - \theta$，用时 t_2，摇杆由 DC_1 摆至 DC_2，转过 C_1C_2 弧长，平均速度 $v_2 = C_1C_2 / t_2$。

因 $\varphi_1 > \varphi_2$，则 $t_1 > t_2$。

故 $v_1 < v_2$，说明机构空回行程的速度大于工作行程的速度，机构具有“急回”特性。

机构的急回程度可用行程速比系数 K 表示。规定工作件在空行程中的平均速度与工作行程中的平均速度之比，称为行程速比系数，有

$$K = \frac{v_2}{v_1} = \frac{\dfrac{C_1C_2}{t_2}}{\dfrac{C_1C_2}{t_1}} = \frac{t_1}{t_2} = \frac{\varphi_1}{\varphi_2} = \frac{180° + \theta}{180° - \theta}$$

上式表明，极位夹角 θ 越大，K 值越大，机构的急回程度也越高，但与此同时，机构运动的平稳性也越差。因此设计时，应根据工作要求，恰当地选择 K 值，在一般机械中 $1 \leqslant K \leqslant 2$。

那么，是不是所有的平面连杆机构都具有急回特性呢？答案是否定的。因为只有满足极位夹角 $\theta > 0°$，才具有急回特性。因此，平面连杆机构具有急回特性的条件是：$\theta > 0°$。

在图 3－2－24 所示的对心曲柄滑块机构中，由于 $\theta = 0°$，故无急回特性。

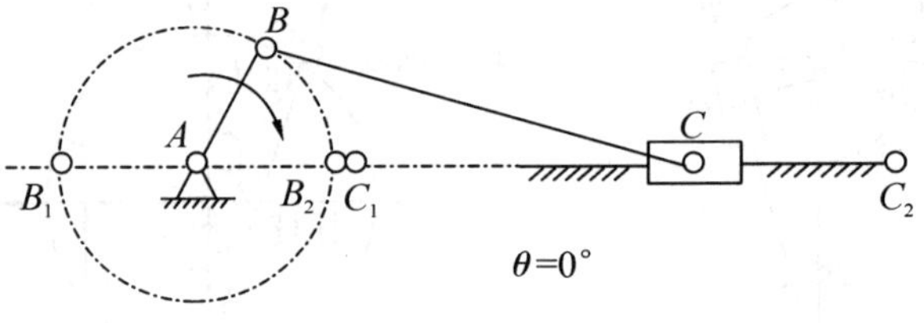

图 3－2－24　对心曲柄滑块机构急回特性的判断

在实际工程领域，利用平面四杆机构的急回特性，能减少空回程的时间，提高生产效率，我们把快速运动作为非工作行程，把慢速运动作为工作行程，牛头刨床就是这样工作的（见图 3－2－25）。

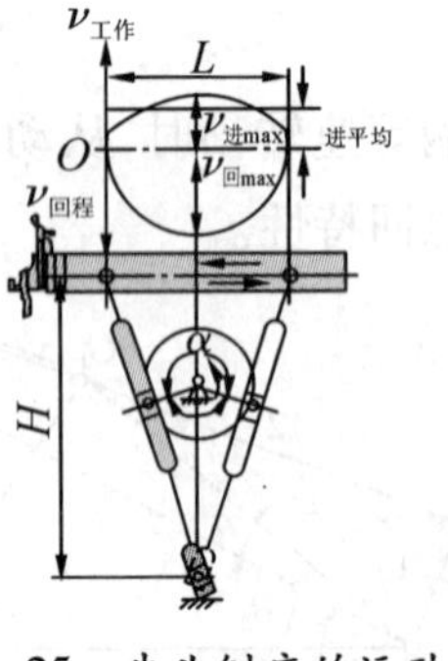

图 3－2－25　牛头刨床的运动机构及行程运动

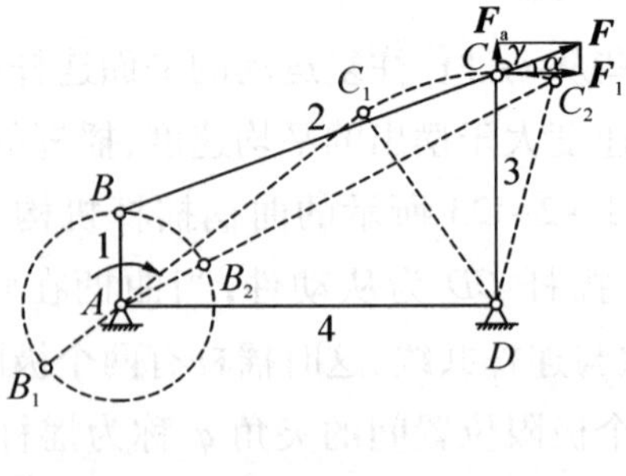

图 3－2－26　曲柄摇杆机构的压力角与传动角

2. 压力角与传动角

在设计平面四杆机构时，不仅应能实现预期的运动规律，而且应使其运转轻便、效率高，即具有良好的传力性能。

在如图 3－2－26 所示的曲柄摇杆机构中，以曲柄 AB 为主动件，若不考虑运动副的摩擦力及构件的重力和惯性力的影响，连杆为二力杆，曲柄通过连杆作用于摇杆上的力 F 的作用

线将沿 BC 方向，此时摇杆上的力 F 作用点 C 的绝对速度 v_c 的方向与 CD 杆垂直。把工件上所受作用力的方向与作用点处线速度方向之间所夹的锐角 α，称为机构的压力角。F 力在 v_c 方向上的分力 $F_t = F\cos\alpha$，是推动摇杆 CD 绕铰链 D 转动的有效分力，显然 F_t 越大越好。而 F 在垂直于 v_c 方向上的分力 $F_n = F\sin\alpha$，因为它不仅无助于从动件的转动，反而增加了从动件转动时的摩擦阻力距，故称为有害分力，因此，希望 F_n 越小越好。

显然，压力角越小，有效力越大，有害力越小，机构的传力性能越好。所以压力角是反映机构传力效果好坏的一个衡量标志（参数）。一般设计机构时都必须注意控制压力角，使它不超过许用值。

在工程中，把压力角的余角称为传动角，用 γ 来表示。由于传动角度量方便且更为直观，因此，常用传动角来衡量机构传力性能的好坏。因 $\gamma = 90° - \alpha$，显然，γ 值越大，机构的传力性能愈好，理想的情况是 $\gamma = 90°$。

由于机构在运动过程中，传动角的大小随机构的位置不同而变化。为了保证机构在每一瞬时都具有良好的传力性能，通常应限制机构的最小传动角 γ_{min}，要求 $\gamma_{min} \geq [\gamma]$。$[\gamma]$ 是根据工程需要规定的传动角的许用值 $[\gamma]$，通常，根据机构的受力情况、运动副间隙的大小、摩擦力的大小、速度的快慢等因素而定。对于一般机械，推荐 $[\gamma] = 40° \sim 50°$；对于重载或高速机械，取 $[\gamma] \geq 50°$；而对一些轻载或非动力机构，$[\gamma]$ 可稍小于 40°。

3. 死点特性

在如图 3-2-27 所示的曲柄摇杆机构中，如果摇杆 CD 为主动件，当连杆与曲柄 AB 两次共线时，连杆作用于曲柄上 B 点的力与 B 点的速度垂直，此时摇杆上无论加多大的驱动力，机构都不能运动，此位置称为“死点”。

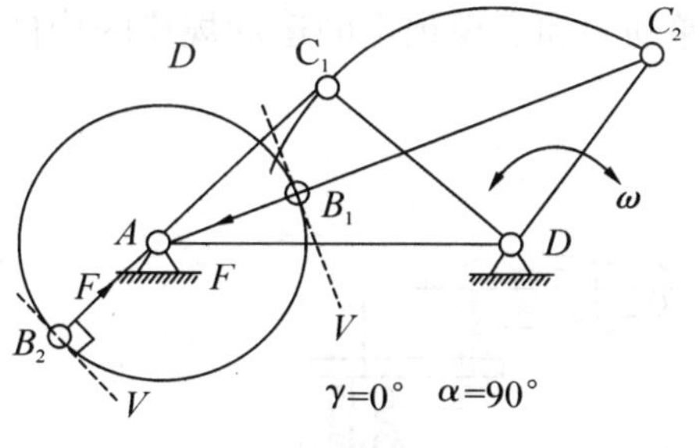

图 3-2-27 曲柄摇杆机构的“死点”位置

为了顺利通过死点位置，使机构继续正常运转，我们可以采用下面两种方法：第一，可通过加大从动件的转动惯量，利用惯性通过死点（见图 3-2-28）。第二，可采用两组机构错位排列的方法，使两组机构的死点位置相互错开，渡过死点位置（见图 3-2-29）。

图 3-2-28 单缸四冲程柴油机的飞轮

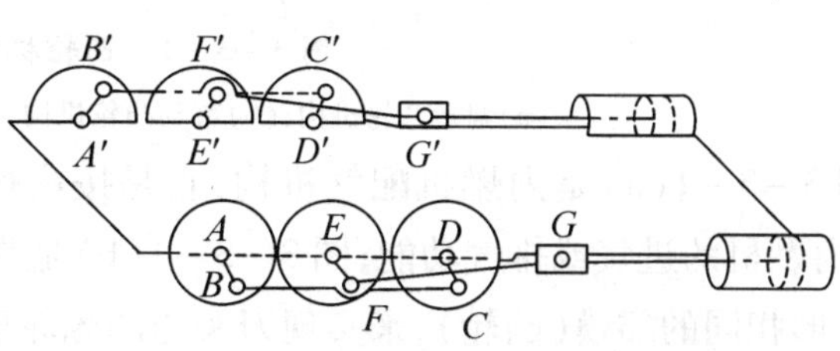

图 3-2-29 蒸汽机车车轮联动机构

在工程中，死点位置也常用来实现一定的工作要求。例如图 3－2－30 所示，工件夹紧机构在 P 力作用下夹紧工件时，铰链中心 B,C,D 共线，机构处于死点位置，此时工件加在构件 1 上的反作用力 Q 无论多大，也不能使构件 3 转动。这就保证了在去掉外力 P 之后，仍能可靠夹紧工件。飞机的起落架就是利用死点位置使降落更可靠，当机轮放下时，机构正好处于死点位置。这样，机轮上受到地面的作用力经杆 BC 传给杆 CD 时正好通过其转动中心，故起落架不会反转折回（见图 3－2－31）。

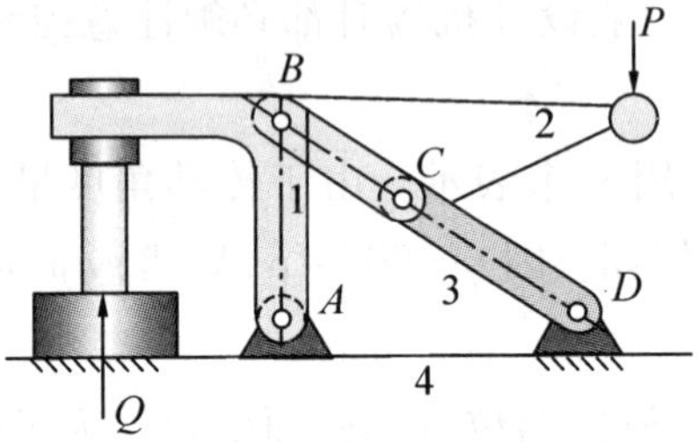

图 3－2－30　工件加紧装置

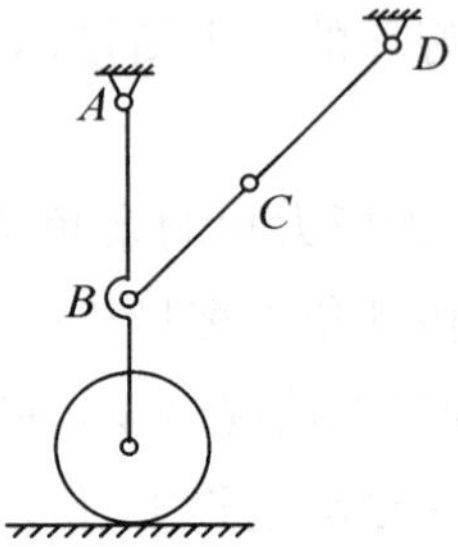

图 3－2－31　飞机起落架

三、凸轮机构

凸轮机构广泛应用于各种自动机械、仪器和操作控制装置。凸轮机构之所以得到如此广泛的应用，主要是由于凸轮机构可以实现各种复杂的运动要求，而且结构简单、紧凑。

（一）凸轮机构的组成

凸轮机构是由凸轮、从动件和机架 3 个基本构件组成。

凸轮是一个具有曲线轮廓或凹槽的构件，一般为主动件，作等速回转运动或往复直线运动。与凸轮轮廓接触，并传递动力和实现预定的运动规律的构件，一般作往复直线运动或摆动，称为从动件。

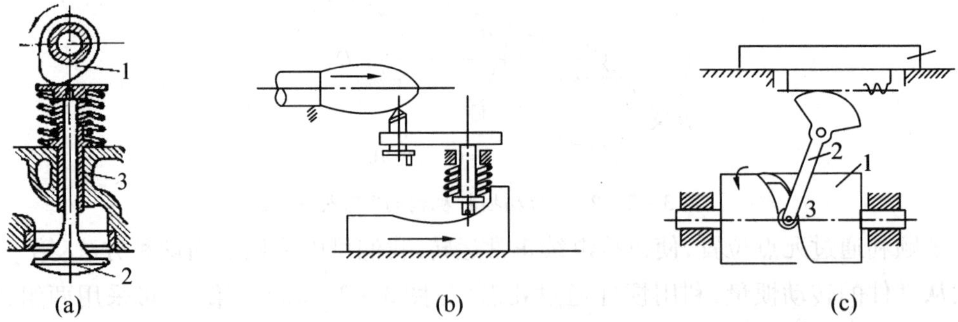

1－凸轮；2－气门杆；3－机架　　1－凸轮；2－摆杆；3－滚子

图 3－3－1　凸轮机构

（a）盘形凸轮机构；（b）移动凸轮机构；（c）圆柱凸轮机构

如图 3－3－1（a）是内燃机配气机构，它是按内燃机的工作循环要求而打开或关闭气门，实现内燃机的进气或排气功能；图 3－3－1（b）是靠模加工用的移动凸轮机构，它是依靠与工件外形相同的靠模（凸轮），来实现刀头与凸轮轮廓的同步运动，进而切削出工件的复杂形面；图 3－3－1（c）是控制刀架机构，它是靠滚子在圆柱凸轮侧面的凹槽内的运动，以驱使摆杆的左右摇摆,实现刀架的运动规律。

(二)凸轮机构的特点

(1)凸轮机构能使从动件获得较复杂的运动规律。其运动规律取决于凸轮轮廓曲线,所以在应用时,只要根据从动件的运动规律来设计凸轮的轮廓曲线就可以了。

(2)由于凸轮具有不规则的轮廓,所以手工制造难度很大,一般用数控、线切割机床来完成。

(3)凸轮机构所组成的各构件形成高副运动机构,因此,凸轮机构多用于传递不大的控制机构和调节机构。

(三)凸轮机构的分类

由于凸轮的形状和从动件的结构形式、运动方式不同,所以凸轮机构有不同的类型,其分类如下:

1. 按凸轮的形状分

(1)盘形凸轮机构:它是一个绕固定轴转动并且具有径向变化轮廓的盘形构件,是凸轮的最基本形式,如图3-3-1(a)所示。

(2)移动凸轮机构:当盘形凸轮机构的回转中心趋于无穷远时,并且凸轮作直线移动就成为移动凸轮机构,如图3-3-1(b)所示。

(3)圆柱凸轮机构:将移动凸轮机构卷曲成圆柱体即成圆柱凸轮机构,一般将圆柱凸轮制成凹槽式的,如图3-3-1(c)所示。

2. 按从动杆的运动方式可分为

(1)直动从动杆凸轮机构:是指从动件与机架组成移动副,往复直线移动,如图3-3-1(a,b)所示。

(2)摆动从动杆凸轮机构:是指从动件与机架组成转动副,往复摆动,如图3-3-1(c)所示。

3. 按从动杆的接触形式可分为

(1)尖顶式从动杆:从动件工作端部为顶尖,工作时与凸轮点接触。其特点是:尖顶能与任意复杂的凸轮轮廓保持接触而不失真,因而能实现任意预期的运动规律。但尖顶易磨损,所以只适用于传力小而且低速的场合,如图3-3-2(a)所示。

(2)滚子式从动杆:从动件的端部安装一个小滚子(构成局部自由度),这样,使从动件与凸轮的滑动摩擦变为滚动摩擦,克服了尖顶式的易磨损缺点。滚子从动件耐磨,可以承受较大载荷,应用最为广泛,如图3-3-2(b)所示。

(3)平底式从动杆:平底从动件工作部分为一平面或凹曲面,所以它不能与有凹陷轮廓的凸轮轮廓保持接触,否则会发生运动失真。其特点是:当不考虑摩擦时,凸轮与从动件之间的作用力始终与从动件的平底面垂直,压力角恒等于0°,传力性能最好;同时,由于凸轮与从动件之间为相接触,可以在凹曲接触面上储存润滑油,进行适当润滑。因此,可适用于高速和较大载荷的场合,如图3-3-2(c)所示。

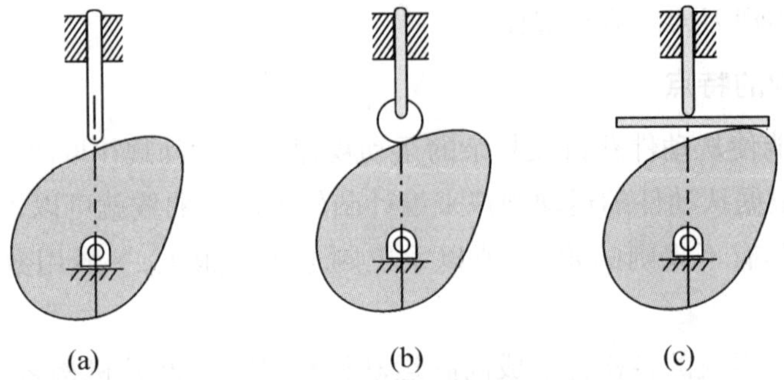

图 3－3－2 按从动件接触方式分类的凸轮机构类型

(a)尖顶式;(b)滚子式;(c)平底式

(四)凸轮机构的主要参数

凸轮机构的主要参数有压力角、基圆半径、行程和滚子半径。

(1)压力角(α):从动件接触点法线方向与从动件运动方向之间的夹角 α 称为压力角。

由图 3－3－3 所示,凸轮作用在从动件上的力 F 可以分解为沿从动件运动方向作用的 F_1 和从动件压紧在凸轮上的力 F_2。显然 F_2 对从动件的运动是有害的,如果 F_2 过大的话,会使得从动件卡死在凸轮上。压力角 α 的大小影响到 F_1,F_2 的分配,所以凸轮机构的压力角不能太大。特别是在推程阶段,通常压力角都小于 30°,在回程阶段压力角可以大些,一般可达 70°~80°。

(2)基圆半径(r_0):在图 3－3－3 所示中,从动件在最低位置时,顶杆的顶尖在 A 点,以凸轮的最小半径 $r_b = OA$ 所作的圆称为基圆半径,r_b 称为基圆的半径。

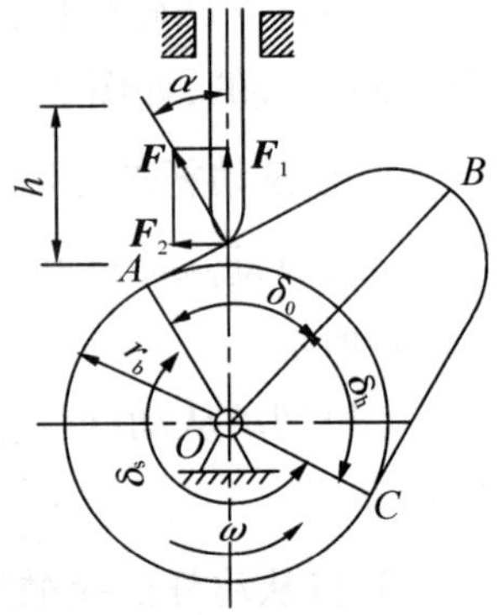

图 3－3－3 凸轮机构的主要参数

在同等条件下,基圆半径越小,则整个凸轮机构尺寸越小,结构越紧凑。但过小的基圆半径,又会使得凸轮机构的压力角增大,传递力的性能变差。因此,从传力性能和机构紧凑两个方面综合考虑,凸轮基圆半径应在保证凸轮轮廓最大压力角不超过许用压力角的前提下,尽量减小结构尺寸。

(3)行程(h):凸轮在转动角度 δ 的作用下,从动件从一个位置到另一个位置的距离称为行程 h。

(4)滚子半径(r_T):为了减少摩擦,凸轮机构的从动件大部分制成滚子,如果凸轮外缘与滚子实际接触的曲线称为凸轮的实际工作曲线,而滚子中心运动的轨迹就是凸轮的理论轮廓曲线。滚子半径愈大,强度和耐磨性愈好,但滚子半径的增大对凸轮轮廓曲线的影响很大。

图 3－3－4 所示为滚子半径 r_T 与理论轮廓曲线的曲率半径 ρ 之间有下述关系。

(1)$\rho > r_T$,则凸轮轮廓为光滑曲线。

(2)$\rho = r_T$,则凸轮轮廓出现尖角。

(3)$\rho < r_T$,则凸轮轮廓线相交,加工时被削去,运动失真。

那么,为了改善这种影响,滚子半径 r_T 应小于理论轮廓曲线外凸部分的最小曲率半径

ρ_{min}，一般推荐 $r_T < 0.8\rho_{\min}$。

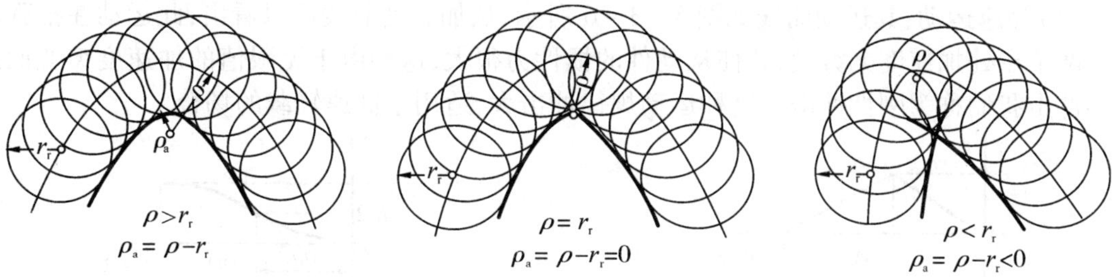

图 3－3－4　滚子半径对凸轮轮廓曲线的影响

(五)从动件的运动规律

1. 凸轮轮廓与从动件的运动关系

如图 3－3－5 所示，当凸轮在 A 点按图示方向转动时，从动件被推动上升，直至凸轮转到 B 点，转过的角度为 δ_0，从动件上升的距离为 h，这个过程叫推程运动。凸轮继续转动至 C 点，转过的角度为 δ_s，从动件不上升，这个过程叫休止运动。凸轮继续转动至 D 点，转过的角度为 δ_h，从动件在重力或弹力的作用下降，下降的距离为 h，这个过程叫回程运动。凸轮继续转动至 A 点，转过的角度为 δ_S'，从动件不上升，这个过程再次叫休止运动。凸轮回转一周，从动件的经过了一个工作过程(见表 3. 3. 1)，凸轮继续转动，从动件就重复上述的运动循环。

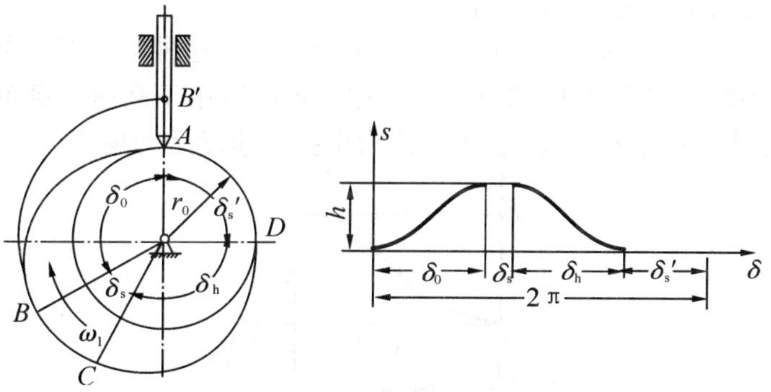

图 3－3－5　凸轮轮廓与从动件的位移曲线

表 3. 3. 1　凸轮轮廓与从动件的运动关系

3 种运动	3 个阶段	3 个角度	轮廓曲线	行　程
推程运动	推程阶段	δ_0	AB	h^+
休止运动	远休止阶段	δ_0	BC	0
	近休止阶段	δ_s'	DA	0
回程运动	回程阶段	δ_h	CD	h^-

根据图中凸轮轮廓形状，我们就可以得出从动件的位移与凸轮转角之间的关系曲线，反之，根据从动件需要的运动规律我们就可以做出相应的凸轮轮廓曲线，这是设计凸轮轮廓的依据。

2. 从动件的运动规律

从动件的运动规律是指其位移 s、速度 v 和加速度 a 随时间 t 的变化规律。由于凸轮一般为等速转动，因此，为了方便，常将从动件运动规律的横坐标(时间 t 轴)用凸轮的转角 δ

来代替。现在介绍几种生产中常见的从动件的运动规律：

（1）等速运动：其运动曲线如图 3－3－6 所示，从加速度曲线可以看出，此运动在推程和回程两个点处加速度无穷大，致使从动件的惯性力很大，这种由于无限值的加速度突变而产生的冲击我们称为刚性冲击。这种运动规律冲击大，适用于低速轻载的场合。

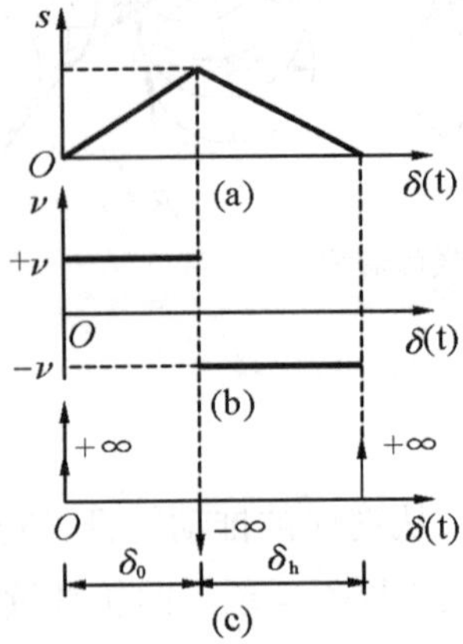

图 3－3－6　等速运动规律曲线图

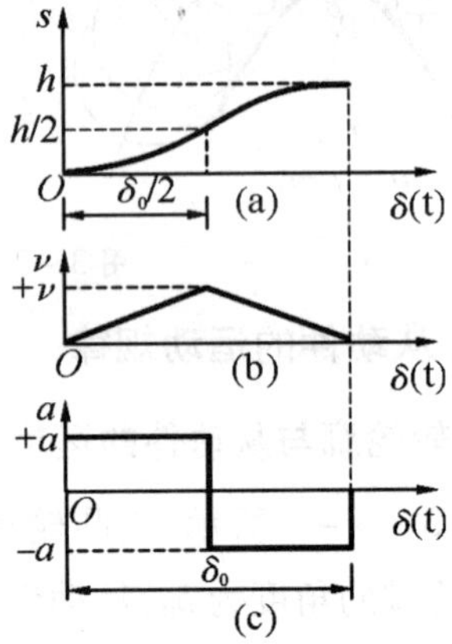

图 3－3－7　等加速、等减速运动规律曲线图

（2）等加速、等减速运动：其运动曲线如图 3－3－7 所示，这种运动规律速度曲线连续，而加速度曲线在运动的起始、中间位置和终止点处不连续，会产生有限值的加速度突变，致使会引起惯性冲击。这种由于有限值的加速度突变而产生的冲击我们称为柔性冲击。这种运动规律冲击小，适用于中速轻载的场合。

（3）变速运动（摆线）：其运动曲线如图 3－3－8 所示，这种运动规律的速度和加速度曲线均连续，不产生刚性与柔性冲击，几乎没有冲击，所以适用于高速重载的场合。由于该运动规律的加速度曲线按正弦规律变化，故又称为正弦加速度运动规律。

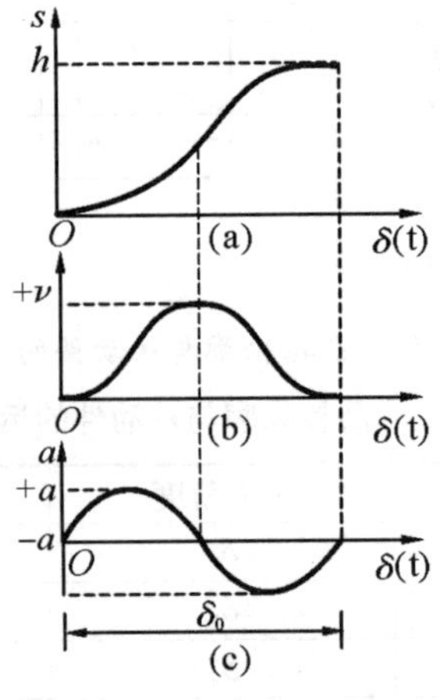

图 3－3－8　摆线运动规律曲线图

（六）凸轮轮廓的设计（盘形）

在进行凸轮轮廓的设计时，首先要根据工作要求选定凸轮机构的形式，然后利用凸轮的基圆半径和从动件运动规律，在凸轮转向确定的情况下，进行凸轮轮廓的设计，其方法有图解法和解析法两种。图解法简单、直观，但受作图误差的限制，适用于一般精度要求的场合；解析法计算较麻烦，但设计精度较高，利用计算机辅助设计，能获得很好的设计效果，现在随着 CAD/CAM 的普及和应用，该方法越来越受到青睐。

1.“反转法”作图原理

凸轮机构工作时凸轮和动件都在运动，为了绘制凸轮轮廓，假设凸轮相对静止，而从动件另外附加一个与凸轮转动方向相反的转动（$-\omega$）。根据相对运动原理，从动件一方面和机架一起随 $-\omega$ 转动，另一方面以原有运动规律相对于机架作往复移动。然后利用从动件的位移曲线，在选定基圆半径和凸轮转向的情况下，沿反向方向（-ω）做出从动件的各个位置，则从动件尖点的运动轨迹，即为要设计的凸轮的轮廓曲线，利用这种原理绘制凸轮轮廓曲线的方法称为“反转法”（见图3-3-9）。

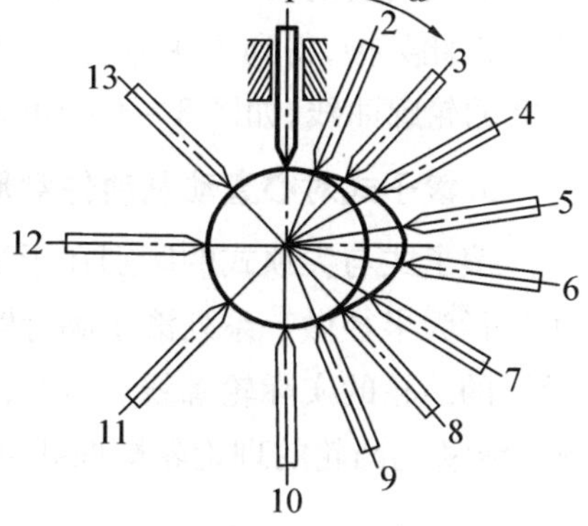

图3-3-9 反转法

2. 尖顶式对心直动从动件盘形凸轮轮廓设计

例 已知盘形凸轮的基圆半径 $r_b = 40$ mm，凸轮顺时针方向转动，从动杆的运动规律如下：

凸轮转角 δ	0° ~90°	90° ~180°	180° ~360°
从动件运动规律	等速上升 20 mm	静止不动	等速下降原位置

试设计凸轮轮廓的曲线。

解 凸轮轮廓曲线的具体绘制步骤如下：

（1）以行程 s 为纵坐标，转角 δ 为横坐标，作从动件位移图，如图3-3-10（b）所示。在δ坐标线上按一定的间隔（图中为30°，90°~180°不作分点，因为从动件无位移），标上点0，1，2，…，10，已知0~3（即0°~90°）等速上升20 mm，截取3-3′等于20 mm，用直线段连结0-3′，与竖线11′，22′分别交于1′，2′；3~4（即90°~18°）停止不动，作水平线交44′于4′；4~10（180°~360°）等速降至原位，用直线段连结4′-10，交55′，66′，…于5′，6′，…，即为全部从动杆的运动规律曲线。

（2）作基圆和等分角线。用与位移曲线相同的比例，取 O 为凸轮的回转中心，画基圆半径 $r_b = 40$ mm；画从动件尖端的最低位置0。根据反转法，假想对整个机构加“$-\omega$”的角速度后凸轮静止了，而从动件则绕 O 点作反方向转动，同时做上下移动。

凸轮按反时针转向，从 a_0 点开始按位移图上划分的角度，在基圆上作等分角线，画出相应的向径 $Oa_0, Oa_1, Oa_2, \cdots, Oa_9$，如图3-3-10（a）所示。

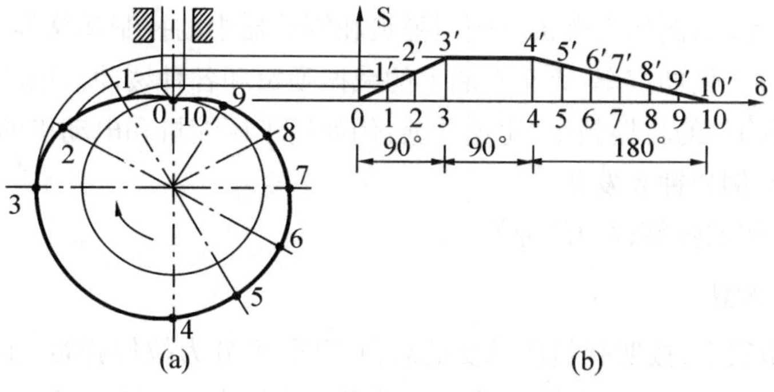

图3-3-10 凸轮轮廓曲线的绘制

（a）凸轮轮廓曲线；（b）从动杆运动规律曲线

(3)在凸轮上，以0为起始位置，按反转方向对应位移曲线的横坐标。根据反转法，从动件反向绕凸轮转过第一个30°，同时从最低位置升高 $a_1 1 = 11'$，点1应是凸轮轮廓上的一点。从动件反向转过第二个30°，同时从最低位置升高 $a_2 2 = 22'$，点2同样应是凸轮轮廓上的一点。以此类推，得到3，4，…，10。最后光滑连接0，1，2，…，10，即为凸轮从0°—90°—180°—360°的轮廓曲线，如图3-3-10(a)所示。

3. 滚子式对心直动从动件盘形凸轮轮廓设计

滚子式与尖顶式的区别在于滚子式尖顶为滚子。可以设想，以尖顶为圆心，以给定的滚子半径为半径做一系列滚子圆，然后再做这些滚子圆的内(或外)包络线，则该包络线即为要设计的凸轮的实际轮廓线。因此，在滚子式从动件中，为了叙述方便，把按尖顶式设计绘制的凸轮轮廓称为凸轮的理论轮廓曲线，而把滚子圆内(或外)包络线绘制的凸轮轮廓称为实际轮廓曲线。

在利用图解法设计凸轮轮廓时，必须注意下面几个问题。

(1)必须理解“反转”的含义，作图时必须按照 $-\omega$ 方向等分圆周，即“反转法”。

(2)在作位移线图和凸轮轮廓图时，其作图比例必须统一。

(3)等分份数必须考虑凸轮的制造精度要求，一般情况下推程角和回程角都不得少于4等份。

(七)凸轮材料

凸轮机构的主要失效形式为磨损和疲劳点蚀，这就要求凸轮的工作表面硬度高、耐磨，对于经常受到冲击的凸轮机构还要求凸轮芯部有较强的韧性。

一般凸轮的材料常采用40Cr，也可以用20Cr，20CrMnTi；滚子材料采用20Cr，也有的用滚动轴承代替。

四、弹簧

弹簧是弹性元件。由于它具有刚性小、弹性大、在载荷作用下容易产生弹性变形等特性，因而被广泛应用于各种机器、仪表及日常用品中。

(一)弹簧的功用

按照不同的使用场合，弹簧有下述功用。

(1)控制机构运动：例如内燃机上阀门弹簧和制动器中的控制弹簧等。

(2)缓冲和吸振：例如汽车、火车车厢下的减振弹簧和各种缓冲器用的弹簧。

(3)改变机器构件的自振频率，避免共振：例如用于压缩机和电动机的弹性支座弹簧。

(4)储存能量：例如钟表发条。

(5)测量力。例如弹簧秤中的弹簧。

(二)弹簧的类型

弹簧的类型很多，按照弹簧所承受的载荷不同，可分为拉伸弹簧、压缩弹簧、扭转弹簧和弯曲弹簧；按照弹簧形状不同，又分为螺旋弹簧、环形弹簧、蝶形弹簧、板形弹簧和盘形弹簧。表3.4.1给出了常用弹簧的类型及其特点。

表 3.4.1 弹簧的类型及其说明

载 荷	类 型	简 图	说 明
拉伸	圆柱形螺旋弹簧	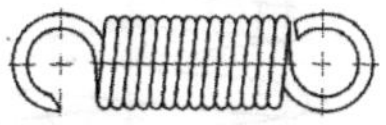	此类弹簧刚度稳定,结构简单,制造方便,应用最为广泛
压缩	圆柱(锥)形螺旋弹簧		此类弹簧刚度稳定,结构简单,制造方便,应用最为广泛;圆锥形的稳定性更好,多用于承受较大的载荷和减振
	蝶形弹簧	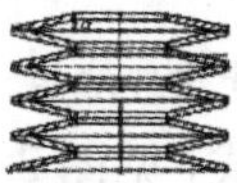	此类弹簧缓冲及减振能力较强,制造及维护方便,主要用于重型机械的缓冲和减振装置
	环形弹簧	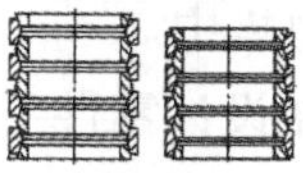	此类弹簧可承受较大的压力,缓冲能力很强,常用于重型设备的缓冲装置
扭转	圆柱形扭转弹簧		此类弹簧结构简单,主要用于各种机械装置中的压紧和储能
	盘弹簧		此类弹簧能储存较大的能量,常用于钟表及仪器中的动力装置
弯曲	板弹簧	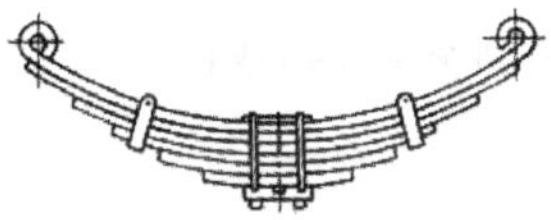	此类弹簧变形大,吸振能力强,主要用于各种车辆的缓冲和减振装置

在一般机械中,最常见的是圆柱形螺旋弹簧。螺旋弹簧是用弹簧丝卷绕制而成,制造简单,应用最广泛。本节主要介绍圆柱形螺旋压缩(拉伸)弹簧的基本内容。

(三)圆柱形螺旋弹簧

1. 类型

根据它的功用,圆柱形螺旋弹簧可分为压缩弹簧、拉伸弹簧和扭转弹簧(见图3-4-1)。

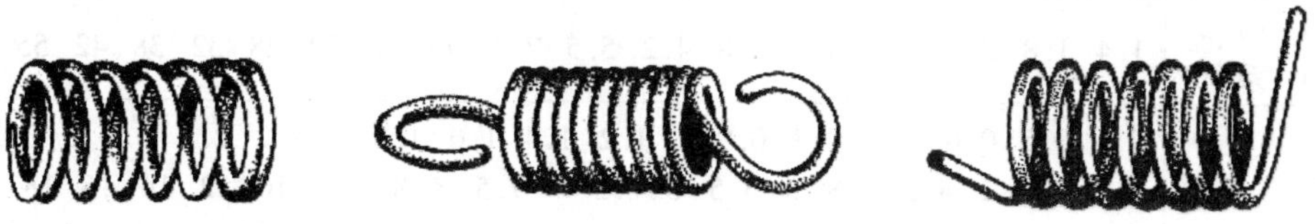

(a) (b) (c)

图 3-4-1 圆柱形螺旋弹簧的类型

(a)压缩弹簧;(b)拉伸弹簧;(c)扭转弹簧

2. 端部结构

(1)压缩弹簧在自由状态下,各圈间留有一定的间距 δ,以备承载时变形。弹簧除参加变形的有效圈数 n 以外,两端各有 0.75 ~ 1.75 圈并紧不参加变形,并紧的几圈称为死圈或支承圈。支承圈端部有磨平端和不磨平端等两种形式(见图 3-4-2)。在重要场合,为保证两支承端面与弹簧的轴线相垂直,从而使弹簧受压时不致歪斜,应采用磨平端结构,端部磨平部分长度不小于 3/4 圈，弹簧丝末端厚度一般为 d/4。

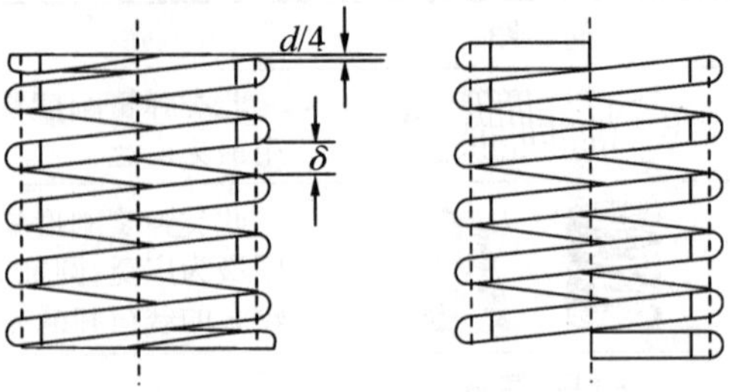

图 3－4－2　压缩弹簧端部结构

(2)拉伸弹簧各圈间并紧，端部钩环有 4 种形式(见图 3－4－3)。半圆形、圆形钩环制作方便，可调式和可转式钩环中避免钩环根部应力集中。

支承圈端部和端部钩环结构形式可查阅《机械设计零件手册》。

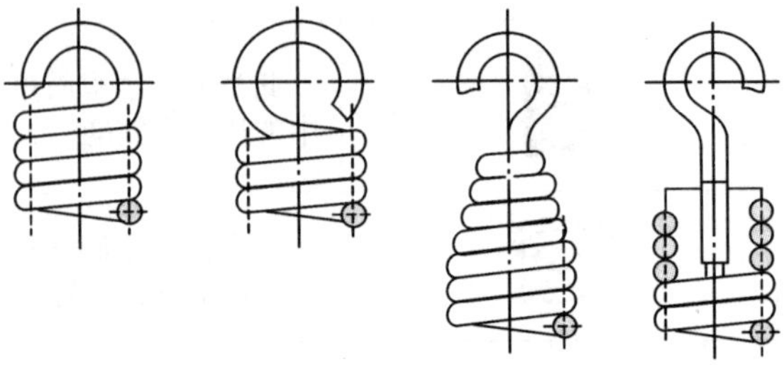

图 3－4－3　拉伸弹簧端部结构

3. **主要参数**

圆柱形螺旋压缩弹簧的主要参数有：弹簧钢丝直径 d、弹簧中径 D 和有效圈数 n(表 3.4.2)。

表 3.4.2　普通圆柱形螺旋弹簧尺寸参数(GB/T1358－1992)　单位：mm

弹簧尺寸参数		参数值
弹簧钢丝直径 d	第一系列	0.1 0.12 0.14 0.16 0.2 0.25 0.3 0.35 0.4 0.45 0.5 0.6 0.7 0.8 0.9 1 1.2 1.6 2 2.5 3 3.5 4 4.5 5 6 8 10 12 16 20 25 30 35 40 45 50 60 70 80
	第二系列	1.4 1.8 2.2 2.8 3.2 3.8 4.2 5.5 7 9 14 18 22 28 32 38 42 55 65
弹簧中径 D		0.4 0.5 0.6 0.7 0.8 0.9 1 1.2 1.4 1.6 1.8 2 2.2 2.5 2.8 3 3.2 3.5 3.8 4 4.2 4.5 4.8 5 5.5 6 6.5 7 7.5 8 8.5 9 10 12 14 16 18 20 22 25 28 30 32 38 42 45 48 50 52 55 58 60 65 70 75 80 85 90 95 100 105 110 115 120 125 130 135 140 145 150 160 170 180 190 200 210 220 230 240 250 260 270 280 290 300 320 340 360 380 400 450 500 550 600 650 700
有效圈数 n	压缩	2 2.25 2.5 2.75 3 3.25 3.5 3.75 4 4.25 4.5 5 5.5 6 6.5 7 7.5 8 9 9.5 10 10.5 11.5 12.5 13.5 14.5 15 16 18 20 22 25 28 30
	拉伸	2 3 4 5 6 7 8 9 10 11 12 13 14 15 16 17 18 19 20 22 25 28 30 35 40 45 50 55 60 65 70 80 90 100

普通圆柱形螺旋弹簧的尺寸参数已标准化，详细请查阅《机械零件设计手册》。

4. 几何尺寸

圆柱形螺旋压缩弹簧的几何尺寸关系见表3.4.3。

表3.4.3　圆柱螺旋压缩弹簧几何尺寸关系　　单位：mm

名　称	尺寸关系	图　形
中经(D)	$D = Cd$(C是旋绕比)	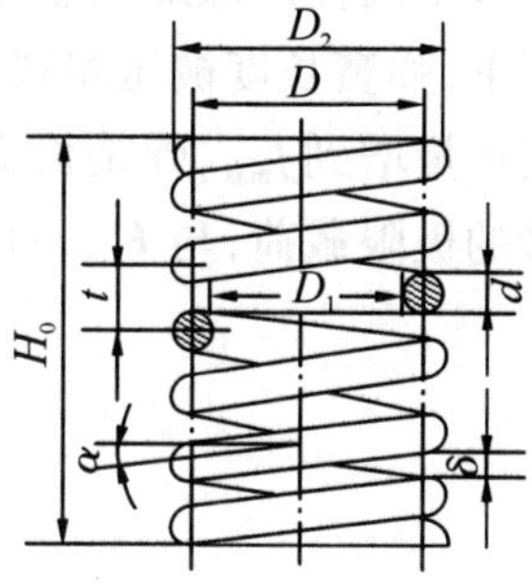
外径(D_2)	$D_2 = D + d$	
内径(D_1)	$D_1 = D - d$	
间距(δ)	$\delta = t - d$	
节距(t)	$v_t = (0.28 \sim 0.5)D$	
总圈数(n_1)	$n_1 = n + (1.5 \sim 2.5)$　n:有效圈数	
螺旋角(α)	$\alpha = \arctan t/\pi D$	
展开长度(L)	$L = \pi D_2\ n_1/\cos\alpha \approx \pi D n_1$	
自由高度(H_0)	两端圈磨平:$H_0 = nt + (1, 1.5, 2)d$ 两端圈不磨平:$H_0 = nt + (3, 3.5)d$	

(1)弹簧工作圈数(n):弹簧工作时参与变形的圈数,也称为有效圈数。

(2)弹簧总圈数(n_1):压缩螺旋弹簧的总圈数等于工作圈数与支承圈数之和,拉伸螺旋弹簧的总圈数等于工作圈数。

(3)节距(t):相邻两圈弹簧丝中心间的轴线距离。

(4)弹簧的螺旋角(α):压缩弹簧一般取5°~9°;而拉伸弹簧的α更小,弹簧的螺旋方向可以左旋或右旋,一般采用右旋。

(5)弹簧的自由高度(H_0):即未受载荷时的弹簧高度。

(6)弹簧指数(C)(也称旋绕比):$C = D/d$是弹簧的主要参数之一,它影响弹簧的强度、刚度、稳定性及制造的难易。C值大,中径D较大或钢丝直径较小,弹簧较软,刚性小,容易变形,容易绕制。C值小,则相反,弹簧较硬,刚度大,不易变形,不易绕制。设计时,一般推荐取$4 \leqslant C \leqslant 14$,选择时可参考表3.4.4。

表3.4.4　弹簧指数C的推荐值(GB1239.6-92)　　单位:mm

d	0.2~0.4	0.5~1	1.2~2	2.5~6	7~16	≥18
$C = D/d$	7~14	5~12	5~10	4~9	4~8	4~6

(7)压缩弹簧的高径比(H_0/D):如果过大,承压时会出现失稳现象,产生侧向弯曲,而不能正常工作。为此要控制弹簧的高径比,一般取$H_0/D \leqslant 3.7$。否则,应在弹簧内加导杆或在外侧加导筒(见图3-4-4)。

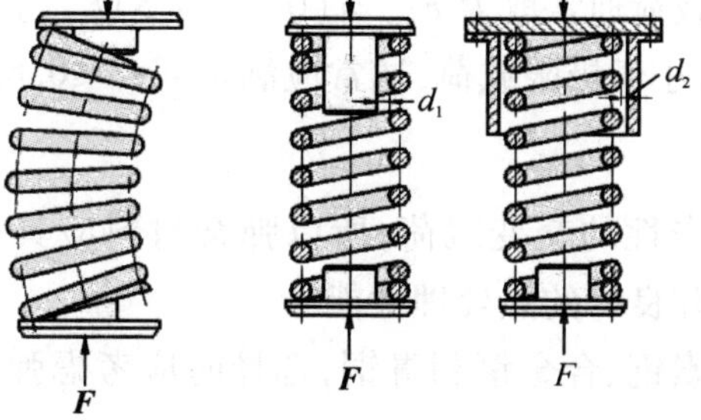

图3-4-4　圆柱形螺旋弹簧的失稳与稳定

5. 特性线

弹簧在弹性限度之内，受到轴向力 F 的作用时产生相应的变形量 f。用载荷 F 与变形量 f 为纵、横坐标，把他们的关系表达出来，就是一条通过坐标原点的倾斜直线，这就是弹簧的特性线。

等节距圆柱形螺旋压缩弹簧的特性线如图 3－4－5 所示。F_{min} 为弹簧的最小载荷，在它的作用下，弹簧长度被压缩到 H_1，其压缩变形量为 f_{min}；当弹簧受最大工作载荷 F_{max} 时，弹簧压缩变形量增到 f_{max}，弹簧长度减至 H_2；f_{max} 与 f_{min} 的差即为弹簧的工作行程 $h=f_{max}-f_{min}$；F_{lim} 为弹簧的极限载荷，与 F_{lim} 对应的弹簧长度为 H_3，压缩量为 f_{lim}。

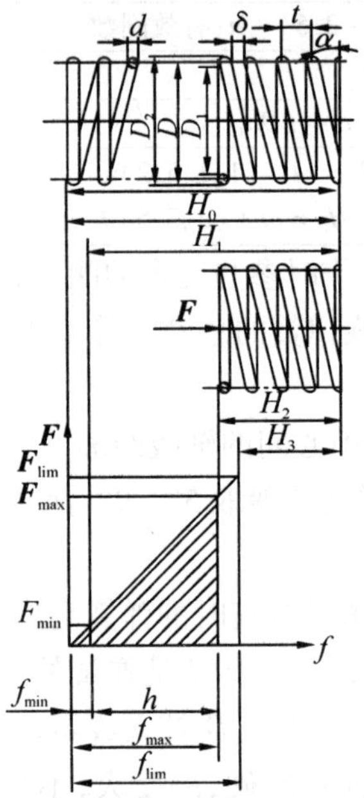

图 3－4－5　圆柱螺旋压缩弹簧的特性曲线

$$\frac{F_{min}}{f_{min}}=\frac{F_{max}}{f_{max}}=\frac{F_{max}-F_{min}}{f_{max}-f_{min}}=k(\text{常数})$$

k 表示单位变形量（mm）所需要的载荷（N），称为弹簧刚度。k 值的大小对弹簧的刚度影响甚大，k 值愈小的弹簧，刚度愈大，不易变形；k 值愈大的弹簧，刚度愈小，容易变形。

弹簧指数（C）说明弹簧刚性大小与弹簧刚度（k）不同。弹簧刚度是弹簧材料、结构的综合反映，说明弹簧总的刚度，而弹簧指数反映了弹簧结构上的问题，没有反映材料因素，是同一材料不同结构的刚度说明。

压缩弹簧的最小工作载荷通常取为 $F_{min}=(0.1\sim0.5)F_{max}$。在实际应用中，为了不失去直线的特性曲线，最大载荷小于极限载荷，通常应满足 $F_{max}\leqslant 0.8F_{lim}$。

（四）弹簧的材料

弹簧在机械中常受冲击性的交变载荷，所以弹簧材料应具有较高的弹性极限、疲劳极限、一定的冲击韧性、塑性和良好的热处理性能。

常用的弹簧材料有碳素钢、合金钢和青铜，选择时应考虑弹簧工作条件、功用及经济性等因素，一般优先选用碳素钢。

请沿此线剪下
请沿此线剪下
请沿此线剪下

任务实施

资讯单3.1

学习领域	零件加工信息分析		
学习情境三	异形件的信息分析	学　时	6
资讯方式	在图书馆、专业杂志、互联网、参考书籍及信息单查寻或者资讯任课教师		
资讯问题	1. 如何正确理解机器和机构的概念？ 2. 构件和零件有什么区别和联系？ 3. 什么是机械？ 4. 机器的组成部分有哪些？ 5. 机械的传动形式有哪些？ 6. 什么是平面机构？ 7. 什么是平面连杆机构？ 8. 什么是铰链机构？ 9. 什么是机构的运动简图？其作用是什么？ 10. 构件的运动副有哪些？其特点如何？ 11. 机构的组成有哪些？ 12. 构件的表示方法是什么？ 13. 运动副的表示方法是什么？ 14. 如何正确绘制平面机构的运动简图？ 15. 什么是平面机构的自由度？ 16. 如何正确计算平面机构的自由度？ 17. 计算平面自由度时应注意哪些问题？ 18. 机构具有确定运动状态的条件是什么？ 19. 什么是平面四杆机构？ 20. 平面四杆机构的组成有哪些？ 21. 平面四杆机构的基本形式有哪些？其特点和应用如何理解？ 22. 平面四杆机构的演变形式有哪些？其特点和应用如何理解？ 23. 平面四杆机构的演变方法是什么？ 24. 平面四杆机构的特性有哪些？其特点和应用如何理解？ 25. 凸轮机构的组成有哪些？ 26. 凸轮机构的特点有哪些？ 27. 按凸轮形状、从动件的结构形式和运动方式不同，凸轮机构的类型有哪些？ 28. 凸轮机构的主要参数有哪些？ 29. 如何正确理解凸轮从动件的运动规律与轮廓之间的关系？ 30. 凸轮从动件的运动特点有哪些？		

续表

学习领域	零件加工信息分析		
学习情境三	异形件的信息分析	学　时	6
资讯方式	在图书馆、专业杂志、互联网、参考书籍及信息单查寻或者资讯任课教师		
资讯问题	31. 如何利用“反转法”设计凸轮的廓形？ 32. 凸轮机构的实效形式有哪些？ 33. 如何正确选择凸轮机构的材料？ 34. 弹簧的功用有哪些？ 35. 弹簧的类型有哪些？其特点和应用如何？ 36. 圆柱形螺旋弹簧的类型有哪些？ 37. 圆柱形螺旋弹簧的端部结构如何？ 38. 圆柱形螺旋弹簧的主要参数有哪些？ 39. 圆柱形螺旋弹簧的几何尺寸关系如何？ 40. 如何正确理解圆柱形螺旋弹簧的特性曲线？ 41. 如何正确选择弹簧的材料？ 42. 什么是间歇运动机构？ 43. 间歇运动机构的类型有哪些？ 44. 棘轮机构的组成、特点和应用分别是什么？ 45. 槽轮机构的组成、特点和应用分别是什么？ 46. 不完全齿轮机构的组成、特点和应用分别是什么？ 47. 铝合金和铜合金有哪些？其特点如何？ 48. 什么是硬质合金？ 49. 硬质合金的特点如何？ 50. 硬质合金的类型有哪些？其特点如何？ 51. 工程中，常见的非金属材料有哪些？其特点和使用如何？		
资讯引导	[1]申宾德. 零件加工信息分析[M]. 西安：西北工业大学出版社，2014. [2]谢蕾. 零件加工信息分析[M]. 北京：北京大学出版社，2014. [3]李世维. 机械基础[M]. 北京：高等教育出版社，1999. [4]陈雪，王晓强. 机械基础项目教程[M]. 大连：大连理工大学出版社，2011. [5]同长虹. 机械设计基础[M]. 北京：科学出版社，2012. [6]郑文纬，吴克坚. 机械原理[M]. 北京：高等教育出版社，1996. [7]张策. 机械原理与机械设计[M]. 北京：高等教育出版社，2004.		

决策单

学习领域	零件加工信息分析						
学习情境三	异形件的信息分析					学 时	2
方案讨论							
方案对比	组别	布局合理	工具选用	节约耗材	实施操作	安全	综合评价
方案评价							
班级		组长签字		教师签字		月 日	

请沿此线剪下

请沿此线剪下

请沿此线剪下

计 划 单

学习领域	零件加工信息分析		
学习情境三	异形件的信息分析	学　时	3
计划方式	小组讨论,团结协作共同制定计划		

序号	实施步骤	使用资源
制定计划说明		

计划评价	班　　级		组　　别		组长签字	
	教师签字				日　　期	
	评语:					

请沿此线剪下

请沿此线剪下

请沿此线剪下

实施单

学习领域	零件加工信息分析		
学习情境三	异形件的信息分析	学　时	4
实施方式	小组成员合作,动手实践		

序号	实施步骤	使用资源
实施说明		

班　级	组　别	组长签字	教师签字	日　期

评语	

请沿此线剪下

请沿此线剪下

请沿此线剪下

检查单

学习领域	零件加工信息分析			
学习情境三	异形件的信息分析		学　　时	2
序号	检查项目	检查标准	学生自查	教师检查

检查评价	班　　级	组　　别	组长签字	教师签字	日　　期

评价单

学习领域			零件加工信息分析				
学习情境三			异形件的信息分析	学　时		1	
角色	序号	项目	课堂微观察内容	总人数	行为程度(人数)		
					积极	一般	消极
生学	1	参与状态	1. 学生是否全员全程参与学习;2 是否积极投入思考或踊跃发言;3. 是否兴致勃勃的阅读讨论;4. 是否有学生参与教学;5. 是否自觉的进行练习				
	2	交往状态	1. 学生相互之间是否有友好的合作;2. 课堂气氛是否民主、和谐、愉悦和主动;3. 师生、生生间交流语言是否得体				
	3	思维状态	1. 观察学生思维的敏捷性,听学生的语言是否流畅、是否有条理、是否善于用自己的语言解释说明表达所学的知识;2. 在观察学生的思维批判性时,看学生是否善于质疑问难,提出有价值的问题,并展开激烈的争论;3. 观察学生思维的独特性、创造性时,看学生的回答或见解是否能具有自己的思想或创意				
	4	情绪状态	1. 通过捕捉学生细微的表情变化,分析个别学生回答问题时,其他学生的反映;2. 看学生是否自我控制与调节学习情绪				
	5	生成状态	1. 看学生是否全身心投入学习;2. 是否伴有满足、成功和愉悦等体验,并对后续学习更有信心;3. 看学生在课堂教学中有没有独特的表现,是否提出深层次问题或得出不同寻常的答案;4. 学生的个性是否得以凸显				
	评价						
角色	序号	项目	课堂微观察内容	A	B	C	D
教师	6	学习目标	1. 目标指向是否明确?(学生独立学习,合作学习,教师指导下学习)2. 目标动词表述是否准确?(如"理解""体验""探索""经历"和"朗读"等)3. 目标内容是否具体?是否体现层次性?4. 目标达成度如何				
	7	教学内容	1. 是否为学生提供了现实的、有意义的和富有挑战性的学习内容?2. 是否注意了教学内容的重组与整合?3. 学习内容是否体现了教育性				
	8	教学方法	1. 是否组织了有效的小组合作学习?合作要求是否明确?2. 学生学习活动设计是否符合学生实际、有意义?是否符合课程标准的要求?是否体现学科特点?活动数量是否适度?活动设计是否有梯度和层次感				
	9	教学组织	1. 课堂是否体现"三讲三不讲"?(讲重点、讲难点和讲易错易混知识点;不讲学生已经会的,不讲学生通过自学也能会的,不讲教师讲了学生也不会的)2. 教师讲授是否过长				
	10	教学评价	1. 教师对学生学习过程中的评价是否及时到位?是否关注学生的自我评价?2. 是否关注了评价的多元化?(组内、组间和师生等)3. 是否进行了当堂训练和检测?4. 评价是否有利于学生的发展				
	评价						

请沿此线剪下

请沿此线剪下

请沿此线剪下

续表

<table>
<tr><td colspan="3">学习领域</td><td colspan="5">零件加工信息分析</td></tr>
<tr><td colspan="3">学习情境三</td><td>异形件的信息分析</td><td colspan="2">学　　时</td><td colspan="2">1</td></tr>
<tr><td>角色</td><td>序号</td><td>项目</td><td>课堂微观察内容</td><td>A</td><td>B</td><td>C</td><td>D</td></tr>
<tr><td rowspan="4">师生成长</td><td rowspan="2">11</td><td rowspan="2">学习效果</td><td>学生:1. 是否大多数学生都完成了学习任务?2. 是否每个学生都有收获</td><td rowspan="2"></td><td rowspan="2"></td><td rowspan="2"></td><td rowspan="2"></td></tr>
<tr><td>教师:1. 预设学习任务是否完成?(未完成原因是什么?) 2. 教师是否有愉悦感和成就感</td></tr>
<tr><td rowspan="2">12</td><td rowspan="2">师生发展</td><td>学生:1. 学生获得发展,学习精神得以锻炼,良好习惯得以培养;2. 体验到学习和成功的喜悦,有进一步学习的愿望</td><td rowspan="2"></td><td rowspan="2"></td><td rowspan="2"></td><td rowspan="2"></td></tr>
<tr><td>教师:1. 专业精神获得发展;2. 教学预设能力和驾驭课堂能力得到提高</td></tr>
</table>

知识拓展

A. 间歇运动机构

在自动机械中，还有一些特殊机构，它们可以满足工程实际的特殊需要。比如，有些要求主动件作连续回转运动，而从动件即执行构件则要作周期性时动时停的间歇运动，能实现这种间歇运动的机构称为间歇运动机构。例如：牛头刨床工作台的横向进给运动机构，电影放映机的送片运动机构等。

间歇运动机构类型很多，常见的有棘轮机构、槽轮机构和不完全齿轮机构。

（一）棘轮机构

（1）组成：棘轮、棘爪和机架。（见图3-A-1）

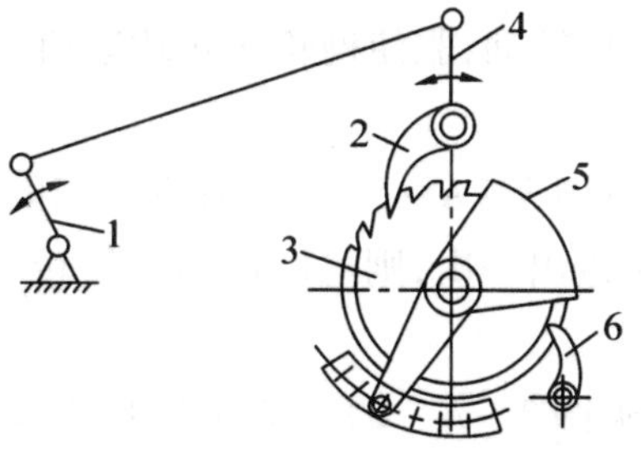

1-曲柄；2-工作棘爪；3-棘轮；4-摇杆；5-遮齿罩；6-止回棘爪

图3-A-1 棘轮机构

（2）运动特点：有齿的棘轮机构运动可靠，从动棘轮容易实现有级调节，但是有噪声、冲击，轮齿易磨损，高速时尤其严重，常用于低速、轻载的间歇传动。

（3）应用：牛头刨床的横向进给机构（见图3-A-2）、自行车飞轮（见图3-A-3）等，起重机绞盘常用棘轮机构使提升的重物能停在任何位置，以防止由于停电等原因造成的事故。

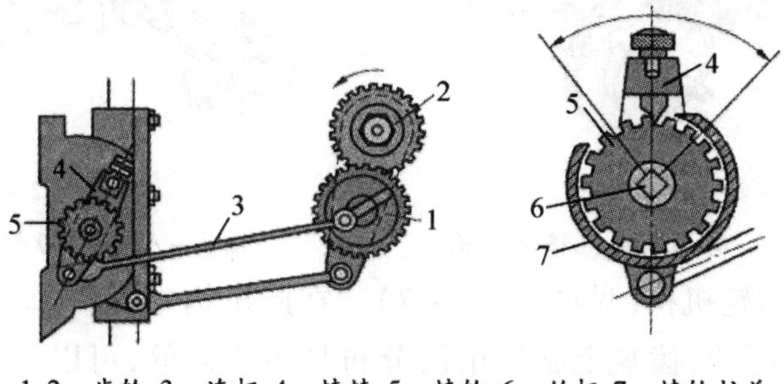

1,2-齿轮；3-连杆；4-棘棘；5-棘轮；6-丝杆；7-棘轮护盖

图3-A-2 牛头刨床的横向进给机构

1-外齿圈；2-轴轮；3-轴；4-棘爪

图3-A-3 自行车飞轮

（二）槽轮机构（马尔他机构）

（1）组成：由带圆柱销的主动拨盘、带径向槽的从动槽轮和机架组成（见图3－A－4）。

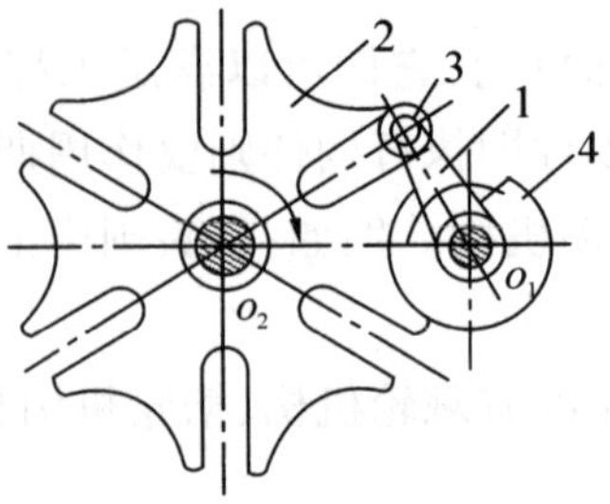

1－拨杆；2－槽轮；3－圆柱销；4－拨盘轮

图3－A－4　槽轮机构

（2）工作原理：当拨盘作匀速转动，驱使槽轮作间歇运动。

（3）类型：

1）电影放映机移动机构（见图3－A－5）。为适应人们的视觉暂停现象，槽轮1上开有4个径向槽，当拨盘2的圆柱销进出一次，则可以推动槽轮转动90°，所以能使影片的画面有一段停留的时间。

2）转塔式刀架转位机构（见图3－A－6）。为了满足零件加工工艺的需求，在刀架上装有6种不同的刀具，槽轮2上开有6个径向槽，当拨盘1的圆柱销进出一次，则可以推动槽轮转动60°，这样可以更换下一道工序的所需刀具，依次转换到工作位置上。

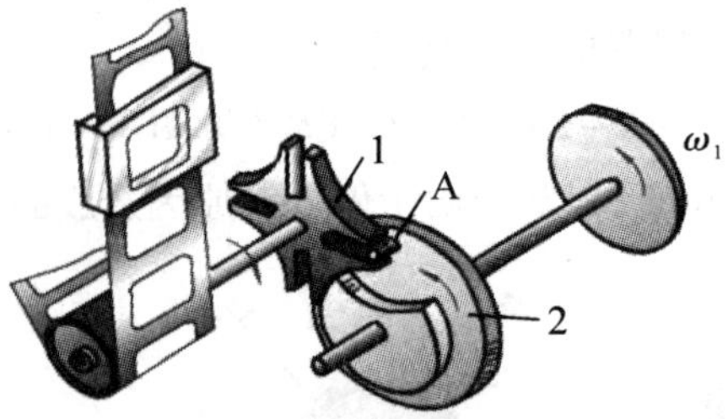

1－拨盘；2－槽轮

图3－A－5　电影放映机移动机构

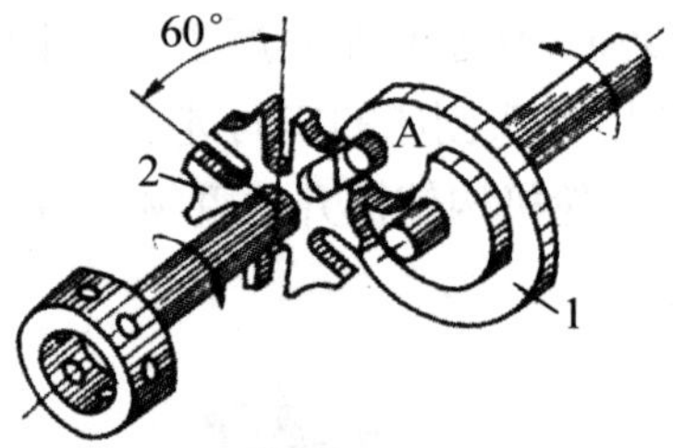

1－拨盘；2－槽轮

图3－A－6　刀架转位机构

不等臂长的多销槽轮机构（见图3－A－7）。在此机构中，槽轮上径向槽的尺寸是不同的，拨盘上圆柱销的分布是不均匀的，可以实现在几个运动时间和间歇时间中其运动速度的大小和停歇时间的长短不同的需求。

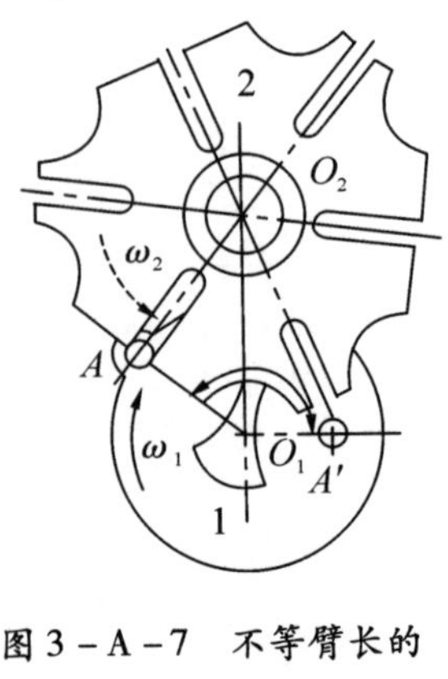

图3－A－7　不等臂长的多销槽轮机构

（4）特点：结构简单，外形尺寸小，机械效率较高，并能较平稳地、间歇地进行转位。但对于一个已定的槽轮机构来说，其转角不能调节，在转动开式和结束时加速度较大，故有冲击。

（三）不完全齿轮机构

不完全齿轮机构是由普通齿轮机构演变而得的一种间歇运动机构（见图3－A－8）。不完全齿轮机构的主动轮的轮齿不是布满在整个圆周上，而只有一个或几个齿，并根据运动时间与停歇时间的要求，在从动轮上加工出与主动轮相啮合的齿。

(1)组成：主动轮、从动轮和机架组成。

(2)特点：设计灵活，但加工工艺复杂，从动轮在运动开始，终了时冲击较大，故一般用于低速、轻载场合。

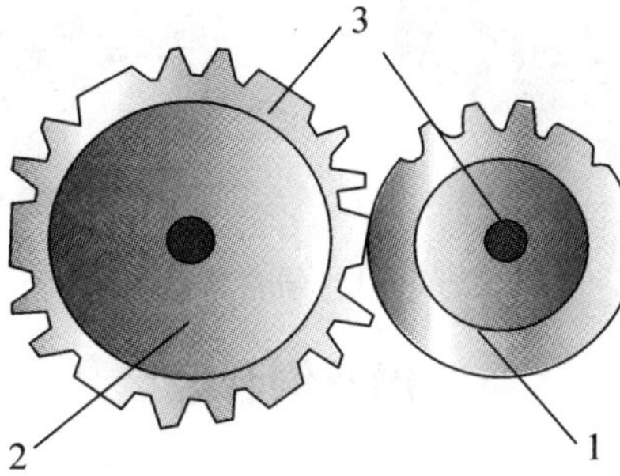

1－主动轮；2－从动轮；3－机架

图3－A－8　不完全齿轮机构

在工业生产中应用的材料，除钢铁材料以外，还有非铁和非金属材料。非铁材料俗称有色金属，非金属材料是金属材料以外的一切材料的统称。非铁材料和非金属材料目前的产量和用量虽不及钢铁材料的多，但由于它们具有某些独特的性能和特点，而成为现代工业生产中不可缺少的材料之一。

B. 铝和铝合金

(一)纯铝

纯铝是一种白色的金属。它具有下列特性。

(1)质轻、密度较小，是轻金属之一，常用作各种轻质结构材料的基本组员。

(2)导电导热性良好。

(3)抗大气腐蚀性能好。

(4)塑性好，易于承受各种压力加工而制成多种型材与制品。但强度、硬度较低，故工业上常通过合金化来提高其力学性能，用作结构材料。

高纯度的铝又称为化学纯铝，主要用于科学研究和某些特殊用途。

工业纯铝常夹杂铁和硅。其牌号用L1，L2，L3…L7来表示，数字顺序号越大，纯度越低。这类铝主要用于制成管、棒、线等型材以及配制铝合金的原料。

(二)铝合金

由于纯铝的强度很低，不宜用来制作结构零件。在铝中加入适量的硅、铜、镁、锰等合金元素，可以得到较高强度的铝合金(见图3－B－1)，且仍具有密度小、耐腐蚀性好、导热性好的特点。铝合金按其成分和工艺特点可分为形变铝合金和铸造铝合金。

1. 形变铝合金

按其主要性能和用途分为防锈铝、硬铝、超硬铝和锻铝。

2. **铸造铝合金**

具有优良的铸造性能，抗蚀性好，用于制造质轻、耐蚀、形状复杂的零件，如活塞、仪表外壳、发动机缸体等。

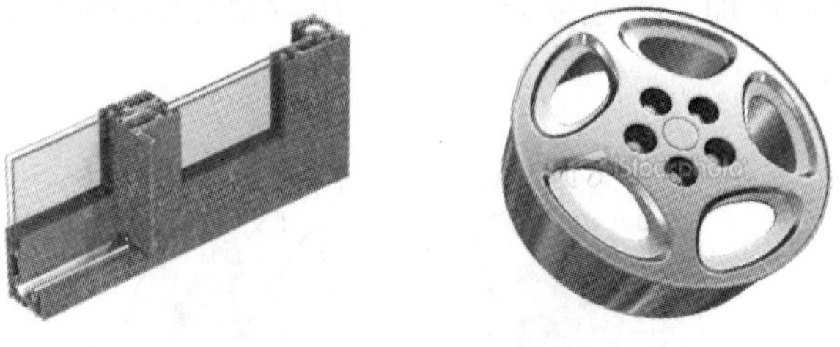

图 3－B－1　铝合金产品

C. 铜及铜合金

（一）纯铜

纯铜是玫瑰红色，外观为紫红色，俗称紫铜。由于纯铜是用电解法制造出来的，又名电解铜。它具有良好的导热性、导电性、耐腐蚀性，强度不高，硬度很低，塑性较好，易于冷、热压力加工。由于纯铜价格昂贵，为贵金属，一般不做结构零件，主要用于制作导电材料及配制铜合金的原料。

工业上使用的纯铜，其牌号有 T1，T2，T3，T4 等 4 种，数字顺序号越大，纯度越低。

（二）铜合金

铜合金根据主加元素的不同，可分为黄铜、青铜和白铜。工业上最常用的是黄铜和青铜。

（1）黄铜：黄铜以锌为主加元素的铜合金，因色黄而得名（见图 3－C－1）。黄铜又分为普通黄铜和特殊黄铜。

图 3－C－1　铜合金产品

普通黄铜是由铜和锌组成的铜合金，其牌号用 H 加数字来表示，H 表示铜，数字表示合金中铜的质量分数。如 H70 表示平均含铜量为 70% 的铜锌合金，这种铜合金又称三七黄铜，具有较好的塑性和冷成型性，主要用于制造弹壳、散热器片等；H62，又称四六黄铜，是铜合金中强度最高的一种，同时又具有较好的热塑性、切削性、焊接性和耐蚀性，且价格便宜，故工业中应用较多，如制造弹簧、垫圈和金属网等。

特殊黄铜是在普通黄铜中加入其他合金元素所组成的铜合金。常加入的元素有锡、硅、铅和铝等，分别称之为锡黄铜、硅黄铜、铅黄铜和铝黄铜等，加入合金是为了改善黄铜的使用性能或工艺性能（耐蚀性、切削性、强度和耐磨性等）。特殊黄铜的牌号是 H 加主加元素的化学符号再加数字表示，其数字分别表示铜和加入元素的质量分数，如 HPb59－1 表示铜、铅的质量分数分别为 59% 和 1%，这种合金铜主要用于制造大型轴套、垫圈等。

(2) 青铜：青铜是指铜与锌或镍以外的元素组成的合金。按化学成分不同，分为普通青铜（锡青铜）和特殊青铜（无锡青铜）两类。

普通青铜即锡青铜，是人类历史上应用最早的一种合金，我国古代遗留下来的一些古镜、钟鼎等用具和工艺品。锡青铜具有耐磨、耐蚀和良好的铸造性，主要用于制造蜗轮、轴承和弹簧等以及工艺品。铸造青铜的牌号用 Z 加基体金属的化学元素符号 Cu，以及主加元素和辅加元素符号和其质量分数组成，如 ZCuSn10P1 为铸造锡青铜，平均含锡为 10%，含磷 1%。

特殊青铜的力学性能、耐磨性和耐蚀性一般都优于普通青铜，而铸造性能不及普通青铜，主要用于制造高强度耐磨零件，如轴承和齿轮等。

(3) 白铜：白铜是铜镍合金，因色白而得名。它的表面很光亮且不易锈蚀，主要用于制造精密仪器、仪表中耐蚀零件及电阻器、热电偶等。

D. 硬质合金

(一) 硬质合金的定义

硬质合金是以难熔的碳化物粉末与粘结剂混合，加压成型，再经烧结而成的粉末冶金材料。

(二) 硬质合金的特点

(1) 硬度高：在高温下硬度达 89～94HRC。

(2) 红硬性好：即温度达 900℃～1 000℃时，硬度无明显下降。

(3) 耐磨性好。

除此以外，硬质合金刀具的切削速度可比高速钢快 4～7 倍，寿命延长 5～80 倍，还可以加工硬度在 50HRC 左右的硬质材料，故是目前应用最广泛的一种刀具材料。

(三) 硬质合金分类

常见的硬质合金主要有以下 3 类。

(1) 钨钴类硬质合金：这类硬质合金的主要化学成分为碳化钨（WC）和钴（Co）。碳化钨是合金的“骨架”，起坚硬耐磨的作用，钴则起粘结作用，它们之间的相对量将直接影响合金的性能。按不同的含钴量，分为 YG3，YG6，YG8 等多种牌号，数字表示含钴量的质量分数。YG 类硬质合金刀具适宜加工铸铁等脆性材料，含钴量高的适合于粗加工，含钴量少的适合于精加工。

(2) 钨钴钛类硬质合金：这类硬质合金的主要化学成分为碳化钨（WC）、碳化钛（TiC）和钴（Co）。按不同的含碳化钛量，分为 YT7，YT15，YT30 等多种牌号，数字表示含碳化钛量的质量分数。这类硬质合金刀具适用于加工钢或其他韧性较大的塑性材料，合金中碳化钛含量少而钴量多的适合于粗加工，反之适合于精加工。

(3) 钨钛钽（铌）钴类硬质合金：这类硬质合金是以碳化钽（TaC）和碳化铌（NbC）取代 YT 类硬质合金中的部分碳化钛。它的抗弯强度、冲击韧度均高于 YT 类合金，使之制成的刀具既可加工铸铁等脆性材料，又可加工碳素钢、合金钢。因其能加工多种金属，故又称通用硬质合金，常用牌号为YW1，YW2。主要用于加工高温合金、高锰钢、不锈钢以及可锻铸铁、球墨铸铁和合金铸铁等难加工材料。

上述3类硬质合金，由于硬度高、脆性大，除磨削外，不能进行切削加工，很难整体加工制成复杂形状的刀具，故将其制成各种规格的刀片，把它焊接、粘接或机械紧固在刀体或模具上使用（见图3－D－1）。

图3－D－1　硬质合金刀具和刀头

除此以外，还有一种硬质合金叫钢结硬质合金，它与上述硬质合金不同点在于，其粘结剂为合金钢（高速钢等）粉末，从而使之与钢一样可以进行锻造、焊接、切削和热处理，并且韧性好。它的性能介于高速钢与上述硬质合金之间。高速钢结硬质合金适用于制造各种形状复杂的刀具，如麻花钻头、铣刀等，也可以制造在较高温度下工作的模具和耐磨零件。

E. 非金属材料

由于非金属材料来源广泛，易成型，又具有某些特殊性能，因而非金属材料的应用已日益广泛。

（一）工程塑料

工程塑料是一类以天然或合成树脂为主要成分，在一定的温度和压力下塑制成型，并在常温下保持其形状不变的材料。

1. 塑料的分类

塑料的品种繁多，分类方法也很多。通常按工程塑料受热后所表现的行为分为热塑性塑料和热固性塑料。

（1）热塑性塑料：可以反复通过提高温度使之软化、降低温度使之硬化的材料。常用的热塑性塑料有尼龙（聚酰胺）、聚乙烯、有机玻璃等。这些塑料的优点是加工成型简便，具有较高的力学性能，缺点是耐热性和刚性较差。

（2）热固性塑料：加热时软化，然后固化成型，这一过程不能重复进行。常用的热固性塑料有酚醛树脂、环氧树脂、氨基塑料等。这些塑料具有耐热性高、受热不易变形、价廉等优点，缺点是生产率低、机械强度一般不太好。

习惯上也将工程塑料分为通用塑料、工程塑料和特种塑料。

（1）通用塑料：主要是产量特别大，价格低，应用范围广的一种塑料。主要用来制造日常生活用品、包装材料和工农业生产用的一般零件。

（2）工程塑料：工程技术中作结构材料的塑料。这类塑料具有较高的机械强度或具有耐高温、耐腐蚀、耐辐射等特殊性能,因而可代替金属,特别是用在非铁金属制作的某些机械构件或某些特殊用途。

(3)特殊塑料:具有特殊性能和特殊用途的塑料。如耐高温塑料、医用塑料等。

2. 塑料的特性及用途

塑料的优异性能主要表现在质轻,表面密实光滑,摩擦系数小,防水,气密,耐磨,吸振消声性好,耐腐蚀性好,绝缘性好以及成型工艺简单。现在每年塑料的产量按体积计算已超过钢铁,主要用于绝缘材料、建筑材料、工业结构材料和零件、日用品等(见图3-E-1)。

图3-E-1 塑料制品

(二)橡胶

1. 橡胶定义

一种有机高分子材料,具有高的弹性,优良的伸缩性能和积蓄能量的能力,成为常用的密封、抗振、减振及传动材料(见图3-E-2)。

2. 橡胶的分类

(1)天然橡胶:是从橡胶树或杜仲树等植物的浆汁中制取的,主要成分是聚异戊二烯。

(2)合成橡胶:是将石油或乙醇、乙炔、天然气体或其他产物经过加工、提炼而获得,并具有类似橡胶性质的合成产物。

图3-E-2 橡胶产品

(三)复合材料

复合材料由两种或两种以上性质不同的材料组合起来的一种多相固体材料,它不仅保留了组成材料各自的优点,而且还具有单一材料没有的优异性能。各种材料之间都可以相互复合,如非金属与非金属或非金属与金属,不同的金属材料之间也可以做成复合材料。

1. 复合材料的特性

(1)比强度大:比强度是材料强度和密度的比值,是从减轻重量的观点选择材料的指标。例如碳纤维与环氧树脂组成的复合材料,比强度是钢的7倍,通常可减轻结构件重量的15%~30%。

(2)化学稳定性好:选用耐蚀性良好的树脂为基体,用高强度纤维做增强材料,能耐酸、碱及油脂等的侵蚀。

(3)减摩耐磨、自润滑性好:选用适当的塑料与钢板制成的复合材料,可作为轴承材料。由于钢板的增强作用,塑料轴承的耐磨性、尺寸稳定性以及承载能力都能显著提高。用石棉之类的材料与塑料复合,可以得到摩擦系数小,制动效果好的摩阻材料。

(4)其他特殊性能:如隔热性、烧蚀性以及特殊的电、光、磁等性能。

2. 复合材料的分类和应用

根据复合材料结构上的特点,一般可分为纤维复合材料、层叠复合材料、细粒复合材料和骨架复合材料等(见图3-E-3)。

(1)纤维复合材料:大部分是纤维和树脂的复合。

(2)层叠复合材料:是把两种以上不同材料层叠在一起。

(3)细粒复合材料:一般是粉料间的复合。

(4)骨架复合材料:包括多孔浸渍材料和夹层结构材料。

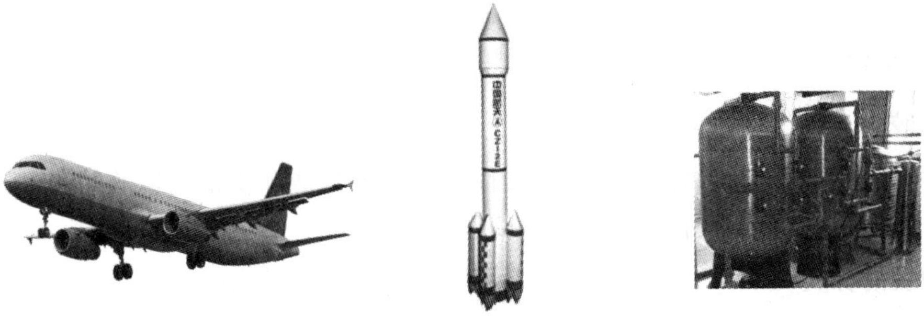

图3-E-3 复合材料的应用

(四)胶粘剂

胶粘剂又称粘挤剂,它是能把相同或不同的材料牢固地粘和在一起的物质。它以富有粘性的物质为基础,加入各种添加剂。

1. 胶粘剂的特点

胶接和螺栓连接、铆接和焊接相比有如下特点:胶接处应力分布较均匀;重量轻,可连接各种材料;胶接处表面光滑、平整、胶缝具有绝缘、密封、耐腐蚀性等特点。

2. 胶粘剂的分类及用途

胶粘剂可分为天然的和合成的两大类。天然胶粘剂使用范围窄,已不能适应发展的需要。随着高分子化学工业的发展,合成出一系列新型的性能良好的胶粘剂,常用的合成胶粘剂有环氧胶粘剂(即万能胶),广泛用于船舶、机械、电子仪表、化工、宇航工业等(见图3-E-4)。

图3-E-4 胶粘剂

(五)陶瓷

陶瓷是无机非金属固体材,一般可分为传统陶瓷和特种陶瓷两大类(见图 3 - E - 5)。

图 3 - E - 5　陶瓷产品

1. 传统陶瓷

粘土、长石和石英等天然原料,经粉碎、成型和烧结制成,主要用于日用品、建筑、卫生以及工业上的低压和高压电瓷、耐酸、过滤制品。

2. 特种陶瓷

是以各种人工化合物(如氧化物、氮化物)制成的陶瓷,常见的有氧化铝瓷、氮化硅瓷等。这类陶瓷主要用于化工、冶金、机械、电子、能源和某些新技术领域等,如制造高温器皿、电绝缘及电真空器件、高速切削刀具、耐磨零件、炉管、热电偶保护管以及发热元件。

陶瓷具有硬度高、抗压强度大、耐高温、抗氧化、耐磨损和耐蚀性能好等特点。但质脆、受力后不易产生塑性变形,经不起敲打碰撞,急冷急热时性能较差。

思考与练习

一、填空题

1. 机器是人们根据使用要求而设计的一种执行__________的装置,其用来________或________能量、物料与信息,从而______人类的体力劳动和脑力劳动。

2. 机器是由__________、__________、__________和__________组成。

3. 零件是机器的__________。

4. 机构中至少有一个运动副是__________的机构称为高副机构。

5. 低副是__________摩擦,摩擦损失__________,因而效率__________。此外,低副__________传递较复杂的运动。

6. 平面连杆机构是将________用________连接而组成的平面机构。

7. 当平面四杆机构中的 4 个杆件均以转动副连接时,该机构称为__________。滑块四杆机构中,除了转动副连接外,还有________连接。

8. 缝纫机踏板机构采用的是__________机构。

9. 铰链四杆机构一般有__________、__________和__________3 种基本形式。

10. 铰链四杆机构中是否存在曲柄,主要取决于机构中各杆件的__________和__________的选择。

11. 铰链四杆机构的急回特性可以节省__________,提高__________。

12. 当曲柄摇杆机构中存在死点位置时,其死点位置有______个。在死点位置时该机构中________与________处于共线状态。

13. 曲柄摇杆机构中,当出现急回运动时,曲柄为________,摇杆为________。

14. 在对心曲柄滑块机构中,若曲柄长度为 15 mm,滑块的行程 H = ________。

15. 偏心轮机构用于较大________,且较小________的剪床、冲床、颚式破碎机等机械中。

16. 凸轮机构主要由__________、__________和________三个基本构件所组成。

17. 在凸轮机构中,通过改变凸轮的________,使从动件实现设计要求的运动。

18. 在凸轮机构中,按凸轮形状分类,凸轮有__________、__________和__________3 种。

19. 凸轮机构中,凸轮轮廓与从动件之间必须始终________,否则,凸轮机构就不能正常工作。

20. 凸轮机构中,从动件的运动规律是多种多样的,生产中常用的有______和______等。

21. 间歇机构的常见类型有__________、__________和__________等。

22. 常用的棘轮机构主要由__________、__________和__________组成。

23. 槽轮机构主要由带圆销的__________、__________和__________组成。

24. 在不完全齿轮机构中,主动轮作________转动,而从动轮作________运动。

二、选择题

1. 在内燃机曲柄滑块机构中,连杆是由连杆盖、连杆体、螺栓以及螺母等组成。其中,连杆属于(　　),连杆体、连杆属于(　　)。

A. 零件　　B. 机构　　C. 构件

2. 我们通常用(　　)一词作为机构和机器的总称。

A. 机构　　B. 机器　　C. 机械

3. 电动机属于机器的(　　)部分。

A. 执行　　B. 传动　　C. 动力

4. 一个平面运动链的原动件数目小于此运动链的自由度数时,则此运动链(　　)。

A. 具有确定的相对运动　　B. 只能作有限的相对运动

C. 运动不能确定　　D. 不能运动

5. 机构和机器的本质区别在于(　　)。

A. 是否做功或能量的转换　　B. 是否由许多构件组合而成

C. 各构件间是否产生相对运动

6. 铰链四杆机构中,最短杆件与最长杆件长度之和小于或等于其余两杆件的长度之和时,机构中一定有(　　)。

A. 曲柄　　B. 摇杆　　C. 连杆

7. 铰链四杆机构中,不与机架直接连接,且作平面运动的杆件称为(　　)。

A. 摇杆　　B. 连架杆　　C. 连杆

8. 曲柄摇杆机构中,曲柄作等速转动时,摇杆摆动时空回行程的平均速度大于工作行程的平均速度,这种性质称为(　　)。

A. 死点位置　　B. 机构的运动不确定性　　C. 机构的急回特性。

9. 当曲柄摇杆机构出现死点位置时,可以从动曲柄上(　　)使其顺利通过死点位置。

A. 加设飞轮　　B. 减少阻力　　C. 加大主动力

10. 在铰链四杆机构中,能相对机架作整周旋转的连架杆为(　　)。

A. 连杆　　B. 摇杆　　C. 曲柄

11. 汽车窗雨刷采用的是(　　)机构。

A. 双曲柄　　B. 曲柄摇杆　　C. 双摇杆

12. 雷达天线俯仰角摆动机构采用的是(　　)机构。

A. 双摇杆　　B. 曲柄摇杆　　C. 双曲柄

13. 凸轮机构中,主动件通常作(　　)。

A. 等速转动或移动　　B. 变速转动　　C. 变速移动

14. 凸轮与从动件接触处的运动副属于(　　)。

A. 高副　　B. 转动副　　C. 移动副

15. 凸轮机构中,从动件构造最简单的是(　　)。

A. 平底从动件　　B. 滚子从动件　　C. 尖顶从动件

16. 凸轮机构中,(　　)常用于高速传动。

A. 滚子从动件　　B. 平底从动件　　C. 尖顶从动件

17. 凸轮机构主要由(　　)和从动件组成。

A. 曲柄　　B. 摇杆　　C. 凸轮

18. 从动件作等加速等减速运动的凸轮机构(　　)。

A. 存在刚性冲击　　B. 存在柔性冲击　　C. 没有冲击

19. 从动件作等速运动规律的凸轮机构,一般适用于(　　)。

A. 低速　　B. 中速　　C. 高速

20. 六角车床刀具转位机构主要功能是采用(　　)机构来实现转位的。

A. 槽轮　　B. 棘轮　　C. 不完全齿轮

21. 在双圆销外槽轮机构中,拨盘每旋转一周,槽轮运动(　　)次。

A. 1　　B. 2　　C. 4

22. 自行车后轴的飞轮实际就是一个(　　)机构。

A. 槽轮　　B. 棘轮　　C. 不完全齿轮

23. 电影放映机的卷片装置采用的是(　　)机构。

A. 不完全齿轮　　B. 棘轮　　C. 槽轮

三、判断题

1. 高副能传递较复杂的运动。(　　)

2. 凸轮与从动件之间的接触属于低副。(　　)

3. 门与门框之间的连接属于低副。(　　)

4. 构件都是由若干个零件组成。(　　)

5. 构件是运动的单元,而零件是制造的单元。(　　)

6. 高副比低副的承载能力大。(　　)

7. 机构就是具有相对运动构件的组合。(　　)

8. 车床的车鞍与导轨之间组成转动副。(　　)

9. 平面连杆机构能实现较为复杂的平面运动。(　　)

10. 铰链四杆机构中,其中有一杆必为连杆。(　　)

11. 平面连杆机构是用若干构件以低副连接而成的机构。(　　)

12. 铰链四杆机构中，能绕铰链中心作整周旋转的杆件是摇杆。（　　）

13. 通常把曲柄摇杆机构中的曲柄和连杆称为连架杆。（　　）

14. 铰链四杆机构中，最短杆件就是曲柄。（　　）

15. 在铰链四杆机构的 3 种基本形式中，最长杆件与最短杆件的长度之和必定小于其余两杆件长度之和。（　　）

16. 曲柄摇杆机构中，极位夹角 θ 越大，机构的急回程度越大。（　　）

17. 在实际生产中，机构的死点位置对工作都是有益的。（　　）

18. 各种双曲柄机构中都存在死点位置。（　　）

19. 实际生产中，常利用急回运动这个特性来节省非工作时间，提高生产效率。（　　）

20. 牛头刨床中刀具的退刀速度大于其切削速度，就是应用了急回特性。（　　）

21. 凸轮机构中，从动件做等速运动规律的原因是凸轮做等速转动。（　　）

22. 凸轮机构中，从动件作等加速等减速运动规律，是指从动件上升时作等加速运动，而下降时作等减速运动。

23. 凸轮机构产生的柔性冲击不会对机器产生破坏。（　　）

24. 凸轮机构从动件的运动规律可按要求任意拟定。（　　）

25. 在凸轮机构中，凸轮一般作主动件。（　　）

26. 凸轮机构广泛用于机械自动控制。（　　）

27. 移动凸轮相对机架作直线往复移动。（　　）

28. 棘轮机构中的棘轮是具有齿形表面的轮子。（　　）

29. 棘爪往复一次，推过的棘轮齿数与棘轮的转角大小无关。（　　）

30. 在应用棘轮机构时，通常应有止回棘爪。（　　）

31. 槽轮机构中，槽轮是主动件。（　　）

32. 棘轮机构可以实现间歇运动。（　　）

33. 不完全齿轮机构在运动开始和终了时冲击较大，故一般用于低速、轻载的场合。（　　）

四、简答题

1. 绘制如图Ⅲ－1 所示各机构的运动简图，并计算其自由度。

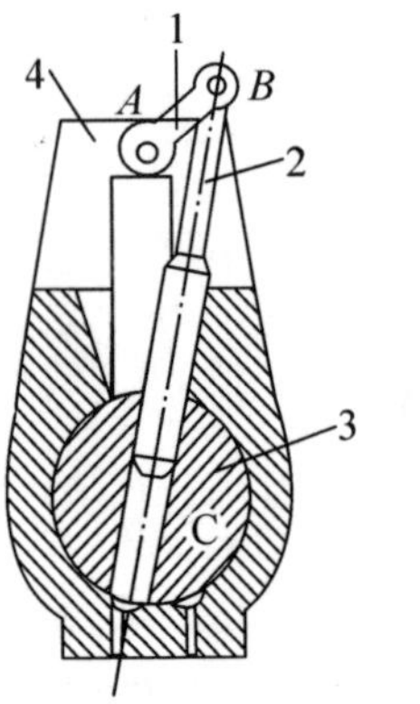

摆动导杆泵（机构）

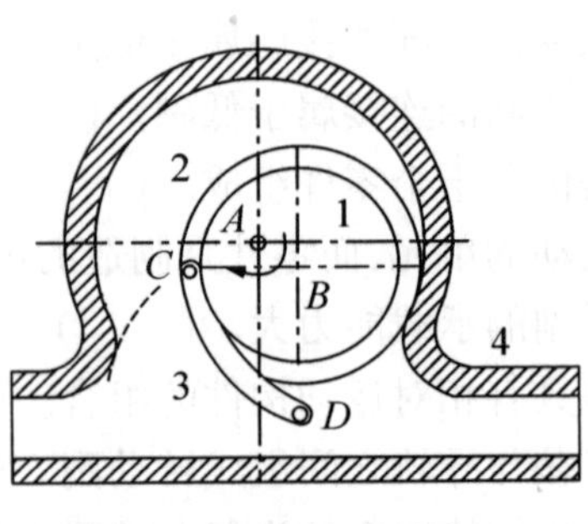

曲柄摇杆泵（机构）

图Ⅲ－1　题 1 图

2. 机构具有确定运动的条件是什么?

3. 在计算机构的自由度时,要注意哪些事项?

4. 计算如图Ⅲ-2 所示机构的自由度(如有复合铰链、局部自由度额虚约束请予以指出)。

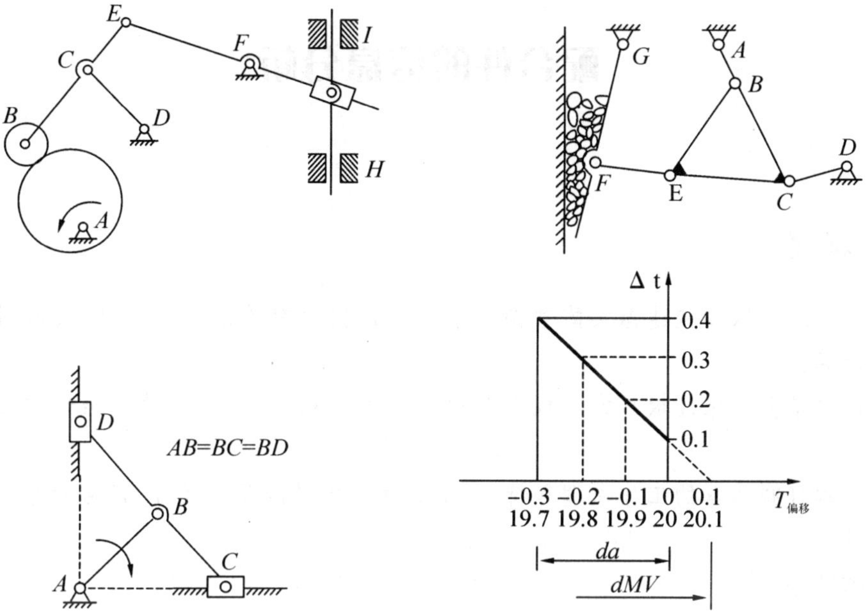

图Ⅲ-2 题4图

五、作图题

1. 观察你的雨伞,画出其机构运动简图,指出主动件、从动件和机架。

2. 已知盘状凸轮的基圆半径 $r_b = 30$ mm,凸轮逆时针方向转动,从动件的运动规律见下表:

凸轮转角 δ	0°~150°	150°~210°	210°~300°	300°~360°
从动件运动规律	等速上升 30 mm	静止不动	等速下降原位置	静止不动

试设计凸轮轮廓的曲线。

◇学习情境四

配合件的信息分析

任务描述

1. 结合普通车床和减速器实体掌握关于螺纹连接的有关知识和信息，最后对螺纹连接进行强度计算；

2. 分析并掌握车床溜板箱或滑板有关螺旋传动的相关信息，熟悉对螺母位移公式的简单计算；

3. 熟悉蜗杆减速器的工作原理和特点，掌握蜗杆传动的几何尺寸，最后对蜗杆传动件进行测绘和设计。

☆具体任务

(1)螺纹连接件的强度计算；

(2)螺旋传动中螺母位移公式的计算；

(3)蜗杆传动件的几何尺寸计算，并绘制蜗杆传动件的零件图和装配图。

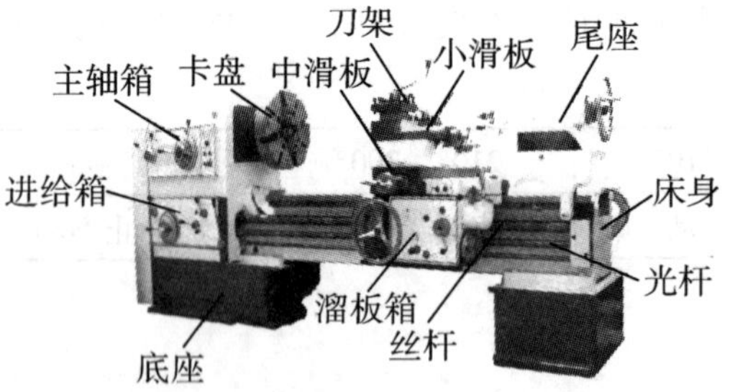

普通车床

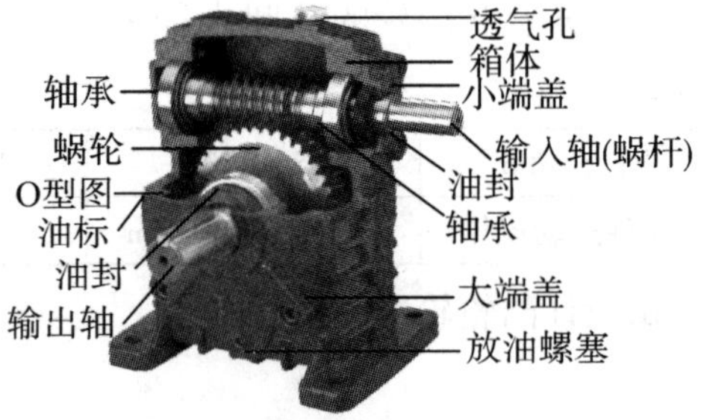

蜗杆减速器

学习目标

☆知识目标

掌握螺纹的主要参数和螺纹连接的类型，熟悉螺旋传动和蜗杆传动在机械传动中的实际应用。

☆技能目标

熟悉配合连接件和传动件的简单设计方法，掌握配合连接件和传动件的装配方法，具备一般机器安装、维修的技能。

学时安排

资讯	决策	计划	实施	检查	评价
8	4	4	6	2	2

知识链接

一、螺纹连接

螺纹连接是利用螺纹零件构成的可拆连接，它的主要功能是把若干零件连接在一起。这种连接结构简单、拆装方便、工作可靠。标准螺纹紧固件的种类和形式很多，是由专业工厂批量生产的，成本较低，因此应用非常广泛。

（一）螺旋线与螺纹的自锁性

1. 螺旋线的形成

取一张硬纸折成直角三角形 ABC，使底边 $AB=\pi d_2$，绕一直径为 d_2 的圆柱体旋转一周，则斜边 AC 所成的曲线就叫做螺旋线（见图 4－1－1）。在圆柱表面上，沿螺旋线加工所产生的连续沟槽、凸棱称为螺纹。螺纹在螺旋线上形成的剖面形状各处相同，圆柱外表面的叫外螺纹，在孔内表面的叫内螺纹。内、外螺纹都是配套使用，缺一不可的。

2. 螺纹的自锁性

如果斜面的倾角 α（相当于螺纹升角 θ）小于斜面滑动的摩擦角 φ，螺纹就会自锁（见图 4－1－1）。螺纹结构一般都具有这种自锁性，这是螺纹结构优越性的表现之一，对保证螺纹结构可靠、安全地工作有着重要意义。钢件的接触角 $\alpha \leqslant 15°$。

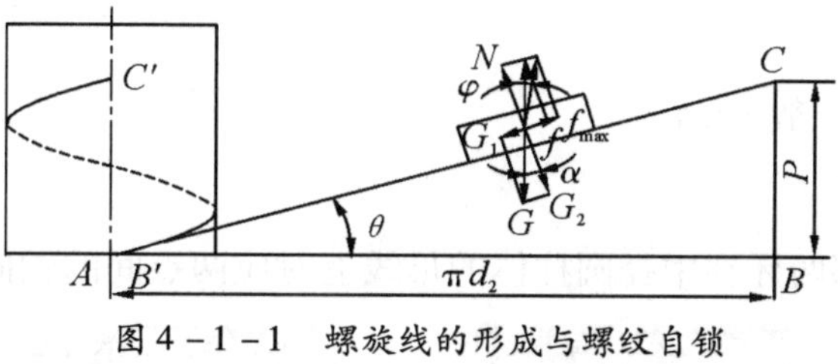

图 4－1－1 螺旋线的形成与螺纹自锁

（二）螺纹的主要参数

螺纹的主要参数（见图 4－1－2）主要包括：

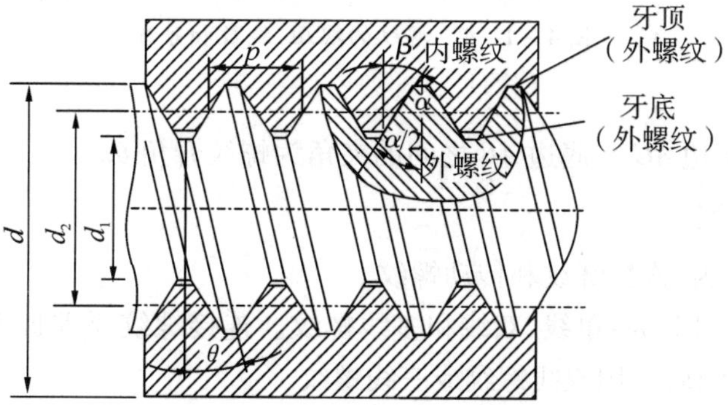

图 4－1－2 螺纹的主要参数

1. **螺纹旋向**

螺纹旋向是指螺旋线在圆柱面上的旋转方向（见图 4－1－3）。按照螺纹的旋向不同，可以分为顺时针方向旋入的右螺纹和逆时针方向旋入的左螺纹。螺纹的旋向可以用右手来判断，手心对着自己，螺纹的旋向与右手大拇指的指向一致为右螺纹，反之为左螺纹。一般常用右旋螺纹，也叫正扣。

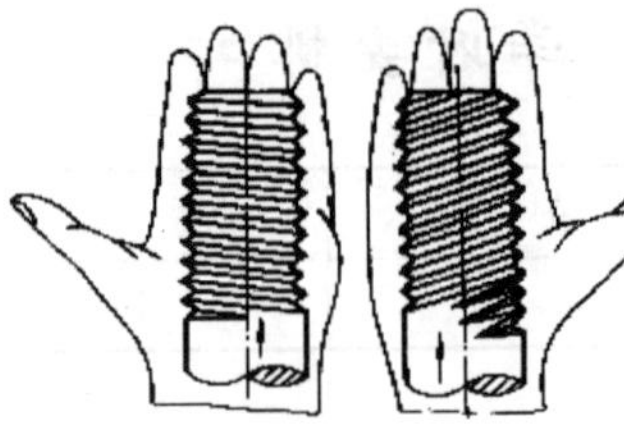

图 4－1－3 螺纹旋向

2. **牙型角（α）、牙侧角（β）和牙型半角（$\alpha/2$）**

在螺纹牙型上，相邻两牙侧间的夹角称为牙型角。牙型侧边与螺纹轴线的垂线间的夹角叫牙侧角（β）。对于对称牙型有 $\beta=\alpha/2$。

3. **大径（D，d）**

与外螺纹牙顶或内螺纹牙底相重合的假象圆柱面的直径称为大径，其内螺纹大经为 D，外螺纹大经为 d，在标准中也称为公称直径。

4. **小径（D_1，d_1）**

与外螺纹牙底或内螺纹牙顶相重合的假象圆柱面的直径称为小径，其内螺纹小经为 D_1，外螺纹小经为 d_1。

5. **中径（D_2，d_2）**

中径是指一个假想的中经圆柱的直径，该圆柱的母线通过牙型上沟槽和凸起宽度相等的地方，内螺纹为 D_2、螺纹为 d_2。

6. **螺距（P）**

相邻两牙在中经线上对应两点间的轴线距离。

7. **螺纹线数（n）**

螺纹螺旋线数目，一般 $n\leq 4$。

8. **导程（L）**

同一螺旋线上相邻两牙在中径圆柱体的母线上对应两点间的轴向距离（见图4－1－4）。

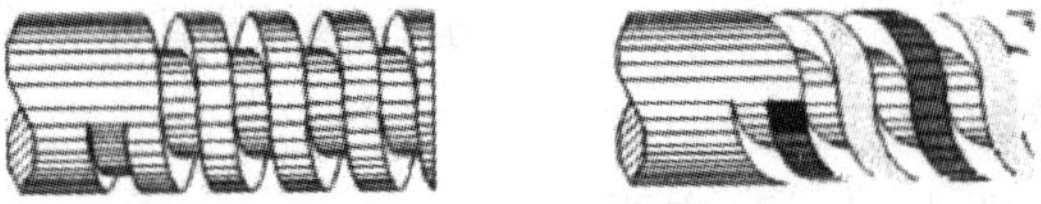

单线螺纹：$P=L$　　多线螺纹：$P=L/n$

图 4－1－4　螺纹的螺距、线数和导程

9. **螺纹升角（θ）**

形成螺旋线的斜边 AC 与底边 AB 之间的夹角为螺纹升角 θ。

（三）螺纹的类型

（1）按用途可分为：连接螺纹和传动螺纹。

（2）按螺纹线数可分为：单线、双线和多线螺纹。连接螺纹要求自锁，一般用单线；而传动螺纹要求传动效率高，多用双线螺纹或三线螺纹。

（3）按螺纹旋向可分为：左旋螺纹和右旋螺纹。

(4)按螺纹的轮廓形状(螺纹牙型)可分为:普通螺纹、管螺纹、矩形螺纹、梯形螺纹和锯齿形螺纹(见图4-1-5,表4.1.1)。

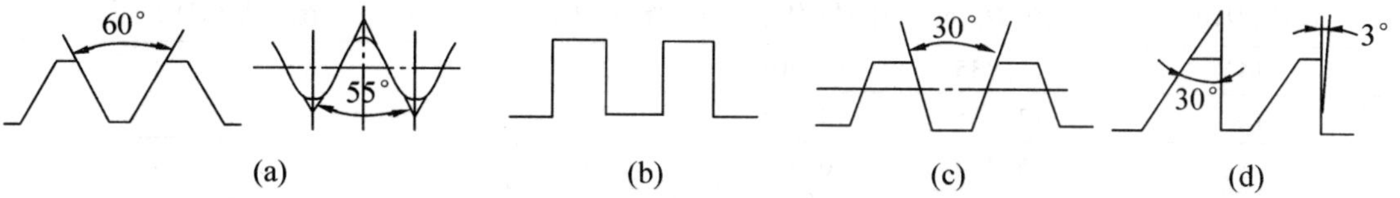

图4-1-5 螺纹的牙型

(a)三角形螺纹;(b)矩形;(c)梯形;(d)锯齿形

表4.1.1 螺纹的类型及其特点

类型		牙型(侧)角	特点	用途
普通螺纹(M)	粗牙	60°	螺纹自锁性能好,应力集中较小。但细牙螺纹不耐磨,容易滑扣	应用最广,一般连接件多用
	细牙			用于薄壁、振动、受冲击和微调机构等零件
管螺纹	圆柱管螺纹(*G*)	55°	牙顶和牙底有较大的圆角,内外螺纹旋合后无径向间隙,故配合紧密性好	用于水、煤气、管路系统
	圆锥管螺纹(*R*)	55°\60°	依靠螺纹牙的变形保证连接件的紧密性,比圆柱管螺纹密封性好,可以迅速旋紧和旋松。	用于高温、高压的燃气、油路系统
矩形螺纹		0°	传动效率高,但精度制造困难,对中精度低,牙根强度弱	用于一般的螺旋传动,如台虎钳
梯形螺纹(*Tr*)		30°	螺纹副的小径和大径处有相等的间隙,工艺性好,牙根强度高,但效率较低	应用较广,用于螺旋传动,如机床丝杆
锯齿形螺纹(*B*)		3°(工作面) 30°(非工作面)	螺纹牙强度高,应力集中小,螺纹副的大径处无间隙,便于对中	用于单向受力的螺旋传动,如螺旋压力机和千斤顶

常用三角形螺纹的基本尺寸见表4.1.2,普通螺纹和其他螺纹的基本参数可查阅《机械零件设计手册》。

表4.1.2 常用三角形螺纹的基本尺寸(mm)

大径或公称直径(D,d)	粗牙			细牙
	小径(D_1,d_1)	中径(D_2,d_2)	螺距(P)	螺距(P)
3	2.459	2.675	0.5	0.35
4	3.242	3.545	0.7	
5	4.134	4.480	0.8	0.5
6	4.918	5.350	1	
8	6.647	7.188	1.25	
10	8.052	9.026	1.5	1.25 1 0.75
12	10.106	10.863	1.75	1.5 1.25 1 0.5

续 表

大径或公称直径(D,d)	粗牙			细牙
	小径(D_1,d_1)	中径(D_2,d_2)	螺距(P)	螺距(P)
(14)	11.835	12.701	2	1.5,1
16	13.835	14.701	2	
(18)	15.294	16.376	2.5	2,1.5,1
20	17.294	18.647	2.5	
(22)	19.294	20.376	2.5	
24	20.752	22.052	3	
27	23.752	25.052	3	
30	26.211	27.727	3.5	

注:1. 括号内的大径为第二系列,优先选用不带括号的大径;

2. 螺纹牙高 $H=0.866P$。

(四)螺纹的标记

根据国家标准(GB197－81),普通螺纹的完整标记是由:螺纹代号、螺纹公差带代号和螺纹旋合长度代号组成。螺纹公差代号包括螺纹中径与顶径(外螺纹大径、内螺纹小径)的公差代号(包括其公差等级及基本偏差)。标注时若中径与顶径公差带不一致,中径在前,顶径在后,若公差带一致,则只写一个公差带。螺纹的旋合长度一般不标,则表示中等旋合长度。若为长或短旋合长度,可标 L,S,特殊需要时可标出长度尺寸。螺纹为右旋,可以省略不标。

例:

M10×1 — 6H

6H —— 中径与顶径公差带代号相同

M10×1 —— 公称直径10 mm,螺距为1 mm,细牙普通螺纹

(五)螺纹连接

螺纹连接是利用螺纹零件构成的可拆卸的固定连接。

1. 螺纹连接的类型

(1)螺栓连接:普通螺栓连接:被连接件的通孔和螺杆之间有间隙,可传递轴向载荷和横向载荷,螺纹所需的轴向力即为预紧力,其预紧力是横向载荷的8倍,故承受的横向载荷靠螺栓连接的摩擦力来满足(见图4－1－6)。

铰制孔螺栓连接:被连接件的通孔和螺杆之间没有间隙,这种连接多用于承受较大的横向载荷,在横向载荷相同的情况下,铰制孔螺栓比普通螺栓尺寸要小一些。这种连接结构简单,装拆方便,应用甚广,主要用于被连接件不太厚、并能从连接两边进行装配的场合(见图4－1－7)。

(2)双头螺柱连接:这种螺柱两头都有螺纹,其中一头旋入并固定在被连接零件之一的螺纹孔内,另一头穿过另一被连接零件的通孔,再拧上螺母把零件连接起来(见图4－1－8)。这种螺纹连接,适用于被连接零件之一厚度较大、不便使用螺栓连接,而又要求经常拆卸的地方。

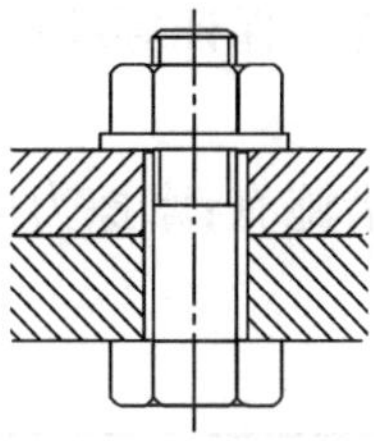

图 4－1－6 普通螺栓连接

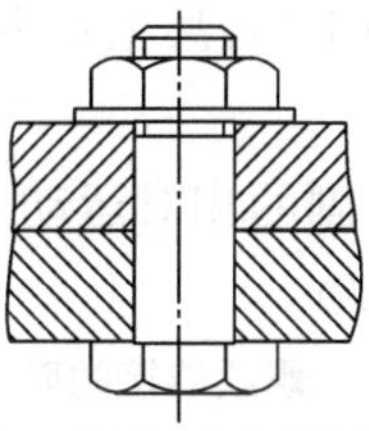

见图 4－1－7 铰制孔螺栓连接

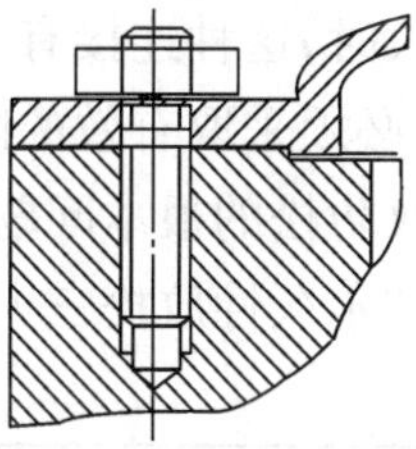

图 4－1－8 双头螺柱连接

（3）螺钉连接：螺钉分为普通螺钉、紧定螺钉、定位螺钉及吊环螺钉等（见图 4－1－9）。普通螺钉使用时，不用螺母，螺钉穿过被连接件的通孔，拧入另一个零件的螺纹孔中，便能夹紧零件。紧定螺钉和定位螺钉用螺杆末端顶住另一零件的表面或顶入另一零件上相应的凹坑中，以确定零件的相对位置，它们应用场合与双头螺柱相似，但不宜经常装拆，以免损坏被连接件的螺孔。吊环螺钉一般固定在零件的某一位置用来起吊使用。

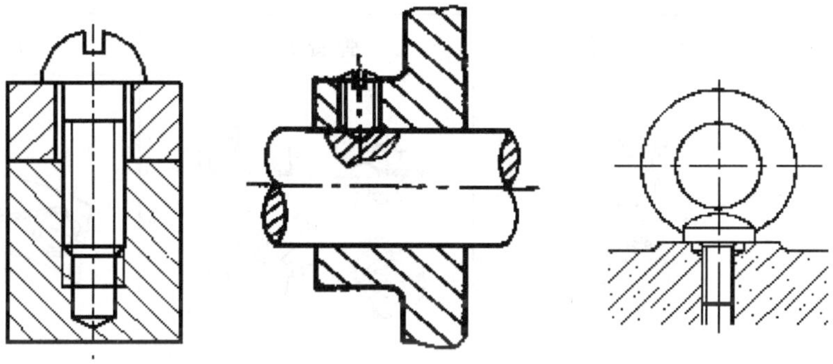

图 4－1－9 螺钉连接

2. 常用的螺纹连接件

螺栓、双头螺柱、螺钉、螺母和垫圈等，这些零件的结构形式和尺寸都已标准化，详细可查阅《机械零件设计手册》。

（六）螺纹连接的装配

在零件未受工作载荷前需要将螺母拧紧，使组成连接的所有零件都产生一定的弹性变形（螺栓伸长、被连接件压缩），从而可以保证连接的可靠性。这样，各零件在承受工作载荷前就受到了力的作用，被连接件受压，螺杆受拉，这种方式就称为预紧，这个预加的作用力就称为预紧力。对于重要的螺栓连接，在装配时需要控制预紧力大小，可用侧力矩扳手、定力矩扳手来控制（见图 4－1－10）。

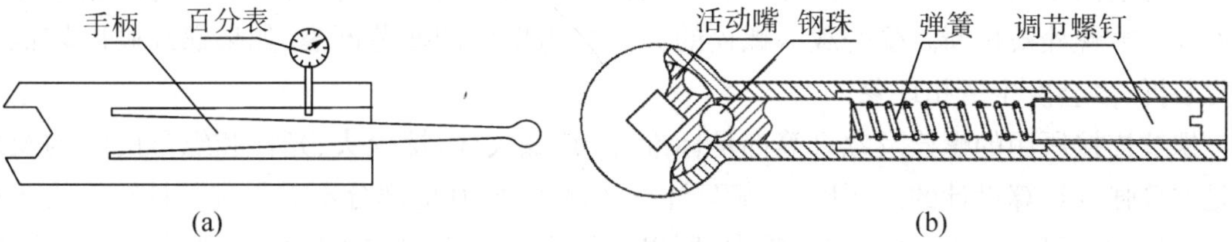

图 4－1－10 力矩扳手

（a）侧力矩板手；（b）定力矩板手

（七）螺纹连接的防松

一般的螺纹连接都各自有自锁性，但在受冲击、振动和交变载荷作用下，以及工作温度变化很大时，这种连接有可能自松，影响工作，甚至发生事故。因此，为了保证螺纹连接的安全可靠，必须采取有效的防松措施。

螺纹防松的根本问题在于防止螺旋副的相对运动。常用的防松措施有：摩擦力放松、机械放松和永久性放松三大类（见表4.1.3）。

表4.1.3　螺纹连接的防松措施

防松方法	结构形式		
摩擦力防松	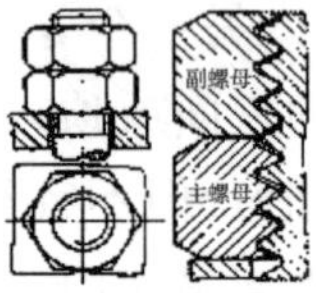	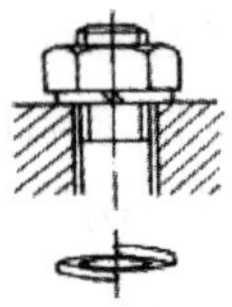	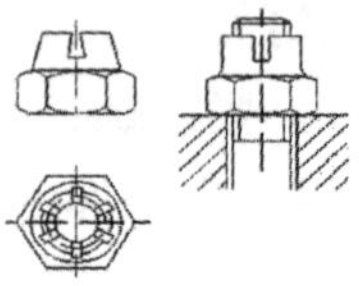
	对顶螺母	弹簧垫片	自锁螺母
机械防松	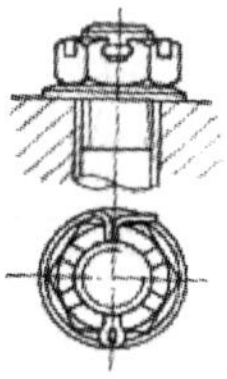	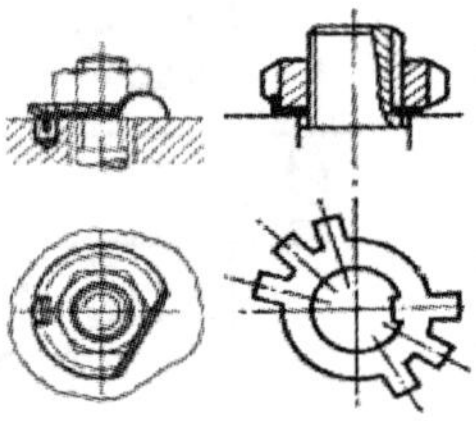	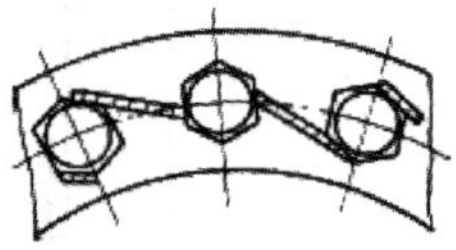
	开口销	止动垫片	串联钢丝
永久性防松		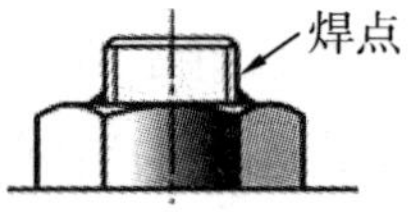	
	打冲	焊接	

（八）螺栓连接的强度计算

螺栓连接根据载荷性质不同，失效形式也不同。受静载荷螺栓的失效多为螺纹部分的塑性变形或螺栓被拉断。受变载荷螺栓的失效多为螺栓的疲劳断裂，如果螺纹硬度较低或经常装拆，多会发生滑扣现象。

螺纹连接所用的螺栓及螺母等都是标准件，其螺纹牙、螺栓头、光杆和螺母的结构及尺寸是按等强度计算设计的。所以，一般只计算螺栓小径，其他部分不需要进行计算。由于螺纹小径处截面尺寸最小，并有应力集中，所以螺纹零件通常都在该部位断裂损坏。因此，螺栓连接的计算，主要是确定螺纹小径 d_1，然后按照标准选定螺栓的大径 d，以及螺母和垫圈等连接零件的尺寸。

1. 松螺纹连接的强度计算

在工作载荷作用前，连接件无预紧的螺栓连接称为松螺栓连接。这种连接应用较少，起重吊钩末端的螺纹连接是松螺纹连接的典型实例，如图 4－1－11 所示。

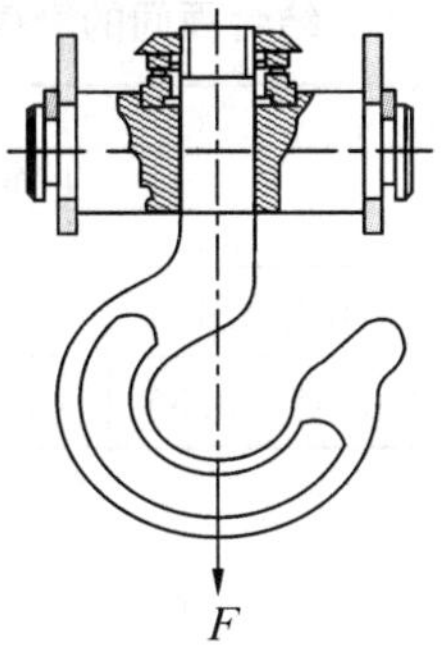

图 4－1－11 起重吊钩

根据学习情境一零件的强度计算，可知螺栓连接的设计公式为

$$d_1 \geqslant \sqrt{\frac{4F}{\pi[\sigma]}}$$

式中，d_1为螺纹小径（mm），F 为螺栓承受的拉力（N），$[\sigma]$是螺栓的许用应力（MPa）。

例 如图 4－1－11 所示，已知承受的拉力 $F=25$ kN，吊钩材料为 35 钢，许用应力$[\sigma]=60$ MPa，试确定吊钩螺纹的直径。

解 有松螺栓连接最小直径设计公式，有

$$d_1 \geqslant \sqrt{\frac{4F}{\pi[\sigma]}} = \sqrt{\frac{4\times 25\times 10^3}{60\times 3.14}} = 23.039\text{mm}$$

由表 4.1.2 查得：$d_1=23.752$，$d=27$ 时，与该螺纹最小直径要求相符。故吊钩螺纹可取 M27。

2. 紧螺纹连接的强度计算

紧螺栓连接装配时需要拧紧，设拧紧螺栓时螺杆承受的轴向拉力为 F_0（预紧力）。这时螺栓危险截面（即螺纹的小径 d_1处）除了受拉应力作用外，还受到螺纹力矩所引起的扭转切应力。按照第四强度理论（最大变形理论），可将螺栓螺纹部分的强度条件写成

$$\sigma_e = \frac{1.3F_0}{\frac{\pi d_1^2}{4}} \leqslant [\sigma]$$

式中，σ_e是复合当量应力（MPa），d_1为螺纹小径（mm），F_0为螺栓承受的预紧力（N），$[\sigma]$是螺栓的许用应力（MPa）。

则螺纹小径 d_1的计算公式为

$$d_1 \geqslant \sqrt{\frac{4\times 1.3F_0}{\pi[\sigma]}}$$

（1）受横向载荷的紧螺栓连接，如图 4－1－12 所示的螺栓连接，承受垂直于螺栓轴线的横向载荷 F，图中螺栓与孔之间留有间隙。工作时，若预紧力足够大，则被连接件之间不会发生相对滑动。因此，螺栓所需轴向力 F_0与横向载荷 F 之间的关系为

$$\mu F_0 m \geqslant KF$$

式中，F_0为螺栓承受的轴向力(N)；μ 为结合面间的摩擦系数(见表4.1.4)；m 为结合面数；K 为可靠性系数，通常取 $K=1.1\sim1.3$；F 为横向载荷(N)。

表4.1.4　结合面间的摩擦系数

被连接材料	钢、铸铁		钢结构			铸铁对木材、混凝土
表面状况	干　净	油　面	喷砂处理	油　漆	轧　制	干　燥
μ	0.1～0.15	0.06～0.1	0.45～0.55	0.35～0.4	0.3～0.35	0.4～0.5

则

$$F_0 \geqslant \frac{KF}{\mu m}$$

知道轴向力 F_0，即可按上式计算螺栓的强度。

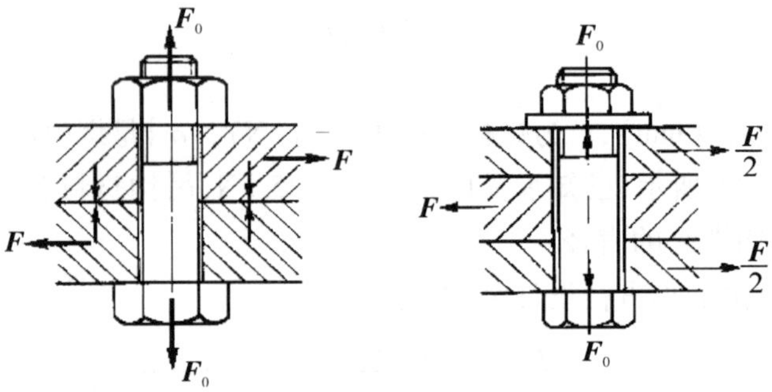

图4－1－12　普通螺栓连接

从上式可以看出，当 $\mu=0.15$，$m=1$，$K=1.2$ 时，$F_0\geqslant 8F$。即预紧力应为横向载荷的8倍，所以螺栓连接靠摩擦力来承受横向载荷时，其预紧力很大，故螺栓直径很大。为了解决这个问题，我们可以用键、套筒或销承受横向工作载荷，而螺栓仅起连接作用(见图4－1－13)。这些减载装置中的键、套筒和销可按剪切和挤压强度校核来计算。工程上，也可以采用铰制孔螺栓来代替普通螺栓连接来承受横向载荷(见图4－1－14)。

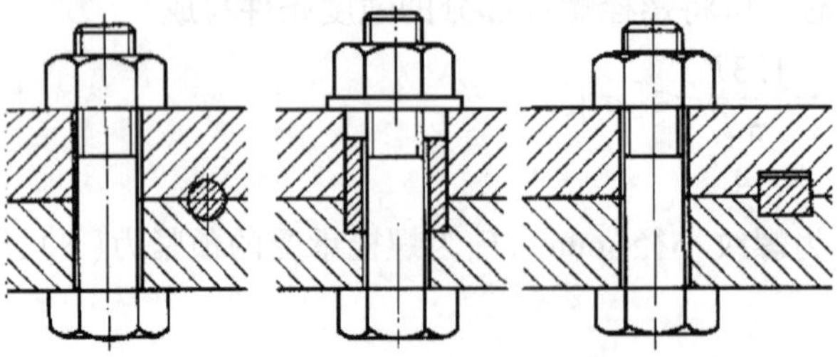

图4－1－13　承受横向载荷的减载零件

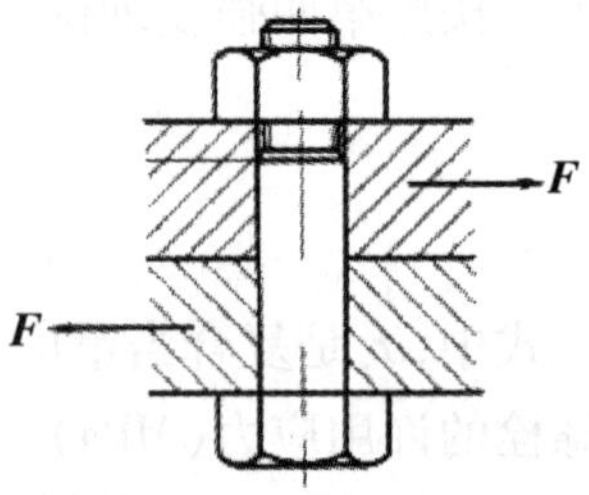

图4－1－14　铰制孔用螺栓连接

(2)受轴向载荷的紧螺栓连接。在如图4－1－15所示的缸体中，设流体的压力为 p，螺栓为 z，则缸体周围每个螺栓平均承受的轴向工作载荷为

$$F_E = \frac{p\pi \frac{D^2}{4}}{z}$$

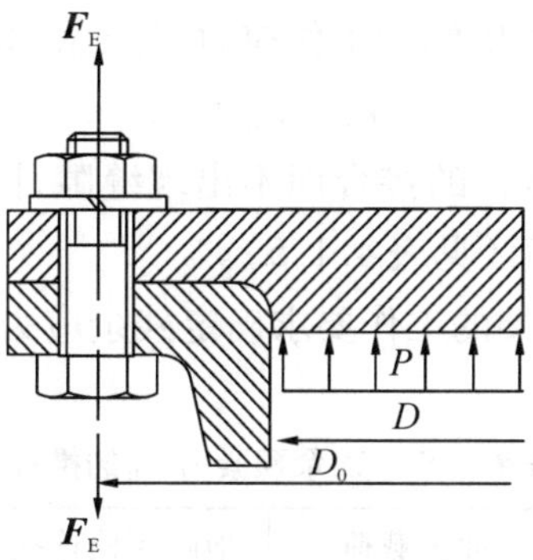

图 4－1－15　压力容器的螺栓连接

这种受力形式在紧螺栓连接中比较常见，因而也是最重要的一种。这种紧螺栓连接承受轴向拉伸工作载荷后，由于螺栓和被连接件的弹性变形，螺栓所受的总拉力并不等于预紧力 F_0 和工作拉力 F_E 之和。

根据理论分析，螺栓的总拉力除和预紧力 F_0、工作拉力 F_E 有关外，还受到螺栓刚度及被连接件刚度等因素的影响。因此，应从分析螺栓连接的受力和变形的关系入手，找出螺栓总拉力的大小。

图 4－1－16 表示单个螺栓连接在承受轴向拉伸载荷前后的受力及变形情况。

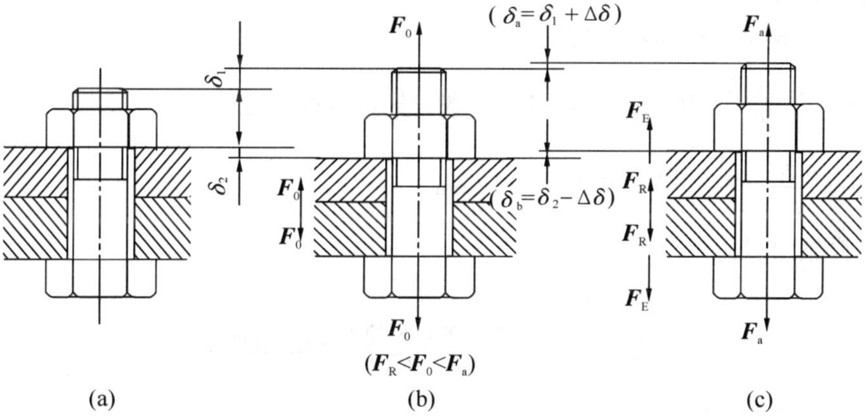

图 4－1－16　受轴向载荷的紧螺栓连接

图 4－1－16(a) 是螺母刚好拧到和被连接件相接触，但尚未拧紧。此时螺栓和被连接件都不受力，因而也不产生变形。

图 4－1－16(b) 是螺母已拧紧，但尚未承受工作载荷。此时，螺栓受预紧力 F_0 的拉伸作用，其伸长量为 δ_1。相反，被连接件则受 F_0 的压缩作用，其压缩量为 δ_2。

图 4－1－16(c) 是承受工作载荷时的情况。此时若螺栓和被连接件的材料在弹性变形范围内，则两者的受力与变形的关系符合拉（压）胡克定律。当螺栓承受工作载荷 F_E 后，因所受的拉力由 F_0 增至 F_a 而继续伸长，其伸长量增加 $\Delta\delta$，总伸长量 $\delta_a=\delta_1+\Delta\delta$。与此同时，原来被压缩的被连接件，因螺栓伸长而被放松，其压缩量也随着减小。根据连接的变形协调条件，被连接件压缩变形的减小量应等于螺栓拉伸变形的增加量 $\Delta\delta$。因而，总压缩量 $\delta_b=\delta_2-\Delta\delta$。而被连接件的压缩力由 F_0 减至 F_R。F_R 称为残余预紧力。

显然，紧螺栓连接受载后，由于预紧力的变化，螺栓的总拉力 F_a 并不等于预紧力 F_0 与工

作拉力 F_E之和，而等于残余预紧力 F_R与工作拉力 F_E之和，即

$$F_a = F_E + F_R$$

紧螺栓连接应能保证被连接件的接合面不出现缝隙，因此残余预紧力 F_R应大于零，可以根据下列情况粗略计算 F_R的值(见表4.1.5)。

在一般计算中，可先根据连接的工作要求确定残余应力 F_R，其次，由上式求出总拉伸载荷 F_a，然后按式计算螺栓强度。

表4.1.5　残余预紧力 F_R的推荐值

连接工况	有密封要求	冲击载荷	地脚螺栓连接	不稳定载荷	稳定载荷
F_R	$(1.5\sim1.8)F_E$	$(1.0\sim1.5)F_E$	$\geqslant F_E$	$(0.6\sim1.0)F_E$	$(0.2\sim0.6)F_E$

例　一钢制液压油缸如图4－1－15所示，油压 $p=1.5$MPa，气缸内径 $D=250$ mm，螺栓分布在圆直径 $D_0=346$ mm 的圆上，螺栓间距 $t\leqslant120$ mm。试确定螺栓数和螺栓的公称直径 d。

解　(1)载荷分析和螺栓材料

螺栓材料为45钢，而且要求保证气密性，采用一组普通螺栓连接。

螺栓材料选用45钢，由表4.1.6查得 $\sigma_s=355$ Mp。

(2)螺栓数目 z

初选螺栓间距 t＝100 mm，则有

$z=\dfrac{\pi D_0}{t}=\dfrac{\pi\times346}{100}=10.9$　取 z＝12(一般为偶数对称布置)

验证：$t=\dfrac{\pi D_0}{z}=\dfrac{\pi\times346}{12}=90.5\text{mm}<12\text{mm}$

(3)螺栓轴向载荷 F_E为

$$F_E=\frac{\dfrac{p\pi D^2}{4}}{z}=\frac{1.5\times\pi\times250^2}{4\times12}=6.133\text{kN}$$

(4)螺栓总拉伸载荷 F_a

根据前面所述，对于压力容器取残余预紧力 $F_R=1.8F_E$，则可得

$$F_a=F_R+F_E=1.8F_E+F_E=2.8\times6.133=17\ 172\text{ N}$$

(5)螺栓直径 d

螺栓的轴向总拉力较大，按照经验初步选用 M16 的螺栓。

装配时不要求严格控制预紧力，按表4.1.7暂取安全系数 $S=3$，螺栓许用应力为

$$[\sigma]=\frac{\sigma_S}{S}=\frac{355}{3}=118\text{ Mpa}$$

由式可得螺纹的最小直径 d_1为

$$d_1\geqslant\sqrt{\frac{4\times1.3F_a}{\pi[\sigma]}}=\sqrt{\frac{4\times1.3\times17.172\times10^3}{3.14\times118}}=15.5\text{ mm}$$

原来估算的 M16($d_1=13.835$ mm)稍偏小。故再次初步选用 M18，查表的 $S=2.8$，所以有

$$[\sigma]=\frac{\sigma_S}{S}=\frac{355}{2.8}=127\ \text{Mpa}$$

选 M18($d_1=15.294$),与估算值基本相符(15.294 > 14.97),故选用螺栓公称直径 $d=18$ 的螺栓可以满足要求。

表 4.1.6 螺纹连接件常用材料的机械性能(MPa)

钢 号	Q215	Q235	35	45	40Cr
σ_s	185 ~ 215	205 ~ 235	315	355	785
σ_b	335 ~ 410	375 ~ 460	530	600	980

4.1.7 螺栓连接的许用应力与安全系数

螺栓载荷性质	许用应力 [σ]	不控制预紧力时的安全系数 S				控制预紧力时的安全系数 S
		材料	直径 d/mm			任意直径
			M6 ~ M16	M16 ~ M30	30M ~ M60	
静载荷	$[\sigma]=\sigma_s/S$	碳钢	4 ~ 3	3 ~ 2	2 ~ 1.3	1.2 ~ 1.5
		合金钢	5 ~ 4	4 ~ 2.5	2.5	
变载荷	$[\sigma]=\sigma_s/S$	碳钢	10 ~ 6.5	6.5	6.5 ~ 10	11.2 ~ 2.5
		合金钢	7.5 ~ 5	5	5 ~ 7.5	

3. 铰制孔用螺栓连接强度计算

如图 4-1-17 所示,铰制孔用螺栓连接的螺栓杆与螺栓孔为过渡或过盈配合,它依靠螺栓的抗剪强度及螺栓杆与螺栓孔壁间的挤压强度来工作。因此,其失效形式是螺栓杆被剪断和螺栓杆与螺栓孔壁的接触面被压溃。这种螺栓连接的预紧力和摩擦力一般情况可以忽略不计。

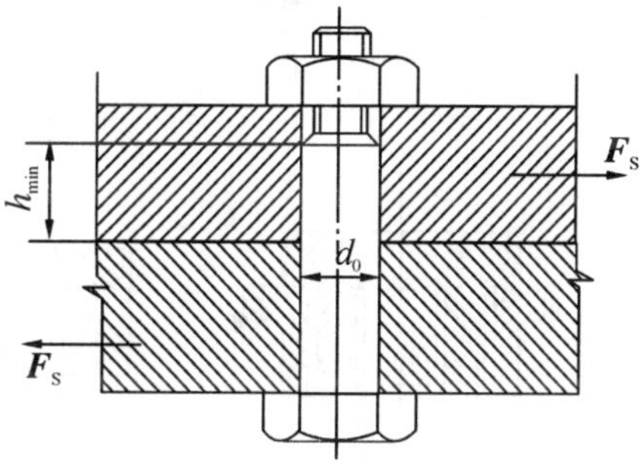

图 4-1-17 铰制孔用螺栓连接

(1)抗剪强度条件为

$$\tau=\frac{F_S}{\frac{\pi d_0}{4}m}\leqslant[\tau]$$

式中,F_S 是单个螺栓所受的横向载荷(剪力,N);d_0是螺栓杆的直径(mm);m 是螺栓抗剪工作面数;[τ]是螺栓的许用切应力(MPa)。

则螺栓杆的最小直径应为

$$d_0\geqslant\sqrt{\frac{4F_s}{\pi m[\tau]}}$$

(2)挤压强度条件为

$$\sigma_p=\frac{F_S}{d_0h_{min}}\leqslant[\sigma_p]$$

式中,h_{min}是螺栓杆与螺栓孔壁间的最小接触长度(mm),建议取 $h_{min}\geqslant1.25d_s$;d_0是螺栓杆的直径(mm);[σ_p]是螺栓杆与螺栓孔壁较弱材料的许用挤压应力(MPa)。

在设计螺栓尺寸时,用螺栓抗剪强度条件计算螺栓杆的直径 d_0,然后查阅标准得出螺纹

连接件的规格 d,然后进行挤压强度条件校核验算。

(九)改善螺栓连接强度的措施

一般来说螺栓连接的强度取决于螺栓的强度,因此,研究影响螺栓强度的因素和提高螺栓强度的措施,对提高连接的可靠性有着重要的意义。

1. 改善螺纹牙间的载荷分配

采用普通螺栓和螺母时,螺栓的轴向载荷在旋合螺纹各圈间的分配是不均匀的,从螺母支承面算起的第一圈处受力最大,自下而上急剧减小(见图 4-1-18,图 4-1-19)。实验证明圈数过多的厚螺母并不能提高螺纹连接的强度。

采用均载螺母结构(见图 4-1-20)可以使螺纹牙型之间的载荷趋于均匀。

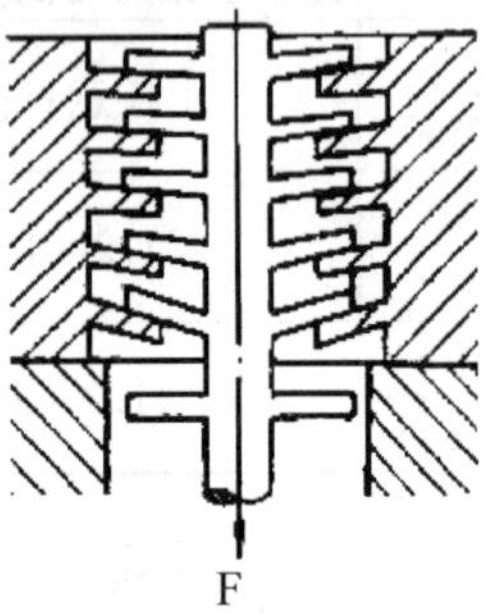

图 4-1-18　螺母的变形图

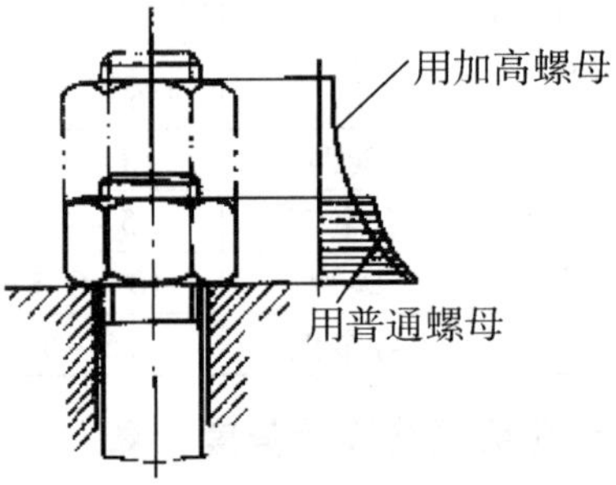

图 4-1-19　螺母的载荷分布图

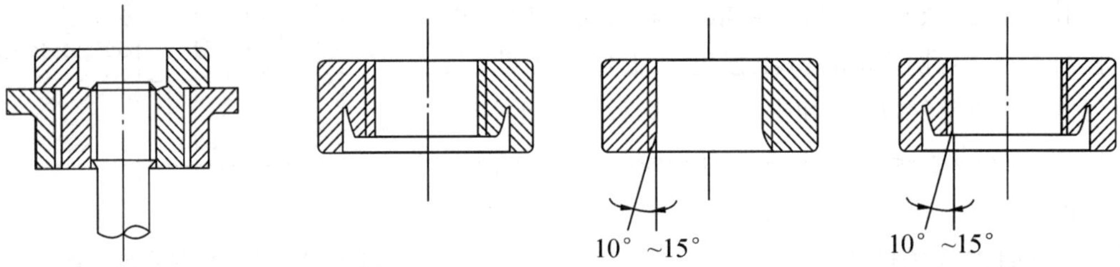

(a)　(b)　(c)　(d)

图 4-1-20　均载螺母结构

(a)悬置螺母;(b)环槽螺母;(c)内斜螺母;(d)环槽内斜螺母

2. 降低螺栓的轴向工作载荷

减小螺栓刚度,如采用腰杆状螺栓或空心螺栓(见图 4-1-21),或增大被连接件的刚度,在被连接件结合面之间不采用软垫片密封,而改用密封环密封(见图 4-1-22),都可以降低螺栓的轴向载荷,从而提高连接的强度。

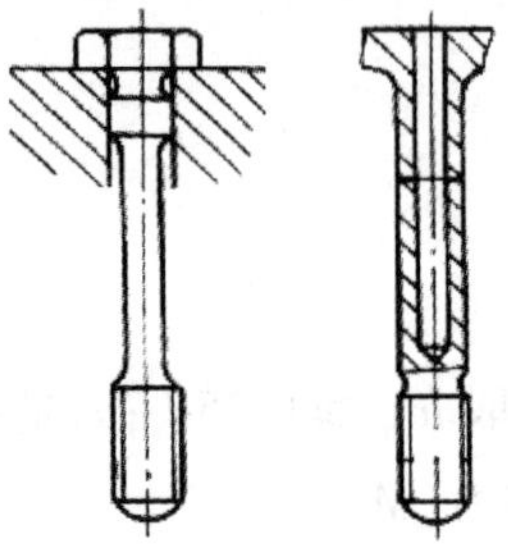

图 4-1-21　腰杆螺栓与空心螺栓

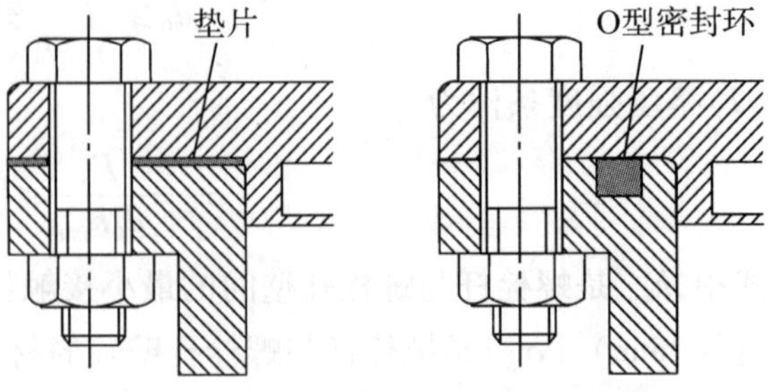

图 4-1-22　汽车密封元件

3. **减小应力集中**

螺栓上螺纹收尾部分、螺栓头和螺栓杆的过渡处都会产生应力集中，对螺栓的强度影响很大。增大牙根圆角半径，加大螺栓头部与螺杆交接处的过渡圆弧半径，切制卸载槽，车螺纹时采用退刀槽等均可缓和应力集中，提高疲劳强度（见图 4－1－23）。

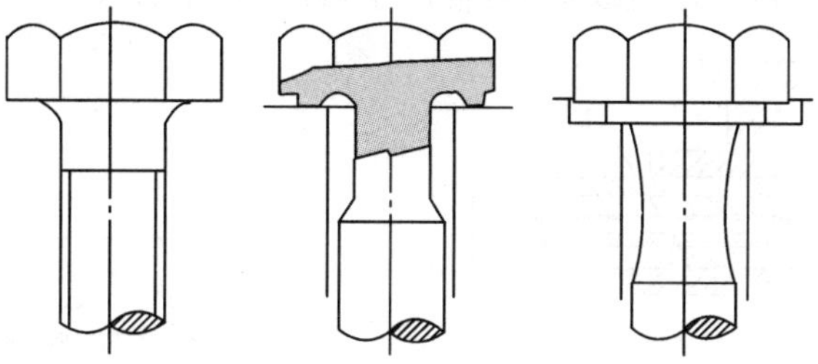

图 4－1－23 螺栓减小应力集中的办法

4. **避免附加弯曲应力**

由于制造和装配误差以及被连接件的变形，或由于支承面不平，都将在螺栓中引起附加弯曲应力，严重降低螺栓的强度。应从工艺和结构上采取措施，如规定支承面的加工要求，为减小被连接件的加工面，常做成凸台、沉头座、斜垫圈、球面垫圈和环腰等（见图 4－1－24）。

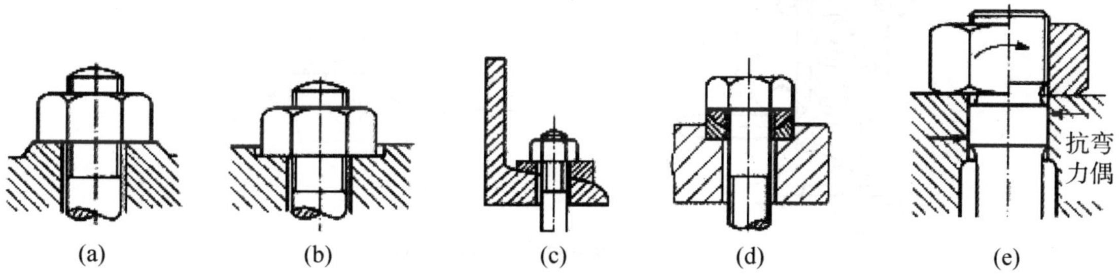

图 4－1－24 避免螺栓连接产生附加应力的措

(a)凸台；(b)沉头座；(c)斜垫圈；(d)环面垫圈；(e)环腰

5. **减小螺栓连接所受的横向载荷**

承受横向载荷的普通螺纹连接，为了使被连接件的结合面之间获得足够大的摩擦力以平衡载荷，需要给螺栓施加很大的预紧力，采用减载装置（见图 4－1－13）或采用铰制孔螺栓连接（见图 4－1－14），可以减少螺栓尺寸，使连接可靠。

二、螺旋传动

螺旋传动是构件的一种空间运动副形式，我们称之为螺旋副，即：组成运动副的两构件只能沿轴线作相对螺旋运动的运动副称为螺旋副。螺旋副是属于面接触的低副。

螺旋传动是利用螺旋副来传递运动和动力的一种机械传动，可以方便地把主动件的回转运动转变成从动件的直线运动。

（一）螺旋传动的特点

与其他将回转运动转变为直线运动传动装置（曲柄滑块运动）相比，螺旋传动具有结构简单，工作连续、平稳，承载能力大，传动精度高等优点，因此广泛应用于各种机械和仪器中。其缺点是摩擦损失大，传动效率低。但滚动螺旋传动的应用，已使螺旋传动摩擦大、易磨损和效率低的确定得到了很大程度的改善。

(二)螺旋传动的种类

1. 普通螺旋传动

(1)普通螺旋传动的类型

①螺母不动,螺杆回转并作直线运动:常用于台虎钳、千分尺等(见图4-2-1)。

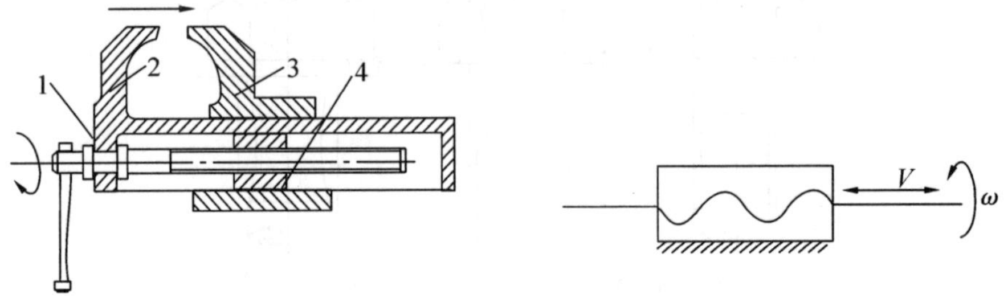

1-螺杆;2-活动钳口;3-固定钳口;4-螺母

图4-2-1　台虎钳

②螺杆不动,螺母回转并作直线运动:常用于螺旋千斤顶和插齿机刀架等(见图4-2-2)。

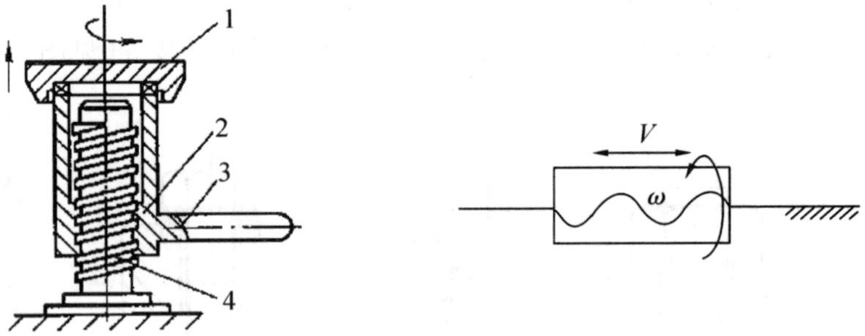

1-托盘;2-螺母;3-手柄;4-螺杆

图4-2-2　螺旋千斤顶

③螺杆回转,螺母作直线运动:常用于机床滑动板移动机构等(见图4-2-3)。

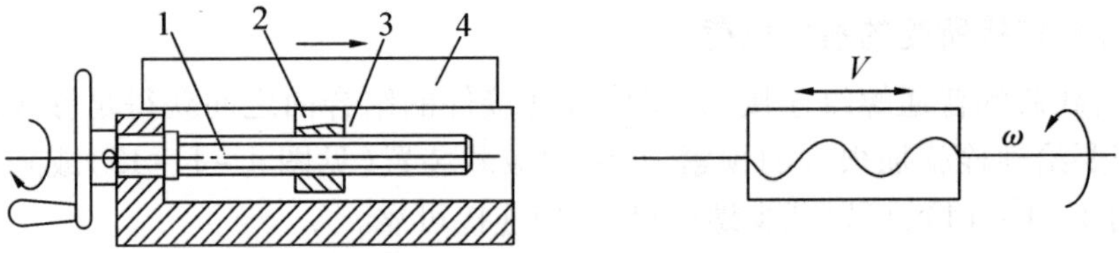

1-螺杆;2-螺母;3-机架;4-工作台

图4-2-3　机床工作台移动机构

④螺母回转,螺杆作直线运动:常用于应力试验机的观察镜调整装置等(见图4-2-4)。

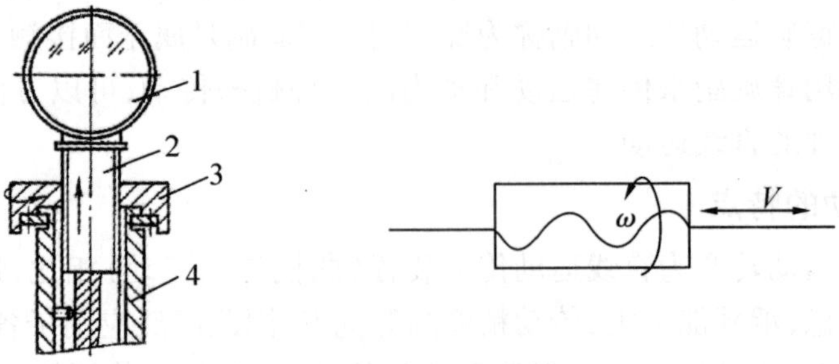

1-观察镜;2-螺杆;3-螺母;4-机架

图4-2-4　观察镜

(2)普通螺旋传动运动方向的判定

普通螺旋传动时,从动件作直线运动的方向(移动方向)不仅与螺纹的回转方向有关,还与螺纹的旋向有关。

判定方法是:“右旋螺纹用右手,左旋螺纹用左手”。即:手握空拳,四指指向与螺杆(或螺母)回转方向相同,大拇指与食指垂直。若螺杆(或螺母)回转并移动,螺母(或螺杆)不动,则大拇指指向即为螺杆(或螺母)的移动方向;若螺杆(或螺母)回转,螺母(或螺杆)移动,则大拇指指向的相反方向即为螺母(或螺杆)的移动方向(见图4-2-5)。

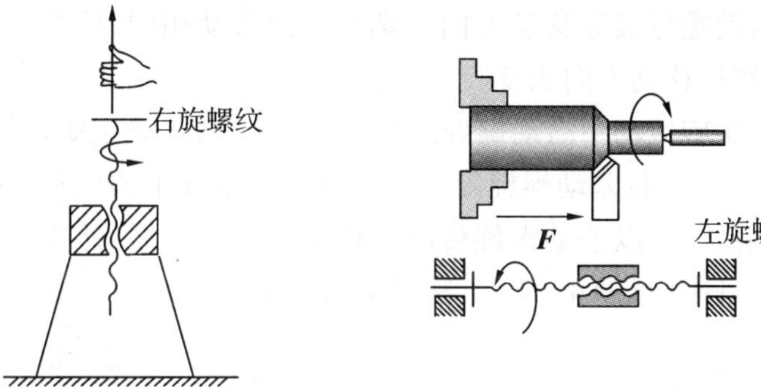

图4-2-5 普通螺旋传动运动方向的判定

2. 差动螺旋传动

由两个螺旋副组成的使活动的螺母与螺杆产生差动(即不一致)的螺旋传动称为差动螺旋传动。

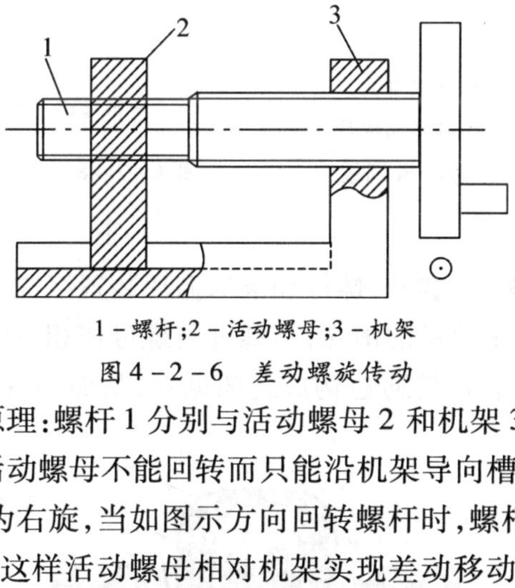

1-螺杆;2-活动螺母;3-机架

图4-2-6 差动螺旋传动

(1)差动螺旋传动的原理:螺杆1分别与活动螺母2和机架3组成两个螺旋副,机架上为固定螺母(不能移动),活动螺母不能回转而只能沿机架导向槽移动(见图4-2-6)。设机架和活动螺母的旋向同为右旋,当如图示方向回转螺杆时,螺杆相对机架向左移动,而活动螺母相对螺杆向右移动,这样活动螺母相对机架实现差动移动,螺杆每转1转,活动螺母实际移动距离为两段螺纹导程之差。如果机架上螺母螺纹旋向仍为右旋,活动螺母的螺纹旋向为左旋,则如图示回转螺杆时,螺杆相对机架左移,活动螺母相对螺杆向左移,螺杆每转1转,活动螺母实际移动距离为两段螺纹的导程之和。

(2)差动螺旋传动的移动距离和方向的确定:在图4-2-6所示的差动螺旋机构中,螺杆上两螺纹旋向相同时,活动螺母移动距离减小。当机架上固定螺母的导程大于活动螺母的导程时,活动螺母移动方向与螺杆移动相同;当机架上固定螺母的导程小于活动螺母的导程时,活动螺母移动方向与螺杆移动方向相反;当两螺母的导程相等时,活动螺母不动(移动距离为零)。

螺杆上两螺母螺纹旋向相反时,活动螺母移动距离增大。活动螺母移动方向与螺杆移动方向相同。

差动螺旋传动中,活动螺母的移动距离个方向,可用下列公式计算:

$$L = N(S_1 + S_2)$$

式中,N 是螺杆的回转圈数,S_1是固定螺母的导程,S_2是活动螺母的导程。

当两螺母旋向相反时,用公式中的"+"号,当两螺母旋向相同时,用公式中的"-"号。计算结果为正值时,活动螺母实际移动方向与螺杆方向移动相同;计算结果为负值时,活动螺母实际移动距离与螺杆移动方向相反。

因此,在判定差动螺旋传动中活动螺母的移动方向时,应先确定螺杆的移动方向。

(3)差动螺旋传动的应用:差动螺旋传动机构可以产生极小的位移,而其螺纹的导程并不需要很小,加工较容易。所以差动螺旋传动机构常用于测微器、计算机、分度机及诸多精密切削机床、仪器和工具中(见图4-2-7和见4-2-8)。

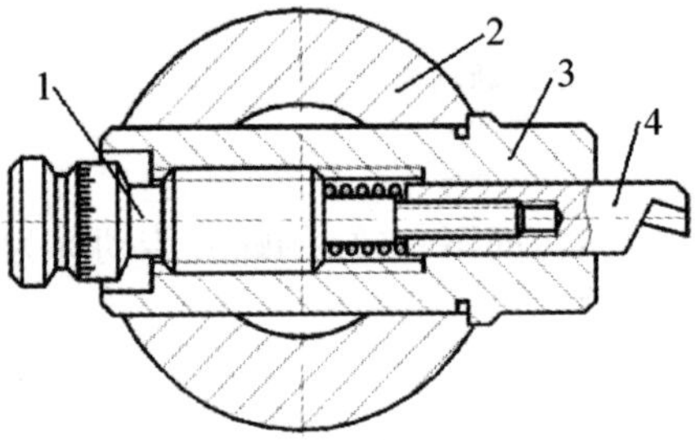

1-螺杆(调节按钮);2-镗杆(机架)
3-刀套(固定螺母);4-镗刀(活动螺母)

图4-2-7 差动螺旋传动的微调镗刀

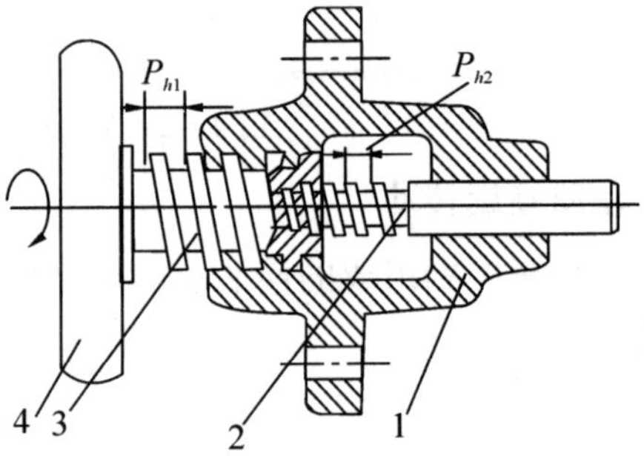

1-机架;2-活动螺杆;3-螺杆;4-手枪

图4-2-8 差动螺旋传动的微调机构

3. 滚珠螺旋传动

滚珠螺旋传动主要由滚珠、螺杆、螺母和滚珠循环装置组成。其工作原理是:在螺杆和螺母的螺纹管道中,装有一定数量的滚珠,当螺杆与螺母作相对螺旋运动时,滚珠在螺纹管道内滚动,并通过滚珠循环装置的通道构成封闭循环,从而实现螺杆与螺母间的滚动摩擦(见图4-2-9)。

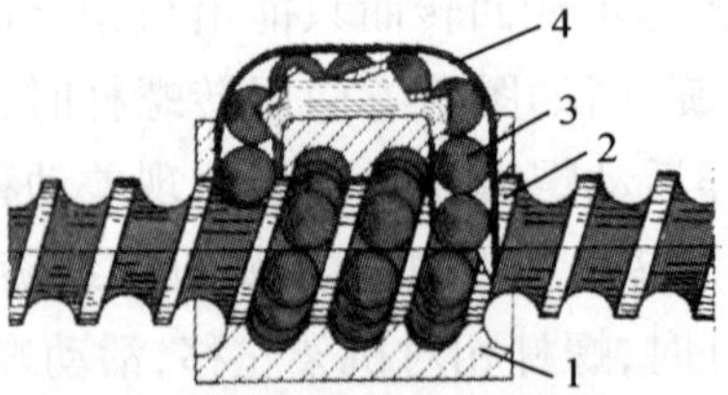

1-螺母;2-螺杆;3-滚珠;4-滚珠循环装置

图4-2-9 滚珠螺旋传动

在普通的螺旋传动中,由于螺杆与螺母的牙侧表面之间的相对运动摩擦是滑动摩擦,因此,传动阻力大,摩擦损失严重,效率低。为了改善螺旋传动的功能,经常用滚珠螺旋传动新技术,用滚动摩擦来代替滑动摩擦。

滚珠螺旋传动具有滚动摩擦阻力小、损耗小、传动效率高、传动平稳性好和传动灵敏等优点。但其结构复杂，外形尺寸较大，制造成本要求高，因此成本也较高。目前主要应用于精密传动机床，自动控制装置、升降机构和精密测量仪器等。

三、蜗杆传动

（一）蜗杆传动的特点

蜗杆传动用于传递空间交错的两轴之间的转动，通常两轴之间的交错角度为90°；与齿轮传动相比，蜗杆传动有以下优点。

（1）传动比大（$\eta = 300 \sim 1\ 000$），结构紧凑。传递转矩时，传动比一般为8～80；手动或分度用的蜗杆传动，传动比可达300，甚至高达1 000；在功率相同、传动比不大的情况下，蜗杆传动与其他形式的传动相比，外廓尺寸和重量最小。

（2）由于蜗杆传动的连续性啮合，所以传动平稳无噪声。

（3）在一定条件下，可以自锁，有安全保护作用。

蜗杆传动有以下缺点。

（1）摩擦发热大，效率低。一般传动效率 $\eta = 0.7 \sim 0.92$；能自锁时 $\eta < 0.5$。

（2）蜗轮需要用有色金属材料制造，成本较高。

（3）常用于功率不大或不连续工作的场合。

（4）发热量大，需采用散热措施。

（二）蜗杆传动的类型

（1）按蜗杆形状的不同，蜗杆传动分为：圆柱蜗杆传动、圆弧蜗杆传动和锥蜗杆传动3类（见图4－3－1）。

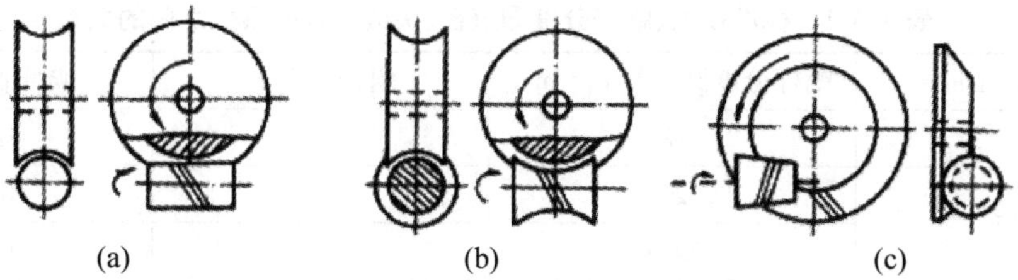

图4－3－1　蜗杆传动的类型

（a）圆柱蜗杆传动；（b）圆弧蜗杆传动；（c）锥锅杆传动

（2）按蜗杆螺旋面的形状不同，圆柱蜗杆传动又分为：阿基米德蜗杆、渐开线蜗杆和法向直廓蜗杆（见图4－3－2）。

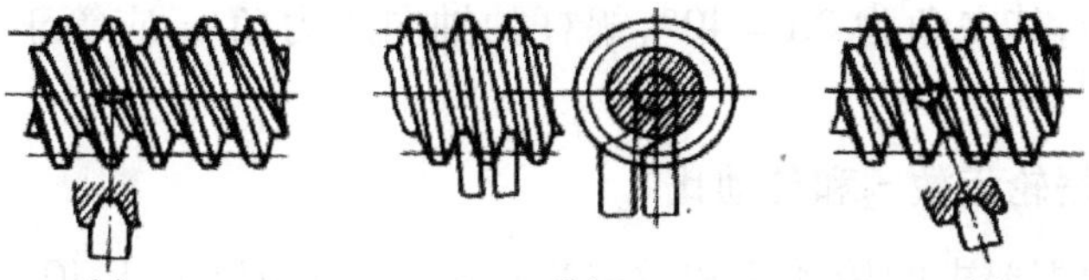

图4－3－2　圆柱蜗杆的主要类型

（a）阿基米德蜗杆；（b）渐开线蜗杆；（c）法向直廓蜗杆

本节只讨论阿基米德蜗杆，加工时，梯形车刀切削刃的顶平面通过蜗杆轴线，在轴向剖面具有直线齿廓，就像齿条一样。所以蜗杆传动可以看成是齿轮与齿条的传动。

按螺旋线的方向不同，蜗杆有左旋和右旋之分。

(三)蜗杆传动的基本参数

在蜗杆传动中，蜗杆轴线与涡轮轴线垂直的平面称为中间平面(见图4－3－3)。在中间平面上，普通圆柱蜗杆传动就相当于齿条与齿轮的啮合传动。因此，国家标准规定，中间平面上的参数即蜗杆的轴向参数为标准值，蜗轮的端面参数为标准值，几何尺寸计算在中间平面。

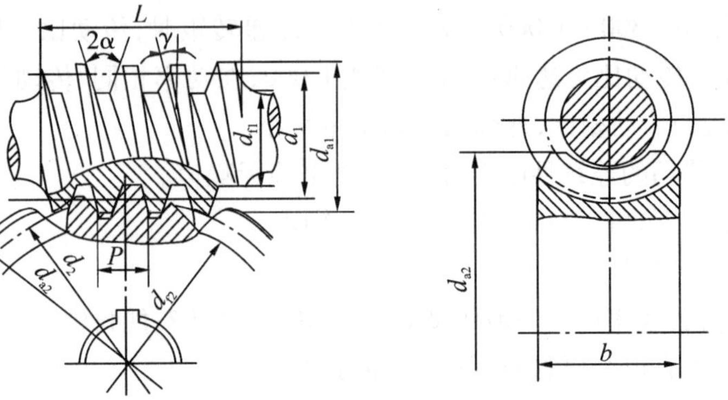

图4－3－3　蜗轮蜗杆传动结构尺寸

1. 模数 m 和压力角 α

在中间平面内，对于单线蜗杆旋转一圈，相当于齿条沿轴线方向移动一个齿距 p_1，与它相互啮合的蜗轮同时转动一个齿距 p_2，而 $p_1 = p_2$。齿条的齿距 $p_1 = \pi m_1$，齿轮的齿距 $p_2 = \pi m_2$，故蜗杆的轴向模数 m_1 等于蜗轮的端面模数 m_2。且符合表4.3.1规定的标准。

表4.3.1　标准模数、蜗杆分度圆直径、头数和直径系数之间的关系

模数 m/mm	蜗杆分度圆直径 d_1/mm	蜗杆头数 z_1	蜗杆直径系数 q
1	18	1	18.000
1.25	20	1	16.000
	22.4	1	17.920
1.6	20	1,2,4	12.500
	28	1	17.500
2	22.4	1,2,4,6	11.200
	35.5	1	17.750

蜗杆齿廓为直线，其夹角为 $2\alpha = 40°$，蜗杆的轴向压力角 α_1 应等于蜗轮的端面压力角 α_2，即 $\alpha_1 = \alpha_2 = 20°$。

2. 蜗杆头数 z_1、蜗轮齿数 z_2 和传动比 i

蜗杆头数 z_1 可根据要求的传动比和效率来选定，当传动比大于40或要求蜗杆自锁时，取 $z_1 = 1$，但效率较低。如果要提高效率，应增加蜗杆的头数，常取 z_1 为2,4。但蜗杆头数过多，又会给加工带来困难。一般推荐选用蜗杆头数取为1,2,4,6(见表4.3.2)。

表 4.3.2 蜗杆头数 z_1、蜗轮齿数 z_2 和传动比 i 推荐值

传动比 i	7 ~ 13	14 ~ 17	28 ~ 40	> 40
蜗杆头数 z_1	4	2	2,1	1
蜗轮齿数 z_2	28 ~ 52	28 ~ 54	28 ~ 80	> 40

蜗轮齿数 $z_2 = 28 \sim 80$。通常蜗杆为主动件，蜗杆与涡轮之间的传动比为

$$i = \frac{n_1}{n_2} = \frac{z_1}{z_2}$$

3. 蜗杆的分度圆直径 d_1 和蜗杆直径系数 q

在蜗杆传动中，为了保证蜗杆与配对蜗轮的正确啮合，通常用与蜗杆相同尺寸的蜗轮滚刀来加工与其配对的蜗轮。这样，只要有一种尺寸的蜗杆，就需要一种对应的蜗轮滚刀。对于同一模数，可以有很多不同直径的蜗杆，因而每一模数就要配备很多蜗轮滚刀，这样不便于企业管理。为了限制涡轮滚刀的数目及便于滚刀的标准化，对每一标准模数规定了一定数量的蜗杆分度圆直径 d_1，我们把比值 $q = d_1/m$ 称为蜗杆直径系数（见表 4.3.1）。

4. 蜗杆导程角 γ

蜗杆的直径系数 q 和蜗杆头数 z_1 选定之后，蜗杆分度圆柱上的导程角 γ 也就确定了。若把蜗杆分度圆直径上的螺旋线展开，如图 4－3－4 所示，图中 γ 即为蜗杆的导程角，则

$$\tan\gamma = \frac{p_z}{\pi d_1} = \frac{z_1 p_{x1}}{\pi d_1} = \frac{z_1 \pi m}{\pi d_1} = \frac{z_1 m}{d_1} = \frac{z_1}{q}$$

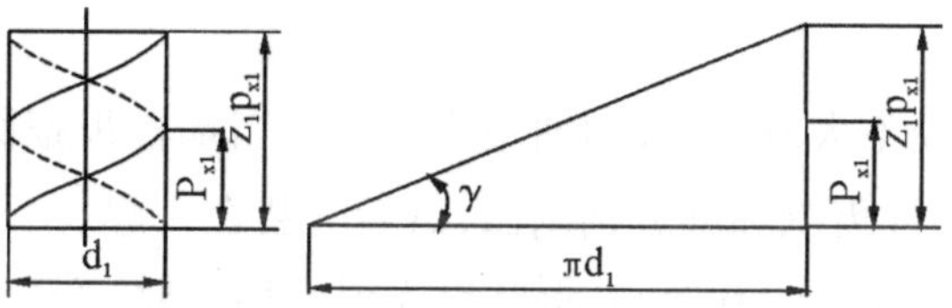

图 4－3－4 蜗杆导程角

5. 蜗杆传动的标准中心距 a

$$a = \frac{1}{2}(d_1 + d_2) = \frac{1}{2}(q + z_2)m$$

（四）蜗杆传动的几何尺寸计算

蜗杆传动的几何尺寸计算见表 4.3.3。

表 4.3.3 蜗杆传动的几何尺寸计算

名 称	符 号	蜗 杆	蜗 轮
齿顶高	ha	$h_a = h_a^* m$	
齿根高	hf	$h_f = (h_a^* + c^*)m$	
全齿高	h	$h = h_a + h_f = (2h_a^* + c^*)$	
分度圆直径	d	$d_1 = mq$	$d_2 = mz_2$
齿顶圆直径	d_a	$d_{a1} = d_1 + 2h_a$	$d_{a2} = d_2 + 2h_a$
齿顶圆直径	d_f	$d_{f1} = d_1 - 2h_f$	$d_{f2} = d_2 - 2h_f$
蜗杆导程角	λ	$\lambda = \arctan(mz_1/d_1)$	
蜗轮螺旋角	β		$\beta = \lambda$
中心距	a	$a = 1/2(d_1 + d_2)$	

(五)蜗杆传动方向的判定

蜗杆、蜗轮螺旋线方向判断同螺纹。

已知蜗杆的转动方向,蜗轮运动方向的判定采用左右手法则:“右旋用右手,左旋用左手”。即:大拇指与四指垂直,四指握拳方向为蜗杆转动方向,则大拇指指向的反方向为啮合点蜗轮速度的方向(见图4-3-5)。

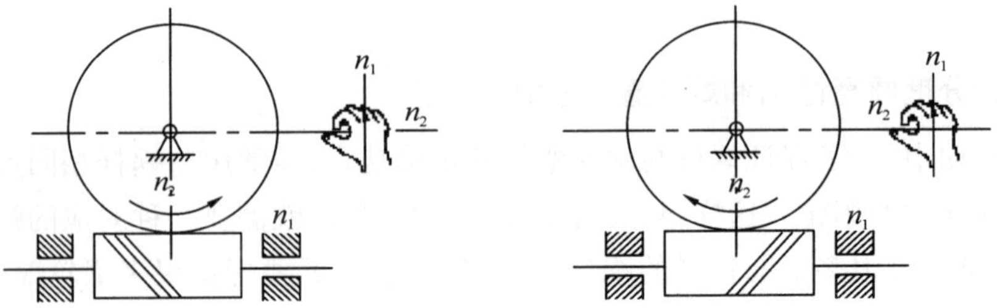

图4-3-5　蜗轮运动方向的判定

(六)蜗杆传动的啮合条件

在中间平面内,蜗杆的轴向模数 m_{x1} 和轴向压力角 m_{t2} 分别与蜗轮的端面模数 α_{x1} 和端面压力角 α_{t2} 相等,蜗杆的导程角与蜗轮的螺旋角相等,其旋向相同。即

$$m_{x1} = m_{t2} \quad \alpha_{x1} = \alpha_{t2}\gamma_1 = \beta_2(\text{旋向相同})$$

(七)蜗杆、蜗轮的结构

1. 蜗杆结构

蜗杆螺纹部分的直径不大时,一般和轴做成一体。当蜗杆齿根圆直径 d_{f1} 与轴直径 d 之比 $d_{f1}/d \geqslant 1.7$ 时,才将蜗杆齿圈和轴分别制做,然后套装在一起。

整体式蜗杆结构如图4-3-6所示,形状有无退刀槽,螺纹部分两侧的轴径比蜗杆齿根圆直径大,因此蜗杆刚性好,但螺纹部分只能铣制;有退刀槽,可以车制或铣制,但刚度比无退刀槽时差。

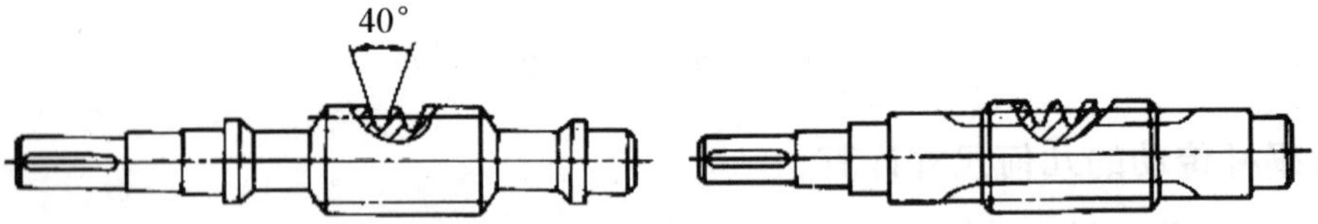

图4-3-6　蜗杆的结构类型

2. 蜗轮的结构

蜗轮的结构形式(见图4-3-7)有以下几种。

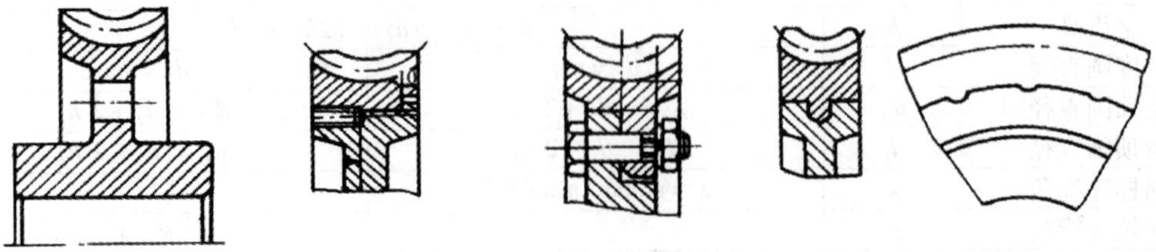

图4-3-7　蜗轮的结构类型

(1)整体式:主要用于铸铁蜗轮和尺寸较小的青铜蜗轮。

(2)齿圈式:齿圈由青铜制成,轮芯由铸铁制成,用螺钉固定。

(3)螺栓连接式:一般多用铰制孔用螺栓连接,这种结构装拆方便,常用于尺寸较大或容易磨损的涡轮。

(4)镶铸式:将青铜轮缘铸在铸铁轮芯上,轮芯上制出榫槽,以防轴向滑动。

(八)蜗杆传动的失效形式及散热

蜗杆传动失效形式和齿轮传动类似,主要有:胶合、磨损、疲劳点蚀和齿轮折断等。由于蜗杆传动啮合面间的相对滑动速度较大,效率低,发热量大,在润滑和散热不良时,胶合和磨损为主要失效形式。

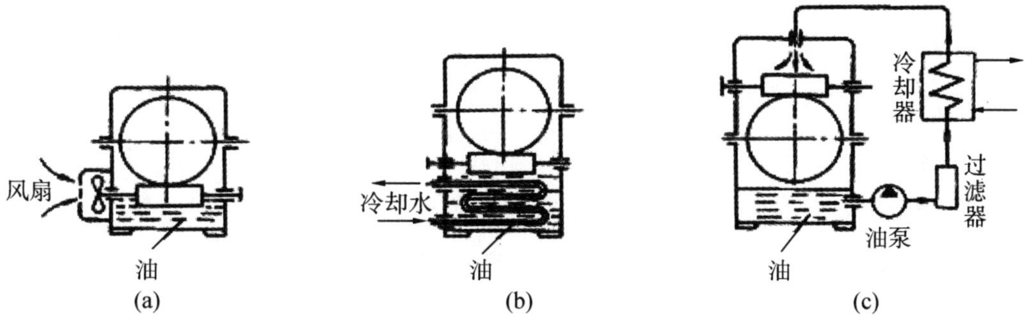

图 4-3-8 蜗杆传动的散热

蜗杆传动的散热措施:

(1)在箱体上加散热片以增大散热面积。

(2)在蜗杆轴上装风扇进行吹风冷却,如图图 4-3-8(a)所示。

(3)在箱体油池内装设蛇形水管,用循环水冷却,如图图 4-3-8(b)所示。

(4)用循环油冷却,如图图 4-3-8(c)所示。

(九)蜗杆、蜗轮的材料

由失效形式知道,蜗杆、蜗轮的材料不仅要求足够的强度,更重要的是具有良好的磨合性、减摩性、耐磨性和抗胶合能力等。

蜗杆一般用碳钢、合金钢制成:一般不太重要的低速中载的蜗杆,可采用 40 钢和 45 钢,并调质处理。高速重载蜗杆常用 15Cr 或 20Cr,20CrMnTi 等,并经渗碳淬火。

蜗轮用铸造锡青铜(ZCuSn10P1,ZCuSn5Pb5Zn5)、铸造铝铁青铜(ZCuAl1010Fe3)及灰铸铁(HT150,HT200)等。锡青铜耐磨性最好,但价格较高,用于滑动速度大于 3 m/s 的重要传动;铝铁青铜的耐磨性较锡青铜差一些,但价格便宜,一般用于滑动速度小于 4 m/s 的传动;如果滑动速度不高(小于 2 m/s),对效率要求也不高时,可以采用铸铁。

请沿此线剪下

任务实施

资讯单

学习领域	零件加工信息分析		
学习情境四	配合件的信息分析	学　时	8
资讯方式	在图书馆、专业杂志、互联网、参考书籍及信息单查寻或者资讯任课教师		
资讯问题	1. 什么是螺纹的螺旋线？ 2. 怎样理解螺纹的自锁现象？ 3. 螺纹的主要参数有哪些？ 4. 如何正确理解螺纹螺距、线数和导程之间的关系？ 5. 按螺纹牙型角的不同，螺纹的类型有哪些？其特点和用途如何？ 6. 螺纹如何标记？ 7. 螺纹连接的类型有哪些？其特点如何？ 8. 什么是螺纹连接的预紧力？其装配如何？ 9. 螺纹连接的防松措施有哪些？ 10. 如何对螺纹连接进行强度计算？ 11. 改善螺栓连接强度的措施有哪些？ 12. 如何理解空间运动副——螺旋副的概念？ 13. 什么是螺旋传动？ 14. 螺旋传动有哪些特点？ 15. 螺旋传动的类型有哪些？其特点和具体应用分别是什么？ 16. 如何正确判断普通螺旋传动的运动方向？ 17. 如何正确理解差动螺旋传动的工作原理？ 18. 如何正确计算差动螺旋传动的移动位移？ 19. 蜗杆传动的特点有哪些？ 20. 按蜗杆形状的不同，蜗杆传动的类型有哪些？ 21. 按蜗杆螺旋面形状的不同，圆柱蜗杆传动又可分哪几种类型？ 22. 什么是蜗杆传动的中间平面？ 23. 蜗杆传动的基本参数有哪些？如何正确使用？ 24. 如何正确理解蜗杆传动的几何尺寸计算？ 25. 蜗杆传动中蜗轮运动方向是如何判断的？ 26. 蜗杆传动的啮合条件是什么？ 27. 蜗杆和蜗轮的结构特点分别是什么？ 28. 蜗杆传动的失效形式有哪些？ 29. 怎样对蜗杆传动实施散热措施？		

请沿此线剪下

请沿此线剪下

续表

<table>
<tr><td>学习领域</td><td colspan="3">零件加工信息分析</td></tr>
<tr><td>学习情境四</td><td>配合件的信息分析</td><td>学　时</td><td>8</td></tr>
<tr><td>资讯方式</td><td colspan="3">在图书馆、专业杂志、互联网、参考书籍及信息单查寻或者资讯任课教师</td></tr>
<tr><td>资讯问题</td><td colspan="3">30. 怎样正确理解蜗杆传动的材料？
31. 有关尺寸、偏差、公差和配合的术语有哪些？应如何理解？
32. 如何正确绘制尺寸公差带图和配合公差带图？
33. 熟练掌握查阅《标准公差数值表》和《基本偏差数值表》的方法。
34. 会正确计算公差与配合中的相关参数。
35. 国标中规定的配合制有哪几种？应如何正确选择？
36. 如何正确选用配合的类型？
37. 形位公差研究的对象是什么？
38. 形位公差的特征项目及符号有哪些？
39. 如何正确理解形位公差的定义、标注和公差带？
40. 什么是公差原则？其类型有哪些？
41. 有关公差原则的术语有哪些？应如何理解？
42. 如何正确选用公差原则？会标注公差原则。
43. 什么是零件的表面粗糙度？
44. 表面粗糙度对机械零件的使用性能有哪些影响？
45. 如何正确评价零件的表面粗糙度？
46. 如何正确选用零件的表面粗糙度？会标注表面粗糙度。</td></tr>
<tr><td>资讯引导</td><td colspan="3">[1]申宾德. 零件加工信息分析[M]. 西安：西北工业大学出版社，2014.
[2]谢蕾. 零件加工信息分析[M]. 北京：北京大学出版社，2014.
[3]李世维. 机械基础[M]. 北京：高等教育出版社，1999.
[4]乔世民. 机械制造基础[M]. 北京：高等教育出版社，2008.
[5]陈雪，王晓强. 机械基础项目教程[M]大连：大连理工大学出版社，2011.
[6]同长虹. 机械设计基础[M]. 北京：科学出版社，2012.
[7]濮良贵，纪名刚. 机械设计[M]. 北京：高等教育出版社，2006.
[8]张策. 机械原理与机械设计[M]. 北京：高等教育出版社，2004.
[9]吕天玉，张柏军. 公差配合与测量技术[M]. 大连：大连理工大学出版社，2011.</td></tr>
</table>

请沿此线剪下

请沿此线剪下

请沿此线剪下

决策单

学习领域	零件加工信息分析						
学习情境四	配合件的信息分析					学　时	4
方案讨论							
方案对比	组别	布局合理	工具选用	节约耗材	实施操作	安全	综合评价
方案评价							
班级		组长签字		教师签字		月　　日	

请沿此线剪下

计划单

学习领域	零件加工信息分析		
学习情境三	配合件的信息分析	学　时	4
计划方式	小组讨论,团结协作共同制定计划		

序号	实施步骤	使用资源
制定计划说明		

计划评价	班　级		组　别		组长签字	
	教师签字				日　期	
	评　语:					

请沿此线剪下

请沿此线剪下

请沿此线剪下

请沿此线剪下

请沿此线剪下

实施单

学习领域	零件加工信息分析		
学习情境四	配合件的信息分析	学　时	6
实施方式	小组成员合作,动手实践		

序号	实施步骤	使用资源
实施说明		

班　　级	组　　别	组长签字	教师签字	日　　期

评语	

检查单

学习领域	零件加工信息分析			
学习情境四	配合件的信息分析		学　　时	2
序号	检查项目	检查标准	学生自查	教师检查

检查评价	班　　级	组　　别	组长签字	教师签字	日　　期

评价单

学习领域			零件加工信息分析				
学习情境四			配合件的信息分析	学　时	2		
角色	序号	项目	课堂微观察内容	总人数	行为程度(人数)		
					积极	一般	消极
学生	1	参与状态	1. 学生是否全员全程参与学习;2是否积极投入思考或踊跃发言;3. 是否兴致勃勃地阅读讨论;4. 是否有学生参与教学;5. 是否自觉地进行练习				
	2	交往状态	1. 学生相互之间是否有友好的合作;2. 课堂气氛是否民主、和谐、愉悦和主动;3. 师生、生生间交流语言是否得体				
	3	思维状态	1. 观察学生思维的敏捷性,听学生的语言是否流畅、是否有条理、是否善于用自己的语言解释说明表达所学的知识;2. 在观察学生的思维批判性时,看学生是否善于质疑问难,提出有价值的问题,并展开激烈的争论;3. 观察学生思维的独特性、创造性时,看学生的回答或见解是否具有自己的思想或创意				
	4	情绪状态	1. 通过捕捉学生细微的表情变化,分析个别学生回答问题时,其他学生的反映;2. 看学生是否能自我控制与调节学习情绪				
	5	生成状态	1. 看学生是否全身心投入学习;2. 是否伴有满足、成功和愉悦等体验,并对后续学习更有信心;3. 看学生在课堂教学中有没有独特的表现,是否提出深层次问题或得出不同寻常的答案;4. 学生的个性是否得以凸显				
	评价						
角色	序号	项目	课堂微观察内容	A	B	C	D
教师	6	学习目标	1. 目标指向是否明确?(学生独立学习,合作学习,教师指导下学习)2. 目标动词表述是否准确?(如"理解""体验""探索""经历"和"朗读"等)3. 目标内容是否具体?是否体现层次性?4. 目标达成度如何				
	7	教学内容	1. 是否为学生提供了现实的、有意义的和富有挑战性的学习内容?2. 是否注意了教学内容的重组与整合?3. 学习内容是否体现了教育性				
	8	教学方法	1. 是否组织了有效的小组合作学习?合作要求是否明确?2. 学生学习活动设计是否符合学生实际、有意义?是否符合课程标准的要求?是否体现学科特点?活动数量是否适度?活动设计是否有梯度和层次感				
	9	教学组织	1. 课堂是否体现"三讲,三不讲"?(讲重点、讲难点和讲易错易混知识点;不讲学生已经会的,不讲学生通过自学也能会的,不讲教师讲了学生也不会的)2. 教师讲授是否过长				
	10	教学评价	1. 教师对学生学习过程中的评价是否及时到位?是否关注学生的自我评价?2. 是否关注了评价的多元化?(组内、组间和师生等)3. 是否进行了当堂训练和检测?4. 评价是否有利于学生的发展				
	评价						

续表

<table>
<tr><td colspan="3">学习领域</td><td colspan="5">零件加工信息分析</td></tr>
<tr><td colspan="3">学习情境四</td><td>配合件的信息分析</td><td colspan="2">学　时</td><td colspan="2">2</td></tr>
<tr><td>角色</td><td>序号</td><td>项目</td><td>课堂微观察内容</td><td>A</td><td>B</td><td>C</td><td>D</td></tr>
<tr><td rowspan="4">师生成长</td><td rowspan="2">11</td><td rowspan="2">学习效果</td><td>学生:1. 是否大多数学生都完成了学习任务? 2. 是否每个学生都有不同的收获</td><td rowspan="2"></td><td rowspan="2"></td><td rowspan="2"></td><td rowspan="2"></td></tr>
<tr><td>教师:1. 预设学习任务是否完成?(未完成原因是什么?)2. 教师是否有愉悦感和成就感</td></tr>
<tr><td rowspan="2">12</td><td rowspan="2">师生发展</td><td>学生:1. 学生获得发展,学习精神得以锻炼,良好习惯得以培养;2. 体验到学习和成功的喜悦,有进一步学习的愿望</td><td rowspan="2"></td><td rowspan="2"></td><td rowspan="2"></td><td rowspan="2"></td></tr>
<tr><td>教师:1. 专业精神获得发展;2. 教学预设能力和驾驭课堂能力得到提高</td></tr>
</table>

知识拓展

机械产品由若干个零部件装配而成,每一个零件都存在尺寸误差以及各种形状误差,各几何要素之间又存在相互的位置误差;另外,还有零件表面的质量问题粗糙度,这些都是影响一个零件或者装配的因素。所以从"误差"和"精度"的观点来分析产品的质量,是我们研究几何量公差的前提。精度设计的内容包括三个方面:尺寸公差、形位公差和表面粗糙度。

A. 尺寸公差与配合

(一)有关尺寸的术语

(1)尺寸:以特定单位表示线性尺寸值的数值。

(2)基本尺寸(D,d):设计时给定的尺寸。孔、轴分别用 D 和 d 来表示。

(3)实际尺寸(D_a,d_a):通过测量获得的某一孔、轴的尺寸。孔、轴分别用 D_a 和 d_a 来表示。由于测量误差的存在,实际尺寸不一定就是被测尺寸的真值。

(4)局部实际尺寸:一个孔或轴的任意横截面中的任一距离,即任何两相对应点之间测得的尺寸。

(5)极限尺寸($D_{max},D_{min};d_{max},d_{min}$):一个孔或轴所允许尺寸的两个极端(极限值),实际尺寸应位于其中,也可以达到极限尺寸。孔、轴的最大极限尺寸和最小极限尺寸分别用 D_{max},D_{min} 和 d_{max},d_{min} 来表示。

(二)有关偏差和公差的术语

1. 偏差

某一尺寸(实际尺寸、极限尺寸)减去其基本尺寸所得的代数差称为偏差,偏差可以为正、负或零。

(1)实际偏差

孔 $E_a = D_a - D$

轴 $e_a = d_a - d$

(2)极限偏差

孔的上偏差:$ES = D_{max} - D$,下偏差:$EI = D_{min} - D$

轴的上偏差:$es = d_{max} - d$,下偏差:$ei = d_{min} - d$

2. 尺寸公差(公差)

最大极限尺寸减去最小极限尺寸之差,或上偏差减去下偏差之差,称为尺寸公差,公差是个没有符号的绝对值。

(1)孔的公差:

$T_D = D_{max} - D_{min} = ES - EI$

(2)轴的公差:

$T_d = d_{max} - d_{min} = es - ei$

3. 尺寸公差带

以基本尺寸为零线,用适当的比例,画出代表孔,轴上、下偏差或最大、最小极限尺寸的两条线所允许变动的界限，称为尺寸公差带。

用尺寸公差带表示的图形称为尺寸公差带图（见图 4－A－1）。

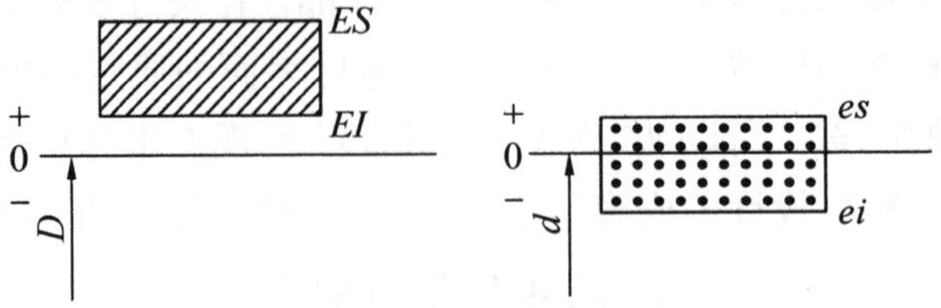

图 4－A－1　孔轴尺寸公差带图

①基本尺寸：用零线表示基本尺寸的位置，零线上方表示正偏差，零线下方表示负偏差，零线的左下方画上单向箭头并注上基本尺寸，单位为 mm。

②尺寸公差带：用适当比例表示出两个极限偏差或极限尺寸，孔用斜线、轴用点来区分公差带，公差带的上下距离表示其大小，其中用靠近零线的极限偏差来决定其位置，单位为 mm。

4. 标准公差（IT）

在标准极限与配合制中，对于基本尺寸相同的孔和轴，我们规定了其标准的尺寸公差，称为标准公差（IT）。

孔、轴的标准公差，共 20 个公差等级，按公差增大的顺序分别为 IT01，IT0，IT1，IT2，…，IT18，这些等级所对应的公差数字都是经公式计算并圆整以后得到的，其数值见表 4. A. 1。

表 4. A. 1 标准公差数值表（GB/T1800. 1－2009）

基本尺寸/mm		标准公差等级																	
		IT1	IT2	IT3	IT4	IT5	IT6	IT7	IT8	IT9	IT10	IT11	IT12	IT13	IT14	IT15	IT16	IT17	IT18
大于	至	μm											mm						
—	3	0.8	1.2	2	3	4	6	10	14	25	40	60	0.1	0.14	0.25	0.4	0.6	1	1.4
3	6	1	1.5	2.5	4	5	8	12	18	30	48	75	0.12	0.18	0.3	0.48	0.75	1.2	1.8
6	10	1	1.5	2.5	4	6	9	15	22	36	58	90	0.15	0.22	0.36	0.58	0.9	1.5	2.2
10	18	1.2	2	3	5	8	11	18	27	43	70	110	0.18	0.27	0.43	0.7	1.1	1.8	2.7
18	30	1.5	2.5	4	6	9	13	21	33	52	84	130	0.21	0.33	0.52	0.84	1.3	2.1	3.3
30	50	1.5	2.5	4	7	11	16	25	39	62	100	160	0.25	0.39	0.62	1	1.6	2.5	3.9
50	80	2	3	5	8	13	19	30	46	74	120	190	0.3	0.46	0.74	1.2	1.9	3	4.6
80	120	2.5	4	6	10	15	22	35	54	87	140	220	0.35	0.54	0.87	1.4	2.2	3.5	5.4
120	180	3.5	5	8	12	18	25	40	63	100	160	250	0.4	0.63	1	1.6	2.5	4	6.3
180	250	4.5	7	10	14	20	29	46	72	115	185	290	0.46	0.72	1.15	1.85	2.9	4.6	7.2
250	315	6	8	12	16	23	32	52	81	130	210	320	0.52	0.81	1.3	2.1	3.2	5.2	8.1
315	400	7	9	13	18	25	36	57	89	140	230	360	0.57	0.89	1.4	2.3	3.6	5.7	8.9
400	500	8	10	15	20	27	40	63	97	155	250	400	0.63	0.97	1.55	2.5	4	6.3	9.7

注：公称尺寸小于或等于 1 mm 时，无 IT14 至 IT18。

5. 基本偏差

在尺寸公差带图中，我们将靠近零线的那个极限偏差称为基本偏差。它可以是上偏差或下偏差。本标准规定，基本偏差代号有 28 个（见图 4－A－2）。大写表示孔，小写表示轴。*I*(*i*)，*L*(*l*)，*O*(*o*)，*Q*(*q*)，*W*(*w*)5 个字母不用。

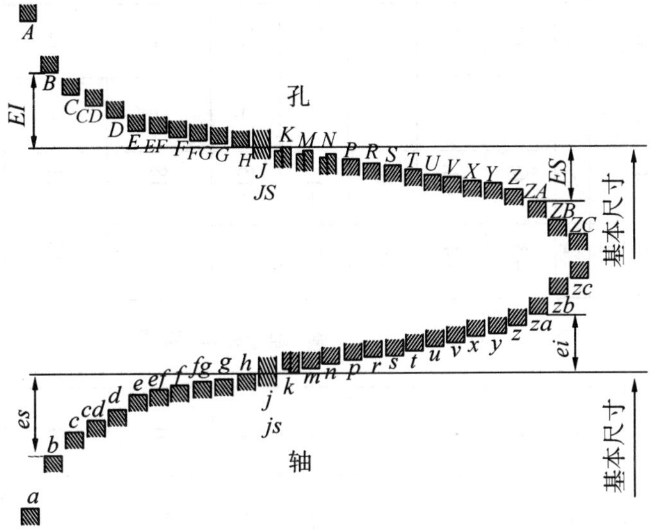

图 4－A－2　基本偏差代号系列

由图 4－A－2 可知：对于孔，*A*－*H* 以下偏差 *EI* 为基本偏差，*J*－*ZC*（*JS* 除外）以上偏差 *ES* 为基本偏差；对于轴，*a*－*h* 以上偏差 *es* 为基本偏差，*j*－*zc*（*js* 除外）以下偏差 *ei* 为基本偏差。由于 *JS*、*js* 的公差带是对称分布的，故它们的基本偏差可以是上偏差，也可以是下偏差。

国家标准根据一系列公式计算并圆整后，列出了孔轴的基本偏差数值见表 4. A. 2 和表 4. A. 3。

表 4.A.2　尺寸至 500 mm 的轴的基本偏差数值(GB/T1800.1－2009)

单位:μm

公称尺寸/ mm		基本偏差																
		上极限偏差 *es*												下极限偏差 *ei*				
		公差等级																
		所有标准公差等级												5,6	7	8	4～7	≤3 >7
大于	至	*a*	*b*	*c*	*cd*	*d*	*e*	*ef*	*f*	*fg*	*g*	*h*	*js*	*j*			*k*	
－	3	－270	－140	－60	－34	－20	－14	－10	－6	－4	－2	0	偏差等于 $\pm\frac{IT_n}{2}$	－2	－4	－6	0	0
3	6	－270	－140	－70	－46	－30	－20	－14	－10	－6	－4	0		－2	－4	－	＋1	0
6	10	－280	－150	－80	－56	－40	－25	－18	－13	－8	－5	0		－2	－5	－	＋1	0
10	14	－290	－150	－95	－	－50	－32	－	－16	－	－6	0		－3	－6	－	＋1	0
14	18																	
18	24	－300	－160	－110	－	－65	－40	－	－20	－	－7	0		－4	－8	－	＋2	0
24	30																	
30	40	－310	－170	－120	－	－80	－50	－	－25	－	－9	0		－5	－10	－	＋2	0
40	50	－320	－180	－130														
50	65	－340	－190	－140	－	－100	－60	－	－30	－	－10	0		－7	－12	－	＋2	0
65	80	－360	－200	－150														
80	100	－380	－220	－170	－	－120	－72	－	－36	－	－12	0		－9	－15	－	＋3	0
100	120	－410	－240	－180														
120	140	－460	－260	－200	－	－145	－85	－	－43	－	－14	0		－11	－18	－	＋3	0
140	160	－520	－280	－210														
160	180	－580	－310	－230														
180	200	－660	－340	－240	－	－170	－100	－	－50	－	－15	0		－13	－21	－	＋4	0
200	225	－740	－380	－260														
225	250	－820	－420	－280														
250	280	－920	－480	－300	－	－190	－110	－	－56	－	－17	0		－16	－26	－	＋4	0
280	315	－1050	－540	－330														
315	355	－1200	－600	－360	－	－210	－125	－	－62	－	－18	0		－18	－28	－	＋4	0
355	400	－1350	－680	－400														
400	450	－1500	－760	－440	－	－230	－135	－	－68	－	－20	0		－20	－32	－	＋5	0
450	500	－1650	－840	－480														

续 表

公称尺寸/ mm		基本偏差 下极限偏差 ei 公差等级 所有标准公差等级													
大于	至	m	n	p	r	s	t	u	v	x	y	z	za	zb	zc
–	3	+2	+4	+6	+10	+14	–	+18	–	+20	–	+26	+32	+40	+60
3	6	+4	+8	+12	+15	+19	–	+23	–	+28	–	+35	+42	+50	+80
6	10	+6	+10	+15	+19	+23	–	+28	–	+34	–	+42	+52	+67	+97
10	14	+7	+12	+18	+23	+28	–	+33	–	+40	–	+50	+64	+90	+130
14	18								+39	+45	–	+60	+77	+108	+150
18	24	+8	+15	+22	+28	+35	–	+41	+47	+54	+63	+73	+98	+136	+188
24	30						+41	+48	+55	+64	+75	+88	+118	+160	+218
30	40	+9	+17	+26	+34	+43	+48	+60	+68	+80	+94	+112	+148	+200	+274
40	50						+54	+70	+81	+97	+114	+136	+180	+242	+325
50	65	+11	+20	+32	+41	+53	+66	+87	+102	+122	+144	+172	+226	+300	+405
65	80				+43	+59	+75	+102	+120	+146	+174	+210	+274	+360	+480
80	100	+13	+23	+37	+51	+71	+91	+124	+146	+178	+214	+258	+335	+445	+585
100	120				+54	+79	+104	+144	+172	+210	+254	+310	+400	+525	+690
120	140	+15	+27	+43	+63	+92	+122	+170	+202	+248	+300	+365	+470	+620	+800
140	160				+65	+100	+134	+190	+228	+280	+340	+415	+535	+700	+900
160	180				+68	+108	+146	+210	+252	+310	+380	+465	+600	+780	+1 000
180	200	+17	+31	+50	+77	+122	+166	+236	+284	+350	+425	+520	+670	+880	+1 150
200	225				+80	+130	+180	+258	+310	+385	+470	+575	+740	+960	+1 250
225	250				+84	+140	+196	+284	+340	+425	+520	+640	+820	+1 050	+1 350
250	280	+20	+34	+56	+94	+158	+218	+315	+385	+475	+580	+710	+920	+1 200	+1 550
280	315				+98	+170	+240	+350	+425	+525	+650	+790	+1 000	+1 300	+1 700
315	355	+21	+37	+62	+108	+190	+268	+390	+475	+590	+730	+900	+1 150	+1 500	+1 900
355	400				+114	+208	+294	+435	+530	+660	+820	+1 000	+1 300	+1 650	+2 100
400	450	+23	+40	+68	+126	+232	+330	+490	+595	+740	+920	+1 100	+1 450	+1 850	+2 400
450	500				+132	+252	+360	+540	+660	+820	+1 000	+1 250	+1 600	+2 100	+2 600

注:1. 公称尺寸小于或等于 1 mm 时,基本偏差 a 和 b 均不采用;2. 公差 $js7 \sim js11$,若 IT_n 值是奇数,则其偏差等于 $\pm \frac{IT_n - 1}{2}$。

表 4.A.3　尺寸至 500 mm 的孔的基本偏差数值(GB/T1800.1－2009)

单位:μm

公称尺寸/ mm		基本偏差																				
		下极限偏差 *ei*												上极限偏差 *es*								
		公差等级																				
		所有标准公差等级												6	7	8	≤8	>8	≤8	>8	≤8	>8
大于	至	*A*	*B*	*C*	*CD*	*D*	*E*	*EF*	*F*	*FG*	*G*	*H*	*JS*	*J*			*K*		*M*		*N*	
–	3	+270	+140	+60	+34	+20	+14	+10	+6	+4	+2	0	偏差等于±*IT*/2	+2	+4	+6	0	0	−2	−2	−4	−4
3	6	+270	+140	+70	+46	+30	+20	+14	+10	+6	+4			+5	+6	+10	−1+△	–	−4+△	−4	−8+△	0
6	10	+280	+150	+80	+56	+40	+25	+18	+13	+8	+5			+5	+8	+12	−1+△	–	−6+△	−6	−10+△	0
10	14	+290	+150	+95	–	+50	+32	–	16	–	+6			+6	+10	+15	−1+△	–	−7+△	−7	−12+△	0
14	18																					
18	24	+300	+160	+110	–	+65	+40	–	+20	–	+7	0		+8	+12	+20	−2+△	–	−8+△	−8	−15+△	0
24	30																					
30	40	+310	+170	+120	–	+80	+50	–	25	–	+9			+10	+14	+24	−2+△	–	−9+△	−9	−17+△	0
40	50	+320	+180	+130																		
50	65	+340	+190	+140	–	+100	+60	–	30	–	+10			+13	+18	+28	−2+△	–	−11+△	−11	−20+△	0
65	80	+360	+200	+150																		
80	100	+380	+220	+170	–	+120	+72	–	36	–	+12			+16	+22	+34	−3+△	–	−13+△	−13	−23+△	0
100	120	+410	+240	+180																		
120	140	+460	+260	+200	–	+145	+85	–	43	–	+14			+18	+26	+41	−3+△	–	−15+△	−15	−27+△	0
140	160	+520	+280	+210																		
160	180	+580	+310	+230																		
180	200	+660	+340	+240	–	+170	+100	–	50	–	+15			+22	+30	+47	−4+△	–	−17+△	−17	−31+△	0
200	225	+740	+380	+260																		
225	250	+820	+420	+280																		
250	280	+920	+480	+300	–	+190	+110	–	56	–	+17			+25	+36	+55	−4+△	–	−20+△	−20	−34+△	0
280	315	+1 050	+540	+330																		
315	355	+1 200	+600	+360	–	+210	+125	–	62	–	+18			+29	+39	+60	−4+△	–	−21+△	−21	−37+△	0
355	400	+1 350	+680	+400																		
400	450	+1 500	+760	+440	–	+230	+135	–	+68	–	+20	0		+33	+43	+66	−5+△	–	−23+△	−23	−40+△	0
450	500	+1 650	+840	+480																		

续 表

公称尺寸/ mm		基本偏差 上极限偏差 ES 公差等级												Δ值					
		≤$IT7$	标准公差等级 > 7																
大于	至	P 至 ZC	P	R	S	T	U	V	X	Y	Z	ZA	ZB	ZC	3	4	5	6	7	8
—	3	在大于7级的相应数值上增加一个Δ	-6	-10	-14	-	-18	-	-20	-	-26	-32	-40	-60	0	0	0	0	0	0
3	6		-12	-15	-19	-	-23	-	-28	-	-35	-42	-50	-80	1	1.5	1	3	4	6
6	10		-15	-19	-23	-	-28	-	-34	-	-42	-52	-67	-97	1	1.5	2	3	6	7
10	14		-18	-23	-28	-	-33	-	-40	-	-50	-64	-90	-130	1	2	3	3	7	9
14	18							-39	-45	-	-60	-77	-108	-150						
18	24		-22	-28	-35	-	-41	-47	-54	-63	-73	-98	-136	-188	1.5	2	3	4	8	12
24	30					-41	-48	-55	-64	-75	-88	-118	-160	-218						
30	40		-26	-34	-43	-48	-60	-68	-80	-94	-112	-148	-200	-274	1.5	3	4	5	9	14
40	50					-54	-70	-81	-97	-114	-136	-180	-242	-325						
50	65		-32	-41	-53	-66	-87	-102	-122	-144	-172	-226	-300	-405	2	3	5	6	11	16
65	80			-43	-59	-75	-102	-120	-146	-174	-210	-274	-360	-480						
80	100		-37	-51	-71	-91	-124	-146	-178	-214	-258	-335	-445	-585	2	4	5	7	13	19
100	120			-54	-79	-104	-144	-172	-210	-254	-310	-400	-525	-690						
120	140		-43	-63	-92	-122	-170	-202	-248	-300	-365	-470	-620	-800	3	4	6	7	15	23
140	160			-65	-100	-134	-190	-228	-280	-340	-415	-535	-700	-900						
160	180			-68	-108	-146	-210	-252	-310	-380	-465	-600	-780	-1 000						
180	200		-50	-77	-122	-166	-236	-284	-350	-425	-520	-670	-880	-1 150	3	4	6	9	17	26
200	225			-80	-130	-180	-258	-310	-385	-470	-575	-740	-960	-1 250						
225	250			-84	-140	-196	-284	-340	-425	-520	-640	-820	-1 050	-1 350						
250	280		-56	-94	-158	-218	-315	-385	-475	-580	-710	-920	-1 200	-1 550	4	4	7	9	20	29
280	315			-98	-170	-240	-350	-425	-525	-650	-790	-1 000	-1 300	-1 700						
315	355		-62	-108	-190	-268	-390	-475	-590	-730	-900	-1 150	-1 500	-1 900	4	5	7	11	21	32
355	400			-114	-208	-294	-430	-530	-660	-820	-1 000	-1 300	-1 650	-2 100						
400	450		-68	-126	-232	-330	-490	-595	-740	-920	-1 100	-1 450	-1 850	-2 400	5	5	7	13	23	34
450	500			-132	-252	-360	-540	-660	-820	-1 000	-1250	-1 600	-2 100	-2 600						

注：1. 公称尺寸小于或等于 1 mm 时，基本偏差 A 和 B 及大于 $IT8$ 的 N 均不采用；

2. 标准公差≤$IT8$ 的 K,M,N 及≤$IT7$ 的 P 至 ZC 时，从表的右侧选取 Δ 值。例如，大于 18 mm 至 30 mm 的 $K7$，$\Delta = 8\mu m$，因此 $ES = -2+8 = +6\mu m$；

3. 公差带 $JS7 \sim JS11$，若 IT_n 值是奇数，则取偏差等于 $\pm \frac{IT_n - 1}{2}$；

4. 特殊情况，大于 250 mm 至 315 mm 的 $M6$，$ES = -9$（代替 $-11\mu m$）。

6. **一般公差——线性尺寸的未注公差**

图样中除了标注尺寸公差代号的尺寸以外,还有的尺寸仅标注基本尺寸,表示其公差按未注公差选取。所谓未注公差是指车间普通工艺条件下,机床设备一般加工能力可保证的公差。在正常维护和操作情况下,未注公差代表车间的一般的经济加工精度。详细请查阅GB/T1804—2000《一般公差 未注公差的线性和角度尺寸的公差》。

GB/T1804—2000 对线性尺寸的一般公差规定了 4 个公差等级,分别是精密级 *f*、中等级 *m*、粗糙级 *c* 和最粗级 *v*,4 个等级分别相当于 IT12,IT14,IT16,IT17。

(三)有关配合的术语

1. **配合**

基本尺寸相同,相互结合的孔轴公差带之间的关系称为配合。

2. **配合的类型**

(1)间隙配合:具有间隙(包括最小间隙等于零)的配合称为间隙配合。此时,孔的公差带在轴的公差带之上(见图 4 – A –3)。

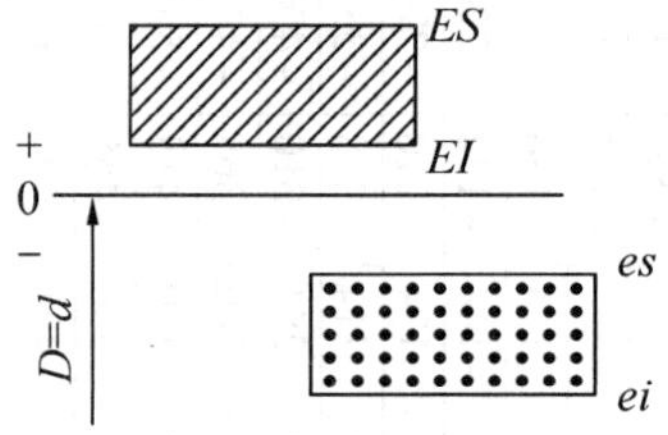

图 4 – A –3 间隙配合

最大间隙为 $X_{max} = ES - ei$

最小间隙为 $X_{min} = EI - es$

平均间隙为 $X_{av} = \frac{X_{max} + X_{min}}{2}$,表示孔轴间隙配合的松紧程度。

(2)过盈配合:具有过盈(包括最小过盈等于零)的配合称为过盈配合。此时,孔的公差带在轴的公差带之下(见图 4 – A –4)。

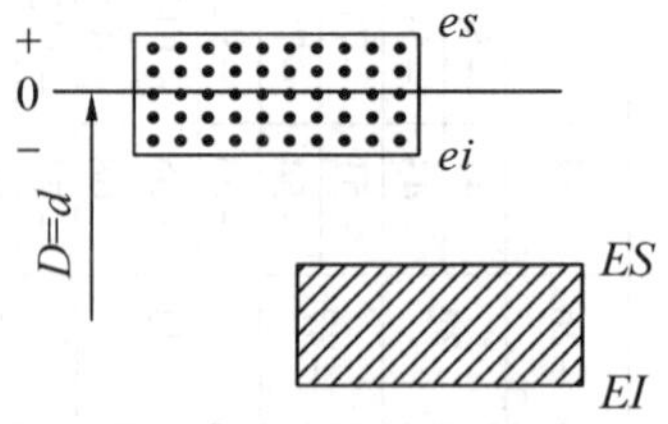

图 4 – A –4 过盈配合

最大过盈为 $Y_{max} = EI - es$

最小过盈为 $Y_{min} = ES - ei$

平均过盈 $Y_{av} = \frac{Y_{max} + Y_{min}}{2}$,表示孔轴过盈配合的松紧程度。

(3)过渡配合:可能具有间隙或过盈的配合称为过渡配合。此时,孔的公差带与轴的公差带相互交错(见图 4 – A –5)。

最大间隙为 $$X_{max} = ES - ei$$

最大过盈为 $$Y_{max} = EI - es$$

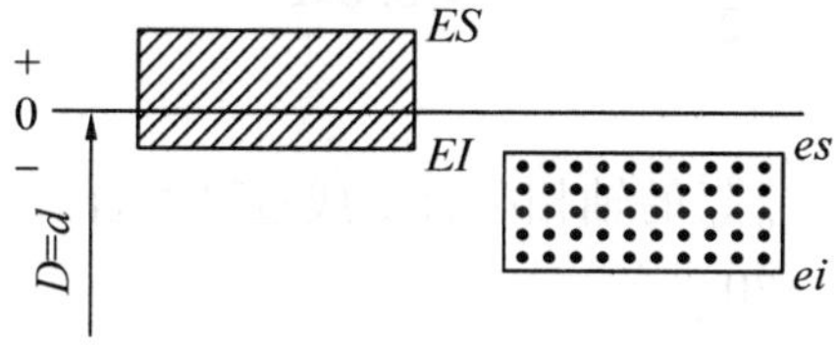

图 4－A－5　过渡配合

若 $X_{max} > |Y_{max}|$ 时，此配合以间隙配合占主导，故平均间隙为

$$X_{av} = \frac{X_{max} + X_{max}}{2}$$

若 $X_{max} < |Y_{max}|$ 时，此配合以过盈配合占主导，故平均过盈为

$$X_{av} = \frac{X_{max} + X_{max}}{2}$$

平均值表示孔轴配合的松紧程度。

3. 配合公差

组成配合的孔、轴的公差之和。它是允许间隙或过盈的变动量，是一个没有符号的绝对值。即

$$T_f = T_D + T_d$$

4. 配合公差带图

将孔、轴的尺寸公差带画在同一个图上，此图称为配合公差带图（见图 4－A－3，图 4－A－4，图 4－A－5）。

例　$\phi30^{+0.033}_{0}$ 的孔与 $\phi30^{-0.020}_{-0.041}$ 的轴相配合形成间隙配合。

解　$D_{max} = 30.033$，$D_{min} = 30$

$d_{max} = 29.980$，$d_{min} = 29.959$

$T_D = 0.033$，$T_d = 0.021$

$T_f = 0.054$

$X_{max} = ES - ei = +0.033 - (-0.041) = 0.074$

$X_{min} = EI - es = 0 - (-0.020) = 0.020$

$$X_{av} = \frac{X_{max} + X_{min}}{2} = \frac{+0.074 + (+0.020)}{2} = 0.047$$

配合公差带图略。

例　$\phi30^{+0.033}_{0}$ 的孔与 $\phi30^{+0.069}_{+0.048}$ 的轴相配合形成过盈配合。

解　$D_{max} = 30.033$，$D_{min} = 30$

$d_{max} = 30.069$，$d_{min} = 30.048$

$T_D = 0.033$，$T_d = 0.021$

$T_f = 0.054$

$Y_{max} = EI - es = 0 - (+0.069) = -0.069$

$Y_{min} = ES - ei = +0.033 - (+0.048) = -0.015$

$$X_{av} = \frac{Y_{max} + Y_{min}}{2} = \frac{-0.069 + (-0.015)}{2} = 0.042$$

配合公差带图略。

例 $\phi30^{+0.033}_{0}$的孔与$\phi30^{+0.013}_{-0.008}$的轴相配合形成过渡配合。

解 $D_{max} = 30.033$，$D_{min} = 30$

$d_{max} = 30.013$，$d_{min} = 29.992$

$T_D = 0.033, T_d = 0.021$

$T_f = 0.054$

$X_{max} = ES - ei = +0.033 - (-0.008) = 0.041$

$Y_{max} = EI - es = 0 - (+0.013) = -0.013$

因为 $X_{max} = 0.041 > |Y_{max}| = 0.013$

所以，此配合以间隙配合占主导，故

$$X_{av} = \frac{X_{max} + X_{max}}{2} = \frac{0.041 + (-0.013)}{2} = 0.014$$

配合公差带图略。

5. 配合制

(1)类型：国标规定配合制分为以下两种(见图4-A-6)。

①基孔制：所谓基孔制是孔的基本偏差为一定(H)，孔的公差带与不同基本偏差轴的公差带形成各种配合的一种制度。

②基轴制：所谓基轴制是轴的基本偏差为一定(h)，轴的公差带与不同基本偏差孔的公差带形成各种配合的一种制度。

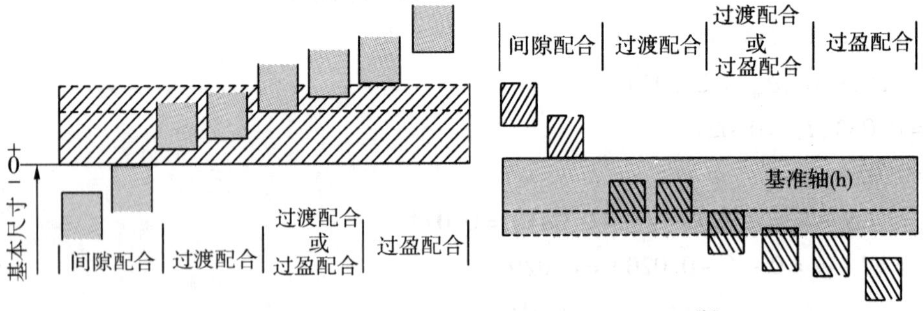

图4-A-6 配合制的公差带

(a)基孔制；(b)基轴制

(2)选择：在进行配合制选择时，应从零件的结构、工艺性和经济性等方面综合分析，从而合理地确定配合制。下面介绍几种情况下的配合制选择。

①一般情况下优先选用基孔制。优先选用基孔制，这主要是从零件的加工工艺性和经济性来考虑的。孔通常用定值刀具加工，用极限量规来检测，当孔的基本尺寸和公差等级相同而基本偏差改变时，就需要更换刀具和量具。但是，一种规格的砂轮或车刀，可以加工不同基本偏差的轴，同时轴还可以用通用量具进行测量。因此，为了减少定值刀具和量具的规

格和数量，利于生产，提高经济性，应优先选用基孔制。

②在机械制造中采用具有一定公差等级的冷拉钢材，其外径不经切削加工即能满足使用要求，此时就应选择基轴制，再按配合要求选用适当的孔公差带加工孔。这种选择在技术、经济上都是合理的。

③与标准件配合时，应以标准件为基准件来确定配合制。标准件通常由专业工厂大量生产，在制造时其配合部位的配合制已确定。因此，与标准件配合的轴和孔一定要服从标准件确定的配合制度。例如，与滚动轴承内圈配合的轴应选用基孔制，而与滚动轴承外圈配合的孔应选用基轴制。

④由于零件结构上的特点，宜采用基轴制。图 4 - A - 7(a)所示中发动机的活塞销轴与连杆铜套孔和活塞孔之间的配合，根据工作要求，活塞销轴与活塞孔应为过渡配合，而活塞销与连杆之间有相对运动，应为间隙配合。若采用基孔制配合，如图 4 - A - 7(b)所示，销轴将做成阶梯状，这样既不便于加工，又不利于装配；若采用基轴制配合，如图 4 - A - 7(c)所示，销轴做成光轴，既方便加工，有利于装配。

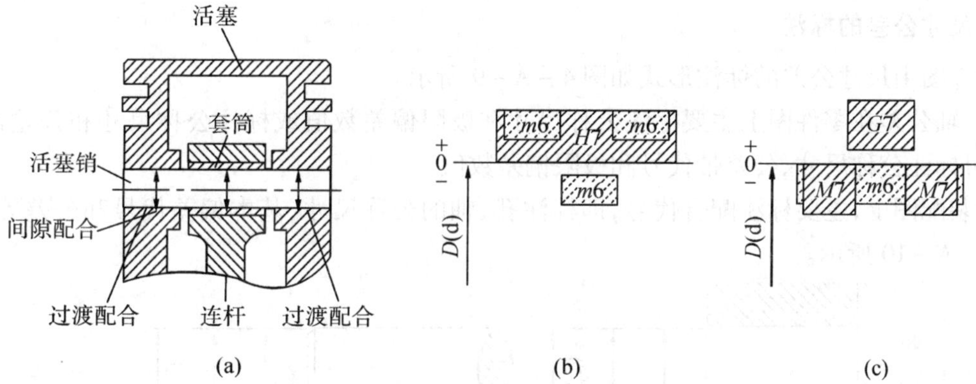

图 4 - A - 7　配合制选择示例一

⑤在特殊需要时可采用非配合制配合。所谓非配合制是指由不包含基本偏差 H 和 h 的任一孔、轴公差带组成的配合。如图 4 - A - 8 所示中轴承座孔同时与滚动轴承外径和端盖的配合，滚动轴承是标准件，它与轴承座孔的配合应为基轴制过渡配合，选轴承座孔公差带为 ϕ62J7，而轴承座孔与端盖的配合应为较低精度的间隙配合，座孔公差带已定为 J7，现在只能对端盖选定一个位于 J7 下方的公差带，以形成所要求的间隙配合。同时考虑到端盖的性能要求和加工的经济性，故端盖应采用公差带 f9，最后确定端盖与轴承座孔的配合为 $\phi62\ \frac{J7}{f9}$。

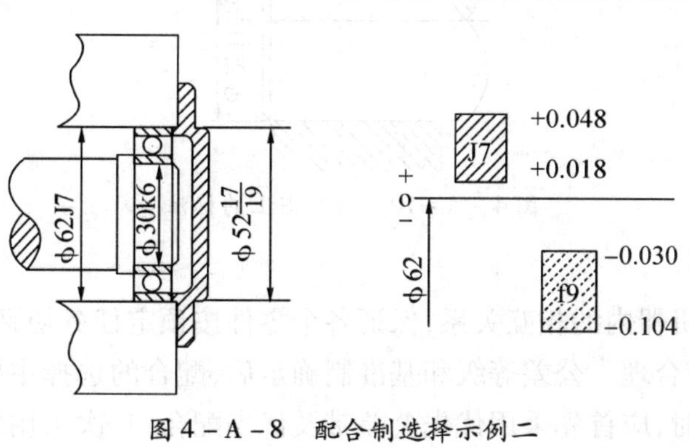

图 4 - A - 8　配合制选择示例二

另外，要合理地选择公差等级，就必须处理好零件的使用要求、制造工艺和成本之间的关系。选择公差等级的原则是：在满足零件使用要求的前提下，尽量选取较低的公差等级。孔的加工条件往往比轴的要复杂的多，所以，我们在进行标注设计时，孔的公差等级至少要低于轴的一个公差等级。

（四）公差与配合的标注

1. 公差带代号与配合代号

孔、轴的公差带代号由基本偏差代号和公差等级数字组成，例如 H7，F7，K7，P6 等为孔的公差带代号 h7，g6，m6，r7 等为轴的公差带代号。

当孔轴组成配合时，配合代号写成分数形式，分子为孔的公差带代号，分母为轴的公差带代号。如 $\frac{H7}{g6}$ 或 H7/g6。若指某公称尺寸的配合，则公称尺寸标在配合代号之前，如 $z\phi30\,\frac{H7}{g6}$。

2. 尺寸公差的标注

零件图中尺寸公差的标注形式如图 4－A－9 所示。

孔、轴公差在零件图上主要标注公称尺寸和极限偏差数值或标注公称尺寸和公差带代号，也可标注公称尺寸、公差带代号和极限偏差数值。

在装配图上，主要标注配合代号，即标注孔、轴的公称尺寸、基本偏差代号和公差等级，如图 4－A－10 所示。

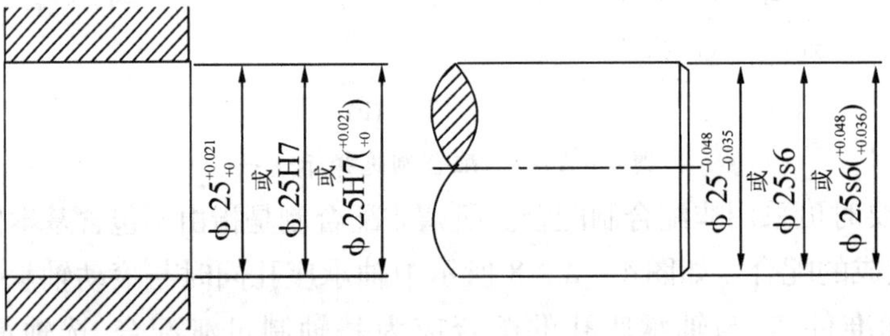

图 4－A－9　孔轴公差在零件图上的标注

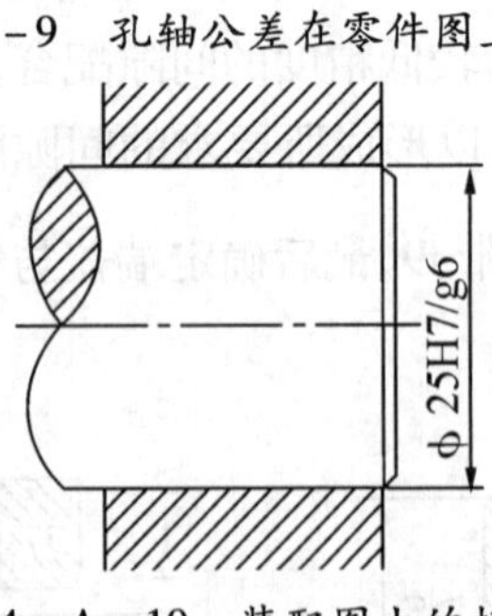

图 4－A－10　装配图上的标注

（五）配合的选用

为了解决零件在机器内的相互关系，保证各个零件按预定任务协调工作，必须正确选用配合，并能使制造经济合理。公差等级和基准制确定后，配合的选择主要是确定非基准件的基本偏差代号。选用时，应首先采用优先公差带及优先配合；其次采用常用公差带及常用配合；再次采用一般用途公差带，见表4. A. 4 和表4. A. 5。

对于特别重要的配合，需要进行专门的试验，以求获得最佳工作性能的间隙或过盈，其结果比较准确，但所需要费用比较大且周期较长，故较少采用。

生产中最常用的办法是参照实践取得好效果的典型实例来比较分析，最终选择配合。

表4. A. 4 基孔制优先、常用配合（GB/T1801－2009）

基准孔	轴																				
	a	*b*	*c*	*d*	*e*	*f*	*g*	*h*	*js*	*k*	*m*	*n*	*p*	*r*	*s*	*t*	*u*	*v*	*x*	*y*	*z*
	间隙配合								过渡配合			过盈配合									
H6						H6/f5	H6/g5	H6/h5	H6/js5	H6/k5	H6/m5	H6/n5	H6/p5	H6/r5	H6/s5	H6/t5					
H7						H7 f6	▲ H7/g6	▲ H7/h6	▲ H7/js6	▲ H7/k6	▲ H7/n6	▲ H7/n6	▲ H7/p6	▲ H7/r6	▲ H7/s6	▲ H7/t6	▲ H7/u6	▲ H7/v6	▲ H7/x6	▲ H7/y6	▲ H7/z6
H8					H8/e7	H8/f7	H8/g7	H8/h7	H8/js7	H8/k7	H8/m7	H8/n7	H8/p7	H8/r7	H8/s7	H8/t7	H8/u7				
				H8/d8	H8/e8	H8/f8		H8/h8													
H9			H9/c9	▲ H9/d9	▲ H9/e9	▲ H9/f9		▲ H9/h9													
H10			H10/c10	H10/d10				H10/h10													
H11	H11 a11	H11/b11	H11/c11	H11/d11				H11/h11													
H12		H12/b12						H12/h12													

注：1. H6/n5，H7/p6 在基本尺寸小于或等于3mm 和 H8/r7 的基本尺寸在小于或等于100mm 时，为过渡配合；2. 标注▲的配合为优美配合。

表4. A. 5 基轴制优先、常用配合（GB/T1801－2009）

基准孔	轴																				
	A	*B*	*C*	*D*	*E*	*F*	*G*	*H*	*JS*	*K*	*M*	*N*	*P*	*R*	*S*	*T*	*U*	*V*	*X*	*Y*	*Z*
	间隙配合								过渡配合			过盈配合									
h5						F6/h5	G6/h5	H6/h5	JS6/h5	K6/h5	M6/h5	N6/h5	P6/h5	R6/h5	S6/h5	T6/h5					
h6						F7 h6	▲ G7/h6	▲ H7/h6	JS7/h6	▲ K7/h6	M7/h6	▲ N7/h6	▲ P7/h6	R7/h6	▲ S7/h6	T7/h6	▲ U7/h6				
h7					E8 h7	▲ F8/h7		▲ H8/h7	JS8/h7	K8/h7	▲ M8/h7	M8/h7									
h8				D8/h8	E8/h8	F8/h8		H8/h8													
h9				▲ D9 h9	E9/h9	F9/h9		▲ H9/h9													
h10				D10/h10				H10/h10													
h11	A11/h11	B11/h11	▲ C11 h11	D11 h11				▲ H11 h11													
h12		B12/h12						H12/h12													

注：标注▲的配合为优美配合。

例 查表确定$\phi30\frac{H8}{f7}$和$\phi30\frac{F8}{h7}$配合中孔、轴的极限偏差。

解 (1)经查表得：$\phi30H8=\phi30^{+0.033}_{0}$ $\phi30f7=\phi30^{-0.020}_{-0.041}$

(2)经查表得：$\phi30F8=\phi30^{+0.053}_{+0.020}$ $\phi30h7=\phi30^{0}_{-0.021}$

例 查表确定$\phi25\frac{H7}{p6}$和$\phi25\frac{P7}{h6}$配合中孔、轴的极限偏差，并计算两对配合的极限过盈，标注在配合公差带图上。

解 (1)经查表得：$\phi25H7=\phi25^{+0.021}_{0}$ $\phi25p6=\phi25^{+0.035}_{+0.022}$

(2)经查表得：$\phi25P7=\phi25^{-0.014}_{-0.035}$ $\phi25h6=\phi25^{0}_{-0.013}$

(3)$\phi25\frac{H7}{p6}$的极限过盈为：

$$Y_{max}=EI-es=0-(+0.035)=-0.035$$
$$Y_{min}=ES-ei=+0.021-(+0.022)=-0.001$$

$\phi25\frac{H7}{p6}$的极限过盈为

$$Y_{max}=EI-es=-0.035-0=-0.035$$
$$Y_{min}=ES-ei=-0.014-(-0.013)=-0.001$$

B. 形状和位置公差

零件在加工过程中不仅存在尺寸误差，而且还会产生形状和位置公差（简称形位误差）。形位误差对机械产品工作性能的影响不容忽视。例如圆柱形零件的圆度、圆柱度误差会使配合间隙不均，使磨损加剧，或各部分过盈不一致，影响连接强度；机床导轨的直线度误差会使移动部件运动精度降低，影响加工质量；齿轮箱上各轴承孔的位置误差，将影响齿轮传动的齿面接触精度和齿侧间隙；轴承盖上各螺钉孔的位置不正确，则会影响其自由装配等。因此，为保证机械产品的质量和零件的互换性，必须对形位误差加以控制，规定形状和位置公差。

（一）形位公差的研究对象——几何要素

1. 几何要素（简称要素）的定义

几何要素是指构成零件几何特征的点、线和面。如图 4－B－1 所示零件的球面、圆锥面、圆柱面、平面、轴线、素线和球心等。

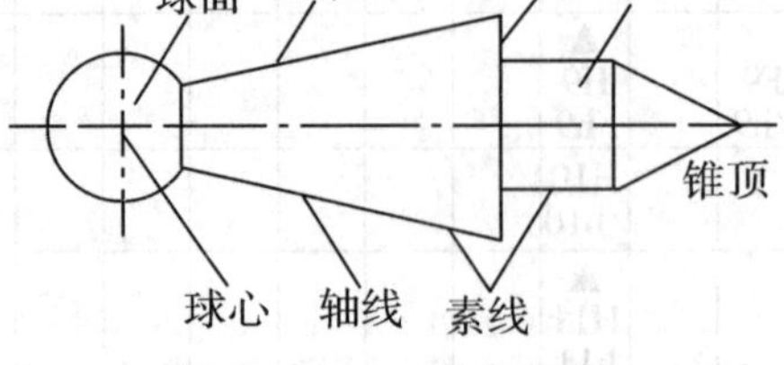

图 4－B－1 几何要素

2. 几何要素的分类

几何要素可按不同特征进行分类：

(1)轮廓要素与中心要素:构成零件轮廓的点、线或面称为轮廓要素。见图 4 – B – 1 中的球面、圆锥面、圆柱面、平面以及圆柱面和圆锥面的素线;与轮廓要素有对称关系的点、线、面称为中心要素。它是随轮廓要素的存在而存在的。如图 4 – B – 1 中的球心和轴线。

(2)实际要素与理想要素:零件上实际存在的要素称为实际要素。通常用测量得到的要素来代替实际要素,由于测量误差的存在,它并非是该要素的真实状态;具有几何学意义的要素称为理想要素。它们是不存在任何误差的纯几何的点、线、面。

(3)被测要素与基准要素:给出了形状或(和)位置公差要求的要素称为被测要素,也就是需要研究和测量的要素。如图 4 – B – 2 中 ϕ_1 的表面提出了圆跳动和圆度公差要求,所以它们是被测要素;用来确定被测要素理想方向或(和)位置的要素称为基准要素。如图 4 – B – 2中 ϕ_1 的表面相对于 ϕ_2 的轴线有圆跳动要求,因此,ϕ_2 的轴线即为基准要素。

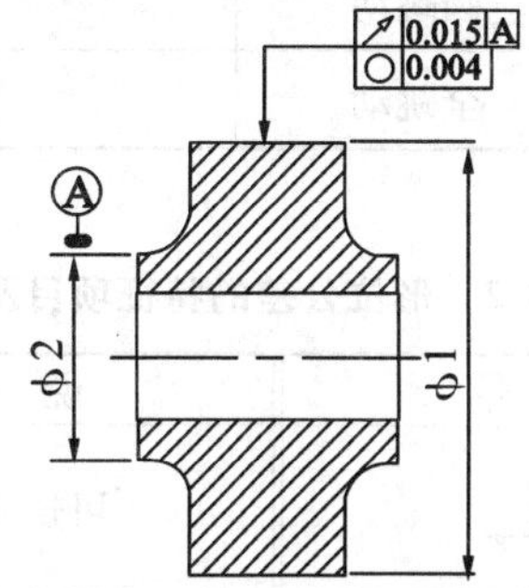

图 4 – B – 2　形位公差标注

(4)单一要素与关联要素:仅对其本身给出形状公差要求的要素称为单一要素。与其他要素无功能关系;与基准要素有功能关系、并给出位置公差要求的要素称为关联要素。图 4 – B – 2 中 ϕ_2 的轴线就是一个关联要素,要求 ϕ_1 的表面的径向圆跳动与 ϕ_2 的轴线保持垂直关系。

(二)形位公差的特征项目及符号

按国家标准《形状和位置公差、通则、定义、符号和图样表示方法》规定,形位公差特征项目分为 3 个大类,14 个小项,其各项目的名称及符号见表 4. B. 1。标注中的其他符号见表 4. B. 2。

表 4. B. 1　形位公差的特征项目及符号

公　差		特征项目	符　号	有无基准
形　状	形　状	直线度	—	无
		平面度	▱	无
		圆度	○	无
		圆柱度	⌭	无
形状或位置	轮　廓	线轮廓度	⌒	有或无
		面轮廓度	⌓	有或无

续表

公　差		特征项目	符　号	有无基准
位置	定　向	平行度	//	有
		垂直度	⊥	有
		倾斜度	∠	有
	定　位	同轴(同心)度	◎	有
		对称度	⌯	有
		位置度	⌖	有
	跳　动	圆跳动	↗	有
		全跳动	⌰	有

表 4.B.2　形位公差的特征项目及符号

说　明		符　号	说　明	符　号
被测要素	直接	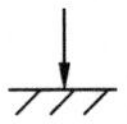	可逆要求	Ⓡ
	用字母	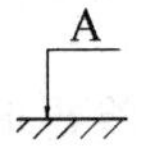	包容要求	Ⓔ
基准要素			延伸公差带	Ⓟ
基准目标		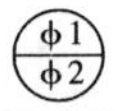	材料只许中间向内凹下	▱ | t(−)
理论正确尺寸		50	材料只许中间向外凸起	— | t(+)
最大实体要求		Ⓜ	误差只许从左至右减小	⌭ | t(▷)
最小实体要求		Ⓛ	误差只许从右至左减小	⌭ | t(◁)

在技术图样中,形位公差采用符号标注。形位公差的符号标注包括:公差框格、被测要素指引线、公差特征符号、形位公差值及其有关符号、基准符号和相关要求符号等(见图4-B-3)。

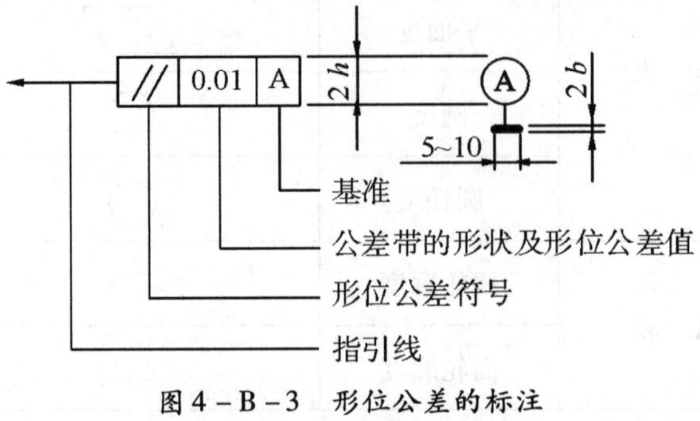

图 4-B-3　形位公差的标注

(三)形位公差与公差带

形位公差带是用来限制被测要素变动的区域。它是一个几何图形,当被测要素完全落在给定的公差带内,就表示该要素的形状和位置误差符合要求。

1. 形位公差带的要素——形状、大小、方向和位置

(1)公差带的形状由被测要素的理想形状和给定的公差特征项目所确定,常见的形位公差带形状见表 4. B. 3。

表 4. B. 3 形位公差带的形状

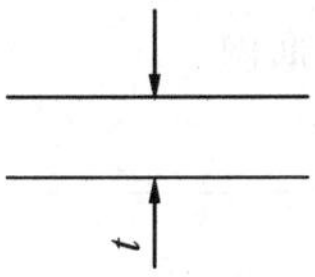	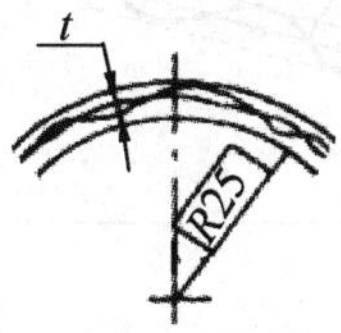	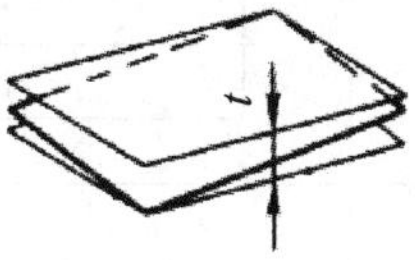
两平行直线	两等距曲线	两平行平面
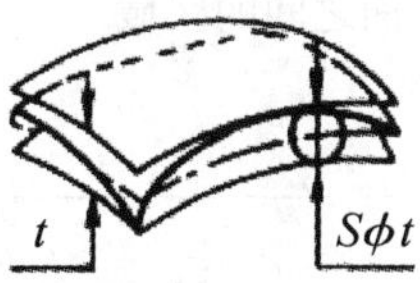	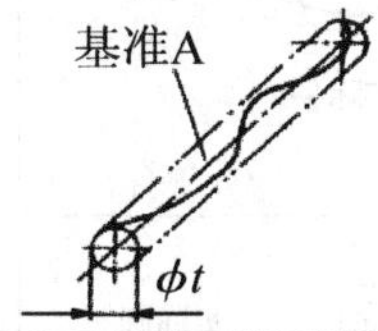	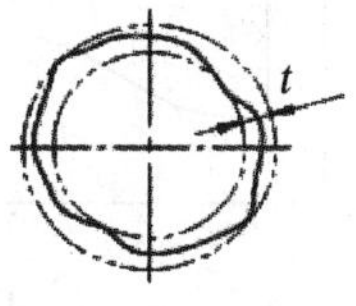
两等距曲面	圆柱面	两同心圆
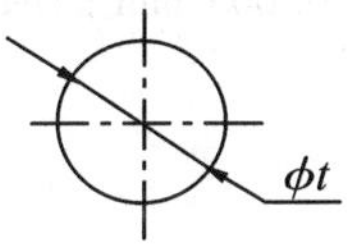	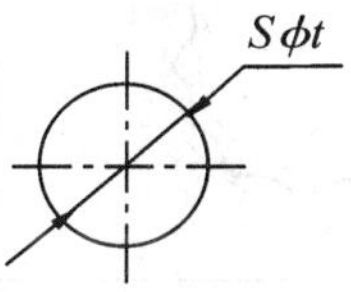	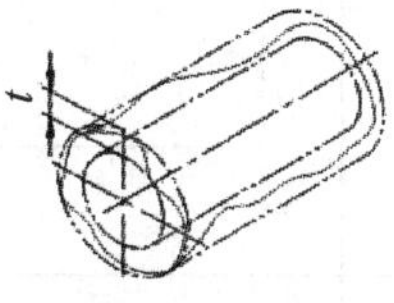
一个圆	一个球	两同轴圆柱面
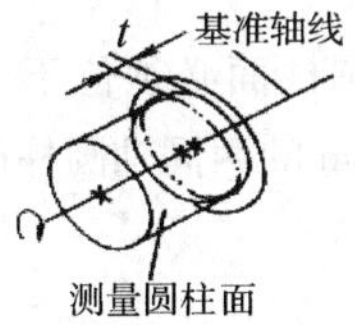	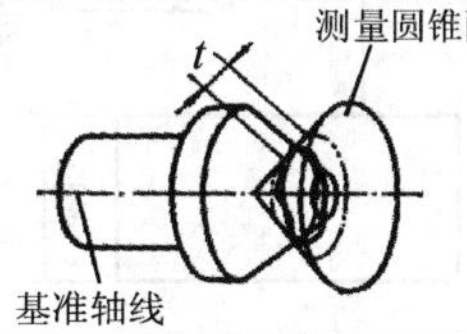	
一段圆柱面	一段圆锥面	

(2)公差带的大小是由公差值 t 确定的,指的是公差带的宽度或直径。

(3)形位公差带的方向和位置有两种情况:公差带的方向或位置可以随实际被测要素的变动而变动,没有对其他要素保持一定几何关系的要素,这时公差带的方向或位置是浮动的;若形位公差带的方向或位置必须和基准要素保持一定几何关系,则认为是固定的。所以位置公差(标有基准)的公差带方向和位置一般是固定的;形状公差(未标有基准)的公差带的方向和位置一般是浮动的。

2. 形位公差与公差带

(1)形状公差与公差带:形状公差是指单一实际要素的形状所允许的变动量。形状公差带是限制实际被测要素变动的一个区域。详细形状公差与公差带见表 4. B. 4。

表 4. B. 4　形状公差定义、标注、公差带和标注解释

<table>
<tr><th>特征项目</th><th>标注和公差带</th><th>标注解释</th></tr>
<tr><td rowspan="2">直线度</td><td>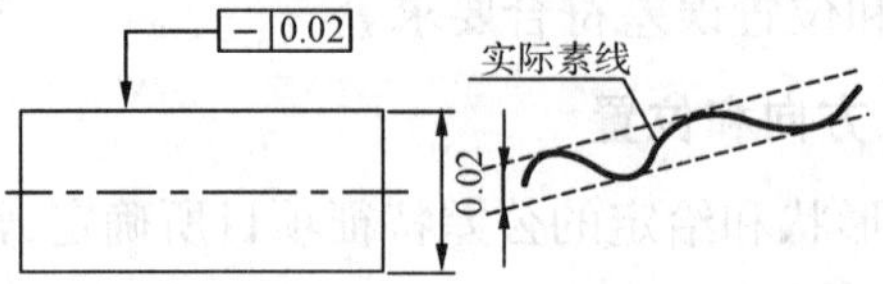</td><td>在给定平面内,公差带是距离为公差值 0. 02 mm 的两平行直线之间的区域</td></tr>
<tr><td>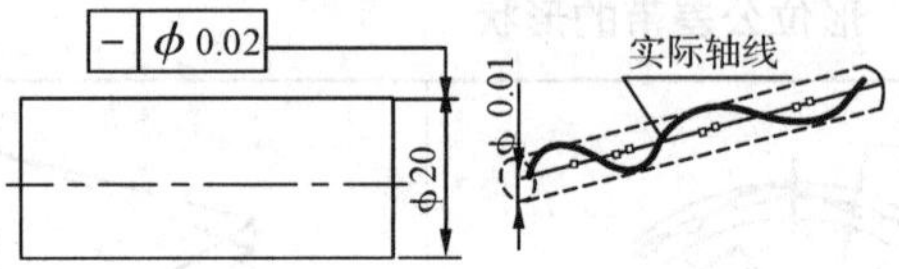</td><td>被测圆柱面的轴线必须位于直径为 ϕ0. 01 mm 的圆柱面内</td></tr>
<tr><td>平面度</td><td>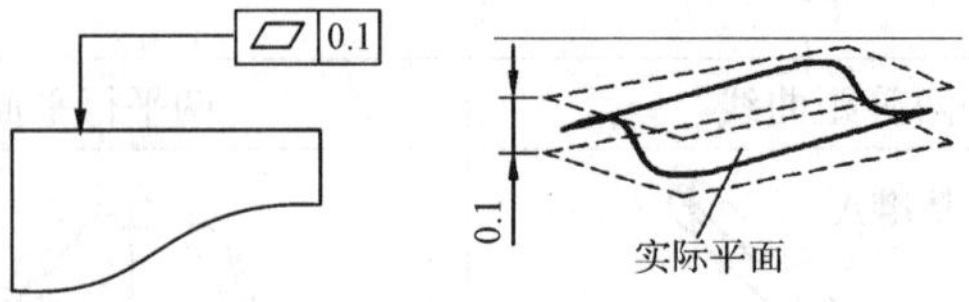</td><td>被测表面必须位于距离为公差值 0. 1 mm 的两平行平面之间的区域</td></tr>
<tr><td>圆度</td><td>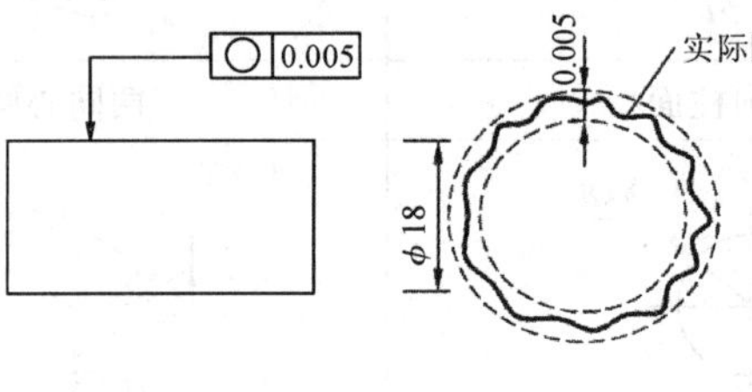</td><td>被测圆柱面任意正截面的圆周必须位于半径为公差值 0. 005 mm 的两同心圆之间</td></tr>
<tr><td>圆柱度</td><td>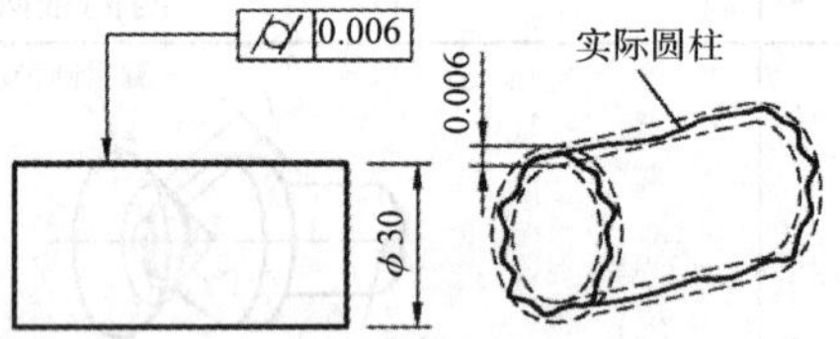</td><td>被测圆柱面必须位于半径差为公差值 0. 006 mm 的两同轴圆柱面之间</td></tr>
</table>

形状公差说明:

①圆柱素线直线度与圆柱轴线的直线度之间既有联系又有区别。圆柱面发生鼓形或鞍形变形,素线就不直,但轴线不一定不直;圆柱面发生弯曲,素线和轴线都不直。因此,素线直线度公差可以包括和控制轴线直线度误差,而轴线直线度公差不能完全控制素线直线度误差。轴线直线度公差只控制弯曲,用于长径比较大的圆柱件。

②平面度控制平面的形状误差,直线度可控制直线、平面、圆柱面以及圆锥面的形状误差。图样中提出的平面度要求,同时也控制了直线度误差。两者的公差带方向都可以浮动。

③对于窄长平面(如龙门刨导轨面)的形状误差,可以用直线度控制。宽大平面(如龙门刨工作台面)的形状误差,可以用平面度控制。

④圆度与圆柱度都是用半径差来表示的,因为圆柱面旋转过程中是以半径的误差起作

用的，是符合生产实际的，两者的不同之处在于：圆度公差控制截面误差，而圆柱度公差则控制横截面和轴截面的综合误差。

⑤圆柱度公差值只是指两圆柱面的半径差，未限定圆柱面的半径和圆心位置，因此，公差带不受直径大小和位置的约束，可以浮动。

⑥圆柱度公差用于对整体形状精度要求比较高的零件，如汽车起重机上液压柱塞、精密机床的主轴轴颈等。

(2)轮廓度公差与公差带：轮廓公差分为线轮廓度和面轮廓度两种。轮廓度无基准要求时为形状公差，其公差带的形状只由理论正确尺寸确定，其位置是浮动的；有基准要求时为位置公差，其公差带的形状和位置只由理论正确尺寸和基准确定，其位置是固定的。

详细轮廓度公差与公差带见表 4. B. 5。

表 4. B. 5　轮廓度公差定义、标注、公差带和标注解释

特征项目	标注和公差带	标注解释
线轮廓度	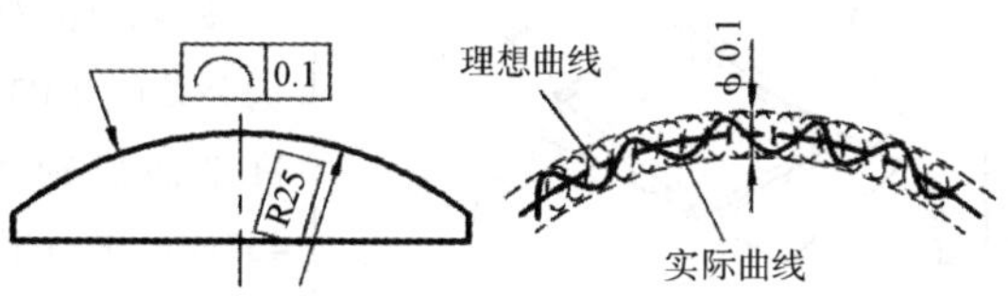	被测轮廓线必须位于包络一系列圆的两包络线之间，诸圆的直径为公差值 ϕ0. 1 mm，且圆心位于具有理论正确几何形状的轮廓线上
面轮廓度	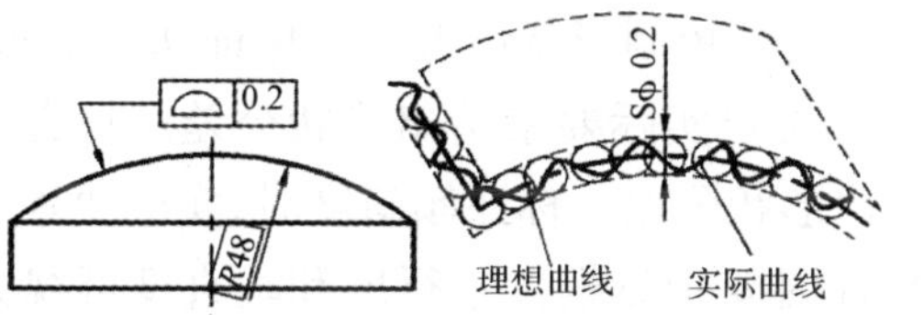	被测轮廓面必须位于包络一系列球的两包络面之间，诸球的直径为公差值 Sϕ0. 2 mm，且球心位于具有理论正确几何形状的曲面上

轮廓度公差说明：

①线轮廓度和面轮廓度均用于控制零件轮廓形状的精度，但两者控制的对象不同。前者用于控制轮廓线，例如样板轮廓面上的素线（轮廓线）的形状要求；而后者则用于控制轮廓面。不管其形状沿厚度是否变化，均可应用面轮廓度公差来控制。

②由于工艺上的原因，有时也可用线轮廓度来控制曲面形状，即用线轮廓来解决面轮廓度问题。

③当线、面轮廓度仅用于限制实际要素的形状时，不标注基准，其公差带的位置是浮动的。当线、面轮廓度不仅用于限制实际要素的形状，同时还限制实际要素的位置时，其公差带的位置是固定的，因此将线、面轮廓度划为形状或位置公差类。

(3)位置公差与公差带

①定向公差：关联实际要素对其具有确定方向的理想要素的允许变动量。理想要素的方向由基准及理论正确尺寸（角度）确定。当理论正确角度为 0°时，称为平行度公差；在 90°时，称为垂直度公差；为其他任意角度时，称为倾斜度公差。这 3 项公差都有面对面、线对线、面对线和线对面几种情况。详细位置公差与公差带见附表 4. B. 6。

表 4.B.6　位置公差定义、标注、公差带和标注解释

特征项目	标注解释	公差带定义
平行度	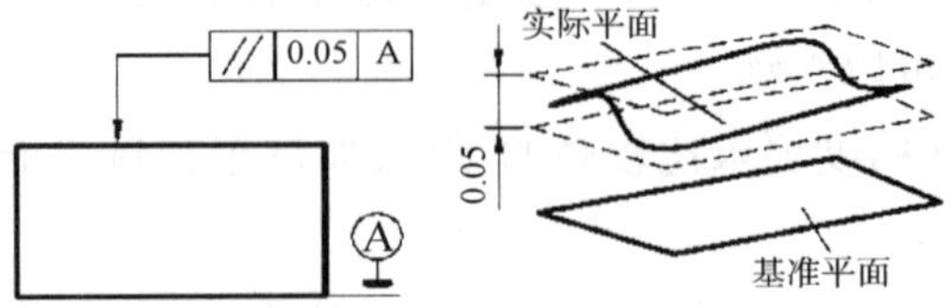	被测表面必须位于距离为公差值0.05 mm，且平行于基准平面的两平行平面之间
垂直度	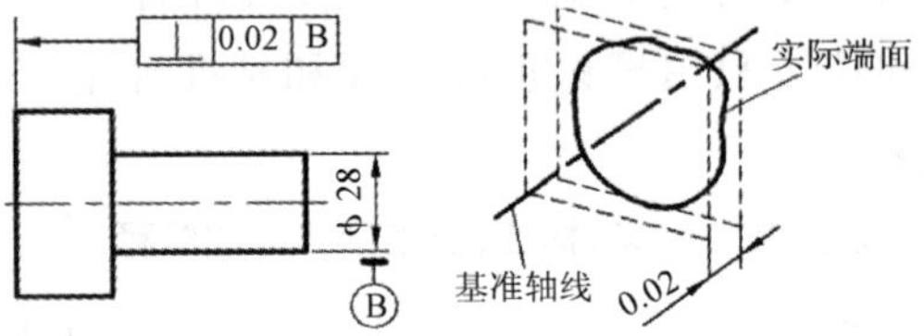	实际左端面必须位于距离为公差值0.05 mm，且垂直于基准轴线的两平行平面之间
倾斜度	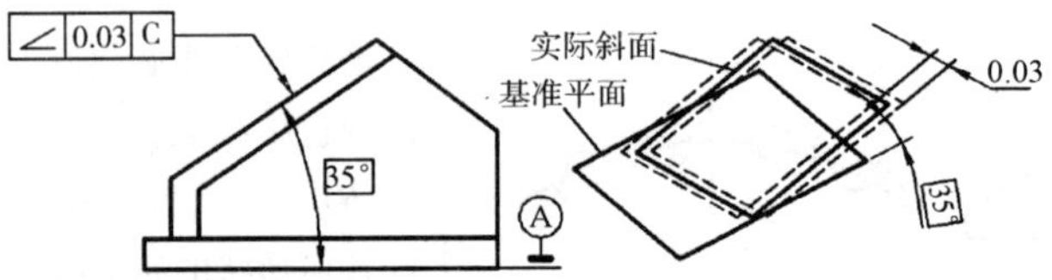	被测表面必须位于距离为公差值0.03 mm，且与基准平面成理论正确角度45°的两平行平面之间

方向公差说明：

方向公差控制实际要素的方向角，同时也控制形状误差。在保证功能要求的前提下，当对某一实际要素给出方向公差后，通常不再对实际要素给出形状公差。只有在对实际要素的形状精度有特殊的要求时，才另行给出形状公差。标注倾斜度时，实际要素与基准要素间的夹角是不带偏差的理论正确角度，标注时要带方框。平行度和垂直度可视为倾斜度的两个极端情况，这两个项目名称的本身已包含了特殊角度0°和90°的含义，因此，标注不必再带有方框了。

②定位公差：关联实际要素对其具有确定位置的理想要素的允许变动量。理想要素的位置由基准及理论正确尺寸（长度或角度）确定。当理论正确尺寸为零时，且基准要素和被测要素均为轴线时，称为同轴（心）度公差；当理论正确尺寸为零时，且基准要素和被测要素为其他中线要素时，称为对称度公差；在其他情况下均称为位置度公差。

详细定位公差与公差带见表4.B.7。

表 4.B.7　定位公差定义、标注、公差带和标注解释

特征项目	标注解释	公差带定义
同轴度	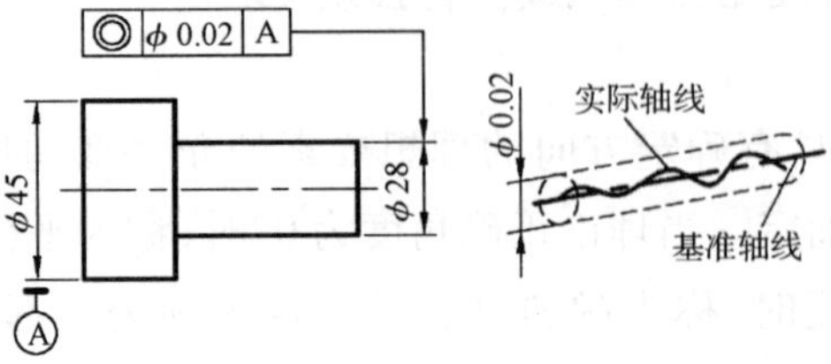	被测零件的实际轴线必须位于直径 ϕ0.25 mm，且与基准轴线同轴的圆柱面内

续表

特征项目	标注解释	公差带定义
对称度	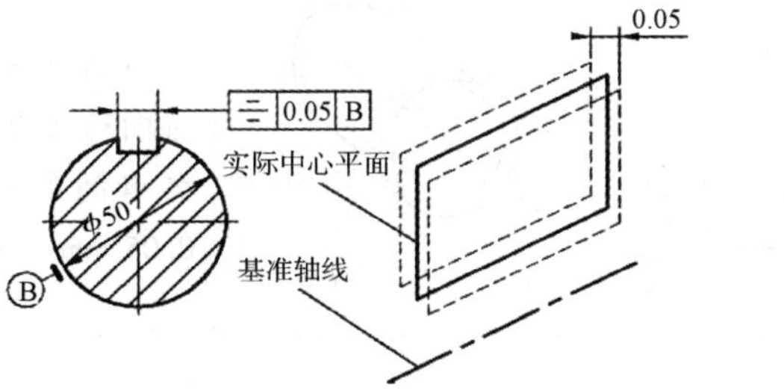	被测中心平面必须位于距离为公差值 0.05 mm，且相对基准轴线对称配制的两平行平面之间
位置度	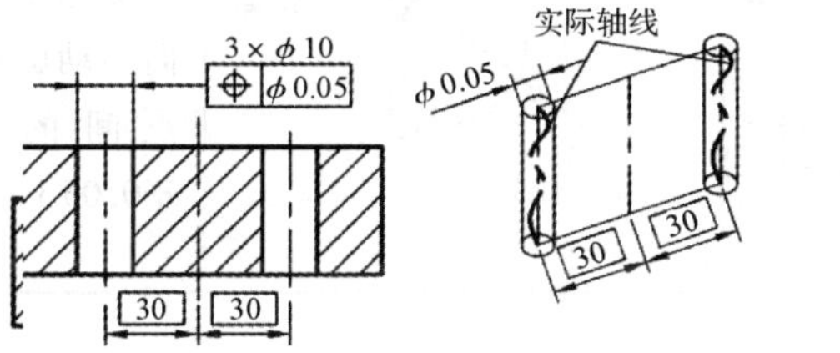	被测实际轴线必须位于直径为 ϕ0.05 mm，且以 30 mm 为轴线距离的圆柱内

位置公差说明：

位置公差带不但具有确定的方向，而且具有确定的位置，其相对于基准要素的尺寸为理论正确尺寸。定位公差带具有综合控制实际要素的位置、方向和形状的功能。但不能控制形成导出要素的轮廓要素上的形状误差。在保证功能要求得前提下，对实际要素如给定位置公差，通常不再对该要素给出方向和形状公差，只有在对实际要素有特殊的较高的方向和形状精度要求时，才另外给出其方向和形状公差。同轴度可控制轴线的直线度，不能完全控制圆柱度，对称度可以控制中心面的平面度，不能完全控制构成中心面的两对称面的平面度和平行度。

③跳动公差：是被测要素绕基准要素回转过程中所允许的最大跳动量，分为圆跳动和全跳动。

详细跳动公差与公差带见表 4. B. 8。

表 4. B. 8　跳动公差定义、标注、公差带和标注解释

特征项目		标注和公差带	标注解释
圆跳动	径向	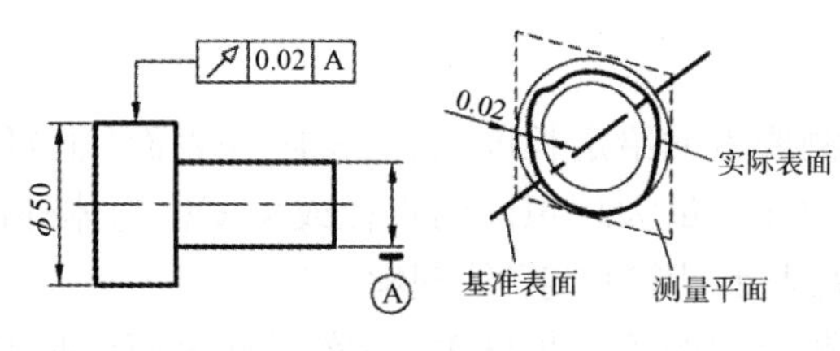	被测要素围绕基准轴线作无轴向移动旋转一周时，在任意测量平面内的径向跳动量不大于 0.02 mm
	端面	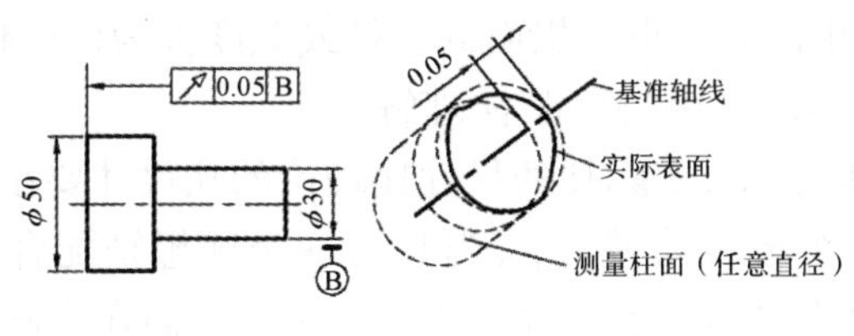	被测面绕基准轴线作无轴向移动旋转一周时，在任意测量圆柱面内的轴向跳动量不大于 0.05 mm

续表

特征项目		标注和公差带	标注解释
全跳动	径向	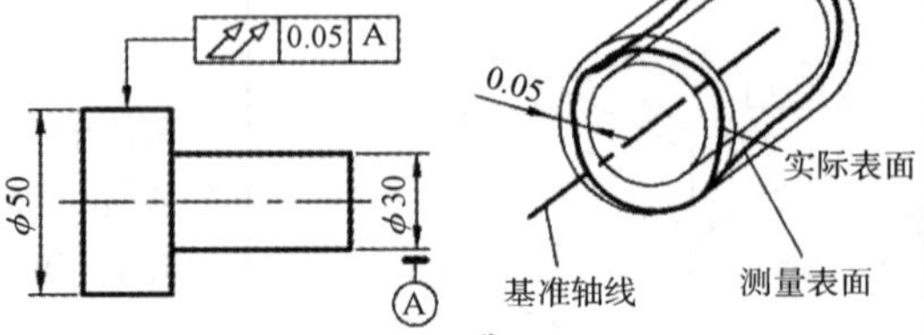	被测要素围绕基准轴线作轴向移动旋转时，被测要素上各点间的示值均不得大于0.05 mm
	端面	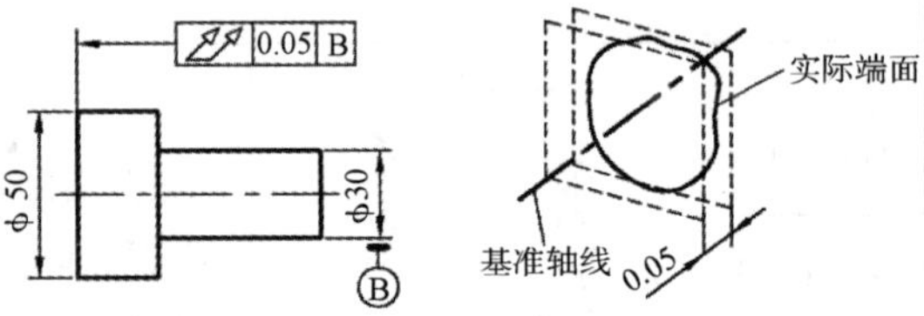	被测要素绕基准轴线作径向移动旋转时，被测要素上各点间的示值均不得大于0.05 mm

跳动公差说明：

跳动公差综合反映了实际要素的形状误差和位置误差，因而可以综合控制实际要素的位置、方向和形状误差。利用径向圆跳动公差可以控制圆度和圆柱度，只要跳动量小于圆度公差，就能保证圆度和圆柱度公差，而端面圆跳动在一定情况下也能反映端面对基准轴线的垂直度误差。径向全跳动可以控制同轴度误差，而端面全跳动可以控制端面对基准轴线的垂直度误差。全跳动是一项综合性的指标，它可以同时控制圆度、同轴度、圆柱度、直线度、平行度和垂直度等几何误差。对一个零件的同一实际要素，全跳动包括了圆跳动。显然，当给定公差值相同时，标注全跳动的要素比标注圆跳动的要求更严格。

C. 公差原则

同一被测要素上，既有尺寸公差又有形位公差时，确定尺寸公差与形位公差之间的相互关系的原则称为公差原则。

公差原则的类型包括：独立原则和相关原则。相关原则又可分为：最大实体原则、最小实体原则、可逆原则和包容原则。

（一）有关术语及定义

1. 作用尺寸

（1）体外作用尺寸：在被测要素的给定长度上，与实际外表面（轴）体外相接的最小理想面或与实际内表面（孔）体外相接的最大理想面的直径或宽度称为体外作用尺寸，内、外表面的体外作用尺寸分别用 D_{fe}，d_{fe}表示，用“贯穿”法理解。

（2）体内作用尺寸：在被测要素的给定长度上，与实际外表面（轴）体内相接的最大理想面或与实际内表面（孔）体外相接的最小理想面的直径或宽度称为体内作用尺寸，内、外表面的体内作用尺寸分别用 D_{fi}，d_{fi}表示，用“修配”法理解。

从图4－C－1中我们可以看出，实际孔的尺寸比理论的孔尺寸要小。也就是说，由于在制造过程中，实际孔存在着一个形位公差 $f_{形位}$，当它与一个理想轴配合时，这个实际的孔显得小了（$D_a=D_{fe}-f_{形位}$），因此这样不利于二者的装配。所以我们在实际的加工过程中，对孔的体外作用尺寸要进行严格控制,以便它能够满足装配的要求,即保证配合时的最小间隙或最大过盈。

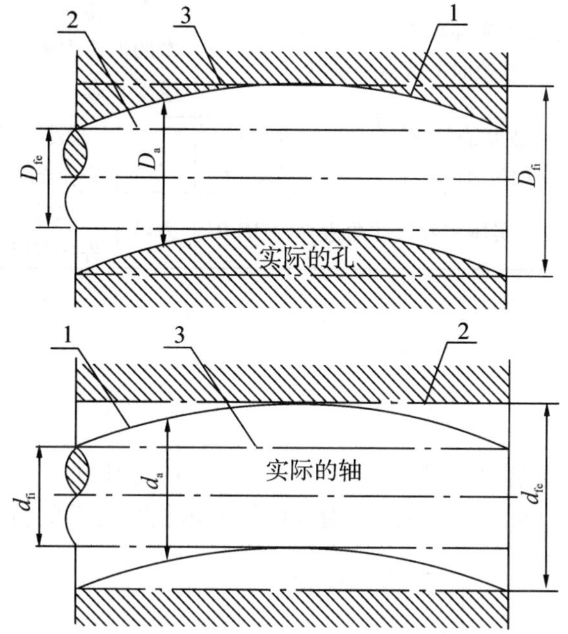

1－实际的孔;2－“贯穿”时最大的理想轴;3－“修配”时最小的理想孔

图 4－C－1 孔轴的作用尺寸

从图 4－C－1 中我们可以看出,实际轴的尺寸比理论轴的尺寸要大。也就是说,由于在制造过程中,实际轴存在着一个形位公差 $f_{形位}$,当它与一个理想孔配合时,这个实际的轴显得大了($d_a = d_{fe} + f_{形位}$),因此这样不利于二者的装配。所以我们在实际的加工过程中,对轴的体外作用尺寸要进行严格控制,以便它能够满足装配的要求,即保证配合时的最小间隙或最大过盈。

通过以上的分析,我们可以看出孔轴的体外作用尺寸是实际要素在配合中真正起作用的尺寸。

作用尺寸是由实际尺寸和形位误差综合形成的,对每个零件不尽相同。

2. 实体状态和实效状态下的尺寸和边界

实体状态和实效状态下的有关术语及计算见表 4.C.1。

注意:关联要素的边界(实体边界或实效边界)中心要素必须与基准保持图样上给定的几何关系。

表 4.C.1 实体、实效状态的有关术语及计算

<table>
<tr><th>状 态</th><th colspan="4">最 大</th><th colspan="4">最 小</th></tr>
<tr><td rowspan="4">实体</td><td colspan="4">实际要素位于尺寸极限之内,并具有实体最大(材料最多)时的状态</td><td colspan="4">实际要素位于尺寸极限之内,并具有实体最小(材料最少)时的状态</td></tr>
<tr><td rowspan="2">尺寸</td><td rowspan="2">最大实体态下的尺寸</td><td>孔</td><td>$D_M = D_{\min}$</td><td rowspan="2">尺寸</td><td rowspan="2">最小实体态下的尺寸</td><td>孔</td><td>$D_L = D_{\max}$</td></tr>
<tr><td>轴</td><td>$d_M = d_{\max}$</td><td>轴</td><td>$d_L = d_{\min}$</td></tr>
<tr><td>边界</td><td colspan="3">尺寸为最大实体尺寸的边界(MMB)</td><td>边界</td><td colspan="3">尺寸为最大实体实效尺寸的边界(LMB)</td></tr>
</table>

续表

<table>
<tr><th>状 态</th><th colspan="4">最 大</th><th colspan="4">最 小</th></tr>
<tr><td rowspan="4">实体实效</td><td colspan="4">实际要素处于最大实体状态，且中心要素的形位误差等于给出公差值时的综合极限状态</td><td colspan="4">实际要素处于最小实体状态，且中心要素的形位误差等于给出公差值时的综合极限状态</td></tr>
<tr><td rowspan="2">尺寸</td><td rowspan="2">最大实体实效状态下的体外作用尺寸</td><td>孔</td><td>$D_{MV}=D_{\min}-t$</td><td rowspan="2">尺寸</td><td rowspan="2">最小实体态下的尺寸</td><td>孔</td><td>$D_{LV}=D_{\max}+t$</td></tr>
<tr><td>轴</td><td>$d_{MV}=d_{\max}+t$</td><td>轴</td><td>$d_{LV}=d_{\min}-t$</td></tr>
<tr><td>边界</td><td colspan="3">尺寸为最大实体实效尺寸的边界（MMVB）</td><td>边界</td><td colspan="3">尺寸为最小实体实效尺寸的边界（LMVB）</td></tr>
</table>

注：实际要素要求必须在给定长度上。

（二）公差原则

1. 独立原则

指被测要素在图样上给出的尺寸公差与形位公差各自独立，应分别满足各自要求的公差原则（见图 4－C－2）。标注时，不需要附加任何表示相互关系的符号。

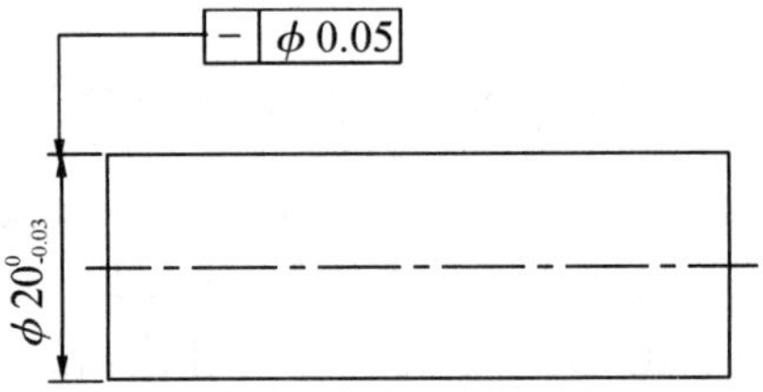

图 4－C－2　独立原则标注示例

该标注表示：轴的局部实际尺寸应在 ϕ19.97～ϕ20 mm 之间，不管实际尺寸为何值，轴线的直线度误差都不允许大于 ϕ0.05 mm。

独立原则是形位公差与尺寸公差相互关系的基本原则。

2. 相关原则

相关原则是指图样上给出的尺寸公差与形位公差相互有关的设计要求。它包括包容要求、最大实体要求、最小实体要求和可逆要求。其中，可逆要求不能单独采用，只能与最大实体要求或最小实体要求联合使用。

（1）包容要求：在图样上，单一要素的尺寸极限偏差或公差带代号后面注有符号Ⓔ时，则表示单一要素遵守包容要求（见图 4－C－3）。采用包容要求时，被测要素应遵守最大实体边界。即当实际尺寸处处为最大实体尺寸时，其形状公差为零，当实际尺寸偏离最大实体尺寸时，允许形状公差可以相应的增加，但其体外作用尺寸不得超过其最大实体尺寸，且局部实际尺寸不得超过其最小实体尺寸。即

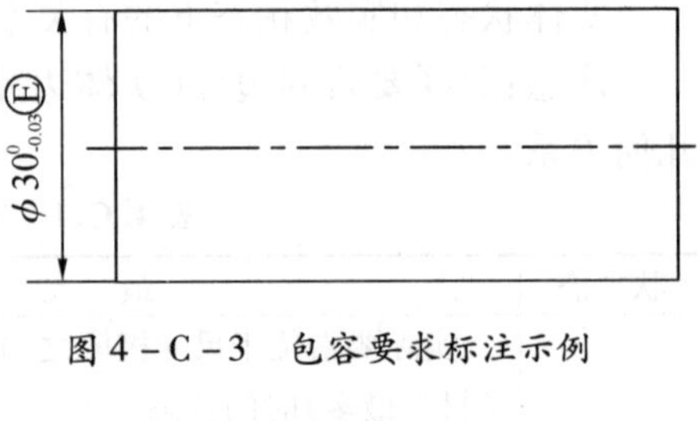

图 4－C－3　包容要求标注示例

对于外表面：$d_{fe}\leqslant d_M(d_{\max})$，$d_a\geqslant d_L(d_{\min})$；

对于内表面：$D_{fe}\geqslant d_M(D_{\min})$，$D_a\leqslant D_L(D_{\max})$。

图 4－C－3 中所示的轴为

$$d_{fe} \leqslant 30\ \text{mm},\ d_a \geqslant 29.987\ \text{mm}$$

当实际尺寸处处为 $\phi30$ mm 时，其形位公差 $t=0$；当实际尺寸处处为 $\phi29.987$ mm 时，其形状公差值为最大 $t_{max}=0.013$ mm。由此说明，形状公差值已被尺寸公差值所包含，只要满足尺寸公差的的要求，形位公差也可以满足。

(2)最大实体要求

①最大实体要求用于被测要素：图样上形位公差框格内公差值后标Ⓜ，表示最大实体要素用于被测要素（见图 4－C－4）。此时，被测要素的形位公差值是在该要素处于最大实体状态时给定的。当被测要素的实际轮廓偏离最大实体状态，即其实际尺寸偏离最大实体尺寸时，允许形位公差值可以相应的增加，增加量 Δt 等于实际尺寸对最大实体尺寸的偏移量 $T_{偏移}$，其最大增加量 Δt_{max} 等于被测要素的尺寸公差 T。即

$$\Delta t = t_{形位} + T_{偏移}$$

$$\Delta t_{max} = t_{形位} + T$$

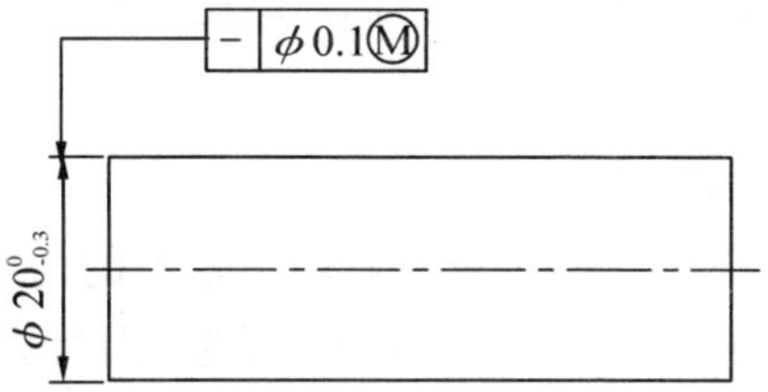

图 4－C－4 最大实体要求用于被测要素示例

采用最大实体要求时，被测要素应遵守最大实体实效边界。即其体外作用尺寸不得超越其最大实体实效尺寸，且局部实际尺寸在最大与最小实体尺寸之间。即

对于外表面：$d_{fe} \leqslant d_{MV}(d_{max}+t)$，$d_{max} \geqslant d_a \geqslant d_{min}$；

对于内表面：$D_{fe} \geqslant d_{MV}(D_{min}-t)$，$D_{max} \geqslant D_a \geqslant D_{min}$。

图 4－C－4 中所示的轴为

$$d_{fe} \leqslant 20.1\ \text{mm};20\ \text{mm} \geqslant d_a \geqslant 19.8\ \text{mm}$$

当轴处于最大实体状态（实际尺寸为 20 mm）时，其轴线的直线度公差为 $\varphi0.1$ mm，当轴的实际尺寸小于 20 mm，如为 19.9 mm 时，其轴线的直线度公差为 $(0.1+0.1)=0.2$ mm，当轴的实际尺寸为最小实体尺寸 19.7 mm 时，其轴向的直线度公差可以达到最大值为 $(0.1+0.3)=0.4$ mm。这就是状态发生实效的原因所在，我们可以绘制出实效状态图4－C－5 所示。

②最大实体要求用于基准要素：图样上形位公差框格中基准字母后面标注符号Ⓜ，表示最大实体要素用于基准要素（见图 4－C－6）。此时，基准应遵守相应的边界，基准遵守的边界有两种情况：当基准要素本身采用最大实体要求时，其相应的边界为最大实体实效边界；基准要素本身不采用最大实体要求时，其相应的边界为最大实体边界。此时，若基准的实际轮廓偏离相应的边界，即其实际轮廓偏离边界尺寸，则允许基准要素在一定范围内浮动，其浮动范围等于基准要素的尺寸公差 T。

图 4－C－6 表示最大实体要求用于基准要素。当基准的实际轮廓处于最大实体尺寸 20 mm 时，基准不能浮动；当基准的实际轮廓偏离最大实体边界，即体外作用尺寸大于20 mm 时，基准线可以浮动，基准体外作用尺寸等于最小实体尺寸 20.013 mm 时，其浮动范围达到

最大值 ϕ0.013 mm。基准浮动，可以理解为被测要素的边界可相对于基准在一定范围内浮动，因此，使被测要素更容易达到合格要求。

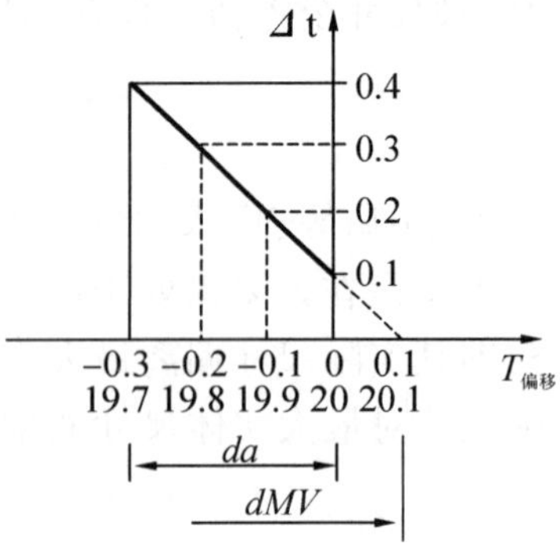

图 4－C－5　实效状态图

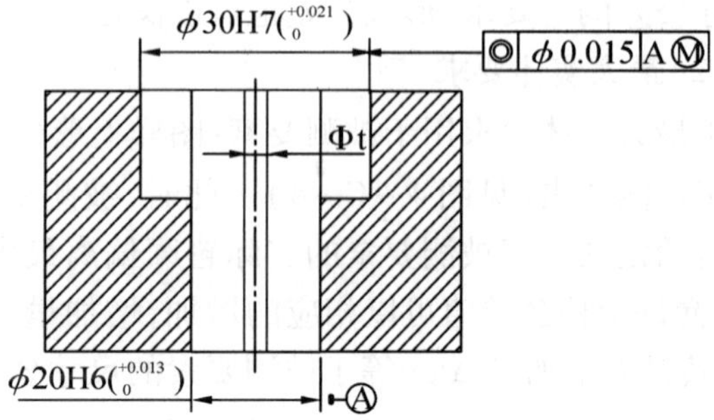

图 4－C－6　最大实体要求用于基准要素示例

最小实体要求和可逆要求在这里就不再列举，详见《公差配合与技术测量》，大连理工大学出版社。

3. **形位公差的选用**

标注及应用示例如图 4－C－7 所示，减速器输出轴上的齿轮。其中 ϕ56H7 孔按包容要求给定公差，齿轮的两个端面中的一个需要与轴肩贴紧，而且为切齿时的工艺基准，另一个端面作为轴套的安装基准。为了保证齿轮精度和安装时定位的准确性，按规定，对两个端面相对于基准轴线 A 给出了端面圆跳动公差值 0.022 mm，键槽对称度公差按 8 级规定，故对称度公差值为 0.02 mm。

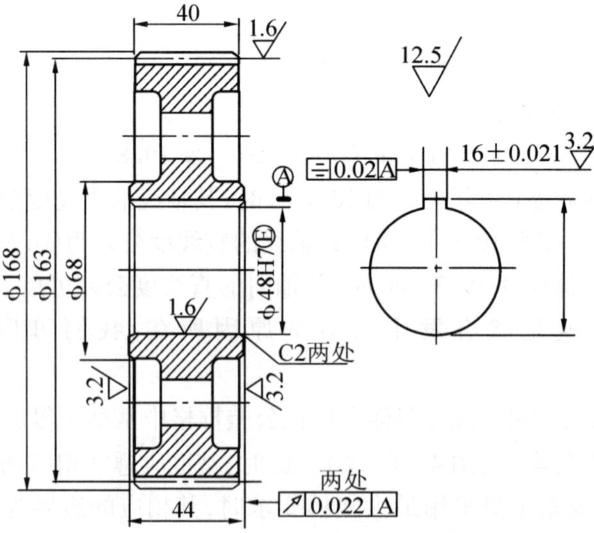

图 4－C－7　齿轮的形位公差标注

D. 表面粗糙度

（一）表面粗糙度的定义

在机械加工过程中，由于刀具或砂轮切削后留下的刀痕，切削过程中切屑分离时的塑性变形，以及机床的振动等原因，会使被加工零件的表面产生微小的峰谷，这些微小峰谷的高低程度和间距大小综合起来称为表面粗糙度（见图 4－D－1）。它是一种微观几何形状误差，也称为微观不平度。

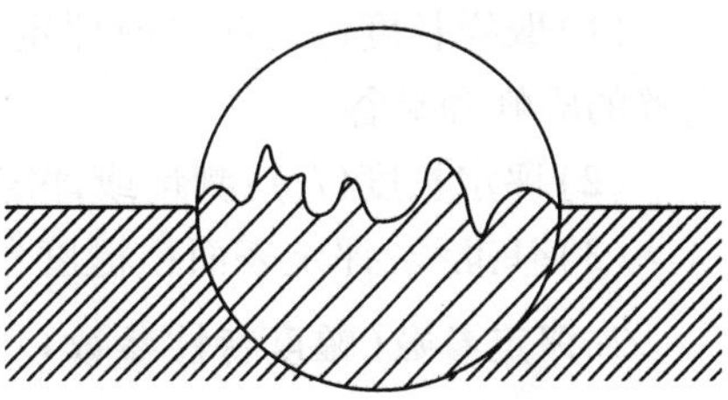

图 4－D－1 表面粗糙度

表面粗糙度与表面波纹度、表面形状误差的区别：通常波距小于 1 mm 的属于表面粗糙度，波距在 1～10 mm 的属于表面波度，波距大于 10 mm 的属于表面形状误差（宏观几何形状误差）。

（二）表面粗糙度对机械零件使用性能的影响

表面粗糙度对机械零件使用性能及其寿命影响较大，尤其对在高温、高速和高压条件下工作的机械零件影响更大，其影响主要表现在以下几方面。

（1）对摩擦和磨损的影响：较粗糙的两个零件表面，当它们接触并产生相对运动时，峰顶间的接触作用就会产生摩擦阻力，使零件磨损，零件越粗糙，阻力就越大，零件磨损也越快。但需指出，零件表面越光滑，磨损量不一定越小，因为零件的耐磨性除受表面粗糙度影响外，还与润滑油在表面的吸附能力等因素有关系。

（2）对配合性质的影响：表面粗糙度影响配合性质的稳定性。

（3）对抗疲劳强度的影响：零件表面越粗糙，波谷曲率半径越小，故零件对应力集中越敏感。特别是当零件承受载荷越复杂时，疲劳强度降低的越快，导致零件表面裂纹加剧而发生破坏。

（4）对耐腐蚀性的影响：粗糙的零件表面，易使腐蚀性物质积存在表面的微光凹谷处，并渗入金属内部，致使腐蚀加剧。

此外，表面粗糙度对零件其他使用性能，如结合的密封性、接触刚度、对流体流动的阻力以及对机器、仪器的外观质量及测量精度等都有很大影响。因此，为了保证机械零件的使用性能，在对零件进行几何精度设计时，必须合理地提出表面粗糙度的要求。

（三）表面粗糙度的评定

经加工的零件表面的表面粗糙度是否满足要求，需要进行测量和评定。

1. 评定基准（见图 4－D－2）

为了评定表面粗糙度的数值大小及其量值统一，需要确定取样长度、评定长度和基准线。

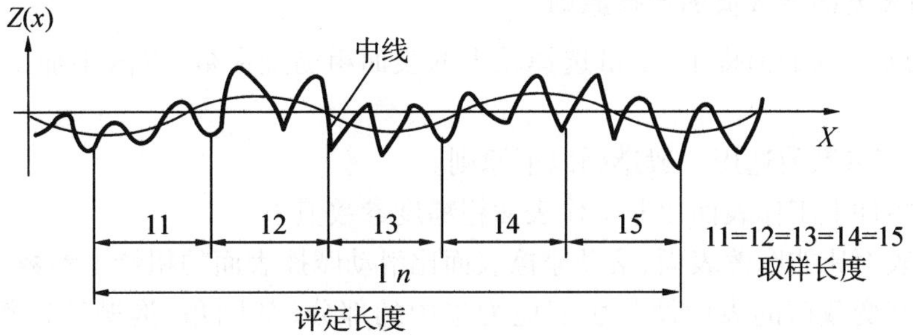

图 4－D－2 取样长度

(1)取样长度(l):测量或评定表面粗糙度时规定的一段基准线长度,至少包括5个以上完整的廓峰和廓谷。

(2)评定长度(l_n):测量或评定时所规定的一段最小长度,一般包括5个取样长度。

(3)基准线:评定表面粗糙度参数值大小的一条参考线,一般情况下为水平坐标轴线。

2. 评定参数(幅度特性参数)

(1)轮廓的算术平均偏差(R_a):指在一个取样长度内,纵坐标 y_i 绝对值的算术平均值。测得的$_a$值越大,则表面越粗糙,如图4-D-3所示。

$$R_a = \frac{1}{n}\sum_{i=1}^{n} | y_i |$$

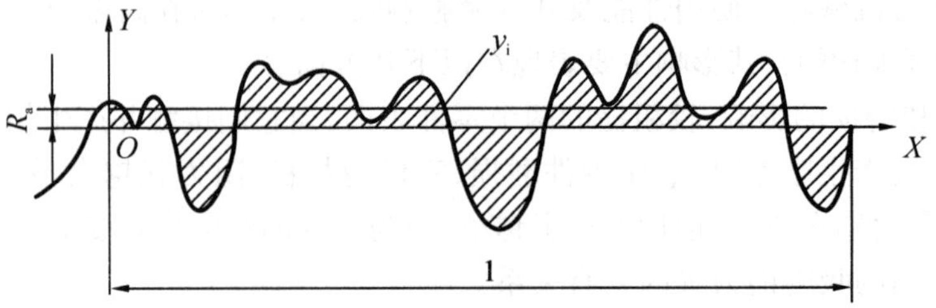

图4-D-3 轮廓的算术平均偏差

(2)轮廓的最大高度(R_z):指在一个取样长度内,最大轮廓峰高 Z_{pmax} 和最大轮廓谷深 Z_{vmax} 之和(即在取样长度内,轮廓的峰顶线到谷底线之间的距离),如图4-D-4所示。

$$R_z = Z_{pmax} + Z_{vmax}$$

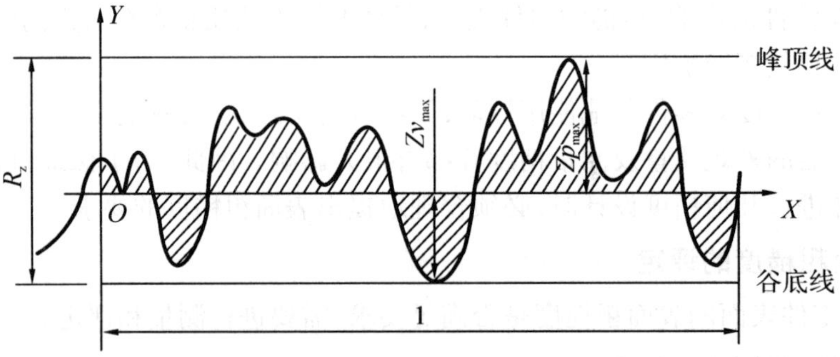

图4-D-4 轮廓的最大高度

(四)表面粗糙度的参数值及其选用

1. 表面粗糙度的参数值的选择原则

在满足功能要求的前提下,尽量选择较大的表面粗糙度参数,以减小加工困难,降低生产成本。

表面粗糙度参数值选用一般遵循以下原则。

(1)同一零件上工作表面比非工作表面粗糙度参数值小。

(2)摩擦表面比非摩擦表面、滚动摩擦表面比滑动摩擦表面的粗糙度参数值小。

(3)承受交变载荷的表面及易引起应力集中的部分(如圆角、沟槽等),粗糙度参数值小些。

(4)要求配合稳定可靠时,粗糙度参数值应小些。

(5)表面粗糙度与尺寸公差及形状公差应协调。

(6)密封性、耐腐蚀性要求高的表面或外形美观的表面其表面粗糙度参数值都应小些。

(7)凡是有关标准已对表面粗糙度要求作出规定者(如轴承、量规和齿轮等),应按标准规定选取表面粗糙度参数值。

表面粗糙度的参数值已标准化,设计时应按国家标准规定的参数值系列选取。表4.D.1列出了几个常用的参数值。

表4.D.1 表面粗糙度评定参数值(GB/T1031－2009) 单位:μm

轮廓算术平均偏差 *Ra*	轮廓最大高度 *Rz*
0.012 0.025 0.05 0.1 0.2 0.4 0.8 1.6 3.2 6.3 12.5 25 50 100	0.025 0.05 0.1 0.2 0.4 0.8 1.6 3.2 6.3 12.5 25 50 100 200 400 800

2. 表面粗糙度符号的选用(见表4.D.2)。

表4.D.2 表面粗糙度符号的选用

符 号	意 义
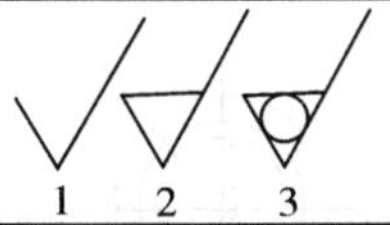	1. 用任何方法获得的表面粗糙度,*Ra* 的最大允许值为3.2 μm。
	2. 用去除材料(机械加工)方法获得的表面粗糙度,*Ra* 的最大允许值为3.2 μm。
	3. 用不去除材料(热加工)方法获得的表面粗糙度,*Ra* 的最大允许值为3.2 μm。

3. 表面粗糙度的标注

图样上给定的表面特征符号是指完工后表面的要求,一般情况下,只注出粗糙度评定参数代号及其允许值即可,其符号方向和数字如图4－D－5所示。

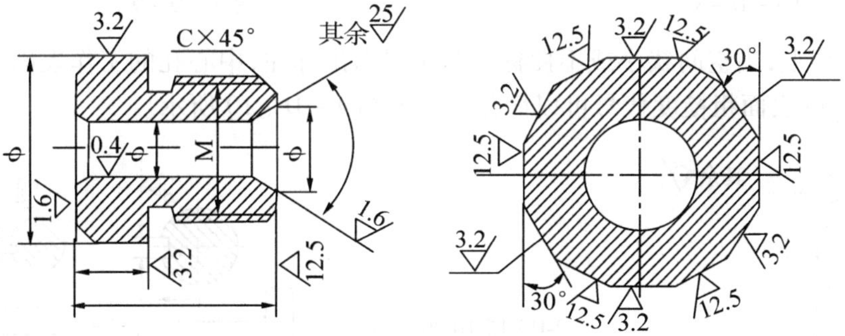

图4－D－5 表面粗糙度的标注

如对零件表面功能有特殊要求时,则还应注出表面特征的其他规定,如取样长度、加工纹理方向、加工方法等(见图4－D－6)。

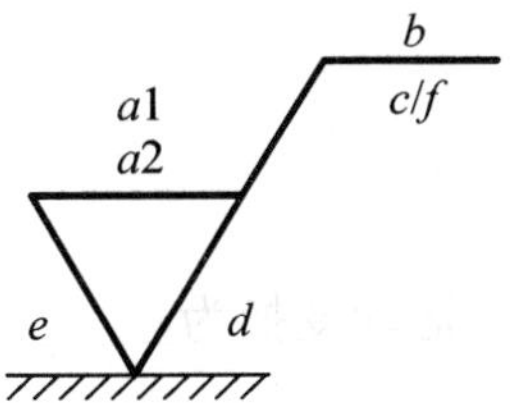

*a*1,*b*1—粗糙度高度参数代号及其数值(单位:mm)

b—加工要求,表面处理或其他说明

c—取样长度(单位:mm)或波纹度(单位:mm)

d—加工纹理方向符合

e—加工余量(单位:mm)

f—粗糙度间距参数值(单位:mm)或轮廓支承长度率

图4－D－6 表面特征的其他规定符号

除此之外,还要注意以下几种标准规定。

(1)零件上连续表面、重复要素(如孔、齿、槽等)的表面和用细实线连接不连续的同一表面,其表面粗糙度符号只标注一次(见图4-D-7)。

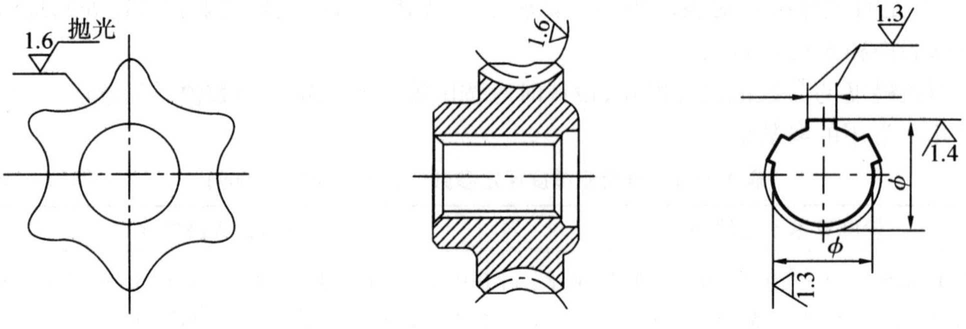

图4-D-7

(2)同一表面上有不同的表面粗糙度要求时,应用细实线画出其分界线,并注出相应的表面粗糙度代号和尺寸(见图4-D-8)。

(3)螺纹等工作表面没有画出齿(牙)形时,其表面粗糙度符号标注如图4-D-9所示。

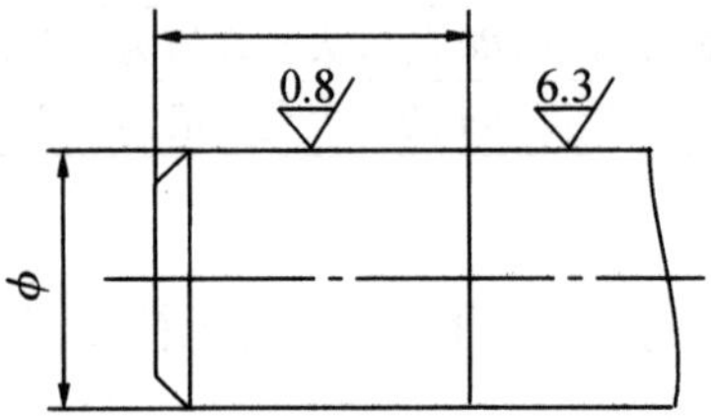

图4-D-8

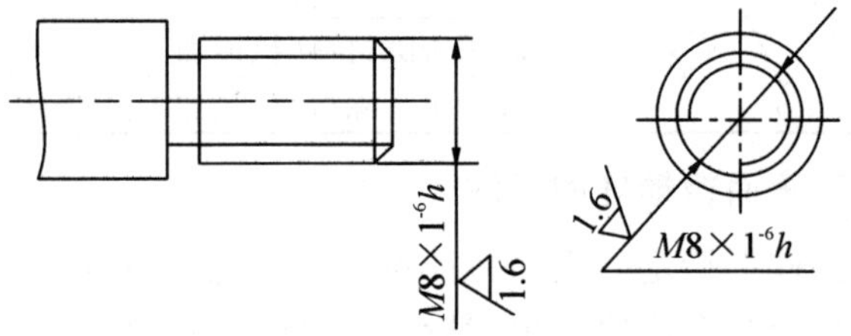

图4-D-9

(4)在图样上,当空间狭小或不便标注时可以引出标注,中心孔的工作表面,键槽工作表面,倒角,圆角的表面粗糙度代号可以简化标注如图4-D-10所示。

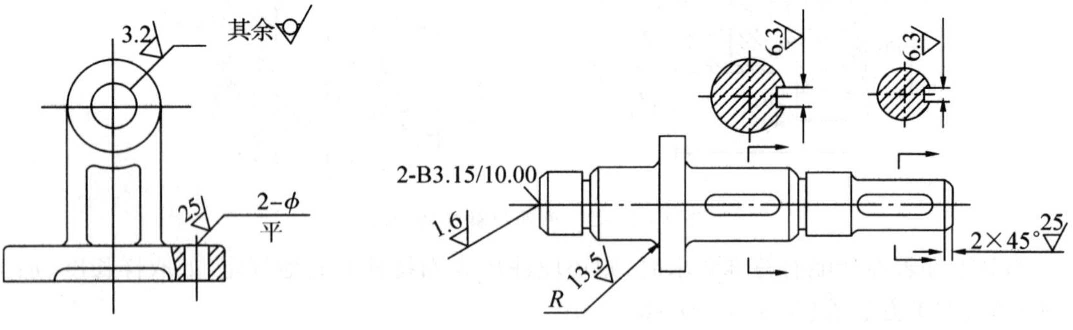

图4-D-10

思考与练习

一、填空题

1. 螺纹传动是由______和______组成,主要用来将______运动变换为______运动,同时传递______和______。

2. 根据螺纹牙型的不同,可分为______、______、______和______螺纹等。

3. 管螺纹按其密封性状态可分为______管螺纹和______管螺纹。

4. 细牙螺纹适用于______零件的连接和______机构的调整。
5. 普通螺纹的主要参数有______、______、______、______、______和______等。
6. 螺旋传动常用的类型有______、______和______ 3 种。
7. 滚珠螺旋传动主要由______、______、______和______组成。
8. 在蜗杆传动中，蜗杆导程角的大小直接影响蜗杆传动的______。
9. 在分度机构中，常用______头蜗杆，在传递功率较大时常用______头蜗杆。
10. 蜗杆传动的主要特点有______、______和______、______，以及能得到很大的______等。
11. 公差带的大小由______确定，而位置由______确定。
12. 国家标准规定配合分为______、______和______。
13. 国家标准规定了两种配合制，即______和______。

二、选择题

1. 广泛应用于紧固连接的螺纹是(　　)，而传动螺纹常用于(　　)。
A. 三角形螺纹　　B. 矩形螺纹　　C. 梯形螺纹
2. 普通螺纹的公称直径是指螺纹的(　　)
A. 大径　　B. 中径　　C. 小径
3. 用螺纹密封管螺纹的外螺纹，其特征代号是(　　)。
A. *R*　　B. *RC*　　C. *RP*
4. 梯形螺纹广泛应用于(　　)中。
A. 传动　　B. 连接　　C. 微调机构
5. 双线螺纹的导程等于螺距的(　　)倍。
A. 2　　B. 1　　C. 0.5
6. 普通螺旋传动中，从动件直线移动方向与(　　)有关。
A. 螺纹的回转方向　　B. 螺纹的旋向　　C. 螺纹的回转方向和旋向
7. 车床车鞍的移动采用了(　　)传动形式。
A. 螺母固定不动，螺杆回转并作直线运动
B. 螺杆固定不动，螺母回转并作直线运动
C. 螺杆回转，螺母移动
8. 蜗杆传动中，蜗杆与蜗轮轴线在空间一般交错呈(　　)。
A. 30°　　B. 60°　　C. 90°
9. 在生产中，为使加工蜗轮的刀具标准化，限制滚刀数目，国家标准规定了(　　)。
A. 蜗杆直径系数　　B. 模数　　C. 导程角
10. (　　)具有传动效率高、精度高、摩擦损失小和寿命长的优点。
A. 普通螺旋传动　　B. 滚珠螺旋传动　　C. 差动螺旋传动
11. 在圆柱蜗杆传动中，(　　)由于加工和测量方便，所以应用广泛。
A. 阿基米德蜗杆　　B. 渐开线蜗杆　　C. 法向直廓蜗杆
12. 在中间平面内，阿基米德蜗杆传动相当于(　　)的传动。
A. 齿轮和齿条　　B. 丝杆和螺母　　C. 斜齿轮
13. 蜗杆传动常用于(　　)。

A. 等速传动　　B. 增速传动　　C. 减速传动

14. 单级传动比大且准确的传动是(　　)。

A. 齿轮传动　　B. 链传动　　C. 蜗杆传动

15. 标准公差等级有(　　)级，基本偏差有(　　)个。

A. 20　　B. 22　　C. 28

16. 下列孔轴配合中选用不当的是(　　)。

A. $\phi 60\frac{H8}{u7}$　　B. $\phi 60\frac{H6}{u5}$　　C. $\phi 60\frac{H6}{h7}$

17. 配合精度高，表明(　　)。

A. 间隙或过盈值小　　B. 孔轴的公差值之和小

C. 轴的公差值大于孔的公差值

18. 公差原则是指(　　)。

A. 制定公差与配合标准的原则　　B. 形状公差与位置公差的关系

C. 尺寸公差与几何公差的关系

三、判断题

1. 按用途不同，螺纹可分为连接螺纹和传动螺纹。(　　)
2. 相互旋合的内外螺纹，其旋向相同，公称直径相同。(　　)
3. 差动螺旋传动可以产生极小的位移，能方便地实现微量调节。(　　)
4. 螺旋传动常将主动件的匀速直线运动转变为从动件的匀速转动。(　　)
5. 螺旋传动是空间运动副的一种形式，它属于低副机构。(　　)
6. 螺杆传动中，一般蜗杆是主动件，蜗轮是从动件。(　　)
7. 蜗杆传动的标准参数是指蜗杆的轴向参数和蜗轮的端面参数。(　　)
8. 在同一条件下，多头蜗杆的传递效率比单头蜗杆的高。(　　)
9. 由于蜗杆传动的相对滑动速度大，效率低，发热量大，因此必须注意对蜗杆传动进行润滑。(　　)
10. 蜗杆传动可实现自锁，能起安全保护的作用。(　　)
11. 尺寸公差是指零件尺寸允许的最大偏差。(　　)
12. 因 *JS* 为完全对称偏差，故其上、下极限偏差相等。
13. 一般来讲，ϕ50H7 比 ϕ50t7 加工难度高。(　　)
14. 有相对运动的配合应选用间隙配合，无相对运动的配合均选用过盈配合。(　　)
15. 任何实际要素都同时存在有几何误差和尺寸误差。(　　)
16. 孔的体内作用尺寸是孔的提取(实际)内表面体内相接的最小理想面的尺寸。(　　)
17 在几何公差值的选择中，在同一要素上给定的形状公差应小于位置公差。(　　)
18. 表面粗糙度最常用的评定指标是 RSm。(　　)
19. 表面粗糙度值越大，越有利于零件耐磨性的提高。(　　)
20. 按最大实体要求给出的几何公差可与该要素的尺寸变动量相互补偿。(　　)

四、简答题

1. 螺纹连接的防松措施有哪些?
2. 滚珠螺旋传动的特点有哪些?

3. 蜗杆传动的散热措施有哪些？

4. 什么叫做未注公差尺寸？这样规定适用于什么条件？其公差等级和基本偏差是如何规定的？

五、计算题

1. 如题 1 图所示的差动螺旋传动，螺旋副 a：$S_2=2$ mm，左旋；螺旋副 b：$S_1=2.5$ mm，左旋。求：

(1)当螺杆按图示转向转动 0.5 周时，活动螺母 2 相对导轨移动多少距离？其方向如何？

(2)若螺旋副 b 改为右旋，当螺杆按图示转向转动 0.5 周时，活动螺母相对导轨移动多少距离？方向如何？

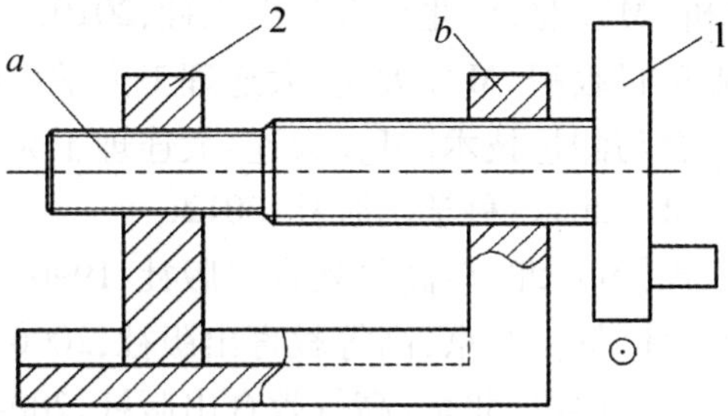

题 1 图

2. 计算出下表中空格处数值，并按规定填写在空栏中。

题 2 表　　单位：mm

公称尺寸	上极限尺寸	下极限尺寸	上极限偏差	下极限偏差	公差	尺寸标注
孔 $\phi12$	$\phi12.050$	$\phi12.032$				
轴 $\phi60$			+0.072		0.019	
孔 $\phi30$		$\phi29.959$			0.021	
轴 $\phi80$			−0.010	−0.056		
孔 $\phi50$				−0.034	0.039	
孔 $\phi40$						$\phi40^{+0.014}_{-0.011}$
轴 $\phi70$	$\phi69.970$				0.074	

3. 根据题 3 表中给出的数据计算出空格中的数据，并填入空栏内。

题 3 表　　单位：mm

公称尺寸	孔	轴			X_{max}或Y_{min}			X_{min}或Y_{max}	Xav或Yav	T_f
	ES	*EI*	*Th*	*es*	*ei*	*Ts*	+0.074			
$\phi25$						0.021			+0.057	
$\phi14$						0.010		−0.012	+0.037	
$\phi15$			0.025	0				−0.050	−0.009	

4. 已知基孔制配合 $\phi40\dfrac{H7\left(^{+0.025}_{0}\right)}{r6\left(^{+0.050}_{+0.034}\right)}$，使计算基轴制配合 $\phi40\dfrac{R7}{h6}$的极限尺寸、标准公差和配合公差，画出其配合公差带图并判断其配合性质。

参 考 文 献

[1]张定华. 工程力学[M]. 北京:高等教育出版社,2010.
[2]张燕霞. 工程力学[M]. 兰州:兰州大学出版社,2012.
[3]李世维. 机械基础[M]. 北京:高等教育出版社,1999.
[4]乔世民. 机械制造基础[M]. 北京:高等教育出版社,2008.
[5]谢蕾. 零件加工信息分析[M]. 北京:北京大学出版社,2010.
[6]陈雪,王晓强. 机械基础项目教程[M]. 大连:大连理工大学出版社,2011.
[7]吕天玉,张柏军. 公差配合与测量技术[M]. 大连:大连理工大学出版社,2011.
[8]同长虹. 机械设计基础[M]. 北京:科学出版社,2012.
[9]郑文纬,吴克坚. 机械原理[M]. 北京:高等教育出版社,1996.
[10]濮良贵,纪名刚. 机械设计[M]. 北京:高等教育出版社,2006.
[11]张策. 机械原理与机械设计[M]. 北京:高等教育出版社,2004.